全国二级造价工程师职业资格考试（上海）培训教材

建设工程造价管理基础知识

上海市建设协会　组织编写
张金玉　主　　编
吴海瑛　副 主 编

中国建材工业出版社

图书在版编目（CIP）数据

建设工程造价管理基础知识/上海市建设协会组织编写；张金玉主编．--北京：中国建材工业出版社，2021.6（2021.10重印）
全国二级造价工程师职业资格考试（上海）培训教材
ISBN 978-7-5160-3140-7

Ⅰ.①建… Ⅱ.①上… ②张… Ⅲ.①建筑造价管理一资格考试一自学参考资料 Ⅳ.①TU723.31

中国版本图书馆CIP数据核字（2020）第263688号

建设工程造价管理基础知识
Jianshe Gongcheng Zaojia Guanli Jichu Zhishi

出版发行：中国建材工业出版社
地　　址：北京市海淀区三里河路1号
邮　　编：100044
经　　销：全国各地新华书店
印　　刷：北京雁林吉兆印刷有限公司
开　　本：787mm×1092mm　1/16
印　　张：22.75
字　　数：550千字
版　　次：2021年6月第1版
印　　次：2021年10月第3次
定　　价：90.00元

本社网址：www.jccbs.com，微信公众号：zgjcgycbs

本书如有印装质量问题，由我社市场营销部负责调换，联系电话：（010）88386906

全国二级造价工程师职业资格考试（上海）培训教材编审委员会

审定人员：贾宏俊　王舒静　吴叶秋　姚文青
许海峰　俞运言　王　英　李　明
黄　亮　张凌云　龚　华　杜惠忠
乐嘉栋　刘　洋　顾晓辉　张　睿
徐秋林　高显义　徐　蓉　张英婕

编写人员：张金玉　吴海瑛　柳婷婷　祁巧艳
曹　婷　王洪强　吴新华　李　楠
李志国　孙凌志　梁艳红　高　伟
米　帅

《建设工程造价管理基础知识》编审人员名单

主　　编：张金玉　上海城建职业学院

副 主 编：吴海瑛　上海城建职业学院

高校主审：贾宏俊　山东科技大学

高显义　同济大学

徐　蓉　同济大学

王洪强　上海大学

行业主审：王舒静　上海市建设工程咨询协会

姚文青　上海申元工程投资咨询有限公司

杜惠忠　上海第一测量师事务所有限公司

许海峰　上海建工集团股份有限公司

李　明　中铁上海工程局集团建筑工程有限公司

吴叶秋　上海市建设协会

编写人员：张金玉　上海城建职业学院　合编第一、二、三、五章

吴海瑛　上海城建职业学院　合编第二、四、五章

柳婷婷　上海城建职业学院　合编第一、六章

祁巧艳　上海城建职业学院　合编第一、四、七章

曹　婷　上海城建职业学院　合编第二、三章

王洪强　上海大学　合编第三、七章

吴新华　山东科技大学　合编第四、六章

梁艳红　山东大学　合编第二、五章

李志国　山东科技大学　合编第一、二章

前　言

为进一步完善造价工程师职业资格制度，提高造价从业人员的职业素养和业务水平，2018 年 7 月 20 日，住房城乡建设部、交通运输部、水利部、人力资源社会保障部印发关于《造价工程师职业资格制度规定》和《造价工程师职业资格实施办法》的通知（建人〔2018〕67 号），明确国家设置造价工程师准入类职业资格，工程造价咨询企业应配备造价工程师，工程建设活动中有关工程造价管理岗位应按需要配备造价工程师。

根据《造价工程师职业资格制度规定》和《造价工程师职业资格考试实施办法》，造价工程师分为一级造价工程师和二级造价工程师。二级造价工程师主要协助一级造价工程师开展相关工作，可独立开展建设工程工料分析、计划、组织与成本管理，施工图预算、设计概算、建设工程量清单、最高投标限价、投标报价、建设工程合同价款、结算价款和竣工决算价款的编制等工作。

为更好地贯彻国家工程造价管理有关方针、政策，帮助造价从业人员学习、掌握二级造价工程师职业资格考试的内容和要求，我们组织有关专家成立二级造价工程师职业资格考试培训教材编审委员会，依据《全国二级造价工程师职业资格考试大纲》《上海市二级造价工程师职业资格管理办法》编写了本套二级造价工程师职业资格考试培训教材。

在教材编写中，充分吸收了上海地区最新颁布的有关工程造价管理的法规、规章、政策，力求体现行业最新发展水平和二级造价工程师职业资格考试特点。同时，注重理论与实践相结合，对参考人员应当掌握的工程造价基本理论、法律法规政策、专业技术知识以及计量与计价实务操作进行了系统全面的介绍，以帮助参考人员深入理解并通过考试。

本书在编写和审定过程中，得到了上海市建设协会、上海市建设工程咨询协会、上海建工集团股份有限公司、中铁上海局集团公司企业大学、中铁上海工程局集团建筑工程有限公司、上海第一测量师事务所有限公司、上海市政工程造价咨询有限公司、比利投资咨询（上海）有限公司、上海鑫元建设工程咨询有限公司、上海臻诚建设管理咨询有限公司、上海申元工程投资咨询有限公司、天健工程咨询有限公司、凯谛思工程咨询（上海）有限公司、上海建津建设工程咨询有限公司、上海大学、同济大学、上海理工大学、山东科技大学、山东建筑大学、山东大学等单位诸多专家的参与和支持。在此，对各支持单位及各位领导、专家表示衷心感谢。

因工程造价管理工作涉及面广，专业技术性强，也处于一个较大的变革期，且为首次编写二级造价工程师职业资格考试培训教材，难免有不足和疏漏之处，还望读者提出宝贵意见和建议。

教材编审委员会
2021 年 5 月

目　录

第一章　工程造价管理相关法规与制度

第一节　建设工程造价管理相关法律法规

一、建设工程法律体系

法律体系是指由一个国家现行的各个部门法构成的有机联系的统一整体。建设工程法律体系是指把已经制定的和需要制定的建设工程方面的法律、行政法规、部门规章和地方法规、地方规章有机结合起来，形成的一个相互联系、相互补充、相互协调的完整统一的体系。建设工程法律具有综合性的特点，虽然主要是经济法的组成部分，但还包括行政法、民法、商法等的内容。建设工程法律同时又具有一定的独立性和完整性，具有自己的完整体系。

（一）法律体系的基本框架及法的形式

我国法律体系的基本框架是由宪法及宪法相关法、民法、商法、行政法、经济法、社会法、刑法、诉讼与非诉讼程序法等构成的。

法的形式是指法律创造方式和外部表现形式。我国法的形式是制定法形式，具体可分为以下7类：

1. 宪法

宪法是由全国人民代表大会依照特别程序制定的具有最高效力的根本法。宪法是集中反映统治阶级的意志和利益，规定国家制度、社会制度的基本原则，具有最高法律效力的根本大法。其主要功能是制约和平衡国家权力，保障公民权利。宪法是我国的根本大法，在我国法律体系中具有最高的法律地位和法律效力，是我国最高的法律形式。

宪法也是建设法规的最高形式，是国家进行建设管理、监督的权力基础。例如，《中华人民共和国宪法》规定，“国务院行使下列职权：……（六）领导和管理经济工作和城乡建设”“县级以上地方各级人民政府依照法律规定的权限，管理本行政区域内的……城乡建设事业……等行政工作，发布决定和命令，任免、培训、考核和奖惩行政工作人员。”

2. 法律

法律是指由全国人民代表大会和全国人民代表大会常务委员会制定颁布的规范性法律文件，即狭义的法律。法律分为基本法律和一般法律（又称非基本法律、专门法）两类。基本法律是由全国人民代表大会制定的调整国家和社会生活中带有普遍性的社会关系的规范性法律文件的统称，如刑法、民法、诉讼法以及有关国家机构的组织法等法律。一般法律是由全国人民代表大会常务委员会制定的调整国家和社会生活中某种具体社会关系或其中某一方面内容的规范性文件的统称。全国人民代表大会和全国人民代表大会常务委员会通过的法律由国家主席签署主席令予以公布。

建设法律既包括专门的建设领域的法律，也包括与建设活动相关的其他法律。例如，前者有《中华人民共和国城乡规划法》《中华人民共和国建筑法》《中华人民共和国城市房地产管理法》等，后者有《中华人民共和国民法典》《中华人民共和国行政处罚法》《中华人民共和国行政许可法》等。

3. 行政法规

行政法规是国家最高行政机关国务院根据宪法和法律就有关执行法律和履行行政管理职权的问题，以及依据全国人民代表大会及其常务委员会特别授权所制定的规范性文件的总称。行政法规由总理签署国务院令公布。

现行的建设行政法规主要有《建设工程质量管理条例》《建设工程安全生产管理条例》《建设工程勘察设计管理条例》《城市房地产开发经营管理条例》《招标投标法实施条例》等。

4. 地方性法规、自治条例和单行条例

省、自治区、直辖市的人民代表大会及其常务委员会根据本行政区域的具体情况和实际需要，在不同宪法、法律、行政法规相抵触的前提下，可以制定地方性法规。设区的市的人民代表大会及其常务委员会根据本市的具体情况和实际需要，在不同宪法、法律、行政法规和本省、自治区的地方性法规相抵触的前提下，可以对城乡建设与管理、环境保护、历史文化保护等方面的事项制定地方性法规。设区的市的地方性法规须报省、自治区的人民代表大会常务委员会批准后施行。省、自治区的人民代表大会常务委员会对报请批准的地方性法规，应当对其合法性进行审查，同宪法、法律、行政法规和本省、自治区的地方性法规不抵触的，应当在四个月内予以批准。省、自治区的人民代表大会常务委员会在对报请批准的设区的市的地方性法规进行审查时，发现其同本省、自治区的人民政府的规章相抵触的，应当作出处理决定。

省、自治区、直辖市的人民代表大会制定的地方性法规由大会主席团发布公告予以公布。省、自治区、直辖市的人民代表大会常务委员会制定的地方性法规由常务委员会发布公告予以公布。设区的市、自治州的人民代表大会及其常务委员会制定的地方性法规报经批准后，由设区的市、自治州的人民代表大会常务委员会发布公告予以公布。自治条例和单行条例报经批准后，分别由自治区、自治州、自治县的人民代表大会常务委员会发布公告予以公布。

目前，各地方都制定了大量的规范建设活动的地方性法规、自治条例和单行条例，如《上海市建筑市场管理条例》《福建省招标投标条例》《安徽省建设工程造价管理条例》《山东省建筑市场管理条例》等。

5. 部门规章

国务院各部、委员会、中国人民银行、审计署和具有行政管理职能的直属机构所制定的规范性文件称部门规章。部门规章由部门首长签署命令予以公布。部门规章签署公布后，及时在国务院公报或者部门公报和中国政府法制信息网以及在全国范围内发行的报纸上刊载。

部门规章规定的事项应当属于执行法律或者国务院的行政法规、决定、命令的事项，其名称可以是“规定”“办法”和“实施细则”等。如《建筑工程施工发包与承包计价管理办法》《建设工程价款结算暂行办法》《建设工程质量保证金管理办法》等。

6. 地方政府规章

省、自治区、直辖市和设区的市、自治州的人民政府，可以根据法律、行政法规和本省、自治区、直辖市的地方性法规，制定地方政府规章。地方政府规章由省长或者自治区主席或者市长签署命令后予以公布。地方政府规章公布后，及时在本级人民政府公报和中国政府法制信息网以及在本行政区域范围内发行的报纸上刊载。如《上海市建设工程招标投标管理办法》《山东省建设工程造价管理办法》《江苏省建设工程造价管理办法》等。

7. 国际条约

国际条约是指我国与外国缔结、参加、签订、加入、承认的双边、多边的条约、协定和其他具有条约性质的文件。国际条约的名称，除条约外，还有公约、协议、协定、议定书、宪章、盟约、换文和联合宣言等。除我国在缔结时宣布持保留意见不受其约束的以外，这些条约的内容都与国内法具有一样的约束力，所以也是我国法的形式。例如，我国加入 WTO 后，WTO 与工程建设有关的协定也对我国的建设活动产生约束力。

（二）法的效力层级

法的效力层级，是指法律体系中的各种法的形式，由于制定的主体、程序、时间、适用范围等的不同，具有不同的效力，形成法的效力等级体系。

1. 宪法至上

宪法是具有最高法律效力的根本大法，具有最高的法律效力。宪法作为根本法和母法，还是其他立法活动的最高法律依据。任何法律、法规都必须遵循宪法而产生，无论是维护社会稳定、保障社会秩序，还是规范经济秩序，都不能违背宪法的基本准则。

2. 上位法优于下位法

在我国法律体系中，法律的效力是仅次于宪法而高于其他法的形式。行政法规的法律地位和法律效力仅次于宪法和法律，高于地方性法规和部门规章。地方性法规的效力，高于本级和下级地方政府规章。省、自治区人民政府制定的规章的效力，高于本行政区域内的设区的市、自治州人民政府制定的规章。

自治条例和单行条例依法对法律、行政法规、地方性法规作变通规定的，在本自治地区适用自治条例和单行条例的规定。经济特区法规根据授权对法律、行政法规、地方性法规作变通规定的，在本经济特区适用经济特区法规的规定。

部门规章之间、部门规章与地方政府规章之间具有同等效力，在各自的权限范围内施行。

3. 特别法优于一般法

特别法优于一般法，是指公法权力主体在实施公权力行为中，当一般规定与特别规定不一致时，优先适用特别规定。《中华人民共和国立法法》规定，同一机关制定的法律、行政法规、地方性法规、自治条例和单行条例、规章，特别规定与一般规定不一致的，适用特别规定。

《中华人民共和国民法典》（以下简称《民法典》）与《中华人民共和国招标投标法》就属于同位法中一般法与特别法的关系。如在《中华人民共和国民法典》中对要约与承诺的规定是一种普遍性的规定，属于一般法，而《中华人民共和国招标投标法》则是针对招标投标活动所做的规定，属于特别法。根据《中华人民共和国立法法》的规定，在特别法与一般法对同一问题出现不同的规定时，应该优先使用特别法的规定。因此在招标投标活动中，应该首先适用《中华人民共和国招标投标法》，在《中华人民共和国招标投标法》没有规定的情况下，再适用《中华人民共和国民法典》。《中华人民共和国招标投标法》与《中华人民共和国民法典》的规定不同的，适用《中华人民共和国招标投标法》。

4. 新法优于旧法

新法、旧法对同一事项有不同规定时，新法的效力优于旧法。《中华人民共和国立法法》规定，同一机关制定的法律、行政法规、地方性法规、自治条例和单行条例、规章，新的规定与旧的规定不一致的，适用新的规定。

5. 需要由有关机关裁决适用的特殊情况

法律之间对同一事项的新的一般规定与旧的特别规定不一致，不能确定如何适用时，由全国人民代表大会常务委员会裁决。

行政法规之间对同一事项的新的一般规定与旧的特别规定不一致，不能确定如何适用时，由国务院裁决。

地方性法规、规章不一致时，由有关机关依照下列规定的权限作出裁决：

（1）同一机关制定的新的一般规定与旧的特别规定不一致时，由制定机关裁决。

（2）地方性法规与部门规章之间对同一事项的规定不一致，不能确定如何适用时，由国务院提出意见，国务院认为应当适用地方性法规的，应当决定在该地方适用地方性法规；认为应适用部门规章的，应当提请全国人民代表大会常务委员会裁决。

（3）部门规章之间、部门规章与地方政府规章之间对同一事项的规定不一致时，由国务院裁决。

根据授权制定的法规与法律规定不一致，不能确定如何适用时，由全国人民代表大会常务委员会裁决。

6. 备案和审查

行政法规、地方性法规、自治条例和单行条例、规章应当在公布后的30日内依照下列规定报有关机关备案：①行政法规报全国人民代表大会常务委员会备案；②省、自治区、直辖市的人民代表大会及其常务委员会制定的地方性法规，报全国人民代表大会常务委员会和国务院备案；设区的市、自治州的人民代表大会及其常务委员会制定的地方性法规，由省、自治区的人民代表大会常务委员会报全国人民代表大会常务委员会和国务院备案；③自治州、自治县的人民代表大会制定的自治条例和单行条例，由省、自治区、直辖市的人民代表大会常务委员会报全国人民代表大会常务委员会和国务院备案；自治条例、单行条例报送备案时，应当说明对法律、行政法规、地方性法规作出变通的情况；④部门规章和地方政府规章报国务院备案；地方政府规章应当同时报本级人民代表大会常务委员会备案；设区的市、自治州的人民政府制定的规章应当同时报省、自治区的人民代表大会常务委员会和人民政府备案；⑤根据授权制定的法规应当报授权决定规定的机关备案；经济特区法规报送备案时，应当说明对法律、行政法规、地方性法规作出变通的情况。

国务院、中央军事委员会、最高人民法院、最高人民检察院和各省、自治区、直辖市的人民代表大会常务委员会认为行政法规、地方性法规、自治条例和单行条例同宪法或者法律相抵触的，可以向全国人民代表大会常务委员会书面提出进行审查的要求，由常务委员会工作机构分送有关的专门委员会进行审查、提出意见。其他国家机关和社会团体、企业事业组织以及公民认为行政法规、地方性法规、自治条例和单行条例同宪法或者法律相抵触的，可以向全国人民代表大会常务委员会书面提出进行审查的建议，由常务委员会工作机构进行研究，必要时，送有关的专门委员会进行审查、提出意见。有关的专门委员会和常务委员会工作机构可以对报送备案的规范性文件进行主动审查。

二、建筑法及相关条例

（一）建筑法

2019 年 4 月经修改后公布的《中华人民共和国建筑法》（以下简称《建筑法》）主要适用于各类房屋建筑及其附属设施的建造和与其配套的线路、管道、设备的安装活动，但其中关于施工许可、企业资质审查和工程发包、承包、禁止转包，以及工程监理、安全和质量管理的规定，也适用于其他专业建筑工程的建设活动。《建筑法》的主要内容包括总则、建筑许可、建筑工程发包与承包、建筑工程监理、建筑安全生产管理、建筑工程质量管理、法律责任和附则。

1. 建筑许可

根据《建筑法》的规定，建筑许可包括建筑工程施工许可和从业资格两个方面。

（1）建筑工程施工许可

1）施工许可的形式

现阶段对建筑工程开工条件的审批有颁发“施工许可证”和批准“开工报告”两种形式。《建筑法》规定建筑工程开工前，建设单位应当按照国家有关规定向工程所在地县级以上人民政府建设行政主管部门申请领取施工许可证；但是，国务院建设行政主管部门确定的限额以下的小型工程除外。

按照国务院规定的权限和程序批准开工报告的建筑工程，不再领取施工许可证。

2）施工许可证的办理

《建筑法》规定申请领取施工许可证，应当具备如下条件：

① 已办理建筑工程用地批准手续；

② 依法应当办理建设工程规划许可证的，已经取得建设工程规划许可证；

③ 需要拆迁的，其拆迁进度符合施工要求；

④ 已经确定建筑施工单位；

⑤ 有满足施工需要的施工图纸及技术资料；

⑥ 有保证工程质量和安全的具体措施。

建设行政主管部门应当自收到申请之日起七日内，对符合条件的申请颁发施工许可证。

《建筑工程施工许可管理办法》进一步规定，建设单位申请领取施工许可证，应当具备下列条件，并提交相应的证明文件：①依法应当办理用地批准手续的，已经办理该建筑工程用地批准手续；②在城市、镇规划区的建筑工程，已经取得建设工程规划许可证；③施工场地已经基本具备施工条件，需要征收房屋的，其进度符合施工要求；④已经确定施工企业；⑤有满足施工需要的施工图纸技术资料，施工图设计文件已按规定审查合格；⑥有保证工程质量和安全的具体措施；⑦建设资金已经落实；⑧法律、行政法规规定的其他条件。

3）施工许可证的有效期限

建设单位应当自领取施工许可证之日起3个月内开工。因故不能按期开工的，应当向发证机关申请延期；延期以两次为限，每次不能超过3个月。既不开工又不申请延期或者超过延期时限的，施工许可证自行废止。

4）中止施工和恢复施工

在建的建筑工程因故中止施工的，建设单位应当自中止施工之日起一个月内，向发证机关报告，并按照规定做好建筑工程的维护管理工作。

建筑工程恢复施工时，应当向发证机关报告；中止施工满一年的工程恢复施工前，建设单位应当报发证机关核验施工许可证。

5）批准开工报告的建筑工程

按照国务院有关规定批准开工报告的建筑工程，因故不能按期开工或者中止施工的，应当及时向批准机关报告情况。因故不能按期开工超过六个月的，应当重新办理开工报告的批准手续。

（2）从业资格

1）单位资质

《建筑法》规定，从事建筑活动的建筑施工企业、勘察单位、设计单位和工程监理单位，应当具备下列条件：①有符合国家规定的注册资本；②有与其从事的建筑活动相适应的具有法定执业资格的专业技术人员；③有从事相关建筑活动所应有的技术装备；④法律、行政法规规定的其他条件。

从事建筑活动的建筑施工企业、勘察单位、设计单位和工程监理单位，按照其拥有的注册资本、专业技术人员、技术装备和已完成的建筑工程业绩等资质条件，划分为不同的资质等级，经资质审查合格，取得相应等级的资质证书后，方可在其资质等级许可的范围内从事建筑活动。

2）专业技术人员资格

《建筑法》规定，从事建筑活动的专业技术人员，应当依法取得相应的执业资格证书，并在执业资格证书许可的范围内从事建筑活动。我国工程建设领域建立了建筑师、监理工程师、结构工程师、造价工程师、建造师等职（执）业资格制度。2017年9月15日，经国务院同意，人力资源社会保障部印发《关于公布国家职业资格目录的通知》，公布国家职业资格目录，将造价工程师列入准入类职业资格。

2. 建筑工程发包与承包

《建筑法》规定了建筑工程发包与承包活动的基本原则及发包与承包活动应遵守的具体行为规范。

（1）建筑工程发包与承包的基本原则

建筑工程发包与承包活动应当共同遵守的基本原则包括：

① 建筑工程的发包单位与承包单位应当依法订立书面合同，明确双方的权利和义务。

发包单位和承包单位应当全面履行合同约定的义务。不按照合同约定履行义务的，依法承担违约责任。

建筑工程的发包单位与承包单位订立的合同，是指有关建筑工程的承包合同，即由承包方按期完成发包方交付的特定工程项目，发包方按期验收，并支付报酬的协议。建筑工程承包合同包括建筑工程的勘察合同、设计合同、施工合同和设备安装合同。建筑工程承包合同可以由建设单位与一个总承包单位订立总承包合同，然后由总承包单位与各分包单位订立分包合同，也可以由建设单位分别与从事建筑活动的勘察、设计、施工、安装单位签订合同。在建筑活动中，当事人应当依法订立合同，以合同的形式明确约定双方的权利义务，并以法律形式保障其实施，对于建立和维护建筑市场的正常秩序，维护建筑活动各方当事人的合法权益，具有重要意义。

发包单位和承包单位应当全面履行合同约定的义务。所谓全面履行合同约定的义务，是指当事人应当按照建筑工程承包合同约定的有关工程的质量、数量、工期、造价及结算办法等要求，全部履行各自的义务，任何一方都不得擅自变更或解除合同。不按照合同约定履行义务的，依法承担违约责任。

② 建筑工程发包与承包的招标投标活动，应当遵循公开、公正、平等竞争的原则，择优选择承包单位。

建筑工程的招标投标，《建筑法》中没有规定的，适用有关招标投标法律的规定。

③ 在建筑工程的发包与承包活动中禁止任何形式的行贿受贿行为的原则。发包单位及其工作人员在建筑工程发包中不得收受贿赂、回扣或者索取其他好处。

承包单位及其工作人员不得利用向发包单位及其工作人员行贿、提供回扣或者给予其他好处等不正当手段承揽工程。

④ 建筑工程造价应当按照国家有关规定，由发包单位与承包单位在合同中约定。公开招标发包的，其造价的约定，须遵守招标投标法律的规定。

发包单位应当按照合同的约定，及时拨付工程款项。发包方与承包方在合同中对工程造价的约定，既包括对计价范围、标准的约定，也包括对工程计价方式的约定。

（2）建筑工程的发包方式

① 建筑工程发包

建筑工程依法实行招标发包，对不适合招标发包的可以直接发包。

建筑工程实行公开招标的，发包单位应当依照法定程序和方式，发布招标公告，提供载有招标工程的主要技术要求、主要的合同条款、评标的标准和方法以及开标、评标、定标的程序等内容的招标文件。

开标应当在招标文件规定的时间、地点公开进行。开标后应当按照招标文件规定的评标标准和程序对标书进行评价、比较，在具备相应资质条件的投标者中，择优选定中标者。

建筑工程招标的开标、评标、定标由建设单位依法组织实施，并接受有关行政主管部门的监督。

建筑工程实行招标发包的，发包单位应当将建筑工程发包给依法中标的承包单位。建筑工程实行直接发包的，发包单位应当将建筑工程发包给具有相应资质条件的承包单位。政府及其所属部门不得滥用行政权力，限定发包单位将招标发包的建筑工程发包给指定的承包单位。

提倡对建筑工程实行总承包，禁止将建筑工程肢解发包。

建筑工程的发包单位可以将建筑工程的勘察、设计、施工、设备采购一并发包给一个工程总承包单位，也可以将建筑工程勘察、设计、施工、设备采购的一项或者多项发包给一个工程总承包单位；但是，不得将应当由一个承包单位完成的建筑工程肢解成若干部分发包给几个承包单位。

按照合同约定，建筑材料、建筑构配件和设备由工程承包单位采购的，发包单位不得指定承包单位购入用于工程建设的建筑材料、建筑构配件和设备或者指定生产厂、供应商。

② 建筑工程承包

承包建筑工程的单位应当持有依法取得的资质证书，并在其资质等级许可的业务范围内承揽工程。禁止建筑施工企业超越本企业资质等级许可的业务范围或者以任何形式用其他建筑施工企业的名义承揽工程。禁止建筑施工企业以任何形式允许其他单位或者个人使用本企业的资质证书、营业执照，以本企业的名义承揽工程。

建筑工程总承包单位可以将承包工程中的部分工程发包给具有相应资质条件的分包单位；但是，除总承包合同中约定的分包工程外，必须经建设单位认可。施工总承包的，建筑工程主体结构的施工必须由总承包单位自行完成。建筑工程总承包单位按照总承包合同的约定对建设单位负责；分包单位按照分包合同的约定对总承包单位负责。总承包单位和分包单位就分包工程对建设单位承担连带责任。禁止总承包单位将工程分包给不具备相应资质条件的单位。禁止分包单位将其承包的工程再分包。禁止承包单位将其承包的全部建筑工程转包给他人，禁止承包单位将其承包的全部建筑工程肢解以后以分包的名义分别转包给他人。

大型建筑工程或者结构复杂的建筑工程，可以由两个以上的承包单位联合共同承包。共同承包的各方对承包合同的履行承担连带责任。两个以上不同资质等级的单位实行联合共同承包的，应当按照资质等级低的单位的业务许可范围承揽工程。联合承包是由两个以上的承包单位共同承包，当参加联合承包的具有相同专业的各单位资质等级不同时，为防止出现越级承包的问题，规定联合体只能按资质等级较低单位的许可业务范围承揽工程。

3. 建筑工程监理

《建筑法》规定国家推行建筑工程监理制度，国务院可以规定实行强制监理的建筑工程的范围。实行监理的建筑工程，由建设单位委托具有相应资质条件的工程监理单位监理。建设单位与其委托的工程监理单位应当订立书面委托监理合同。

建筑工程监理应当依照法律、行政法规及有关的技术标准、设计文件和建筑工程承包合同，对承包单位在施工质量、建设工期和建设资金使用等方面，代表建设单位实施监督。

工程监理人员认为工程施工不符合工程设计要求、施工技术标准和合同约定的，有权要求建筑施工企业改正。

工程监理人员发现工程设计不符合建筑工程质量标准或者合同约定的质量要求的，应当报告建设单位要求设计单位改正。

实施建筑工程监理前，建设单位应当将委托的工程监理单位、监理的内容及监理权限，书面通知被监理的建筑施工企业。

工程监理单位应当在其资质等级许可的监理范围内，承担工程监理业务。工程监理单位应当根据建设单位的委托，客观、公正地执行监理任务。工程监理单位与被监理工程的承包单位以及建筑材料、建筑构配件和设备供应单位不得有隶属关系或者其他利害关系。

工程监理单位不得转让工程监理业务。

工程监理单位不按照委托监理合同的约定履行监理义务，对应当监督检查的项目不检查或者不按照规定检查，给建设单位造成损失的，应当承担相应的赔偿责任。

工程监理单位与承包单位串通，为承包单位牟取非法利益，给建设单位造成损失的，应当与承包单位承担连带赔偿责任。

4. 建筑安全生产管理

建筑工程安全生产管理必须坚持安全第一、预防为主的方针，建立健全安全生产的责任制度和群防群治制度。

建筑工程设计应当符合按照国家规定制定的建筑安全规程和技术规范，保证工程的安全性能。建筑施工企业在编制施工组织设计时，应当根据建筑工程的特点制定相应的安全技术措施；对专业性较强的工程项目，应当编制专项安全施工组织设计，并采取安全技术措施。

建筑施工企业应当在施工现场采取维护安全、防范危险、预防火灾等措施；有条件的，应当对施工现场实行封闭管理。施工现场对毗邻的建筑物、构筑物和特殊作业环境可能造成损害的，建筑施工企业应当采取安全防护措施。

施工现场安全由建筑施工企业负责。实行施工总承包的，由总承包单位负责。分包单位向总承包单位负责，服从总承包单位对施工现场的安全生产管理。建筑施工企业应当依法为职工参加工伤保险，缴纳工伤保险费。鼓励企业为从事危险作业的职工办理意外伤害保险，支付保险费。

涉及建筑主体和承重结构变动的装修工程，建设单位应当在施工前委托原设计单位或者具有相应资质条件的设计单位提出设计方案；没有设计方案的，不得施工。房屋拆除应当由具备安全条件的建筑施工单位承担，由建筑施工单位负责人对安全负责。

5. 建筑工程质量管理

建设单位不得以任何理由，要求建筑设计单位或建筑施工单位违反法律、行政法规和建筑工程质量、安全标准，降低工程质量，建筑设计单位和建筑施工单位应当拒绝建设单位的此类要求。

建筑工程的勘察、设计单位必须对其勘察、设计的质量负责。勘察、设计文件应当符合有关法律、行政法规的规定和建筑工程质量、安全标准，建筑工程勘察、设计技术规范以及合同的约定。设计文件选用的建筑材料、建筑构配件和设备，应当注明其规格、型号、性能等技术指标，其质量要求必须符合国家规定的标准。建筑设计单位对设计文件选用的建筑材料、建筑构配件和设备，不得指定生产厂、供应商。

建筑施工企业对工程的施工质量负责。建筑施工企业必须按照工程设计图纸和施工技术标准施工，不得偷工减料。工程设计的修改由原设计单位负责，建筑施工企业不得擅自修改工程设计。建筑施工企业必须按照工程设计要求、施工技术标准和合同的约定，对建筑材料、构配件和设备进行检验，不合格的不得使用。

建筑工程竣工经验收合格后，方可交付使用；未经验收或验收不合格的，不得交付使用。交付竣工验收的建筑工程，必须符合规定的建筑工程质量标准，有完整的工程技术经济资料和经签署的工程保修书，并具备国家规定的其他竣工条件。

建筑工程实行质量保修制度。建筑工程的保修范围应当包括地基基础工程、主体结构工程、屋面防水工程和其他土建工程，以及电气管线、上下水管线的安装工程，供热、供冷系统工程等项目；保修的期限应当按照保证建筑物合理寿命年限内正常使用，维护使用者合法权益的原则确定。具体的保修范围和最低保修期限由国务院规定。

（二）建设工程质量管理条例

为了加强对建设工程质量的管理，保证建设工程质量，保护人民生命和财产安全，根据《建筑法》制定《建设工程质量管理条例》，自2000年1月30日发布起施行，2017年10月7日中华人民共和国国务院令第687号《国务院关于修改部分行政法规的决定》修订，2019年4月23日，中华人民共和国国务院令（第714号）公布，对《建设工程质量管理条例》部分条款予以修改。《建设工程质量管理条例》共九章八十二条，主要明确了建设单位、勘察单位、设计单位、施工单位、工程监理单位的质量责任和义务，以及工程质量保修期限等内容。

1. 建设单位的质量责任和义务

（1）工程发包

建设单位应当将工程发包给具有相应资质等级的单位。建设单位不得将建设工程肢解发包。建设单位应当依法对工程建设项目的勘察、设计、施工、监理以及与工程建设有关的重要设备、材料等的采购进行招标。不得迫使承包方以低于成本的价格竞标，不得任意压缩合理工期；不得明示或者暗示设计单位或者施工单位违反工程建设强制性标准，降低建设工程质量。

建设单位必须向有关的勘察、设计、施工、工程监理等单位提供与建设工程有关的原始资料。原始资料必须真实、准确、齐全。

（2）工程监理

实行监理的建设工程，建设单位应当委托具有相应资质等级的工程监理单位进行监理，也可以委托具有工程监理相应资质等级并与被监理工程的施工承包单位没有隶属关系或者其他利害关系的该工程的设计单位进行监理。下列建设工程必须实行监理：

① 国家重点建设工程；

② 大中型公用事业工程；

③ 成片开发建设的住宅小区工程；

④ 利用外国政府或者国际组织贷款、援助资金的工程；

⑤ 国家规定必须实行监理的其他工程。

（3）工程施工

① 建设单位在开工前，应当按照国家有关规定办理工程质量监督手续，工程质量监督手续可以与施工许可证或者开工报告合并办理。

② 按照合同约定，由建设单位采购建筑材料、建筑构配件和设备的，建设单位应当保证建筑材料、建筑构配件和设备符合设计文件和合同要求。建设单位不得明示或者暗示施工单位使用不合格的建筑材料、建筑构配件和设备。

③ 涉及建筑主体和承重结构变动的装修工程，建设单位应当在施工前委托原设计单位或者具有相应资质等级的设计单位提出设计方案；没有设计方案的，不得施工。房屋建筑使用者在装修过程中，不得擅自变动房屋建筑主体和承重结构。

（4）工程竣工验收

建设单位收到建设工程竣工报告后，应当组织设计、施工、工程监理等有关单位进行竣工验收；建设工程经验收合格的，方可交付使用。建设工程竣工验收应当具备下列条件：

① 完成建设工程设计和合同约定的各项内容；

② 有完整的技术档案和施工管理资料；

③ 有工程使用的主要建筑材料、建筑构配件和设备的进场试验报告；

④ 有勘察、设计、施工、工程监理等单位分别签署的质量合格文件；

⑤ 有施工单位签署的工程保修书。

建设单位应当严格按照国家有关档案管理的规定，及时收集、整理建设项目各环节的文件资料，建立健全建设项目档案，并在建设工程竣工验收后，及时向建设行政主管部门或者其他有关部门移交建设项目档案。

2. 勘察、设计单位的质量责任和义务

（1）工程承揽

从事建设工程勘察、设计的单位应当依法取得相应等级的资质证书，并在其资质等级许可的范围内承揽工程。禁止勘察、设计单位超越其资质等级许可的范围或者以其他勘察、设计单位的名义承揽工程。禁止勘察、设计单位允许其他单位或者个人以本单位的名义承揽工程。勘察、设计单位不得转包或者违法分包所承揽的工程。

（2）勘察设计

勘察、设计单位必须按照工程建设强制性标准进行勘察、设计，并对其勘察、设计的质量负责。勘察单位提供的地质、测量、水文等勘察成果必须真实、准确。设计单位应当根据勘察成果文件进行建设工程设计。设计文件应当符合国家规定的设计深度要求，注明工程合理使用年限。注册建筑师、注册结构工程师等注册执业人员应当在设计文件上签字，对设计文件负责。设计单位还应当就审查合格的施工图设计文件向施工单位做出详细说明。

设计单位在设计文件中选用的建筑材料、建筑构配件和设备，应当注明规格、型号、性能等技术指标，其质量要求必须符合国家规定的标准。除有特殊要求的建筑材料、专用设备、工艺生产线等外，设计单位不得指定生产厂、供应商。

设计单位还应当参与建设工程质量事故分析，并对因设计造成的质量事故，提出相应的技术处理方案。

3. 施工单位的质量责任和义务

(1) 工程承揽

施工单位应当依法取得相应等级的资质证书，并在其资质等级许可的范围内承揽工程。禁止施工单位超越本单位资质等级许可的业务范围或者以其他施工单位的名义承揽工程；禁止施工单位允许其他单位或者个人以本单位的名义承揽工程；施工单位不得转包或者违法分包工程。

(2) 工程施工

施工单位对建设工程的施工质量负责。施工单位应当建立质量责任制，确定工程项目的项目经理、技术负责人和施工管理负责人。施工单位还应当建立健全教育培训制度，加强对职工的教育培训；未经教育培训或者考核不合格的人员，不得上岗作业。

建设工程实行总承包的，总承包单位应当对全部建设工程质量负责；建设工程勘察、设计、施工、设备采购的一项或者多项实行总承包的，总承包单位应当对其承包的建设工程或者采购的设备质量负责。

总承包单位依法将建设工程分包给其他单位的，分包单位应当按照分包合同的约定对其分包工程的质量向总承包单位负责，总承包单位与分包单位对分包工程的质量承担连带责任。

施工单位必须按照工程设计图纸和施工技术标准施工，不得擅自修改工程设计，不得偷工减料。施工单位在施工过程中发现设计文件和图纸有差错的，应当及时提出意见和建议。

(3) 质量检验

施工单位必须按照工程设计要求、施工技术标准和合同约定，对建筑材料、建筑构配件、设备和商品混凝土进行检验，检验应当有书面记录和专人签字；未经检验或者检验不合格的，不得使用。施工人员对涉及结构安全的试块、试件以及有关材料，应当在建设单位或者工程监理单位监督下现场取样，并送具有相应资质等级的质量检测单位进行检测。

施工单位还必须建立健全施工质量检验制度，严格工序管理，做好隐蔽工程的质量检查和记录。隐蔽工程在隐蔽前，施工单位应当通知建设单位和建设工程质量监督机构。施工单位对施工中出现质量问题的建设工程或者竣工验收不合格的建设工程，应当负责返修。

4. 工程监理单位的质量责任和义务

(1) 业务承担

工程监理单位应当依法取得相应等级的资质证书，并在其资质等级许可的范围内承担工程监理业务。禁止工程监理单位超越本单位资质等级许可的范围或者以其他工程监理单位的名义承担工程监理业务；禁止工程监理单位允许其他单位或者个人以本单位的名义承担工程监理业务；工程监理单位不得转让工程监理业务。

工程监理单位与被监理工程的施工承包单位以及建筑材料、建筑构配件和设备供应单位有隶属关系或者其他利害关系的，不得承担该项建设工程的监理业务。

（2）监理工作实施

工程监理单位应当依照法律、法规以及有关技术标准、设计文件和建设工程承包合同，代表建设单位对施工质量实施监理，并对施工质量承担监理责任。

工程监理单位应当选派具备相应资格的总监理工程师和监理工程师进驻施工现场。监理工程师应当按照工程监理规范的要求，采取旁站、巡视和平行检验等形式，对建设工程实施监理。未经监理工程师签字，建筑材料、建筑构配件和设备不得在工程上使用或者安装，施工单位不得进行下一道工序的施工。未经总监理工程师签字，建设单位不拨付工程款，不进行竣工验收。

5. 工程质量保修

（1）工程质量保修制度

建设工程实行质量保修制度。建设工程承包单位在向建设单位提交工程竣工验收报告时，应当向建设单位出具质量保修书。质量保修书中应当明确建设工程的保修范围、保修期限和保修责任等。建设工程的保修期，自竣工验收合格之日起计算。

如果建设工程在保修范围和保修期限内发生质量问题，施工单位应当履行保修义务，并对造成的损失承担赔偿责任。如果建设工程在超过合理使用年限后需要继续使用，产权所有人应当委托具有相应资质等级的勘察、设计单位鉴定，并根据鉴定结果采取加固、维修等措施，重新界定使用期。

（2）工程最低保修期限

在正常使用条件下，建设工程最低保修期限为：

① 基础设施工程、房屋建筑的地基基础工程和主体结构工程，为设计文件规定的该工程合理使用年限；

② 屋面防水工程、有防水要求的卫生间、房间和外墙面的防渗漏，为5年；

③ 供热与供冷系统，为2个采暖期、供冷期；

④ 电气管道、给排水管道、设备安装和装修工程，为2年。

其他项目的保修期限由发包方与承包方约定。

6. 监督管理

（1）工程质量监督检查

国家实行建设工程质量监督管理制度。

国务院建设行政主管部门对全国的建设工程质量实施统一监督管理。国务院铁路、交通、水利等有关部门按照国务院规定的职责分工，负责对全国范围内的有关专业建设工程质量的监督管理。

县级以上地方人民政府建设行政主管部门对本行政区域内的建设工程质量实施监督管理。县级以上地方人民政府交通、水利等有关部门在各自的职责范围内，负责对本行政区域内的专业建设工程质量的监督管理。

国务院建设行政主管部门和国务院铁路、交通、水利等有关部门应当加强对有关建设工程质量的法律、法规和强制性标准执行情况的监督检查。

国务院发展计划部门按照国务院规定的职责，组织稽察特派员，对国家出资的重大建设项目实施监督检查。

国务院经济贸易主管部门按照国务院规定的职责，对国家重大技术改造项目实施监督检查。

县级以上人民政府建设行政主管部门和其他有关部门履行监督检查职责时，有权采取下列措施：

① 要求被检查的单位提供有关工程质量的文件和资料；

② 进入被检查单位的施工现场进行检查；

③ 发现有影响工程质量的问题时，责令改正。

（2）工程竣工验收备案

建设单位应当自建设工程竣工验收合格之日起 15 日内，将建设工程竣工验收报告和规划、公安消防、环保等部门出具的认可文件或者准许使用文件报建设行政主管部门或者其他有关部门备案。

建设行政主管部门或者其他有关部门发现建设单位在竣工验收过程中有违反国家有关建设工程质量管理规定行为的，责令停止使用，重新组织竣工验收。

（3）工程质量事故报告

建设工程发生质量事故，有关单位应当在 24 小时内向当地建设行政主管部门和其他有关部门报告。对重大质量事故，事故发生地的建设行政主管部门和其他有关部门应当按照事故类别和等级向当地人民政府和上级建设行政主管部门和其他有关部门报告。特别重大质量事故的调查程序按照国务院有关规定办理。任何单位和个人对建设工程的质量事故、质量缺陷都有权检举、控告、投诉。

（三）建设工程安全生产管理条例

为了加强建设工程安全生产监督管理，于 2003 年 11 月 24 日发布《建设工程安全生产管理条例》，明确了建设单位、勘察单位、设计单位、施工单位、工程监理单位及其他与建设工程安全生产有关单位的安全生产责任，并规定了生产安全事故的应急救援和调查处理。

1. 建设单位的安全责任

建设单位应当向施工单位提供施工现场及毗邻区域内供水、排水、供电、供气、供热、通信、广播电视等地下管线资料，气象和水文观测资料，相邻建筑物和构筑物、地下工程的有关资料，并保证资料的真实、准确、完整。

建设单位不得对勘察、设计、施工、工程监理等单位提出不符合建设工程安全生产法律、法规和强制性标准规定的要求，不得压缩合同约定的工期；不得明示或者暗示施工单位购买、租赁、使用不符合安全施工要求的安全防护用具、机械设备、施工机具及配件、消防设施和器材。

建设单位在编制工程概算时，应当确定建设工程安全作业环境及安全施工措施所需费用；在申请领取施工许可证时，应当提供与建设工程有关的安全施工措施资料。

依法批准开工报告的建设工程，建设单位应当自开工报告批准之日起15日内，将保证安全施工的措施报送建设工程所在地的县级以上地方人民政府建设行政主管部门或者其他有关部门备案。

建设单位应当将拆除工程发包给具有相应资质等级的施工单位，还应当在拆除工程施工15日前，将施工单位资质等级证明，拟拆除建筑物、构筑物及可能危及毗邻建筑的说明，拆除施工组织方案，堆放、清除废弃物的措施等资料，报送建设工程所在地的县级以上地方人民政府建设行政主管部门或者其他有关部门备案。实施爆破作业的，应当遵守国家有关民用爆炸物品管理的规定。

2. 勘察、设计、工程监理及其他有关单位的安全责任

（1）勘察单位的安全责任

勘察单位应当按照法律、法规和工程建设强制性标准进行勘察，提供的勘察文件应当真实、准确，满足建设工程安全生产的需要。

勘察单位在勘察作业时，应当严格执行操作规程，采取措施保证各类管线、设施和周边建筑物、构筑物的安全。

（2）设计单位的安全责任

设计单位应当按照法律、法规和工程建设强制性标准进行设计，防止因设计不合理导致生产安全事故的发生。

设计单位应当考虑施工安全操作和防护的需要，对涉及施工安全的重点部位和环节在设计文件中注明，并对防范生产安全事故提出指导意见。采用新结构、新材料、新工艺的建设工程和特殊结构的建设工程，设计单位应当在设计中提出保障施工作业人员安全和预防生产安全事故的措施建议。设计单位和注册建筑师等注册执业人员应当对其设计负责。

（3）工程监理单位的安全责任

工程监理单位应当审查施工组织设计中的安全技术措施或者专项施工方案是否符合工程建设强制性标准。工程监理单位在实施监理过程中，如发现存在安全事故隐患，应当要求施工单位整改；情况严重的，应当要求施工单位暂时停止施工，并及时报告建设单位。施工单位如拒不整改或者不停止施工，工程监理单位应当及时向有关主管部门报告。

工程监理单位和监理工程师应当按照法律、法规和工程建设强制性标准实施监理，并对建设工程安全生产承担监理责任。

（4）机械设备配件供应单位的安全责任

为建设工程提供机械设备和配件的单位，应当按照安全施工的要求配备齐全有效的保险、限位等安全设施和装置。出租的机械设备和施工机具及配件，应当具有生产（制造）许可证、产品合格证。出租单位应当对出租的机械设备和施工机具及配件的安全性能进行检测，在签订租赁协议时，应当出具检测合格证明。禁止出租经检测不合格的机械设备和施工机具及配件。

（5）施工机械设施安装单位的安全责任

在施工现场安装、拆卸施工起重机械和整体提升脚手架、模板等自升式架设设施，

必须由具有相应资质的单位承担。安装、拆卸上述机械和设施，应当编制拆装方案、制定安全施工措施，并由专业技术人员现场监督。安装完毕后，安装单位应当自检，出具自检合格证明，并向施工单位进行安全使用说明，办理验收手续并签字。如上述机械和设施的使用达到国家规定的检验检测期限，必须经具有专业资质的检验检测机构检测。检验检测机构应当出具安全合格证明文件，并对检测结果负责。经检测不合格的，不得继续使用。

3. 施工单位的安全责任

（1）工程承揽

施工单位从事建设工程的新建、扩建、改建和拆除等活动，应当具备国家规定的注册资本、专业技术人员、技术装备和安全生产等条件，依法取得相应等级的资质证书，并在其资质等级许可的范围内承揽工程。

（2）安全生产责任制度

施工单位主要负责人依法对本单位的安全生产工作全面负责。施工单位应当建立健全安全生产责任制度，制定安全生产规章制度和操作规程，保证本单位安全生产条件所需资金的投入，对所承担的建设工程进行定期和专项安全检查，并做好安全检查记录。

施工单位的项目负责人应当由取得相应执业资格的人员担任，对建设工程项目的安全施工负责，落实安全生产责任制度、安全生产规章制度和操作规程，确保安全生产费用的有效使用，并根据工程特点制定安全施工措施，消除安全事故隐患，及时、如实报告生产安全事故。

建设工程实行施工总承包的，由总承包单位对施工现场的安全生产负总责。总承包单位依法将建设工程分包给其他单位的，分包合同中应当明确各自的安全生产方面的权利、义务。总承包单位和分包单位对分包工程的安全生产承担连带责任。分包单位应当服从总承包单位的安全生产管理，如分包单位不服从管理导致生产安全事故，由分包单位承担主要责任。

（3）安全生产管理费用

施工单位对列入建设工程概算的安全作业环境及安全施工措施所需费用，应当用于施工安全防护用具及设施的采购和更新、安全施工措施的落实、安全生产条件的改善，不得挪作他用。

（4）施工现场安全管理

施工单位应当设立安全生产管理机构，配备专职安全生产管理人员。专职安全生产管理人员负责安全生产的现场监督检查。发现安全事故隐患，应当及时向项目负责人和安全生产管理机构报告；对违章指挥、违章操作，应当立即制止。专职安全生产管理人员的配备办法由国务院建设行政主管部门会同国务院其他有关部门制定。

（5）安全生产教育培训

施工单位的主要负责人、项目负责人、专职安全生产管理人员应当经建设行政主管部门或者其他有关部门考核合格后方可任职。施工单位应当建立健全安全生产教育培训制度，应当对管理人员和作业人员每年至少进行一次安全生产教育培训，其教育培训情况记入个人工作档案。安全生产教育培训考核不合格的人员，不得上岗。

作业人员进入新的岗位或者新的施工现场前，应当接受安全生产教育培训。未经教育培训或者教育培训考核不合格的人员，不得上岗作业。施工单位在采用新技术、新工艺、新设备、新材料时，应当对作业人员进行相应的安全生产教育培训。

垂直运输机械作业人员、安装拆卸工、爆破作业人员、起重信号工、登高架设作业人员等特种作业人员，必须按照国家有关规定经过专门的安全作业培训，并取得特种作业操作资格证书后，方可上岗作业。

(6) 安全技术措施和专项施工方案

施工单位应当在施工组织设计中编制安全技术措施和施工现场临时用电方案，对下列达到一定规模的危险性较大的分部分项工程编制专项施工方案，并附具安全验算结果，经施工单位技术负责人、总监理工程师签字后实施，由专职安全生产管理人员进行现场监督：①基坑支护与降水工程；②土方开挖工程；③模板工程；④起重吊装工程；⑤脚手架工程；⑥拆除、爆破工程；⑦国务院建设行政主管部门或者其他有关部门规定的其他危险性较大的工程。

上述所列工程中涉及深基坑工程、地下暗挖工程、高大模板工程的专项施工方案，施工单位还应当组织专家进行论证、审查。

建设工程施工前，施工单位负责项目管理的技术人员应当对有关安全施工的技术要求向施工作业班组、作业人员做出详细说明，并由双方签字确认。

(7) 施工现场安全防护

施工单位应当在施工现场入口处、施工起重机械、临时用电设施、脚手架、出入通道口、楼梯口、电梯井口、孔洞口、桥梁口、隧道口、基坑边缘、爆破物及有害危险气体和液体存放处等危险部位，设置明显的符合国家标准的安全警示标志。施工单位应当根据不同施工阶段和周围环境及季节、气候的变化，在施工现场采取相应的安全施工措施。如施工现场暂时停止施工，施工单位应当做好现场防护，所需费用由责任方承担，或者按照合同约定执行。

施工单位应当向作业人员提供安全防护用具和安全防护服装，并书面告知危险岗位的操作规程和违章操作的危害。作业人员有权对施工现场的作业条件、作业程序和作业方式中存在的安全问题提出批评、检举和控告，有权拒绝违章指挥和强令冒险作业。在施工中发生危及人身安全的紧急情况时，作业人员有权立即停止作业或者采取必要的应急措施后撤离危险区域。作业人员应当遵守安全施工的强制性标准、规章制度和操作规程，正确使用安全防护用具、机械设备等。

(8) 施工现场卫生、环境与消防安全管理

施工单位应当将施工现场的办公区、生活区与作业区分开设置，并保持安全距离；办公区、生活区的选址应当符合安全性要求。职工的膳食、饮水、休息场所等应当符合卫生标准。施工单位不得在尚未竣工的建筑物内设置员工集体宿舍。施工现场临时搭建的建筑物应当符合安全使用要求。

对因建设工程施工可能造成损害的毗邻建筑物、构筑物和地下管线等，施工单位应当采取专项防护措施。施工单位应当遵守有关环境保护法律、法规的规定，在施工现场采取措施，防止或者减少粉尘、废气、废水、固体废物、噪声、振动和施工照明对人和

环境的危害和污染。在城市市区内的建设工程，施工单位应当对施工现场实行封闭围挡管理。

施工单位应当在施工现场建立消防安全责任制度，确定消防安全责任人，制定用火、用电、使用易燃易爆材料等各项消防安全管理制度和操作规程，设置消防通道、消防水源，配备消防设施和灭火器材，并在施工现场入口处设置明显标志。

（9）施工机具设备安全管理

施工单位采购、租赁的安全防护用具、机械设备、施工机具及配件，应当具有生产（制造）许可证、产品合格证，并在进入施工现场前进行查验。

施工现场的安全防护用具、机械设备、施工机具及配件必须由专人管理，定期进行检查、维修和保养，建立相应的资料档案，并按照国家有关规定及时报废。

施工单位在使用施工起重机械和整体提升脚手架、模板等自升式架设设施前，应当组织有关单位进行验收，也可以委托具有相应资质的检验检测机构进行验收；如使用承租的机械设备和施工机具及配件，应由施工总承包单位、分包单位、出租单位和安装单位共同进行验收，验收合格后方可使用。《特种设备安全监察条例》规定的施工起重机械，在验收前应当经有相应资质的检验检测机构检验合格。

施工单位应当自施工起重机械和整体提升脚手架、模板等自升式架设设施验收合格之日起30日内，向建设行政主管部门或者其他有关部门登记。登记标志应当置于或者附着于该设备的显著位置。

4. 监督管理

（1）安全施工措施的审查

建设行政主管部门在审核发放施工许可证时，应当对建设工程是否有安全施工措施进行审查，对没有安全施工措施的，不得颁发施工许可证。

建设行政主管部门或者其他有关部门对建设工程是否有安全施工措施进行审查时，不得收取费用。

（2）安全监督检查权力

县级以上人民政府负有建设工程安全生产监督管理职责的部门在各自的职责范围内履行安全监督检查职责时，有权采取下列措施：

① 要求被检查单位提供有关建设工程安全生产的文件和资料；

② 进入被检查单位施工现场进行检查；

③ 纠正施工中违反安全生产要求的行为；

④ 对检查中发现的安全事故隐患，责令立即排除；重大安全事故隐患排除前或者排除过程中无法保证安全的，责令从危险区域内撤出作业人员或者暂时停止施工。

建设行政主管部门或者其他有关部门可以将施工现场的监督检查委托给建设工程安全监督机构具体实施。

5. 生产安全事故的应急救援和调查处理

（1）生产安全事故应急救援

县级以上地方人民政府建设行政主管部门应当根据本级人民政府的要求，制定本行政区域内建设工程特大生产安全事故应急救援预案。

施工单位应当制定本单位生产安全事故应急救援预案，建立应急救援组织或者配备应急救援人员，配备必要的应急救援器材、设备，并定期组织演练。施工单位应当根据建设工程施工的特点、范围，对施工现场易发生重大事故的部位、环节进行监控，制定施工现场生产安全事故应急救援预案。实行施工总承包的，由总承包单位统一组织编制建设工程生产安全事故应急救援预案，工程总承包单位和分包单位按照应急救援预案，各自建立应急救援组织或者配备应急救援人员，配备救援器材、设备，并定期组织演练。

（2）生产安全事故调查处理

施工单位发生生产安全事故，应当按照国家有关伤亡事故报告和调查处理的规定，及时、如实地向负责安全生产监督管理的部门、建设行政主管部门或者其他有关部门报告；特种设备发生事故的，还应当同时向特种设备安全监督管理部门报告。接到报告的部门应当按照国家有关规定，如实上报。实行施工总承包的建设工程，由总承包单位负责上报事故。

发生生产安全事故后，施工单位应当采取措施防止事故扩大，保护事故现场。需要移动现场物品时，应当做出标记和书面记录，妥善保管有关证物。

三、民法典

《中华人民共和国民法典》（以下简称《民法典》）由中华人民共和国第十三届全国人民代表大会第三次会议于 2020 年 5 月 28 日通过并公布，自 2021 年 1 月 1 日起施行。《民法典》由总则、物权、合同、人格权、婚姻家庭、继承、侵权责任、附则组成。《民法典》合同编由第一分编通则、第二分编典型合同、第三分编准合同组成。在第二分编典型合同中主要将合同分为 19 类，即买卖合同，供用电、水、气、热力合同，赠与合同，借款合同，保证合同，租赁合同，融资租赁合同，保理合同，承揽合同，建设工程合同，运输合同，技术合同，保管合同，仓储合同，委托合同，物业服务合同，行纪合同，中介合同，合伙合同。

《民法典》合同编调整因合同产生的民事关系，合同是民事主体之间设立、变更、终止民事法律关系的协议。婚姻、收养、监护等有关身份关系的协议，适用有关该身份关系的法律规定；没有规定的，可以根据其性质参照适用《民法典》合同编规定。依法成立的合同，受法律保护。依法成立的合同，仅对当事人具有法律约束力，但是法律另有规定的除外。

当事人对合同条款的理解有争议的，应当依据《民法典》第一百四十二条第一款的规定（有相对人的意思表示的解释，应当按照所使用的词句，结合相关条款、行为的性质和目的、习惯以及诚信原则，确定意思表示的含义。无相对人的意思表示的解释，不能完全拘泥于所使用的词句，而应当结合相关条款、行为的性质和目的、习惯以及诚信原则，确定行为人的真实意思），确定争议条款的含义。

《民法典》或者其他法律没有明文规定的合同，适用《民法典》合同编通则的规定，并可以参照适用《民法典》合同编或者其他法律最相类似合同的规定。

在中华人民共和国境内履行的中外合资经营企业合同、中外合作经营企业合同、中外合作勘探开发自然资源合同，适用中华人民共和国法律。非因合同产生的债权债务关系，适用有关该债权债务关系的法律规定；没有规定的，适用《民法典》合同编通则的有关规定，但是根据其性质不能适用的除外。

（一）合同订立

当事人订立合同，应当具有相应的民事权利能力和民事行为能力。当事人依法可以委托代理人订立合同。

1. 合同订立程序

《民法典》第四百七十一条规定："当事人订立合同，可以采取要约、承诺方式或者其他方式。"

（1）要约

1）要约的概念和构成要件。要约是希望和他人订立合同的意思表示。发出要约的人为要约人，接受要约的人为受要约人、相对人，如受要约人作出承诺，则称其为承诺人。

要约是订立合同的必经阶段，不经过要约，合同是不可能成立的。要约作为一种订约的意思表示，它能够对要约人和受要约人产生法律上的约束力，尤其是要约人在要约的有效期限内，必须接受要约的内容拘束。要约的构成要件包括：

① 内容具体确定；

② 表明经受要约人承诺，要约人即受该意思表示约束。

有些合同在要约之前还会有要约邀请。要约邀请，是希望他人向自己发出要约的表示。拍卖公告、招标公告、招股说明书、债券募集办法、基金招募说明书、商业广告和宣传、寄送的价目表等为要约邀请。商业广告和宣传的内容符合要约条件的，构成要约。

2）要约生效的时间。要约生效的时间适用《民法典》第一百三十七条的规定，即以对话方式作出的意思表示，相对人知道其内容时生效。以非对话方式作出的意思表示，到达相对人时生效。以非对话方式作出的采用数据电文形式的意思表示，相对人指定特定系统接收数据电文的，该数据电文进入该特定系统时生效；未指定特定系统的，相对人知道或者应当知道该数据电文进入其系统时生效。当事人对采用数据电文形式的意思表示的生效时间另有约定的，按照其约定。

3）要约撤回。要约可以撤回。要约的撤回适用《民法典》第一百四十一条的规定，即行为人可以撤回意思表示。撤回意思表示的通知应当在意思表示到达相对人前或者与意思表示同时到达相对人。

4）要约不得撤销的情形。要约可以撤销，但是有下列情形之一的除外：

① 要约人以确定承诺期限或者其他形式明示要约不可撤销；

② 受要约人有理由认为要约是不可撤销的，并已经为履行合同做了合理准备工作。

5）要约撤销。撤销要约的意思表示以对话方式作出的，该意思表示的内容应当在受要约人作出承诺之前为受要约人所知道；撤销要约的意思表示以非对话方式作出的，应当在受要约人作出承诺之前到达受要约人。

6）要约失效。要约失效指要约丧失了法律约束力，不再对要约人和受要约人产生约束。有下列情形之一的，要约失效：

① 拒绝要约的通知到达要约人；

② 要约人依法撤销要约；

③ 承诺期限届满，受要约人未作出承诺；

④ 受要约人对要约的内容作出实质性变更。

（2）承诺

承诺是受要约人同意要约的意思表示。承诺的法律效力在于，一经承诺并到达要约人，合同便告成立。除根据交易习惯或者要约表明可以通过行为作出承诺外，承诺应当以通知的方式作出。

1）承诺期限。承诺应当在要约确定的期限内到达要约人。要约没有确定承诺期限的，承诺应当依照下列规定到达：

① 要约以对话方式作出的，应当即时作出承诺；

② 要约以非对话方式作出的，承诺应当在合理期限内到达；

③ 要约以信件或者电报作出的，承诺期限自信件载明的日期或者电报交发之日开始计算。信件未载明日期的，自投寄该信件的邮戳日期开始计算；

④ 要约以电话、传真、电子邮件等快速通信方式作出的，承诺期限自要约到达受要约人时开始计算。

承诺生效时合同成立，但是法律另有规定或者当事人另有约定的除外。

2）承诺生效。以通知方式作出的承诺，生效的时间适用《民法典》第一百三十七条的规定，即“以对话方式作出的意思表示，相对人知道其内容时生效。以非对话方式作出的意思表示，到达相对人时生效。以非对话方式作出的采用数据电文形式的意思表示，相对人指定特定系统接收数据电文的，该数据电文进入该特定系统时生效；未指定特定系统的，相对人知道或者应当知道该数据电文进入其系统时生效。当事人对采用数据电文形式的意思表示的生效时间另有约定的，按照其约定。”承诺不需要通知的，根据交易习惯或者要约的要求作出承诺的行为时生效。

3）承诺的撤回。承诺可以撤回。承诺的撤回适用《民法典》第一百四十一条的规定。即行为人可以撤回意思表示。撤回意思表示的通知应当在意思表示到达相对人前或者与意思表示同时到达相对人。

4）迟延承诺。受要约人超过承诺期限发出承诺，或者在承诺期限内发出承诺，按照通常情形不能及时到达要约人的，为新要约；但是，要约人及时通知受要约人该承诺有效的除外。

5）逾期承诺。是指受要约人在超过承诺期限发出承诺，或者在承诺期限内发出承诺，按照通常情形不能及时到达要约人的。因受要约人原因的承诺迟到，是受要约人虽然在承诺期限内发出承诺，但是按照通常情形，该承诺不能及时到达要约人，从而使承诺到达要约人时超过承诺期限。本条将其纳入逾期承诺中，一并规定法律效果。

逾期承诺的效力是：

① 逾期承诺不发生承诺的法律效力。由于在承诺期限届满之后，受要约人不再有承诺的资格，因此逾期承诺的性质不是承诺，对要约人没有承诺的约束力，不能因此而成立合同。

② 逾期承诺是一项新要约。逾期承诺因时间因素而不具有承诺的性质，但它还是对要约人的要约内容作出了响应，故应视为新要约。该新要约须以原来的要约和逾期承诺的内容为内容。对方可以在合理的时间内给予承诺，即按照一般的承诺期限作出承诺的，合同成立。

③ 要约人及时通知受要约人该承诺有效的情况下，逾期承诺具有承诺的法律效力。逾期承诺到达要约人，要约人认为该逾期承诺可以接受的，应当按照当事人的意志，承认承诺的效力，合同成立。

5）未迟发而迟到的承诺。受要约人在承诺期限内发出承诺，按照通常情形能够及时到达要约人，但是因其他原因致使承诺到达要约人时超过承诺期限的，除要约人及时通知受要约人因承诺超过期限不接受该承诺外，该承诺有效。

6）承诺对要约内容的实质性变更。承诺的内容应当与要约的内容一致。受要约人对要约的内容作出实质性变更的，为新要约。有关合同标的、数量、质量、价款或者报酬、履行期限、履行地点和方式、违约责任和解决争议方法等的变更，是对要约内容的实质性变更。

7）承诺对要约内容的非实质性变更。承诺对要约的内容作出非实质性变更的，除要约人及时表示反对或者要约表明承诺不得对要约的内容作出任何变更外，该承诺有效，合同的内容以承诺的内容为准。

2. 合同成立

承诺生效时合同成立，但是法律另有规定或者当事人另有约定的除外。

（1）合同成立的时间。当事人采用合同书形式订立合同的，自当事人均签名、盖章或者按指印时合同成立。在签名、盖章或者按指印之前，当事人一方已经履行主要义务，对方接受时，该合同成立。法律、行政法规规定或者当事人约定合同应当采用书面形式订立，当事人未采用书面形式但是一方已经履行主要义务，对方接受时，该合同成立。

（2）信件、数据电文形式合同和网络合同成立时间。当事人采用信件、数据电文等形式订立合同要求签订确认书的，签订确认书时合同成立。当事人一方通过互联网等信息网络发布的商品或者服务信息符合要约条件的，对方选择该商品或者服务并提交订单成功时合同成立，但是当事人另有约定的除外。

（3）合同成立的地点。承诺生效的地点为合同成立的地点。采用数据电文形式订立合同的，收件人的主营业地为合同成立的地点；没有主营业地的，其住所地为合同成立的地点。当事人另有约定的，按照其约定。

（4）书面合同成立地点。当事人采用合同书形式订立合同的，最后签名、盖章或者按指印的地点为合同成立的地点，但是当事人另有约定的除外。

（5）依国家订货任务、指令性任务订立合同及强制要约、强制承诺。国家根据抢险救灾、疫情防控或者其他需要下达国家订货任务、指令性任务的，有关民事主体之间应当依照有关法律、行政法规规定的权利和义务订立合同。依照法律、行政法规的规定负有发出要约义务的当事人，应当及时发出合理的要约。依照法律、行政法规的规定负有作出承诺义务的当事人，不得拒绝对方合理的订立合同要求。

（6）预约合同。当事人约定在将来一定期限内订立合同的认购书、订购书、预订书等，构成预约合同。当事人一方不履行预约合同约定的订立合同义务的，对方可以请求其承担预约合同的违约责任。

3. 格式条款

格式条款是当事人为了重复使用而预先拟定，并在订立合同时未与对方协商的条款。采用格式条款订立合同的，提供格式条款的一方应当遵循公平原则确定当事人之间的权利和义务，并采取合理的方式提示对方注意免除或者减轻其责任等与对方有重大利害关系的条款，按照对方的要求，对该条款予以说明。提供格式条款的一方未履行提示或者说明义务，致使对方没有注意或者理解与其有重大利害关系的条款的，对方可以主张该条款不成为合同的内容。

（1）格式条款无效的情形。有下列情形之一的，该格式条款无效：

① 具有《民法典》第一编第六章第三节和第五百零六条规定的无效情形：

《民法典》第一编第六章第三节民事法律行为的效力规定如下：

第一百四十三条　具备下列条件的民事法律行为有效：

（一）行为人具有相应的民事行为能力；

（二）意思表示真实；

（三）不违反法律、行政法规的强制性规定，不违背公序良俗。

第一百四十四条　无民事行为能力人实施的民事法律行为无效。

第一百四十五条　限制民事行为能力人实施的纯获利益的民事法律行为或者与其年龄、智力、精神健康状况相适应的民事法律行为有效；实施的其他民事法律行为经法定代理人同意或者追认后有效。

相对人可以催告法定代理人自收到通知之日起三十日内予以追认。法定代理人未作表示的，视为拒绝追认。民事法律行为被追认前，善意相对人有撤销的权利。撤销应当以通知的方式作出。

第一百四十六条　行为人与相对人以虚假的意思表示实施的民事法律行为无效。

以虚假的意思表示隐藏的民事法律行为的效力，依照有关法律规定处理。

第一百四十七条　基于重大误解实施的民事法律行为，行为人有权请求人民法院或者仲裁机构予以撤销。

第一百四十八条　一方以欺诈手段，使对方在违背真实意思的情况下实施的民事法律行为，受欺诈方有权请求人民法院或者仲裁机构予以撤销。

第一百四十九条　第三人实施欺诈行为，使一方在违背真实意思的情况下实施的民事法律行为，对方知道或者应当知道该欺诈行为的，受欺诈方有权请求人民法院或者仲裁机构予以撤销。

第一百五十条　一方或者第三人以胁迫手段，使对方在违背真实意思的情况下实施的民事法律行为，受胁迫方有权请求人民法院或者仲裁机构予以撤销。

第一百五十一条　一方利用对方处于危困状态、缺乏判断能力等情形，致使民事法律行为成立时显失公平的，受损害方有权请求人民法院或者仲裁机构予以撤销。

第一百五十二条　有下列情形之一的，撤销权消灭：

（一）当事人自知道或者应当知道撤销事由之日起一年内、重大误解的当事人自知道或者应当知道撤销事由之日起九十日内没有行使撤销权；

（二）当事人受胁迫，自胁迫行为终止之日起一年内没有行使撤销权；

（三）当事人知道撤销事由后明确表示或者以自己的行为表明放弃撤销权。

当事人自民事法律行为发生之日起五年内没有行使撤销权的，撤销权消灭。

第一百五十三条 违反法律、行政法规的强制性规定的民事法律行为无效。但是，该强制性规定不导致该民事法律行为无效的除外。

违背公序良俗的民事法律行为无效。

第一百五十四条 行为人与相对人恶意串通，损害他人合法权益的民事法律行为无效。

第一百五十五条 无效的或者被撤销的民事法律行为自始没有法律约束力。

第一百五十六条 民事法律行为部分无效，不影响其他部分效力的，其他部分仍然有效。

第一百五十七条 民事法律行为无效、被撤销或者确定不发生效力后，行为人因该行为取得的财产，应当予以返还；不能返还或者没有必要返还的，应当折价补偿。有过错的一方应当赔偿对方由此所受到的损失；各方都有过错的，应当各自承担相应的责任。法律另有规定的，依照其规定。

《民法典》第五百零六条规定：合同中的下列免责条款无效：

（一）造成对方人身损害的；

（二）因故意或者重大过失造成对方财产损失的。

② 提供格式条款一方不合理地免除或者减轻其责任、加重对方责任、限制对方主要权利；

③ 提供格式条款一方排除对方主要权利。

（2）格式条款的解释。对格式条款的理解发生争议的，应当按照通常理解予以解释。对格式条款有两种以上解释的，应当作出不利于提供格式条款一方的解释。格式条款和非格式条款不一致的，应当采用非格式条款。

4. 悬赏广告

悬赏人以公开方式声明对完成特定行为的人支付报酬的，完成该行为的人可以请求其支付。

5. 缔约过失责任

当事人在订立合同过程中有下列情形之一，造成对方损失的，应当承担赔偿责任：

（1）假借订立合同，恶意进行磋商；

（2）故意隐瞒与订立合同有关的重要事实或者提供虚假情况；

（3）有其他违背诚信原则的行为。

6. 当事人保密义务

当事人在订立合同过程中知悉的商业秘密或者其他应当保密的信息，无论合同是否成立，不得泄露或者不正当地使用；泄露、不正当地使用该商业秘密或者信息，造成对方损失的，应当承担赔偿责任。

（二）合同效力

1. 合同生效时间

合同的生效是指已经成立的合同在当事人之间产生了一定的法律拘束力。而合同的成立是指双方当事人依照有关法律对合同的内容进行协商并达成一致的意见。

合同生效与合同成立是两个不同的概念。合同成立的判断依据是承诺是否生效，体现的是合同自由原则；而合同能否生效则取决于是否符合国家法律的要求，体现的是合同合法原则。

依法成立的合同，自成立时生效，但是法律另有规定或者当事人另有约定的除外。

依照法律、行政法规的规定，合同应当办理批准等手续的，依照其规定。未办理批准等手续影响合同生效的，不影响合同中履行报批等义务条款以及相关条款的效力。应当办理申请批准等手续的当事人未履行义务的，对方可以请求其承担违反该义务的责任。

依照法律、行政法规的规定，合同的变更、转让、解除等情形应当办理批准等手续的，适用前款规定。

2. 被代理人对无权代理合同的追认

无权代理人以被代理人的名义订立合同，被代理人已经开始履行合同义务或者接受相对人履行的，视为对合同的追认。

3. 越权订立的合同效力

法人的法定代表人或者非法人组织的负责人超越权限订立的合同，除相对人知道或者应当知道其超越权限外，该代表行为有效，订立的合同对法人或者非法人组织发生效力。

4. 超越经营范围订立的合同效力

当事人超越经营范围订立的合同的效力，应当依照《民法典》第一编第六章第三节和第三编的有关规定确定，不得仅以超越经营范围确认合同无效。

5. 免责条款效力

合同中的下列免责条款无效：

（1）造成对方人身损害的；

（2）因故意或者重大过失造成对方财产损失的。

6. 争议解决条款效力

合同不生效、无效、被撤销或者终止的，不影响合同中有关解决争议方法条款的效力。

7. 合同效力援引规定

《民法典》第三编对合同的效力没有规定的，适用《民法典》第一编第六章民事法律行为的有关规定。

（三）合同履行

合同履行是债务人全面地、适当地完成其合同义务，以使债权人的合同债权得到实现的行为。

1. 合同履行的原则

当事人应当按照约定全面履行自己的义务。当事人应当遵循诚信原则，根据合同的性质、目的和交易习惯履行通知、协助、保密等义务。当事人在履行合同过程中，应当避免浪费资源、污染环境和破坏生态。

合同履行是合同债务人全面地、适当地完成其合同义务，债权人的合同债权得到完全实现。

合同履行的原则，是指当事人在履行合同债务时应当遵循的基本准则。当事人在履行合同债务中，只有遵守这些基本准则，才能够实现债权人的债权，当事人期待的合同利益才能实现。

三个合同履行原则：

1）遵守约定原则，也称约定必须信守原则。依法订立的合同对当事人具有法律约束力。双方的履行过程一切都要服从于约定，信守约定，约定的内容是什么就履行什么，一切违反约定的履行行为都属于对该原则的违背。遵守约定原则包括：①适当履行原则，合同当事人按照合同约定的履行主体、标的、时间、地点以及方式等履行，且均须适当，完全符合合同约定的要求。②全面履行原则，要求合同当事人按照合同所约定的各项条款，全部而完整地完成合同义务。

2）诚实信用原则，对于一切合同及合同履行的一切方面均应适用，根据合同的性质、目的和交易习惯履行合同义务。具体包括：①协作履行原则，要求当事人基于诚信原则的要求，对对方当事人的履行债务行为给予协助：一是及时通知，二是相互协助，三是予以保密。②经济合理原则，要求当事人在履行合同时要正确地处理效益与成本的关系，达到两者的最佳结合。

3）绿色原则，依照《民法典》第 9 条规定，履行合同应当避免浪费资源、污染环境和破坏生态，遵守绿色原则。

2. 合同条款补充和确定方法

合同生效后，当事人就质量、价款或者报酬、履行地点等内容没有约定或者约定不明确的，可以协议补充；不能达成补充协议的，按照合同相关条款或者交易习惯确定。

合同的标的和数量是主要条款，其他条款属于非主要条款。当事人就合同的主要条款达成合意即合同成立，非主要条款没有约定或者约定不明确，并不影响合同成立。

3. 合同条款的继续确定

合同生效后，当事人就质量、价款或者报酬、履行地点等内容没有约定或者约定不明确的，可以协议补充；不能达成补充协议的，按照合同相关条款或者交易习惯确定。

（1）质量要求不明确的，按照强制性国家标准履行；没有强制性国家标准的，按照推荐性国家标准履行；没有推荐性国家标准的，按照行业标准履行；没有国家标准、行业标准的，按照通常标准或者符合合同目的的特定标准履行。

（2）价款或者报酬不明确的，按照订立合同时履行地的市场价格履行；依法应当执行政府定价或者政府指导价的，依照规定履行。

（3）履行地点不明确，给付货币的，在接受货币一方所在地履行；交付不动产的，在不动产所在地履行；其他标的，在履行义务一方所在地履行。

（4）履行期限不明确的，债务人可以随时履行，债权人也可以随时请求履行，但是应当给对方必要的准备时间。

（5）履行方式不明确的，按照有利于实现合同目的的方式履行。

（6）履行费用的负担不明确的，由履行义务一方负担；因债权人原因增加的履行费用，由债权人负担。

4. 电子合同交付时间和认定规则

通过互联网等信息网络订立的电子合同的标的为交付商品并采用快递物流方式交付的，收货人的签收时间为交付时间。电子合同的标的为提供服务的，生成的电子凭证或者实物凭证中载明的时间为提供服务时间；前述凭证没有载明时间或者载明时间与实际提供服务时间不一致的，以实际提供服务的时间为准。

电子合同的标的物为采用在线传输方式交付的，合同标的物进入对方当事人指定的特定系统且能够检索识别的时间为交付时间。

电子合同当事人对交付商品或者提供服务的方式、时间另有约定的，按照其约定。

5. 执行政府定价或指导价的合同价格确定

执行政府定价或者政府指导价的，在合同约定的交付期限内政府价格调整时，按照交付时的价格计价。逾期交付标的物的，遇价格上涨时，按照原价格执行；价格下降时，按照新价格执行。逾期提取标的物或者逾期付款的，遇价格上涨时，按照新价格执行；价格下降时，按照原价格执行。

合同的标的物属于政府定价或者政府指导价的，必须以政府定价和政府指导价确定其价格，当事人不得另行约定价格。

政府定价是国家对少数关乎国计民生的产品由政府直接确定价格，企业不得违背的定价。政府指导价是政府对少数产品确定一个中准价，各地根据当地情况做出具体定价，按照当地政府确定的定价进行交易，当事人应当执行这种定价。

合同在履行过程中，如果遇到政府定价或者政府指导价调整时，确定产品价格的原则是保护按约履行合同的一方。具体办法是：①执行政府定价和政府指导价的，在履行中遇到政府定价或者政府指导价调整时，应按交付时的政府定价或者政府指导价计价，即按新的价格执行；交付货物时，该货物提价的，按已提的价格执行；降价的，则按所降的价格计算。②当事人逾期交货的，该产品的政府定价或者政府指导价提高时，按原定的价格执行；该产品政府定价或者政府指导价降低时，按已降低的价格执行。③当事人超过合同规定时间提货或付款的，该产品的政府定价或者政府指导价提高时，按已提高的价格计价付款；该产品政府定价或者政府指导价降低时，则按原来合同所议定的价格执行。

6. 金钱之债给付货币的确定规则

以支付金钱为内容的债，除法律另有规定或者当事人另有约定外，债权人可以请求债务人以实际履行地的法定货币履行。

7. 选择之债中债务人的选择权

标的有多项而债务人只需履行其中一项的，债务人享有选择权；但是，法律另有规定、当事人另有约定或者另有交易习惯的除外。享有选择权的当事人在约定期限内或者履行期限届满未作选择，经催告后在合理期限内仍未选择的，选择权转移至对方。

8. 选择之债的履行规则

当事人行使选择权应当及时通知对方，通知到达对方时，标的确定。标的确定后不得变更，但是经对方同意的除外。可选择的标的发生不能履行情形的，享有选择权的当事人不得选择不能履行的标的，但是该不能履行的情形是由对方造成的除外。

9. 可分之债份额的确定规则

债权人为二人以上，标的可分，按照份额各自享有债权的，为按份债权；债务人为二人以上，标的可分，按照份额各自负担债务的，为按份债务。按份债权人或者按份债务人的份额难以确定的，视为份额相同。

10. 连带债权债务的一般规则

债权人为二人以上，部分或者全部债权人均可以请求债务人履行债务的，为连带债权；债务人为二人以上，债权人可以请求部分或者全部债务人履行全部债务的，为连带债务。连带债权或者连带债务，由法律规定或者当事人约定。

连带之债，是指在一个债的关系中，债权人或者债务人有数人时，各债权人均得请求债务人履行全部债务，各债务人均负有履行全部债务的义务，且全部债务因一次全部履行而归于消灭的债。

连带之债产生于两种原因：①法定连带之债，如合伙债务、代理上的连带债务、共同侵权行为的损害赔偿责任为连带之债，以及法律规定的其他连带之债。②意定连带之债，当事人通过协议，约定为连带债权或者连带债务，如数个借款合同债务人就同一借贷，约定各负清偿全部债务的义务。

11. 连带债务份额的确定规则

连带债务人之间的份额难以确定的，视为份额相同。实际承担债务超过自己份额的连带债务人，有权就超出部分在其他连带债务人未履行的份额范围内向其追偿，并相应地享有债权人的权利，但是不得损害债权人的利益。其他连带债务人对债权人的抗辩，可以向该债务人主张。被追偿的连带债务人不能履行其应分担份额的，其他连带债务人应当在相应范围内按比例分担。

12. 连带债务涉他效力

部分连带债务人履行、抵销债务或者提存标的物的，其他债务人对债权人的债务在相应范围内消灭；该债务人可以依据前条规定向其他债务人追偿。部分连带债务人的债务被债权人免除的，在该连带债务人应当承担的份额范围内，其他债务人对债权人的债务消灭。部分连带债务人的债务与债权人的债权同归于一人的，在扣除该债务人应当承担的份额后，债权人对其他债务人的债权继续存在。债权人对部分连带债务人的给付受领迟延的，对其他连带债务人发生效力。

13. 连带债权的内部关系及法律适用

连带债权人之间的份额难以确定的，视为份额相同。实际受领债权的连带债权人，应当按比例向其他连带债权人返还。连带债权参照适用《民法典》第四章“合同的履行”连带债务的有关规定。

14. 向第三人履行的合同

当事人约定由债务人向第三人履行债务，债务人未向第三人履行债务或者履行债务不符合约定的，应当向债权人承担违约责任。法律规定或者当事人约定第三人可以直接请求债务人向其履行债务，第三人未在合理期限内明确拒绝，债务人未向第三人履行债务或者履行债务不符合约定的，第三人可以请求债务人承担违约责任；债务人对债权人的抗辩，可以向第三人主张。

15. 由第三人履行的合同

当事人约定由第三人向债权人履行债务，第三人不履行债务或者履行债务不符合约定的，债务人应当向债权人承担违约责任。

16. 第三人清偿规则

债务人不履行债务，第三人对履行该债务具有合法利益的，第三人有权向债权人代为履行；但是，根据债务性质、按照当事人约定或者依照法律规定只能由债务人履行的除外。

债权人接受第三人履行后，其对债务人的债权转让给第三人，但是债务人和第三人另有约定的除外。

17. 同时履行抗辩权

当事人互负债务，没有先后履行顺序的，应当同时履行。一方在对方履行之前有权拒绝其履行请求。一方在对方履行债务不符合约定时，有权拒绝其相应的履行请求。

18. 先履行抗辩权

当事人互负债务，有先后履行顺序，应当先履行债务一方未履行的，后履行一方有权拒绝其履行请求。先履行一方履行债务不符合约定的，后履行一方有权拒绝其相应的履行请求。

19. 不安抗辩权

应当先履行债务的当事人，有确切证据证明对方有下列情形之一的，可以中止履行：

（1）经营状况严重恶化；

（2）转移财产、抽逃资金，以逃避债务；

（3）丧失商业信誉；

（4）有丧失或者可能丧失履行债务能力的其他情形。

当事人没有确切证据中止履行的，应当承担违约责任。

20. 行使不安抗辩权

当事人依据前条规定中止履行的，应当及时通知对方。对方提供适当担保的，应当恢复履行。中止履行后，对方在合理期限内未恢复履行能力且未提供适当担保的，视为以自己的行为表明不履行主要债务，中止履行的一方可以解除合同并可以请求对方承担违约责任。

21. 因债权人原因致债务履行困难时的处理

债权人分立、合并或者变更住所没有通知债务人，致使履行债务发生困难的，债务人可以中止履行或者将标的物提存。

22. 债务人提前履行债务

债权人可以拒绝债务人提前履行债务，但是提前履行不损害债权人利益的除外。债务人提前履行债务给债权人增加的费用，由债务人负担。

23. 债务人部分履行债务

债权人可以拒绝债务人部分履行债务，但是部分履行不损害债权人利益的除外。债务人部分履行债务给债权人增加的费用，由债务人负担。

24. 当事人变化对合同履行的影响

合同生效后，当事人不得因姓名、名称的变更或者法定代表人、负责人、承办人的变动而不履行合同义务。

25. 情势变更

合同成立后，合同的基础条件发生了当事人在订立合同时无法预见的、不属于商业风险的重大变化，继续履行合同对于当事人一方明显不公平的，受不利影响的当事人可以与对方重新协商；在合理期限内协商不成的，当事人可以请求人民法院或者仲裁机构变更或者解除合同。

人民法院或者仲裁机构应当结合案件的实际情况，根据公平原则变更或者解除合同。

26. 合同监管

对当事人利用合同实施危害国家利益、社会公共利益行为的，市场监督管理和其他有关行政主管部门依照法律、行政法规的规定负责监督处理。

（四）合同的保全

1. 债权人代位权

因债务人怠于行使其债权或者与该债权有关的从权利，影响债权人的到期债权实现的，债权人可以向人民法院请求以自己的名义代位行使债务人对相对人的权利，但是该权利专属于债务人自身的除外。代位权的行使范围以债权人的到期债权为限。债权人行使代位权的必要费用，由债务人负担。相对人对债务人的抗辩，可以向债权人主张。

2. 债权人代位权的提前行使

债权人的债权到期前，债务人的债权或者与该债权有关的从权利存在诉讼时效期间即将届满或者未及时申报破产债权等情形，影响债权人的债权实现的，债权人可以代位向债务人的相对人请求其向债务人履行、向破产管理人申报或者作出其他必要的行为。

3. 债权人代位权行使效果

人民法院认定代位权成立的，由债务人的相对人向债权人履行义务，债权人接受履行后，债权人与债务人、债务人与相对人之间相应的权利义务关系终止。债务人对相对人的债权或者与该债权有关的从权利被采取保全、执行措施，或者债务人破产的，依照相关法律的规定处理。

4. 无偿处分时的债权人撤销权行使

债务人以放弃其债权、放弃债权担保、无偿转让财产等方式无偿处分财产权益，或者恶意延长其到期债权的履行期限，影响债权人的债权实现的，债权人可以请求人民法院撤销债务人的行为。

5. 不合理价格交易时的债权人撤销权行使

债务人以明显不合理的低价转让财产、以明显不合理的高价受让他人财产或者为他人的债务提供担保，影响债权人的债权实现，债务人的相对人知道或者应当知道该情形的，债权人可以请求人民法院撤销债务人的行为。

6. 债权人撤销权行使范围以及必要费用承担

撤销权的行使范围以债权人的债权为限。债权人行使撤销权的必要费用，由债务人负担。

7. 债权人撤销权除斥期间

撤销权自债权人知道或者应当知道撤销事由之日起一年内行使。自债务人的行为发生之日起五年内没有行使撤销权的，该撤销权消灭。

8. 债权人撤销权行使效果

债务人影响债权人的债权实现的行为被撤销的，自始没有法律约束力。

（五）合同变更、转让

1. 合同变更

合同变更是指对已经依法成立的合同，在承认其法律效力的前提下，对其进行修改或补充。当事人协商一致，可以变更合同。当事人对合同变更的内容约定不明确的，推定为未变更。

2. 债权转让

债权人可以将债权的全部或者部分转让给第三人，但是有下列情形之一的除外：

（1）根据债权性质不得转让；

（2）按照当事人约定不得转让；

（3）依照法律规定不得转让。

当事人约定非金钱债权不得转让的，不得对抗善意第三人。当事人约定金钱债权不得转让的，不得对抗第三人。

3. 债权转让通知

债权人转让债权，未通知债务人的，该转让对债务人不发生效力。债权转让的通知不得撤销，但是经受让人同意的除外。

4. 债权转让时从权利一并变动

债权人转让债权的，受让人取得与债权有关的从权利，但是该从权利专属于债权人自身的除外。受让人取得从权利不因该从权利未办理转移登记手续或者未转移占有而受到影响。

5. 债权转让时债务人抗辩权

债务人接到债权转让通知后，债务人对让与人的抗辩，可以向受让人主张。

6. 债权转让时债务人抵销权

有下列情形之一的，债务人可以向受让人主张抵销：

（1）债务人接到债权转让通知时，债务人对让与人享有债权，且债务人的债权先于转让的债权到期或者同时到期；

（2）债务人的债权与转让的债权是基于同一合同产生。

7. 债权转让增加的履行费用的负担

因债权转让增加的履行费用，由让与人负担。

8. 债务转移

债务人将债务的全部或者部分转移给第三人的，应当经债权人同意。债务人或者第三人可以催告债权人在合理期限内予以同意，债权人未作表示的，视为不同意。

9. 并存的债务承担

第三人与债务人约定加入债务并通知债权人，或者第三人向债权人表示愿意加入债务，债权人未在合理期限内明确拒绝的，债权人可以请求第三人在其愿意承担的债务范围内和债务人承担连带债务。

10. 债务转移时新债务人抗辩权

债务人转移债务的，新债务人可以主张原债务人对债权人的抗辩；原债务人对债权人享有债权的，新债务人不得向债权人主张抵销。

11. 债务转移时从债务一并转移

债务人转移债务的，新债务人应当承担与主债务有关的从债务，但是该从债务专属于原债务人自身的除外。

12. 合同权利义务一并转让

当事人一方经对方同意，可以将自己在合同中的权利和义务一并转让给第三人。

13. 合同权利义务一并转让的法律适用

合同的权利和义务一并转让的，适用债权转让、债务转移的有关规定。

（六）合同的权利义务终止

1. 债权债务终止情形

有下列情形之一的，债权债务终止：

（1）债务已经履行；

（2）债务相互抵销；

（3）债务人依法将标的物提存；

（4）债权人免除债务；

（5）债权债务同归于一人；

（6）法律规定或者当事人约定终止的其他情形。

合同解除的，该合同的权利义务关系终止。

2. 债权债务终止后的义务

债权债务终止后，当事人应当遵循诚信等原则，根据交易习惯履行通知、协助、保密、旧物回收等义务。

3. 债权的从权利消灭

债权债务终止时，债权的从权利同时消灭，但是法律另有规定或者当事人另有约定的除外。

4. 债的清偿抵充顺序

债务人对同一债权人负担的数项债务种类相同，债务人的给付不足以清偿全部债务的，除当事人另有约定外，由债务人在清偿时指定其履行的债务。

债务人未作指定的，应当优先履行已经到期的债务；数项债务均到期的，优先履行对债权人缺乏担保或者担保最少的债务；均无担保或者担保相等的，优先履行债务人负担较重的债务；负担相同的，按照债务到期的先后顺序履行；到期时间相同的，按照债务比例履行。

5. 费用、利息和主债务的抵充顺序

债务人在履行主债务外还应当支付利息和实现债权的有关费用，其给付不足以清偿全部债务的，除当事人另有约定外，应当按照下列顺序履行：

（1）实现债权的有关费用；

（2）利息；

（3）主债务。

6. 合同约定解除

当事人协商一致，可以解除合同。当事人可以约定一方解除合同的事由。解除合同的事由发生时，解除权人可以解除合同。

7. 合同法定解除

有下列情形之一的，当事人可以解除合同：

（1）因不可抗力致使不能实现合同目的；

（2）在履行期限届满前，当事人一方明确表示或者以自己的行为表明不履行主要债务；

（3）当事人一方迟延履行主要债务，经催告后在合理期限内仍未履行；

（4）当事人一方迟延履行债务或者有其他违约行为致使不能实现合同目的；

（5）法律规定的其他情形。

以持续履行的债务为内容的不定期合同，当事人可以随时解除合同，但是应当在合理期限之前通知对方。

8. 解除权行使期限

法律规定或者当事人约定解除权行使期限，期限届满当事人不行使的，该权利消灭。法律没有规定或者当事人没有约定解除权行使期限，自解除权人知道或者应当知道解除事由之日起一年内不行使，或者经对方催告后在合理期限内不行使的，该权利消灭。

9. 合同解除程序

当事人一方依法主张解除合同的，应当通知对方。合同自通知到达对方时解除；通知载明债务人在一定期限内不履行债务则合同自动解除，债务人在该期限内未履行债务的，合同自通知载明的期限届满时解除。对方对解除合同有异议的，任何一方当事人均可以请求人民法院或者仲裁机构确认解除行为的效力。当事人一方未通知对方，直接以提起诉讼或者申请仲裁的方式依法主张解除合同，人民法院或者仲裁机构确认该主张的，合同自起诉状副本或者仲裁申请书副本送达对方时解除。

10. 合同解除的效力

合同解除后，尚未履行的，终止履行；已经履行的，根据履行情况和合同性质，当事人可以请求恢复原状或者采取其他补救措施，并有权请求赔偿损失。合同因违约解除的，解除权人可以请求违约方承担违约责任，但是当事人另有约定的除外。主合同解除后，担保人对债务人应当承担的民事责任仍应承担担保责任，但是担保合同另有约定的除外。

11. 合同终止后有关结算和清理条款效力

合同的权利义务关系终止，不影响合同中结算和清理条款的效力。

12. 债务法定抵销

当事人互负债务，该债务的标的物种类、品质相同的，任何一方可以将自己的债务与对方的到期债务抵销；但是，根据债务性质、按照当事人约定或者依照法律规定不得抵销的除外。当事人主张抵销的，应当通知对方。通知自到达对方时生效。抵销不得附条件或者附期限。

13. 债务约定抵销

当事人互负债务，标的物种类、品质不相同的，经协商一致，也可以抵销。

14. 标的物提存的条件

有下列情形之一，难以履行债务的，债务人可以将标的物提存：

（1）债权人无正当理由拒绝受领；

（2）债权人下落不明；

（3）债权人死亡未确定继承人、遗产管理人，或者丧失民事行为能力未确定监护人；

（4）法律规定的其他情形。

标的物不适于提存或者提存费用过高的，债务人依法可以拍卖或者变卖标的物，提存所得的价款。

提存是指债务人于债务已届履行期时，将无法给付的标的物提交给提存部门，以消灭债务的行为。提存可使债务人将无法交付给债权人的标的物交付给提存部门，消灭债权债务关系，为保护债务人的利益提供了一项行之有效的措施。

提存作为债的消灭原因，提存的标的物应与合同约定给付的标的物相符合，否则不发生清偿的效力。给付的标的物是债务人的行为、不行为或单纯的劳务，不适用提存。其他不适宜提存或者提存费用过高的，如容积过大之物，易燃易爆的危险物等，应由债务人依法拍卖或变卖，将所得的价金进行提存。

法律规定的其他可以提存的情形，如《企业破产法》规定：

对于附生效条件或者解除条件的债权，管理人应当将其分配额提存。提存的分配额，在最后分配公告日，生效条件未成就或者解除条件成就的，应当分配给其他债权人；在最后分配公告日，生效条件成就或者解除条件未成就的，应当交付给债权人。

债权人未受领的破产财产分配额，管理人应当提存。债权人自最后分配公告之日起满 2 个月仍不领取的，视为放弃受领分配的权利，管理人或者人民法院应当将提存的分配额分配给其他债权人。

破产财产分配时，对于诉讼或者仲裁未决的债权，管理人应当将其分配额提存。自破产程序终结之日起满 2 年仍不能受领分配的，人民法院应当将提存的分配额分配给其他债权人。

15. 提存成立及提存对债务人效力

债务人将标的物或者将标的物依法拍卖、变卖所得价款交付提存部门时，提存成立。提存成立的，视为债务人在其提存范围内已经交付标的物。

16. 提存通知

标的物提存后，债务人应当及时通知债权人或者债权人的继承人、遗产管理人、监护人、财产代管人。

17. 提存对债权人效力

标的物提存后，毁损、灭失的风险由债权人承担。提存期间，标的物的孳息归债权人所有。提存费用由债权人负担。

18. 提存物的受领及受领权消灭

债权人可以随时领取提存物。但是，债权人对债务人负有到期债务的，在债权人未履行债务或者提供担保之前，提存部门根据债务人的要求应当拒绝其领取提存物。债权人领取提存物的权利，自提存之日起五年内不行使而消灭，提存物扣除提存费用后归国家所有。但是，债权人未履行对债务人的到期债务，或者债权人向提存部门书面表示放弃领取提存物权利的，债务人负担提存费用后有权取回提存物。

19. 债务免除

债权人免除债务人部分或者全部债务的，债权债务部分或者全部终止，但是债务人在合理期限内拒绝的除外。

20. 债权债务混同

债权和债务同归于一人的，债权债务终止，但是损害第三人利益的除外。

（七）违约责任

1. 违约责任

当事人一方不履行合同义务或者履行合同义务不符合约定的，应当承担继续履行、采取补救措施或者赔偿损失等违约责任。

2. 预期违约责任

当事人一方明确表示或者以自己的行为表明不履行合同义务的，对方可以在履行期限届满前请求其承担违约责任。

3. 金钱债务实际履行责任

当事人一方未支付价款、报酬、租金、利息，或者不履行其他金钱债务的，对方可以请求其支付。

4. 非金钱债务实际履行责任及违约责任

当事人一方不履行非金钱债务或者履行非金钱债务不符合约定的，对方可以请求履行，但是有下列情形之一的除外：

（1）法律上或者事实上不能履行；

（2）债务的标的不适于强制履行或者履行费用过高；

（3）债权人在合理期限内未请求履行。

有前款规定的除外情形之一，致使不能实现合同目的的，人民法院或者仲裁机构可以根据当事人的请求终止合同权利义务关系，但是不影响违约责任的承担。

5. 替代履行

当事人一方不履行债务或者履行债务不符合约定，根据债务的性质不得强制履行的，对方可以请求其负担由第三人替代履行的费用。

当事人一方不履行债务或者履行债务不符合约定，根据债务的性质属于不得强制履行的，应当是非金钱债务。金钱债务不存在不得强制履行的问题。

6. 瑕疵履行违约责任

履行不符合约定的，应当按照当事人的约定承担违约责任。对违约责任没有约定或者约定不明确，依据《民法典》第五百一十条的规定仍不能确定的，受损害方根据标的的性质以及损失的大小，可以合理选择请求对方承担修理、重做、更换、退货、减少价款或者报酬等违约责任。

7. 违约损害赔偿责任

当事人一方不履行合同义务或者履行合同义务不符合约定的，在履行义务或者采取补救措施后，对方还有其他损失的，应当赔偿损失。

8. 损害赔偿范围

当事人一方不履行合同义务或者履行合同义务不符合约定，造成对方损失的，损失赔偿额应当相当于因违约所造成的损失，包括合同履行后可以获得的利益；但是，不得超过违约一方订立合同时预见到或者应当预见到的因违约可能造成的损失。

9. 违约金

当事人可以约定一方违约时应当根据违约情况向对方支付一定数额的违约金，也可以约定因违约产生的损失赔偿额的计算方法。约定的违约金低于造成的损失的，人民法院或者仲裁机构可以根据当事人的请求予以增加；约定的违约金过分高于造成的损失的，人民法院或者仲裁机构可以根据当事人的请求予以适当减少。当事人就迟延履行约定违约金的，违约方支付违约金后，还应当履行债务。

10. 定金担保

当事人可以约定一方向对方给付定金作为债权的担保。定金合同自实际交付定金时成立。定金的数额由当事人约定；但是，不得超过主合同标的额的20%，超过部分不产生定金的效力。实际交付的定金数额多于或者少于约定数额的，视为变更约定的定金数额。

11. 定金罚则

债务人履行债务的，定金应当抵作价款或者收回。给付定金的一方不履行债务或者履行债务不符合约定，致使不能实现合同目的的，无权请求返还定金；收受定金的一方不履行债务或者履行债务不符合约定，致使不能实现合同目的的，应当双倍返还定金。

12. 违约金与定金竞合时的责任

当事人既约定违约金，又约定定金的，一方违约时，对方可以选择适用违约金或者定金条款。定金不足以弥补一方违约造成的损失的，对方可以请求赔偿超过定金数额的损失。

13. 拒绝受领和受领迟延

债务人按照约定履行债务，债权人无正当理由拒绝受领的，债务人可以请求债权人赔偿增加的费用。在债权人受领迟延期间，债务人无须支付利息。

14. 不可抗力

当事人一方因不可抗力不能履行合同的，根据不可抗力的影响，部分或者全部免除责任，但是法律另有规定的除外。因不可抗力不能履行合同的，应当及时通知对方，以减轻可能给对方造成的损失，并应当在合理期限内提供证明。当事人迟延履行后发生不可抗力的，不免除其违约责任。

15. 减损规则

当事人一方违约后，对方应当采取适当措施防止损失的扩大；没有采取适当措施致使损失扩大的，不得就扩大的损失请求赔偿。当事人因防止损失扩大而支出的合理费用，由违约方负担。

16. 双方违约和有过失

当事人都违反合同的，应当各自承担相应的责任。当事人一方违约造成对方损失，对方对损失的发生有过错的，可以减少相应的损失赔偿额。

17. 第三人原因造成违约时违约责任承担

当事人一方因第三人的原因造成违约的，应当依法向对方承担违约责任。当事人一方和第三人之间的纠纷，依照法律规定或者按照约定处理。

18. 国际贸易合同诉讼时效和仲裁时效

因国际货物买卖合同和技术进出口合同争议提起诉讼或者申请仲裁的时效期间为四年。

四、招标投标法及其实施条例

1999 年 8 月 30 日第九届全国人民代表大会常务委员会第十一次会议通过《中华人民共和国招标投标法》（以下简称《招标投标法》）。根据 2017 年 12 月 27 日第十二届全国人民代表大会常务委员会第三十一次会议《关于修改〈中华人民共和国招标投标法〉〈中华人民共和国计量法〉的决定》修正，自 2017 年 12 月 28 日起施行。

根据《招标投标法》，2011 年 11 月 30 日国务院第 183 次常务会议通过《中华人民共和国招标投标法实施条例》（以下简称《招标投标法实施条例》），自 2012 年 2 月 1 日起施行。根据 2017 年 3 月 1 日《国务院关于修改和废止部分行政法规的决定》第一次修订，根据 2018 年 3 月 19 日中华人民共和国国务院令第 698 号令《国务院关于修改和废止部分行政法规的决定》第二次修订，根据 2019 年 3 月 2 日《国务院关于修改部分行政法规的决定》（国务院令第 709 号）第三次修订。

（一）招标

1. 招标范围

《招标投标法》规定，在中华人民共和国境内进行下列工程建设项目（包括项目的勘察、设计、施工、监理以及与工程建设有关的重要设备、材料等的采购），必须进行招标：

（1）大型基础设施、公用事业等关系社会公共利益、公众安全的项目；

（2）全部或者部分使用国有资金投资或者国家融资的项目；

（3）使用国际组织或者外国政府贷款、援助资金的项目。

涉及国家安全、国家秘密、抢险救灾或者属于利用扶贫资金实行以工代赈、需要使用农民工等特殊情况，不适宜进行招标的项目，按照国家有关规定可以不进行招标。

《招标投标法实施条例》规定，有下列情形之一的，可以不进行招标：

① 需要采用不可替代的专利或者专有技术；

② 采购人依法能够自行建设、生产或者提供；

③ 已通过招标方式选定的特许经营项目投资人依法能够自行建设、生产或者提供；

④ 需要向原中标人采购工程、货物或者服务，否则将影响施工或者功能配套要求；

⑤ 国家规定的其他特殊情形。

以上所称工程建设项目是指工程以及与工程建设有关的货物、服务。工程是指建设工程，包括建筑物和构筑物的新建、改建、扩建及其相关的装修、拆除、修缮等；与工程建设有关的货物，是指构成工程不可分割的组成部分，且为实现工程基本功能所必需的设备、材料等；与工程建设有关的服务，是指为完成工程所需的勘察、设计、监理等服务。

2. 招标方式

(1) 公开招标及邀请招标。

《招标投标法》规定，招标分为公开招标和邀请招标两种方式。

① 公开招标，是指招标人以招标公告的方式邀请不特定的法人或者其他组织投标。依法必须进行招标项目的招标公告，应当通过国家指定的报刊、信息网络或者其他媒介发布。《招标投标法实施条例》规定，国有资金占控股或者主导地位的依法必须进行招标的项目，应当公开招标。

② 邀请招标，是指招标人以投标邀请书的方式邀请特定的法人或者其他组织投标。《招标投标法》规定，招标人采用邀请招标方式的，应当向3个以上具备承担招标项目的能力、资信良好的特定的法人或者其他组织发出投标邀请书。国务院发展计划部门确定的国家重点项目和省、自治区、直辖市人民政府确定的地方重点项目不适宜公开招标的，经国务院发展计划部门或者省、自治区、直辖市人民政府批准，可以进行邀请招标。

《招标投标法实施条例》规定，国有资金占控股或者主导地位的依法必须进行招标的项目，应当公开招标；但有下列情形之一的，可以邀请招标：

① 技术复杂、有特殊要求或者受自然环境限制，只有少量潜在投标人可供选择；

② 采用公开招标方式的费用占项目合同金额的比例过大。

(2) 总承包招标和两阶段招标。

《招标投标法实施条例》规定，招标人可以依法对工程以及与工程建设有关的货物、服务全部或者部分实行总承包招标。以暂估价形式包括在总承包范围内的工程、货物、服务属于依法必须进行招标的项目范围且达到国家规定规模标准的，应当依法进行招标。暂估价，是指总承包招标时不能确定价格而由招标人在招标文件中暂时估定的工程、货物、服务的金额。

对技术复杂或者无法精确拟定技术规格的项目，招标人可以分两阶段进行招标。第一阶段，投标人按照招标公告或者投标邀请书的要求提交不带报价的技术建议，招标人根据投标人提交的技术建议确定技术标准和要求，编制招标文件。第二阶段，招标人向在第一阶段提交技术建议的投标人提供招标文件，投标人按照招标文件的要求提交包括最终技术方案和投标报价的投标文件。招标人要求投标人提交投标保证金的，应当在第二阶段提出。

3. 招标投标交易场所

《招标投标法实施条例》规定，设区的市级以上地方人民政府可以根据实际需要，建立统一规范的招标投标交易场所，为招标投标活动提供服务。招标投标交易场所不得与行政监督部门存在隶属关系，不得以营利为目的。国家鼓励利用信息网络进行电子招标投标。

4. 招标程序

建设工程招标的基本程序主要包括履行项目审批手续、自行招标或委托招标代理机构、编制招标文件、发布招标公告或投标邀请书、资格审查、开标、评标、中标和签订合同，以及终止招标等。

（1）履行项目审批手续。

《招标投标法》规定，招标项目按照国家有关规定需要履行项目审批手续的，应当先履行审批手续，取得批准。招标人应当有进行招标项目的相应资金或者资金来源已经落实，并应当在招标文件中如实载明。《招标投标法实施条例》规定，按照国家有关规定需要履行项目审批、核准手续的依法必须进行招标的项目，其招标范围、招标方式、招标组织形式应当报项目审批、核准部门审批、核准。项目审批、核准部门应当及时将审批、核准确定的招标范围、招标方式、招标组织形式通报有关行政监督部门。

（2）自行招标或委托招标代理机构。

《招标投标法》规定，招标人具有编制招标文件和组织评标能力的，可以自行办理招标事宜。任何单位和个人不得强制其委托招标代理机构办理招标事宜。依法必须进行招标的项目，招标人自行办理招标事宜的，应当向有关行政监督部门备案。《招标投标法实施条例》规定，招标人具有编制招标文件和组织评标能力，是指招标人具有与招标项目规模和复杂程度相适应的技术、经济等方面的专业人员。

《招标投标法》规定，招标代理机构是依法设立、从事招标代理业务并提供相关服务的社会中介组织。招标代理机构应当具备的条件：有从事招标代理业务的营业场所和相应资金；有能够编制招标文件和组织评标的相应专业力量。

《招标投标法》规定，招标人有权自行选择招标代理机构，委托其办理招标事宜。《招标投标法实施条例》规定，招标代理机构应当拥有一定数量的具备编制招标文件、组织评标等相应能力的专业人员。招标代理机构在招标人委托的范围内开展招标代理业务，任何单位和个人不得非法干涉。招标代理机构代理招标业务，应当遵守《招标投标法》和《招标投标法实施条例》关于招标人的规定。招标代理机构不得在所代理的招标项目中投标或者代理投标，也不得为所代理的招标项目的投标人提供咨询。

（3）编制招标文件。

《招标投标法》规定，招标人应当根据招标项目的特点和需要编制招标文件。招标文件应当包括招标项目的技术要求、对投标人资格审查的标准、投标报价要求和评标标准等所有实质性要求和条件以及拟签订合同的主要条款。国家对招标项目的技术、标准有规定的，招标人应当按照其规定在招标文件中提出相应要求。

招标文件不得要求或者标明特定的生产供应者以及含有倾向或者排斥潜在投标人的其他内容。招标人对已发出的招标文件进行必要的澄清或者修改的，应当在招标文件要求提交投标文件截止时间至少 15 日前，以书面形式通知所有招标文件收受人。该澄清或者修改的内容为招标文件的组成部分。

依法必须进行招标的项目，自招标文件开始发出之日起至投标人提交投标文件截止之日止，最短不得少于 20 日。

《招标投标法实施条例》规定，招标人可以对已发出的资格预审文件或者招标文件进行必要的澄清或者修改。澄清或者修改的内容可能影响资格预审申请文件或者投标文件编制的，招标人应当在提交资格预审申请文件截止时间至少 3 日前，或者投标截止时间至少 15 日前，以书面形式通知所有获取资格预审文件或者招标文件的潜在投标人；不足 3 日或者 15 日的，招标人应当顺延提交资格预审申请文件或者投标文件的截止时间。

招标人对招标项目划分标段的，应当遵守《招标投标法》的有关规定，不得利用划分标段限制或者排斥潜在投标人。依法必须进行招标的项目的招标人不得利用划分标段规避招标。

招标人应当在招标文件中载明投标有效期。投标有效期从提交投标文件的截止之日起算。

潜在投标人或者其他利害关系人对招标文件有异议的，应当在投标截止时间 10 日前提出。招标人应当自收到异议之日起 3 日内作出答复；作出答复前，应当暂停招标投标活动。招标人编制招标文件的内容违反法律、行政法规的强制性规定，违反公开、公平、公正和诚实信用原则，影响潜在投标人投标的，依法必须进行招标的项目的招标人应当在修改招标文件后重新招标。

招标人可以自行决定是否编制标底，一个招标项目只能有一个标底，标底必须保密。接受委托编制标底的中介机构不得参加受托编制标底项目的投标，也不得为该项目的投标人编制投标文件或者提供咨询。招标人设有最高投标限价的，应当在招标文件中明确最高投标限价或者最高投标限价的计算方法。招标人不得规定最低投标限价。

（4）发布招标公告或投标邀请书。

《招标投标法》规定，招标人采用公开招标方式的，应当发布招标公告。招标公告应当载明招标人的名称和地址、招标项目的性质、数量、实施地点和时间以及获取招标文件的办法等事项。

招标人采用邀请招标方式的，应当向 3 个以上具备承担招标项目的能力、资信良好的特定的法人或者其他组织发出投标邀请书。投标邀请书也应当载明招标人的名称和地址、招标项目的性质、数量、实施地点和时间以及获取招标文件的办法等事项。

招标人可以根据招标项目本身的要求，在招标公告或者投标邀请书中，要求潜在投标人提供有关资质证明文件和业绩情况，并对潜在投标人进行资格审查。招标人不得以不合理的条件限制或者排斥潜在投标人，不得对潜在投标人实行歧视待遇。

招标人不得向他人透露已获取招标文件的潜在投标人的名称、数量以及可能影响公平竞争的有关招标投标的其他情况。招标人根据招标项目的具体情况，可以组织潜在投标人踏勘项目现场。

《招标投标法实施条例》规定，招标人应当按照资格预审公告、招标公告或者投标邀请书规定的时间、地点发售资格预审文件或者招标文件。资格预审文件或者招标文件的发售期不得少于5日。招标人发售资格预审文件、招标文件收取的费用应当限于补偿印刷、邮寄的成本支出，不得以营利为目的。

（5）资格审查。

资格审查分为资格预审和资格后审。

《招标投标法实施条例》规定，招标人采用资格预审办法对潜在投标人进行资格审查的，应当发布资格预审公告、编制资格预审文件。招标人应当合理确定提交资格预审申请文件的时间。依法必须进行招标的项目提交资格预审申请文件的时间，自资格预审文件停止发售之日起不得少于5日。

资格预审应当按照资格预审文件载明的标准和方法进行。国有资金占控股或者主导地位的依法必须进行招标的项目，招标人应当组建资格审查委员会审查资格预审申请文件。资格审查委员会及其成员应当遵守招标投标法和实施条例有关评标委员会及其成员的规定。资格预审结束后，招标人应当及时向资格预审申请人发出资格预审结果通知书。未通过资格预审的申请人不具有投标资格。通过资格预审的申请人少于3个的，应当重新招标。

潜在投标人或者其他利害关系人对资格预审文件有异议的，应当在提交资格预审申请文件截止时间2日前提出。招标人应当自收到异议之日起3日内作出答复；作出答复前，应当暂停招标投标活动。招标人编制资格预审文件的内容违反法律、行政法规的强制性规定，违反公开、公平、公正和诚实信用原则，影响资格预审结果的，依法必须进行招标的项目的招标人应当在修改资格预审文件后重新招标。

招标人采用资格后审办法对投标人进行资格审查的，应当在开标后由评标委员会按照招标文件规定的标准和方法对投标人的资格进行审查。

（6）终止招标。

《招标投标法实施条例》规定，招标人终止招标的，应当及时发布公告，或者以书面形式通知被邀请的或者已经获取资格预审文件、招标文件的潜在投标人。已经发售资格预审文件、招标文件或者已经收取投标保证金的，招标人应当及时退还所收取的资格预审文件、招标文件的费用，以及所收取的投标保证金及银行同期存款利息。

5. 禁止限制、排斥投标人的规定

《招标投标法》规定，依法必须进行招标的项目，其招标投标活动不受地区或者部门的限制。任何单位和个人不得违法限制或者排斥本地区、本系统以外的法人或者其他组织参加投标，不得以任何方式非法干涉招标投标活动。

《招标投标法实施条例》规定，招标人不得以不合理的条件限制、排斥潜在投标人或者投标人。招标人有下列行为之一的，属于以不合理条件限制、排斥潜在投标人或者投标人：①就同一招标项目向潜在投标人或者投标人提供有差别的项目信息；②设定的资格、技术、商务条件与招标项目的具体特点和实际需要不相适应或者与合同履行无关；③依法必须进行招标的项目以特定行政区域或者特定行业的业绩、奖项作为加分条件或者中标条件；④对潜在投标人或者投标人采取不同的资格审查或者评标标准；⑤限定或者指定特定的专利、商标、品牌、原产地或者供应商；⑥依法必须进行招标的项目非法限定潜在投标人或者投标人的所有制形式或者组织形式；⑦以其他不合理条件限制、排斥潜在投标人或者投标人。

招标人不得组织单个或者部分潜在投标人踏勘项目现场。

6. 投标有效期及投标保证金

《招标投标法实施条例》规定，招标人应当在招标文件中载明投标有效期。投标有效期从提交投标文件的截止之日起算。

招标人在招标文件中要求投标人提交投标保证金，投标保证金不得超过招标项目估算价的2%。投标保证金有效期应当与投标有效期一致。依法必须进行招标的项目的境内投标单位，以现金或者支票形式提交的投标保证金应当从其基本账户转出。招标人不得挪用投标保证金。如招标人终止招标，应当及时发布公告，或者以书面形式通知被邀请的或者已经获取资格预审文件、招标文件的潜在投标人。如已经发售资格预审文件、招标文件或者已经收取投标保证金，招标人应当及时退还所收取的资格预审文件、招标文件的费用，以及所收取的投标保证金及银行同期存款利息。

（二）投标

1. 投标人及投标规定

《招标投标法》规定，投标人是响应招标、参加投标竞争的法人或者其他组织。投标人应当具备承担招标项目的能力；国家有关规定对投标人资格条件或者招标文件对投标人资格条件有规定的，投标人应当具备规定的资格条件。

《招标投标法实施条例》规定，投标人参加依法必须进行招标的项目的投标，不受地区或者部门的限制，任何单位和个人不得非法干涉。

与招标人存在利害关系可能影响招标公正性的法人、其他组织或者个人，不得参加投标。单位负责人为同一人或者存在控股、管理关系的不同单位，不得参加同一标段投标或者未划分标段的同一招标项目投标。违反以上规定的，相关投标均无效。

投标人发生合并、分立、破产等重大变化的，应当及时书面告知招标人。投标人不再具备资格预审文件、招标文件规定的资格条件或者其投标影响招标公正性的，其投标无效。

2. 投标文件

(1) 投标文件内容。

《招标投标法》规定，投标人应当按照招标文件的要求编制投标文件。投标文件应当对招标文件提出的实质性要求和条件作出响应。招标项目属于建设施工项目的，投标文件的内容应当包括拟派出的项目负责人与主要技术人员的简历、业绩和拟用于完成招标项目的机械设备等。

(2) 投标文件的修改与撤回。

《招标投标法》规定，投标人在招标文件要求提交投标文件的截止时间前，可以补充、修改或者撤回已提交的投标文件，并书面通知招标人。补充、修改的内容为投标文件的组成部分。

《招标投标法实施条例》规定，投标人撤回已提交的投标文件，应当在投标截止时间前书面通知招标人。

（3）投标文件的送达与签收。

《招标投标法》规定，投标人应当在招标文件要求提交投标文件的截止时间前，将投标文件送达投标地点。招标人收到投标文件后，应当签收保存，不得开启。投标人少于3个的，招标人应当依法重新招标。在招标文件要求提交投标文件的截止时间后送达的投标文件，招标人应当拒收。

《招标投标法实施条例》规定，未通过资格预审的申请人提交的投标文件，以及逾期送达或者不按照招标文件要求密封的投标文件，招标人应当拒收。招标人应当如实记载投标文件的送达时间和密封情况，并存档备查。

3. 禁止串通投标等不正当竞争行为规定

（1）禁止投标人相互串通投标。

有下列情形之一的，属于投标人相互串通投标：

① 投标人之间协商投标报价等投标文件的实质性内容；

② 投标人之间约定中标人；

③ 投标人之间约定部分投标人放弃投标或者中标；

④ 属于同一集团、协会、商会等组织成员的投标人按照该组织要求协同投标；

⑤ 投标人之间为谋取中标或者排斥特定投标人而采取的其他联合行动。

有下列情形之一的，视为投标人相互串通投标：

① 不同投标人的投标文件由同一单位或者个人编制；

② 不同投标人委托同一单位或者个人办理投标事宜；

③ 不同投标人的投标文件载明的项目管理成员为同一人；

④ 不同投标人的投标文件异常一致或者投标报价呈规律性差异；

⑤ 不同投标人的投标文件相互混装；

⑥ 不同投标人的投标保证金从同一单位或者个人账户转出。

（2）禁止招标人与投标人串通投标。

有下列情形之一的，属于招标人与投标人串通投标：

① 招标人在开标前开启投标文件并将有关信息泄露给其他投标人；

② 招标人直接或者间接向投标人泄露标底、评标委员会成员等信息；

③ 招标人明示或者暗示投标人压低或者抬高投标报价；

④ 招标人授意投标人撤换、修改投标文件；

⑤ 招标人明示或者暗示投标人为特定投标人中标提供方便；

⑥ 招标人与投标人为谋求特定投标人中标而采取的其他串通行为。

（3）禁止弄虚作假。

投标人不得以他人名义投标，如使用通过受让或者租借等方式获取的资格、资质证书投标。投标人也不得以其他方式弄虚作假，骗取中标，包括：

① 使用伪造、变造的许可证件；

② 提供虚假的财务状况或者业绩；

③ 提供虚假的项目负责人或者主要技术人员简历、劳动关系证明；

④ 提供虚假的信用状况；

⑤ 其他弄虚作假的行为。

4. 联合体投标

联合体投标是一种特殊的投标人组织形式，一般适用于大型的或结构复杂的建设项目。

《招标投标法》规定，两个以上法人或者其他组织可以组成一个联合体，以一个投标人的身份共同投标。联合体各方均应当具备承担招标项目的相应能力；国家有关规定或者招标文件对投标人资格条件有规定的，联合体各方均应当具备规定的相应资格条件。由同一专业的单位组成的联合体，按照资质等级较低的单位确定资质等级。

联合体各方应当签订共同投标协议，明确约定各方拟承担的工作和责任，并将共同投标协议连同投标文件一并提交招标人。联合体中标的，联合体各方应当共同与招标人签订合同，就中标项目向招标人承担连带责任。招标人不得强制投标人组成联合体共同投标，不得限制投标人之间的竞争。

《招标投标法实施条例》规定，招标人应当在资格预审公告、招标公告或者投标邀请书中载明是否接受联合体投标。招标人接受联合体投标并进行资格预审的，联合体应当在提交资格预审申请文件前组成。资格预审后联合体增减、更换成员的，其投标无效。联合体各方在同一招标项目中以自己的名义单独投标或者参加其他联合体投标的，相关投标均无效。

（三）开标、评标和中标

1. 开标

《招标投标法》规定，开标应当在招标文件确定的提交投标文件截止时间的同一时间公开进行；开标地点应当为招标文件中预先确定的地点。

开标由招标人主持，邀请所有投标人参加。开标时，由投标人或者其推选的代表检查投标文件的密封情况，也可以由招标人委托的公证机构检查并公证；经确认无误后，由工作人员当众拆封，宣读投标人名称、投标价格和投标文件的其他主要内容。招标人在招标文件要求提交投标文件的截止时间前收到的所有投标文件，开标时都应当众予以拆封、宣读。开标过程应当记录，并存档备查。

《招标投标法实施条例》规定，招标人应当按照招标文件规定的时间、地点开标。投标人少于3个的，不得开标；招标人应当重新招标。投标人对开标有异议的，应当在开标现场提出，招标人应当场作出答复，并制作记录。

2. 评标

《招标投标法》规定，评标由招标人依法组建的评标委员会负责。招标人应当采取必要的措施，保证评标在严格保密的情况下进行。任何单位和个人不得非法干预、影响评标的过程和结果。

依法必须进行招标的项目，其评标委员会由招标人的代表和有关技术、经济等方面的专家组成，成员人数为5人以上单数，其中技术、经济等方面的专家不得少于成员总数的2/3。与投标人有利害关系的人不得进入相关项目的评标委员会；已经进入的应当更换。评标委员会成员的名单在中标结果确定前应当保密。

评标委员会可以要求投标人对投标文件中含义不明确的内容作必要的澄清或者说明，但是澄清或者说明不得超出投标文件的范围或者改变投标文件的实质性内容。评标委员会应当按照招标文件确定的评标标准和方法，对投标文件进行评审和比较；设有标底的，应当参考标底。评标委员会完成评标后，应当向招标人提出书面评标报告，并推荐合格的中标候选人。评标委员会经评审，认为所有投标都不符合招标文件要求的，可以否决所有投标。依法必须进行招标的项目的所有投标被否决的，招标人应当依法重新招标。

《招标投标法实施条例》规定，评标委员会成员应当依照招标投标法和实施条例的规定，按照招标文件规定的评标标准和方法，客观、公正地对投标文件提出评审意见。

招标文件没有规定的评标标准和方法不得作为评标的依据。评标委员会成员不得私下接触投标人，不得收受投标人给予的财物或者其他好处，不得向招标人征询确定中标人的意向，不得接受任何单位或者个人明示或者暗示提出的倾向或者排斥特定投标人的要求，不得有其他不客观、不公正履行职务的行为。

招标项目设有标底的，招标人应当在开标时公布。标底只能作为评标的参考，不得以投标报价是否接近标底作为中标条件，也不得以投标报价超过标底上下浮动范围作为否决投标的条件。有下列情形之一的，评标委员会应当否决其投标：①投标文件未经投标单位盖章和单位负责人签字；②投标联合体没有提交共同投标协议；③投标人不符合国家或者招标文件规定的资格条件；④同一投标人提交两个以上不同的投标文件或者投标报价，但招标文件要求提交备选投标的除外；⑤投标报价低于成本或者高于招标文件设定的最高投标限价；⑥投标文件没有对招标文件的实质性要求和条件作出响应；⑦投标人有串通投标、弄虚作假、行贿等违法行为。

投标文件中有含义不明确的内容、明显文字或者计算错误，评标委员会认为需要投标人作出必要澄清、说明的，应当书面通知该投标人。投标人的澄清、说明应当采用书面形式，不得超出投标文件的范围或者改变投标文件的实质性内容。评标委员会不得暗示或者诱导投标人作出澄清、说明，不得接受投标人主动提出的澄清、说明。

评标完成后，评标委员会应当向招标人提交书面评标报告和中标候选人名单，中标候选人应当不超过3个，并标明排序。评标报告应当由评标委员会全体成员签字。对评标结果有不同意见的评标委员会成员应当以书面形式说明其不同意见和理由，评标报告应当注明该不同意见。评标委员会成员拒绝在评标报告上签字又不书面说明其不同意见和理由的，视为同意评标结果。

3. 中标

（1）公示中标候选人

《招标投标法实施条例》规定，依法必须进行招标的项目，招标人应当自收到评标报告之日起3日内公示中标候选人，公示期不得少于3日。

投标人或者其他利害关系人对依法必须进行招标的项目的评标结果有异议的，应当在中标候选人公示期间提出。招标人应当自收到异议之日起3日内作出答复；作出答复前，应当暂停招标投标活动。

(2) 确定中标人

《招标投标法》规定，招标人根据评标委员会提出的书面评标报告和推荐的中标候选人确定中标人。招标人也可以授权评标委员会直接确定中标人。中标人的投标应当符合下列条件之一：①能够最大限度地满足招标文件中规定的各项综合评价标准；②能够满足招标文件的实质性要求，并且经评审的投标价格最低，但是投标价格低于成本的除外。在确定中标人前，招标人不得与投标人就投标价格、投标方案等实质性内容进行谈判。

(3) 发出中标通知书

《招标投标法》规定，中标人确定后，招标人应当向中标人发出中标通知书，并同时将中标结果通知所有未中标的投标人。中标通知书对招标人和中标人具有法律效力。中标通知书发出后，招标人改变中标结果的，或者中标人放弃中标项目的，应当依法承担法律责任。

依法必须进行招标的项目，招标人应当自确定中标人之日起15日内，向有关行政监督部门提交招标投标情况的书面报告。

4. 签订合同

《招标投标法》规定，招标人根据评标委员会提出的书面评标报告和推荐的中标候选人确定中标人。招标人也可以授权评标委员会直接确定中标人。招标人和中标人应当自中标通知书发出之日起30日内，按照招标文件和中标人的投标文件订立书面合同。招标人和中标人不得再行订立背离合同实质性内容的其他协议。《招标投标法实施条例》规定，招标人和中标人应当依照招标投标法和本条例的规定签订书面合同，合同的标的、价款、质量、履行期限等主要条款应当与招标文件和中标人的投标文件的内容一致。

《招标投标法》规定，招标文件要求中标人提交履约保证金的，中标人应当提交。《招标投标法实施条例》规定，履约保证金不得超过中标合同金额的10%。中标人应当按照合同约定履行义务，完成中标项目。

（四）招标投标投诉与处理

1. 投诉的规定

《招标投标法实施条例》规定，投标人或者其他利害关系人认为招标投标活动不符合法律、行政法规规定的，可以自知道或者应当知道之日起10日内向有关行政监督部门投诉。投诉应当有明确的请求和必要的证明材料。

但是，对资格预审文件、招标文件、开标以及对依法必须进行招标项目的评标结果有异议的，应当依法先向招标人提出异议，其异议答复期间不计算在以上规定的期限内。

2. 投诉处理的规定

《招标投标法实施条例》规定，投诉人就同一事项向两个以上有权受理的行政监督部门投诉的，由最先收到投诉的行政监督部门负责处理。行政监督部门应当自收到投诉之日起3个工作日内决定是否受理投诉，并自受理投诉之日起30个工作日内作出书面处理决定需要检验、检测、鉴定、专家评审的，所需时间不计算在内。投诉人捏造事实、伪造材料或者以非法手段取得证明材料进行投诉的，行政监督部门应当予以驳回。

行政监督部门处理投诉，有权查阅、复制有关文件、资料，调查有关情况，相关单位和人员应当予以配合。必要时，行政监督部门可以责令暂停招标投标活动。行政监督部门的工作人员对监督检查过程中知悉的国家秘密、商业秘密，应当依法予以保密。

五、其他相关法律法规

（一）价格法

《中华人民共和国价格法》（以下简称《价格法》）是为了规范价格行为，发挥价格合理配置资源的作用，稳定市场价格总水平，保护消费者和经营者的合法权益，促进社会主义市场经济健康发展而制定的法律。《价格法》中的价格包括商品价格和服务价格。大多数商品和服务价格实行市场调节价，只有极少数商品和服务价格实行政府指导价或政府定价。我国的价格管理机构是县级以上各级政府价格主管部门和其他有关部门。

1. 经营者的价格行为

经营者享有如下权利：

① 自主制定属于市场调节的价格；

② 在政府指导价规定的幅度内制定价格；

③ 制定属于政府指导价、政府定价产品范围内的新产品的试销价格，特定产品除外；

④ 检举、控告侵犯其依法自主定价权利的行为。

2. 经营者违规行为

经营者不得有下列不正当行为：

① 相互串通，操纵市场价格，侵害其他经营者或消费者的合法权益；

② 除降价处理鲜活、季节性、积压商品外，为排挤对手或独占市场，以低于成本的价格倾销，扰乱正常的生产经营秩序，侵害国家利益或者其他经营者的合法权益；

③ 捏造、散布涨价信息，哄抬价格，推动商品价格过高上涨；

④ 利用虚假或使人误解的价格手段，诱骗消费者或者其他经营者与其进行交易；

⑤ 对具有同等交易条件的其他经营者实行价格歧视；

⑥ 采取抬高等级或者压低等级等手段收购、销售商品或者提供服务，变相提高或者压低价格；

⑦ 违反法律、法规的规定牟取暴利；

⑧ 法律、行政法规禁止的其他不正当价格行为。

3. 政府的定价行为

（1）政府定价的商品。

对下列商品和服务价格，政府在必要时可以实行政府指导价或政府定价：

① 与国民经济发展和人民生活关系重大的极少数商品价格；

② 资源稀缺的少数商品价格；

③ 自然垄断经营的商品价格；

④ 重要的公用事业价格；

⑤ 重要的公益性服务价格。

（2）定价目录。

政府指导价、政府定价的定价权限和具体适用范围，以中央和地方的定价目录为依据。中央定价目录由国务院价格主管部门制定、修订，报国务院批准后公布。地方定价目录由省、自治区、直辖市人民政府价格主管部门按照中央定价目录规定的定价权限和具体适用范围制定，经本级人民政府审核同意，报国务院价格主管部门审定后公布。省、自治区、直辖市人民政府以下各级地方人民政府不得制定定价目录。

（3）定价依据。

政府应当依据有关商品或者服务的社会平均成本和市场供求状况、国民经济与社会发展要求以及社会承受能力，实行合理的购销差价、批零差价、地区差价和季节差价。制定关系群众切身利益的公用事业价格、公益性服务价格、自然垄断经营的商品价格时，应当建立听证会制度，征求消费者、经营者和有关方面的意见。

4. 价格总水平调控

当重要商品和服务价格显著上涨或者有可能显著上涨，国务院和省、自治区、直辖市人民政府可以对部分价格采取限定差价率或者利润率、规定限价、实行提价申报制度和调价备案制度等干预措施。省、自治区、直辖市人民政府采取上述规定的干预措施，应当报国务院备案。

（二）税收相关法律法规

税收是政府为了满足社会公共需要，凭借其政治权力，按照法律规定，强制、无偿地取得财政收入的一种形式。在工程造价活动中，应当熟悉和执行有关税收法律制度。

1. 企业所得税法

《中华人民共和国企业所得税法》是为了使中国境内企业和其他取得收入的组织缴纳企业所得税制定的法律。由中华人民共和国第十届全国人民代表大会第五次会议于2007年3月16日通过。2017年2月24日第十二届全国人民代表大会常务委员会第二十六次会议《关于修改〈中华人民共和国企业所得税法〉的决定》修正。

企业所得税是对我国境内的企业和其他取得收入的组织的生产经营所得和其他所得征收的所得税。

（1）纳税人。

在中华人民共和国境内，企业和其他取得收入的组织（以下统称企业）为企业所得税的纳税人，依照本法的规定缴纳企业所得税。个人独资企业、合伙企业不适用本法。

企业分为居民企业和非居民企业。居民企业，是指依法在中国境内成立，或者依照外国（地区）法律成立但实际管理机构在中国境内的企业。非居民企业，是指依照外国（地区）法律成立且实际管理机构不在中国境内，但在中国境内设立机构、场所的，或者在中国境内未设立机构、场所，但有来源于中国境内所得的企业。

（2）征税对象。

居民企业应当就其来源于中国境内、境外的所得缴纳企业所得税。

非居民企业在中国境内设立机构、场所的，应当就其所设机构、场所取得的来源于中国境内的所得，以及发生在中国境外但与其所设机构、场所有实际联系的所得，缴纳企业所得税。非居民企业在中国境内未设立机构、场所的，或者虽设立机构、场所但取得的所得与其所设机构、场所没有实际联系的，应当就其来源于中国境内的所得缴纳企业所得税。

（3）应纳税所得额。

企业每一纳税年度的收入总额，减除不征税收入、免税收入、各项扣除以及允许弥补的以前年度亏损后的余额，为应纳税所得额。

企业以货币形式和非货币形式从各种来源取得的收入，为收入总额。其包括：①销售货物收入；②提供劳务收入；③转让财产收入；④股息、红利等权益性投资收益；⑤利息收入；⑥租金收入；⑦特许权使用费收入；⑧接受捐赠收入；⑨其他收入。

收入总额中的下列收入为不征税收入：①财政拨款；②依法收取并纳入财政管理的行政事业性收费、政府性基金；③国务院规定的其他不征税收入。

企业实际发生的与取得收入有关的、合理的支出，包括成本、费用、税金、损失和其他支出，准予在计算应纳税所得额时扣除。

企业发生的公益性捐赠支出，在年度利润总额12%以内的部分，准予在计算应纳税所得额时扣除。

（4）税率。

企业所得税的税率为25%。非居民企业在中国境内未设立机构、场所的，或者虽设立机构、场所但取得的所得与其所设机构、场所没有实际联系的，应当就其来源于中国境内的所得缴纳企业所得税，适用税率为20%。符合条件的小型微利企业，减按20%的税率征收企业所得税。国家需要重点扶持的高新技术企业，减按15%的税率征收企业所得税。

2. 增值税暂行条例

增值税是以商品和劳务在流转过程中产生的增值额作为征税对象而征收的一种流转税。

（1）纳税人。

2017年11月经修改后发布的《中华人民共和国增值税暂行条例》（以下简称《增值税暂行条例》）规定，在中华人民共和国境内销售货物或者加工、修理修配劳务（以下简称劳务），销售服务、无形资产、不动产以及进口货物的单位和个人，为增值税的纳税人。

纳税人分为一般纳税人和小规模纳税人。小规模纳税人以外的纳税人应当向主管税务机关办理登记。小规模纳税人会计核算健全，能够提供准确税务资料的，可以向主管税务机关办理登记，不作为小规模纳税人计算应纳税额。

（2）应纳税额的计算。

纳税人兼营不同税率的项目，应当分别核算不同税率项目的销售额；未分别核算销售额的，从高适用税率。纳税人销售货物、劳务、服务、无形资产、不动产（以下统称应税销售行为），应纳税额为当期销项税额抵扣当期进项税额后的余额。当期销项税额小于当期进项税额不足抵扣时，其不足部分可以结转下期继续抵扣。小规模纳税人发生应税销售行为，实行按照销售额和征收率计算应纳税额的简易办法，并不得抵扣进项税额。纳税人进口货物，按照组成计税价格和《增值税暂行条例》规定的税率计算应纳税额。

纳税人发生应税销售行为，按照销售额和《增值税暂行条例》规定的税率计算收取的增值税额，为销项税额。纳税人发生应税销售行为的价格明显偏低并无正当理由的，由主管税务机关核定其销售额。纳税人购进货物、劳务、服务、无形资产、不动产支付或者负担的增值税额，为进项税额。

纳税人发生应税销售行为，应当向索取增值税专用发票的购买方开具增值税专用发票，并在增值税专用发票上分别注明销售额和销项税额。属于下列情形之一的，不得开具增值税专用发票：①应税销售行为的购买方为消费者个人的；②发生应税销售行为适用免税规定的。

（3）销项税额的抵扣。

《中华人民共和国增值税暂行条例》规定，下列进项税额准予从销项税额中抵扣：①从销售方取得的增值税专用发票上注明的增值税额。②从海关取得的海关进口增值税专用缴款书上注明的增值税额。③购进农产品，除取得增值税专用发票或者海关进口增值税专用缴款书外，按照农产品收购发票或者销售发票上注明的农产品买价和按11%的扣除率计算的进项税额，国务院另有规定的除外（根据财税〔2018〕32号文，纳税人购进农产品，原适用11%扣除率的，扣除率调整为10%）。④自境外单位或者个人购进劳务、服务、无形资产或者境内的不动产，从税务机关或者扣缴义务人取得的代扣代缴税款的完税凭证上注明的增值税额。

纳税人购进货物、劳务、服务、无形资产、不动产，取得的增值税扣税凭证不符合法律、行政法规或者国务院税务主管部门有关规定的，其进项税额不得从销项税额中抵扣。

下列项目的进项税额不得从销项税额中抵扣：①用于简易计税方法计税项目、免征增值税项目、集体福利或者个人消费的购进货物、劳务、服务、无形资产和不动产；②非正常损失的购进货物，以及相关的劳务和交通运输服务；③非正常损失的在产品、产成品所耗用的购进货物（不包括固定资产）、劳务和交通运输服务；④国务院规定的其他项目。

（4）税率。

增值税税率：（1）纳税人销售货物、劳务、有形动产租赁服务或者进口货物，除下述第（2）项、第（4）项、第（5）项另有规定外，税率为16%。（2）纳税人销售交通运输、邮政、基础电信、建筑、不动产租赁服务，销售不动产，转让土地使用权，销售或者进口下列货物，税率为10%：①粮食等农产品、食用植物油、食用盐；②自来水、暖气、冷气、热水、煤气、石油液化气、天然气、二甲醚、沼气、居民用煤炭制品；③图书、报纸、杂志、音像制品、电子出版物；④饲料、化肥、农药、农机、农膜；⑤国务院规定的其他货物。（3）纳税人销售服务、无形资产，除第（1）项、第（2）项、第（5）项另有规定外，税率为6%。（4）纳税人出口货物，税率为零；但是，国务院另有规定的除外。（5）境内单位和个人跨境销售国务院规定范围内的服务、无形资产，税率为零。

3. 城市维护建设税

（1）城市维护建设税。

2011年1月经修改后发布的《中华人民共和国城市维护建设税暂行条例》规定，凡缴纳消费税、增值税、营业税的单位和个人，都是城市维护建设税的纳税义务人。

城市维护建设税，以纳税人实际缴纳的消费税、增值税、营业税税额为计税依据，分别与消费税、增值税、营业税同时缴纳。城市维护建设税税率如下：纳税人所在地在市区的，税率为7%；纳税人所在地在县城、镇的，税率为5%；纳税人所在地不在市区、县城或镇的，税率为1%。

开征城市维护建设税后，任何地区和部门，都不得再向纳税人摊派资金或物资。遇到摊派情况，纳税人有权拒绝执行。

（2）教育费附加。

《征收教育费附加的暂行规定》（2011年修订）中规定，凡缴纳消费税、增值税、营业税的单位和个人，除按照《国务院关于筹措农村学校办学经费的通知》（国发〔1984〕174号文）的规定，缴纳农村教育事业费附加的单位外，都应当依照本规定缴纳教育费附加。

教育费附加，以各单位和个人实际缴纳的增值税、营业税、消费税的税额为计征依据，教育费附加率为3%，分别与增值税、营业税、消费税同时缴纳。

（3）城镇土地使用税。

《中华人民共和国城镇土地使用税暂行条例》（2013年修订）规定，在城市、县城、建制镇、工矿区范围内使用土地的单位和个人，为城镇土地使用税的纳税人。

土地使用税以纳税人实际占用的土地面积为计税依据，依照规定税额计算征收。土地使用税每平方米年税额如下：①大城市1.5～30元；②中等城市1.2～24元；③小城市0.9～18元；④县城、建制镇、工矿区0.6～12元。

经省、自治区、直辖市人民政府批准，经济落后地区土地使用税的适用税额标准可以适当降低，但降低额不得超过《城镇土地使用税暂行条例》规定最低税额的30%。经济发达地区土地使用税的适用税额标准可以适当提高，但须报经财政部批准。

下列土地免缴土地使用税：①国家机关、人民团体、军队自用的土地；②由国家财政部门拨付事业经费的单位自用的土地；③宗教寺庙、公园、名胜古迹自用的土地；④市政街道、广场、绿化地带等公共用地；⑤直接用于农、林、牧、渔业的生产用地；⑥经批准开山填海整治的土地和改造的废弃土地，从使用的月份起免缴土地使用税5～10年；⑦由财政部另行规定免税的能源、交通、水利设施用地和其他用地。

土地使用税按年计算、分期缴纳。缴纳期限由省、自治区、直辖市人民政府确定。

4. 房产税暂行条例

《中华人民共和国房产税暂行条例》（2011年修订）规定，房产税在城市、县城、建制镇和工矿区征收。房产税由产权所有人缴纳。产权属于全民所有的，由经营管理的单位缴纳。产权出典的，由承典人缴纳。产权所有人、承典人不在房产所在地的，或者产权未确定及租典纠纷未解决的，由房产代管人或者使用人缴纳。上述列举的产权所有人、经营管理单位、承典人、房产代管人或者使用人，统称纳税义务人。

房产税依照房产原值一次减除10%～30%后的余值计算缴纳。具体减除幅度，由省、自治区、直辖市人民政府规定。没有房产原值作为依据的，由房产所在地税务机关参考同类房产核定。房产出租的，以房产租金收入为房产税的计税依据。

房产税的税率，依照房产余值计算缴纳的，税率为1.2%；依照房产租金收入计算缴纳的，税率为12%。

下列房产免纳房产税：①国家机关、人民团体、军队自用的房产；②由国家财政部门拨付事业经费的单位自用的房产；③宗教寺庙、公园、名胜古迹自用的房产；④个人所有非营业用的房产；⑤经财政部批准免税的其他房产。除《中华人民共和国房产税暂行条例》规定外，纳税人纳税确有困难的，可由省、自治区、直辖市人民政府确定，定期减征或者免征房产税。

5. 车船税法

2011年2月公布的《中华人民共和国车船税法》规定，在中华人民共和国境内属于本法所附《车船税税目税额表》规定的车辆、船舶（以下简称车船）的所有人或者管理人，为车船税的纳税人。

下列车船免征车船税：①捕捞、养殖渔船；②军队、武装警察部队专用的车船；③警用车船；④依照法律规定应当予以免税的外国驻华使领馆、国际组织驻华代表机构及其有关人员的车船。

对节约能源、使用新能源的车船可以减征或者免征车船税；对受严重自然灾害影响纳税困难以及有其他特殊原因确需减税、免税的，可以减征或者免征车船税。

从事机动车第三者责任强制保险业务的保险机构为机动车车船税的扣缴义务人，应当在收取保险费时依法代收车船税，并出具代收税款凭证。

6. 印花税暂行条例

《中华人民共和国印花税暂行条例》（2011年修订）规定，在中华人民共和国境内书立、领受本条例所列举凭证的单位和个人，都是印花税的纳税义务人。

下列凭证为应纳税凭证：①购销、加工承揽、建设工程承包、财产租赁、货物运输、仓储保管、借款、财产保险、技术合同或者具有合同性质的凭证；②产权转移书据；③营业账簿；④权利、许可证照；⑤经财政部确定征税的其他凭证。

纳税人根据应纳税凭证的性质，分别按比例税率或者按件定额计算应纳税额。具体税率、税额详见该条例所附的《印花税税目税率表》。应纳税额不足1角的，免纳印花税。应纳税额在1角以上的，其税额尾数不满5分的不计，满5分的按1角计算缴纳。

下列凭证免纳印花税：①已缴纳印花税的凭证的副本或者抄本；②财产所有人将财产赠给政府、社会福利单位、学校所立的书据；③经财政部批准免税的其他凭证。

第二节　建设工程造价管理制度

一、工程造价管理

（一）工程造价管理概念

工程造价（Project Costs）是指工程项目在建设期预计或实际支出的建设费用。由于所处的角度不同，工程造价有不同的含义。

工程造价管理（Project Cost Management ）是指综合运用管理学、经济学和工程技术和信息技术等方面的知识与技能，对工程造价进行的预测、计划、控制、核算、分析和评价等工作过程。

工程计价是工程造价管理的一个环节，工程计价（Construction Pricing or Estimating）是指按照法律法规和标准等规定的程序、方法和依据，对工程造价及其构成内容进行的预测或确定。

（二）建设工程全面造价管理

按照国际造价管理联合会（International Cost Engineering Council，ICEC）给出的定义，全面造价管理（Total Cost Management，TCM）是指有效地利用专业知识与技术，对资源、成本、盈利和风险进行筹划和控制。建设工程全面造价管理包括全寿命期造价管理、全过程造价管理、全要素造价管理和全方位造价管理。

1. 全寿命期造价管理

建设工程全寿命期造价是指建设工程初始建造成本和建成后的日常使用成本之和，包括策划决策、建设实施、运行维护及拆除回收等各阶段费用。由于在建设工程全寿命期的不同阶段，工程造价存在诸多不确定性，因此，全寿命期造价管理主要是作为一种实现建设工程全寿命期造价最小化的指导思想，指导建设工程投资决策及实施方案的选择。

2. 全过程造价管理

全过程造价管理是指覆盖建设工程策划决策及建设实施各阶段的造价管理。其包括：策划决策阶段的项目策划、投资估算、项目经济评价、项目融资方案分析；设计阶段的限额设计、方案比选、概预算编制；招标投标阶段的标段划分、发承包模式及合同形式的选择、招标控制价或标底编制；施工阶段的工程计量与结算、工程变更控制、索赔管理；竣工验收阶段的结算与决算等。

3. 全要素造价管理

影响建设工程造价的因素有很多。为此，控制建设工程造价不仅是控制建设工程本身的建造成本，还应同时考虑工期成本、质量成本、安全与环境成本的控制，从而实现工程成本、工期、质量、安全、环保的集成管理。全要素造价管理的核心是按照优先性原则，协调和平衡工期、质量、安全、环保与成本之间的对立统一关系。

4. 全方位造价管理

建设工程造价管理不仅仅是建设单位或承包单位的任务，而应是政府建设行政主管部门、行业协会、建设单位、设计单位、施工单位以及有关咨询机构的共同任务。尽管各方的地位、利益、角度等有所不同，但必须建立完善的协同工作机制，才能实现建设工程造价的有效控制。

（三）工程造价管理的主要内容

在工程建设全过程各个不同阶段，工程造价管理有着不同的工作内容，其目的是在优化建设方案、设计方案、施工方案的基础上，有效控制建设工程项目的实际费用支出。

（1）工程项目策划阶段：按照有关规定编制和审核投资估算，经有关部门批准，即可作为拟建工程项目的控制造价；基于不同的投资方案进行经济评价，作为工程项目决策的重要依据。

（2）工程设计阶段：在限额设计、优化设计方案的基础上编制和审核工程概算、施工图预算。对于政府投资工程而言，经有关部门批准的工程概算，将作为拟建工程项目造价的最高限额。

（3）工程发承包阶段：进行招标策划，编制和审核工程量清单、招标控制价或标底，确定投标报价及其策略，直至确定承包合同价。

（4）工程施工阶段：进行工程计量及工程款支付管理，实施工程费用动态监控，处理工程变更和索赔，编制和审核工程结算、竣工决算，处理工程保修费用等。

（四）工程造价管理的基本原则

实施有效的工程造价管理，应遵循以下三项原则：

（1）以设计阶段为重点的全过程造价管理。工程造价管理贯穿工程建设的全过程，应注重工程设计阶段的造价管理。工程造价管理的关键在于前期决策和设计阶段，而在项目投资决策后，控制工程造价的关键就在于设计。建设工程全寿命期费用包括工程造价和工程交付使用后的日常开支（含经营费用、日常维护修理费用、使用期内大修理和局部更新费用）以及该工程使用期满后的报废拆除费用等。

长期以来，我国往往将控制工程造价的主要精力放在施工阶段——审核施工图预算、结算建筑安装工程价款，对工程项目策划决策和设计阶段的造价控制重视不够。为有效地控制工程造价，应将工程造价管理的重点转到工程项目策划决策和设计阶段。

（2）主动控制与被动控制相结合。长期以来，人们一直把控制理解为目标值与实际值的比较，以及当实际值偏离目标值时，分析其产生偏差的原因，并确定下一步对策。但这种立足于调查→分析→决策基础之上的偏离→纠偏→再偏离→再纠偏的控制是一种被动控制，这样做只能发现偏离，不能预防可能发生的偏离。为尽量减少甚至避免目标值与实际值的偏离，还必须立足于事先主动采取控制措施，实施主动控制。也就是说，工程造价控制不仅要反映投资决策，反映设计、发包和施工，被动地控制工程造价，更要能动地影响投资决策，影响工程设计、发包和施工，主动地控制工程造价。

（3）技术与经济相结合。要有效地控制工程造价，应从组织、技术、经济等多方面采取措施。从组织上采取措施，包括明确项目组织结构，明确造价控制人员及其任务，明确管理职能分工；从技术上采取措施，包括重视设计多方案选择，严格审查初步设计、技术设计、施工图设计、施工组织设计，深入研究节约投资的可能性；从经济上采取措施，包括动态比较造价的计划值与实际值，严格审核各项费用支出，采取对节约投资的有力奖励措施等。

应该看到，技术与经济相结合是控制工程造价最有效的手段。应通过技术比较、经济分析和效果评价，正确处理技术先进与经济合理之间的对立统一关系，力求在技术先进条件下的经济合理、在经济合理基础上的技术先进，将控制工程造价观念渗透到各项设计和施工技术措施之中。

（五）工程造价管理的组织系统

工程造价管理的组织系统是指履行工程造价管理职能的有机群体。为实现工程造价管理目标而开展有效的组织活动，我国设置了多部门、多层次的工程造价管理机构，并规定了各自的管理权限和职责范围。

1. 政府行政管理系统

政府在工程造价管理中既是宏观管理主体，也是政府投资项目的微观管理主体。从宏观管理的角度，政府对工程造价管理有一个严密的组织系统，设置了多层管理机构，规定了管理权限和职责范围。

（1）国务院建设主管部门造价管理机构。其主要职责是：

1）组织制定工程造价管理有关法规、制度并组织贯彻实施；

2）组织制定全国统一经济定额和制定、修订本部门经济定额；

3）监督指导全国统一经济定额和本部门经济定额的实施；

4）制定和负责全国工程造价咨询企业的资质标准及其资质管理工作；

5）制定全国工程造价管理专业人员职业资格准入标准，并监督执行。

（2）国务院其他部门的工程造价管理机构。其包括水利、水电、电力、石油、石化、机械、冶金、铁路、煤炭、建材、林业、有色、核工业、公路等行业和军队的造价管理机构。主要是修订、编制和解释相应的工程建设标准定额，有的还担负本行业大型或重点建设项目的概算审批、概算调整等职责。

（3）省、自治区、直辖市工程造价管理部门。主要职责是修编、解释当地定额、收费标准和计价制度等。此外，还有审核政府投资工程的标底、结算，处理合同纠纷等职责。

2. 企事业单位管理系统

企事业单位的工程造价管理属于微观管理范畴。设计单位、工程造价咨询单位等按照建设单位或委托方意图，在可行性研究和规划设计阶段合理确定和有效控制建设工程造价，通过限额设计等手段实现设定的造价管理目标；在招标投标阶段编制招标文件、标底或招标控制价，参加评标、合同谈判等工作；在施工阶段通过工程计量与支付、工程变更与索赔管理等控制工程造价。设计单位、工程造价咨询单位通过工程造价管理业绩，赢得声誉，提高市场竞争力。

工程承包单位的造价管理是企业自身管理的重要内容。工程承包单位设有专门的职能机构参与企业投标决策，并通过市场调查研究，利用过去积累的经验，研究报价策略，提出报价；在施工过程中，进行工程造价的动态管理，注意各种调价因素的发生，及时进行工程价款结算，避免收益的流失，以促进企业盈利目标的实现。

3. 行业协会管理系统

中国建设工程造价管理协会是经建设部和民政部批准成立、代表我国建设工程造价管理的全国性行业协会，是亚太区测量师协会（PAQS）和国际造价管理联合会（ICEC）等相关国际组织的正式成员。

为了增强对各地工程造价咨询工作和造价工程师的行业管理，近年来，先后成立了各省、自治区、直辖市所属的地方工程造价管理协会。全国性造价管理协会与地方造价管理协会是平等、协商、相互支持的关系，地方协会接受全国性协会的业务指导，共同促进全国工程造价行业管理水平的整体提升。

二、造价工程师职业资格制度规定

造价工程师，是指通过职业资格考试取得中华人民共和国造价工程师职业资格证书，并经注册后从事建设工程造价工作的专业技术人员。

2017 年 9 月 15 日，经国务院同意，人力资源社会保障部印发《关于公布国家职业资格目录的通知》，公布国家职业资格目录，将造价工程师纳入国家职业资格目录。

2018 年 7 月 20 日，住房城乡建设部、交通运输部、水利部、人力资源社会保障部关于印发《造价工程师职业资格制度规定》《造价工程师职业资格考试实施办法》的通知（建人〔2018〕67 号），明确国家设置造价工程师准入类职业资格，工程造价咨询企业应配备造价工程师，工程建设活动中有关工程造价管理岗位按需要配备造价工程师。造价工程师分为一级造价工程师和二级造价工程师。

（一）考试

一级造价工程师职业资格考试全国统一大纲、统一命题、统一组织。二级造价工程师职业资格考试全国统一大纲，各省、自治区、直辖市自主命题并组织实施。一级和二级造价工程师职业资格考试均设置基础科目和专业科目。

1. 报考条件

（1）凡遵守中华人民共和国宪法、法律、法规，具有良好的业务素质和道德品行，具备下列条件之一者，可以申请参加一级造价工程师职业资格考试：

① 具有工程造价专业大学专科（或高等职业教育）学历，从事工程造价业务工作满 5 年；

具有土木建筑、水利、装备制造、交通运输、电子信息、财经商贸大类大学专科（或高等职业教育）学历，从事工程造价业务工作满 6 年。

② 具有通过工程教育专业评估（认证）的工程管理、工程造价专业大学本科学历或学位，从事工程造价业务工作满 4 年；

具有工学、管理学、经济学门类大学本科学历或学位，从事工程造价业务工作满 5 年。

③ 具有工学、管理学、经济学门类硕士学位或者第二学士学位，从事工程造价业务工作满 3 年。

④ 具有工学、管理学、经济学门类博士学位，从事工程造价业务工作满 1 年。

⑤ 具有其他专业相应学历或者学位的人员，从事工程造价业务工作年限相应增加 1 年。

（2）凡遵守中华人民共和国宪法、法律、法规，具有良好的业务素质和道德品行，具备下列条件之一者，可以申请参加二级造价工程师职业资格考试：

① 具有工程造价专业大学专科（或高等职业教育）学历，从事工程造价业务工作满 2 年；

具有土木建筑、水利、装备制造、交通运输、电子信息、财经商贸大类大学专科

（或高等职业教育）学历，从事工程造价业务工作满 3 年。

② 具有工程管理、工程造价专业大学本科及以上学历或学位，从事工程造价业务工作满 1 年；

具有工学、管理学、经济学门类大学本科及以上学历或学位，从事工程造价业务工作满 2 年。

③ 具有其他专业相应学历或学位的人员，从事工程造价业务工作年限相应增加 1 年。

（3）已取得造价工程师一种专业职业资格证书的人员，报名参加其他专业科目考试的，可免考基础科目。考试合格后，核发人力资源社会保障部门统一印制的相应专业考试合格证明。该证明作为注册时增加执业专业类别的依据。

具有以下条件之一的，参加一级造价工程师考试可免考基础科目：

① 已取得公路工程造价人员资格证书（甲级）；

② 已取得水运工程造价工程师资格证书；

③ 已取得水利工程造价工程师资格证书。

（4）具有以下条件之一的，参加二级造价工程师考试可免考基础科目：

① 已取得全国建设工程造价员资格证书；

② 已取得公路工程造价人员资格证书（乙级）；

③ 具有经专业教育评估（认证）的工程管理、工程造价专业学士学位的大学本科毕业生。

2. 考试专业及科目

造价工程师职业资格考试专业科目分为土木建筑工程、交通运输工程、水利工程和安装工程 4 个专业类别，考生在报名时可根据实际工作需要选择其一。其中，土木建筑工程、安装工程专业由住房城乡建设部负责；交通运输工程专业由交通运输部负责；水利工程专业由水利部负责。

一级造价工程师职业资格考试设《建设工程造价管理》《建设工程计价》《建设工程技术与计量》《建设工程造价案例分析》4 个科目。其中，《建设工程造价管理》和《建设工程计价》为基础科目，《建设工程技术与计量》和《建设工程造价案例分析》为专业科目。

二级造价工程师职业资格考试设《建设工程造价管理基础知识》《建设工程计量与计价实务》2 个科目。其中，《建设工程造价管理基础知识》为基础科目，《建设工程计量与计价实务》为专业科目。

3. 成绩管理

一级造价工程师职业资格考试成绩实行 4 年为一个周期的滚动管理办法，在连续的 4 个考试年度内通过全部考试科目，方可取得一级造价工程师职业资格证书。

二级造价工程师职业资格考试成绩实行 2 年为一个周期的滚动管理办法，参加全部 2 个科目考试的人员必须在连续的 2 个考试年度内通过全部科目，方可取得二级造价工程师职业资格证书。

4. 证书取得

一级造价工程师职业资格考试合格者，由各省、自治区、直辖市人力资源社会保障行政主管部门颁发中华人民共和国一级造价工程师职业资格证书。该证书由人力资源社会保障部统一印制，住房城乡建设部、交通运输部、水利部按专业类别分别与人力资源社会保障部用印，在全国范围内有效。

二级造价工程师职业资格考试合格者，由各省、自治区、直辖市人力资源社会保障行政主管部门颁发中华人民共和国二级造价工程师职业资格证书。该证书由各省、自治区、直辖市住房城乡建设、交通运输、水利行政主管部门按专业类别分别与人力资源社会保障行政主管部门用印，原则上在所在行政区域内有效。各地可根据实际情况制定跨区域认可办法。

（二）注册

国家对造价工程师职业资格实行执业注册管理制度。取得造价工程师职业资格证书且从事工程造价相关工作的人员，经注册方可以造价工程师名义执业。

经批准注册的申请人，由住房城乡建设部、交通运输部、水利部核发《中华人民共和国一级造价工程师注册证》（或电子证书）；或由各省、自治区、直辖市住房城乡建设、交通运输、水利行政主管部门核发《中华人民共和国二级造价工程师注册证》（或电子证书）。

（三）执业

住房城乡建设部、交通运输部、水利部共同建立健全造价工程师执业诚信体系，制定相关规章制度或从业标准规范，并指导监督信用评价工作。

造价工程师在工作中，必须遵纪守法，恪守职业道德和从业规范，诚信执业，主动接受有关主管部门的监督检查，加强行业自律。

造价工程师不得同时受聘于两个或两个以上单位执业，不得允许他人以本人名义执业，严禁“证书挂靠”。出租出借注册证书的，依据相关法律法规进行处罚；构成犯罪的，依法追究刑事责任。

一级造价工程师的执业范围包括建设项目全过程的工程造价管理与咨询等，具体工作内容如下：

（1）项目建议书、可行性研究投资估算与审核，项目评价造价分析；

（2）建设工程设计概算、施工预算编制和审核；

（3）建设工程招标投标文件工程量和造价的编制与审核；

（4）建设工程合同价款、结算价款、竣工决算价款的编制与管理；

（5）建设工程审计、仲裁、诉讼、保险中的造价鉴定，工程造价纠纷调解；

（6）建设工程计价依据、造价指标的编制与管理；

（7）与工程造价管理有关的其他事项。

二级造价工程师主要协助一级造价工程师开展相关工作，可独立开展以下具体工作：

（1）建设工程工料分析、计划、组织与成本管理，施工图预算、设计概算编制；

（2）建设工程量清单、最高投标限价、投标报价编制；

（3）建设工程合同价款、结算价款和竣工决算价款的编制。

造价工程师应在本人工程造价咨询成果文件上签章，并承担相应责任。工程造价咨询成果文件应由一级造价工程师审核并加盖执业印章。

对出具虚假工程造价咨询成果文件或者有重大工作过失的造价工程师，不再予以注册，造成损失的依法追究其责任。

取得造价工程师注册证书的人员，应当按照国家专业技术人员继续教育的有关规定接受继续教育，更新专业知识，提高业务水平。

三、建设工程造价咨询企业管理

工程造价咨询企业是指接受委托，对建设工程造价的确定与控制提供专业咨询服务的企业。工程造价咨询企业可以为政府部门、建设单位、施工单位、设计单位提供相关专业技术服务，这种以造价咨询业务为核心的服务有时是单项或分阶段的，有时覆盖工程建设全过程。

工程造价咨询企业从事工程造价咨询活动，应当遵循独立、客观、公正、诚实信用的原则，不得损害社会公共利益和他人的合法权益。同时，任何单位和个人不得非法干预依法进行的工程造价咨询活动。

根据《建筑业发展“十三五”规划》，鼓励具有能力的工程设计、监理、招标代理、造价咨询等企业将建设单位提供工程建设全过程的项目管理咨询服务委托给一家企业。有条件的造价咨询企业应继续推行全过程造价管理并积极开展工程建设全过程的项目管理咨询服务。

（一）工程造价咨询企业资质等级标准

工程造价咨询企业资质等级分为甲级、乙级两类。

1. 甲级工程造价咨询企业资质标准

（1）已取得乙级工程造价咨询企业资质证书满 3 年；

（2）企业出资人中注册造价工程师人数不低于出资人总人数的 60%，且其认缴出资额不低于企业注册资本总额的 60%；

（3）技术负责人是注册造价工程师，并具有工程或工程经济类高级专业技术职称，且从事工程造价专业工作 15 年以上；

（4）专职从事工程造价专业工作的人员（以下简称专职专业人员）不少于 20 人。其中，具有工程或者工程经济类中级以上专业技术职称的人员不少于 16 人，注册造价工程师不少于 10 人，其他人员均需要具有从事工程造价专业工作的经历；

（5）企业与专职专业人员签订劳动合同，且专职专业人员符合国家规定的职业年龄（出资人除外）；

（6）专职专业人员人事档案关系由国家认可的人事代理机构代为管理；

（7）企业注册资本不少于 100 万元人民币；

（8）企业近 3 年工程造价咨询营业收入累计不低于 500 万元人民币；

（9）具有固定的办公场所，人均办公建筑面积不少于 10m^2；

（10）技术档案管理制度、质量控制制度、财务管理制度齐全；

（11）企业为本单位专职专业人员办理的社会基本养老保险手续齐全；

（12）在申请核定资质等级之日前3年内无违规行为。

2. 乙级工程造价咨询企业资质标准

（1）企业出资人中注册造价工程师人数不低于出资人总人数的60%，且其认缴出资额不低于注册资本总额的60%；

（2）技术负责人是注册造价工程师，并具有工程或工程经济类高级专业技术职称，且从事工程造价专业工作10年以上；

（3）专职专业人员不少于12人，其中，具有工程或者工程经济类中级以上专业技术职称的人员不少于8人，注册造价工程师不少于6人，其他人员均需要具有从事工程造价专业工作的经历；

（4）企业与专职专业人员签订劳动合同，且专职专业人员符合国家规定的职业年龄（出资人除外）；

（5）专职专业人员人事档案关系由国家认可的人事代理机构代为管理；

（6）企业注册资本不少于50万元人民币；

（7）具有固定的办公场所，人均办公建筑面积不少于$10m^2$；

（8）技术档案管理制度、质量控制制度、财务管理制度齐全；

（9）企业为本单位专职专业人员办理的社会基本养老保险手续齐全；

（10）暂定期内工程造价咨询营业收入累计不低于50万元人民币；

（11）在申请核定资质等级之日前无违规行为。

（二）工程造价咨询企业的业务承接

工程造价咨询企业应当依法取得工程造价咨询企业资质，并在其资质等级许可的范围内从事工程造价咨询活动。工程造价咨询企业依法从事工程造价咨询活动，不受行政区域限制。其中，甲级工程造价咨询企业可以从事各类建设项目的工程造价咨询业务；乙级工程造价咨询企业可以从事工程造价5000万元人民币以下的各类建设项目的工程造价咨询业务。

1. 业务范围

工程造价咨询业务范围包括：

（1）建设项目建议书及可行性研究投资估算、项目经济评价报告的编制和审核；

（2）建设项目概预算的编制与审核，并配合设计方案比选、优化设计、限额设计等工作进行工程造价分析与控制；

（3）建设项目合同价款的确定（包括招标工程工程量清单和标底、投标报价的编制和审核）；合同价款的签订与调整（包括工程变更、工程洽商和索赔费用的计算）与工程款支付，工程结算、竣工结算和决算报告的编制与审核等；

（4）工程造价经济纠纷的鉴定和仲裁的咨询；

（5）提供工程造价信息服务等。

同时，工程造价咨询企业可以对建设项目的组织实施进行全过程或者若干阶段的管理和服务。

2. 咨询合同及其履行

工程造价咨询企业在承接各类工程造价咨询业务时，可参照《建设工程造价咨询合同（示范文本）》（GF-2015-0212）与委托人签订书面合同。

《建设工程造价咨询合同（示范文本）》由三部分组成，即协议书、通用条件和专用条件。协议书主要用来明确合同当事人和约定合同当事人的基本合同权利义务。通用条件包括下列内容：

（1）词语定义、语言、解释顺序与适用法律；

（2）委托人的义务；

（3）咨询人的义务；

（4）违约责任；

（5）支付；

（6）合同变更、解除与终止；

（7）争议解决；

（8）其他。

专用条件是对通用条件原则性约定的细化、完善、补充或修改。合同当事人可通过协商、谈判确定专用条件。

工程造价咨询企业从事工程造价咨询业务，应按照相关合同或约定出具工程造价成果文件。工程造价成果文件应当由工程造价咨询企业加盖有企业名称、资质等级及证书编号的执业印章，并由执行咨询业务的注册造价工程师签字、加盖个人执业印章。

3. 企业分支机构

工程造价咨询企业设立分支机构的，应当自领取分支机构营业执照之日起30日内，持下列材料到分支机构工商注册所在地省、自治区、直辖市人民政府建设主管部门备案：

（1）分支机构营业执照复印件；

（2）工程造价咨询企业资质证书复印件；

（3）拟在分支机构执业的不少于3名注册造价工程师的注册证书复印件；

（4）分支机构固定办公场所的租赁合同或产权证明。

省、自治区、直辖市人民政府建设主管部门应当在接受备案之日起20日内，报国务院建设主管部门备案。

分支机构从事工程造价咨询业务，应当由设立该分支机构的工程造价咨询企业负责承接工程造价咨询业务、订立工程造价咨询合同、出具工程造价成果文件。分支机构不得以自己名义承接工程造价咨询业务、订立工程造价咨询合同、出具工程造价成果文件。

4. 跨省区承接业务

工程造价咨询企业跨省、自治区、直辖市承接工程造价咨询业务的，应当自承接业务之日起30日内到建设工程所在地省、自治区、直辖市人民政府建设主管部门备案。

（三）工程造价咨询企业的法律责任

1. 资质申请或取得的违规责任

申请人隐瞒有关情况或者提供虚假材料申请工程造价咨询企业资质的，不予受理或者不予资质许可，并给予警告，申请人在1年内不得再次申请工程造价咨询企业资质。

以欺骗、贿赂等不正当手段取得工程造价咨询企业资质的，由县级以上地方人民政府建设主管部门或者有关专业部门给予警告，并处1万元以上3万元以下的罚款，申请人3年内不得再次申请工程造价咨询企业资质。

2. 经营违规的责任

未取得工程造价咨询企业资质从事工程造价咨询活动或者超越资质等级承接工程造价咨询业务的，出具的工程造价成果文件无效，由县级以上地方人民政府建设主管部门或者有关专业部门给予警告，责令限期改正，并处以1万元以上3万元以下的罚款。

工程造价咨询企业不及时办理资质证书变更手续的，由资质许可机关责令限期办理；逾期不办理的，可处以1万元以下的罚款。

有下列行为之一的，由县级以上地方人民政府建设主管部门或者有关专业部门给予警告，责令限期改正；逾期未改正的，可处以5000元以上2万元以下的罚款：

(1) 新设立的分支机构不备案的；

(2) 跨省、自治区、直辖市承接业务不备案的。

3. 其他违规责任

工程造价咨询企业有下列行为之一的，由县级以上地方人民政府住房城乡建设主管部门或者有关专业部门给予警告，责令限期改正，并处以1万元以上3万元以下的罚款：

(1) 涂改、倒卖、出租、出借资质证书，或者以其他形式非法转让资质证书；

(2) 超越资质等级业务范围承接工程造价咨询业务；

(3) 同时接受招标人和投标人或两个以上投标人对同一工程项目的工程造价咨询业务；

(4) 以给予回扣、恶意压低收费等方式进行不正当竞争；

(5) 转包承接的工程造价咨询业务；

(6) 法律、法规禁止的其他行为。

4. 对资质许可机关及其工作人员违规的处罚

资质许可机关有下列情形之一的，由其上级行政主管部门或者监察机关责令改正，对直接负责的主管人员和其他直接责任人员依法给予处分；构成犯罪的，依法追究刑事责任：

(1) 对不符合法定条件的申请人做出准予工程造价咨询企业资质许可，或者超越职权做出准予工程造价咨询企业资质许可决定的；

(2) 对符合法定条件的申请人做出不予工程造价咨询企业资质许可，或者不在法定期限内做出准予工程造价咨询企业资质许可决定的；

(3) 利用职务上的便利，收受他人财物或者其他利益的；

(4) 不履行监督管理职责，或者发现违规行为不予查处的。

第二章　工程项目管理

第一节　建设工程项目管理概述

一、建设工程项目的组成与分类

（一）建设工程项目的组成

根据《建筑工程施工质量验收统一标准》（GB 50300—2013）建设工程项目可分为单项工程、单位（子单位）工程、分部（子分部）工程和分项工程。

1. 单项工程

单项工程是指在一个工程项目中，具有独立的设计文件，竣工后可以独立发挥生产能力或效益的一组配套齐全的工程项目。一个建设工程项目可以仅包括一个单项工程，也可以包括多个单项工程。

2. 单位（子单位）工程

单位工程是指具备独立施工条件并能形成独立使用功能的建筑物及构筑物。对于建筑规模较大的单位工程，可将其能形成独立使用功能的部分作为一个子单位工程。具有独立施工条件和能形成独立使用功能是单位（子单位）工程划分的基本要求。作为单项工程的组成部分，常见的单位工程包括工业厂房工程中的土建工程、设备安装工程、工业管道工程等。

3. 分部（子分部）工程

分部工程是单位工程的组成部分，应按专业性质、建筑部位确定。建筑工程包括地基与基础、主体结构、建筑装饰装修、屋面、建筑给排水及采暖、建筑电气、智能建筑、通风与空调、电梯、建筑节能等分部工程。

当分部工程较大或较复杂时，可按材料种类、工艺特点、施工程序、专业系统及类别等将分部工程划分为若干子分部工程。例如，①地基与基础分部工程又可细分为土方、基坑、地基、桩基础、地下防水等子分部工程；②主体结构分部工程又可细分为混凝土结构、型钢、钢管混凝土结构、砌体结构、钢结构、轻钢结构、索膜结构、木结构、铝合金结构等子分部工程；③建筑装饰装修分部工程又可细分为地面、抹灰、门窗、吊顶、轻质隔墙、饰面板（砖）、幕墙、涂饰、裱糊与软包、外墙防水、细部等子分部工程；④智能建筑分部工程又可细分为通信网络系统、计算机网络系统、建筑设备监控系统、火灾报警及消防联动系统、会议系统与信息导航系统、专业应用系统、安全防范系统、综合布线系统、智能化集成系统、电源与接地、计算机机房工程、住宅（小区）智能化系统等子分部工程。

4. 分项工程

分项工程是分部工程的组成部分，一般按主要工程、材料、施工工艺、设备类别等进行划分。例如，土方开挖工程、土方回填工程、钢筋工程、模板工程、混凝土工程、砖砌体工程、木门窗制作与安装工程、玻璃幕墙工程等。

分项工程是工程项目施工生产活动的基础，也是计量工程用工用料和机械台班消耗的基本单元；同时，又是工程质量形成的直接过程。分项工程既有其作业活动的独立性，又有相互联系、相互制约的整体性。

（二）建设工程项目的分类

为适应科学管理的需要，可从不同的角度对建设工程项目进行分类。

1. 按建设性质划分

工程项目可分为新建项目、扩建项目、改建项目、迁建项目和恢复项目。

（1）新建项目。新建项目是指根据国民经济和社会发展的近远期规划，按照规定的程序立项，从无到有、“平地起家”建设的工程项目。

（2）扩建项目。扩建项目是指现有企事业单位在原有场地内或其他地点，为扩大产品的生产能力或增加经济效益而增建的生产车间、独立的生产线或分厂的项目；事业和行政单位在原有业务系统的基础上扩充规模而进行的新增固定资产投资项目。

（3）改建项目。改建项目包括挖潜、节能、安全、环境保护等工程项目。

（4）迁建项目。迁建项目是指原有企事业单位根据自身生产经营和事业发展的要求，按照国家调整生产力布局的经济发展战略的需要或出于环境保护等其他特殊要求，搬迁到异地建设的项目。

（5）恢复项目。恢复项目是指原有企事业和行政单位，因在自然灾害或战争中使原有固定资产遭受全部或部分报废，需要进行投资重建来恢复生产能力和业务工作条件、生活福利设施等的工程项目。这类项目，无论是按原有规模恢复建设，还是在恢复过程中同时进行扩建，都属于恢复项目。但对尚未建成投产或交付使用的项目，受到破坏后，若仍按原设计重建的，原建设性质不变；如果按新设计重建，则根据新设计内容来确定其性质。

工程项目按其性质分为上述五类，一个工程项目只能有一种性质，在项目按总体设计全部建成以前，其建设性质是始终不变的。

2. 按投资作用划分

工程项目可分为生产性工程项目和非生产性工程项目。

（1）生产性工程项目。生产性工程项目是指直接用于物质资料生产或直接为物质资料生产服务的工程项目。主要包括：

1）工业建设项目。工业建设项目包括工业、国防和能源建设项目；

2）农业建设项目。农业建设项目包括农、林、牧、渔、水利建设项目；

3）基础设施建设项目。基础设施建设项目包括交通、邮电、通信建设项目；地质普查、勘探建设项目等；

4）商业建设项目。商业建设项目包括商业、饮食、仓储、综合技术服务事业的建设项目。

（2）非生产性工程项目。非生产性工程项目是指用于满足人民物质和文化、福利需要的建设和非物质资料生产部门的建设项目。主要包括：

1）办公用房。国家各级党政机关、社会团体、企业管理机关的办公用房；

2）居住建筑。住宅、公寓、别墅等；

3）公共建筑。科学、教育、文化艺术、广播电视、卫生、博览、体育、社会福利事业、公共事业、咨询服务、宗教、金融、保险等建设项目；

4）其他工程项目。不属于上述各类的其他非生产性工程项目。

3. 按项目规模划分

为适应分级管理的需要，基本建设项目分为大型、中型、小型三类；更新改造项目分为限额以上和限额以下两类。不同等级标准的工程项目，报建和审批机构及程序不尽相同。划分工程项目等级的原则如下：

（1）按批准的可行性研究报告（初步设计）所确定的总设计能力或投资总额的大小，依据国家颁布的《基本建设项目大中小型划分标准》进行划分。

（2）凡生产单一产品的项目，一般以产品的设计生产能力划分；生产多种产品的项目，一般按其主要产品的设计生产能力划分；产品分类较多，不易分清主次、难以按产品的设计能力划分时，可按投资总额划分。

（3）对国民经济和社会发展具有特殊意义的某些项目，虽然设计能力或全部投资不够大、中型项目标准，经国家批准已列入大、中型计划或国家重点建设工程的项目，也按大、中型项目进行管理。

（4）更新改造项目一般只按投资额分为限额以上和限额以下项目，不再按生产能力或其他标准划分。

（5）基本建设项目的大、中、小型和更新改造项目限额的具体划分标准，根据各个时期经济发展和实际工作中的需要而有所变化。

4. 按投资效益和市场需求划分

工程项目可划分为竞争性项目、基础性项目和公益性项目三种。

（1）竞争性项目。主要是指投资效益比较高、竞争性比较强的工程项目。其投资主体一般为企业，由企业自主决策、自担投资风险。

（2）基础性项目。主要是指具有自然垄断性、建设周期长、投资额大而收益低的基础设施和需要政府重点扶持的一部分基础工业项目，以及直接增强国力的、符合经济规模的支柱产业项目。政府应集中必要的财力、物力通过经济实体进行投资，同时，还应广泛吸收企业参与投资，有时还可吸收外商直接投资。

（3）公益性项目。主要包括科技、文教、卫生、体育和环保等设施，公、检、法等政权机关以及政府机关、社会团体办公设施，国防建设等。公益性项目的投资主要由政府用财政资金安排。

5. 按投资来源划分

工程项目可划分为政府投资项目和非政府投资项目。

（1）政府投资项目。按照其盈利性不同，政府投资项目又可分为经营性政府投资项目和非经营性政府投资项目。

① 经营性政府投资项目是指具有盈利性质的政府投资项目，政府投资的水利、电力、铁路等项目基本都属于经营性项目。经营性政府投资项目应实行项目法人负责制。

② 非经营性政府投资项目一般是指非盈利性的、主要追求社会效益最大化的公益性项目。学校、医院以及各行政、司法机关的办公楼等项目都属于非经营性政府投资项目。非经营性政府投资项目应推行“代建制”。

（2）非政府投资项目。非政府投资项目是指企业、集体单位、外商和私人投资兴建的工程项目。非政府投资项目应实行项目法人负责制。

二、工程项目建设程序

工程项目建设程序是指工程项目从策划、评估、决策、设计、施工到竣工验收、投入生产或交付使用的整个建设过程中，各项工作必须遵循的先后工作次序。工程项目建设程序与工程项目建设程序可能有所差异，但是各建设阶段之间的前后次序不能颠倒。建设工程项目的全寿命周期包括项目的投资决策阶段、实施阶段和交付使用阶段（或称运营阶段，或称运行阶段）。以世界银行贷款项目为例，其建设周期包括项目选定、项目准备、项目评估、项目谈判、项目实施和项目总结评价六个阶段。每一阶段的工作深度，决定着项目在下一阶段的发展，彼此相互联系、相互制约。

按照我国现行规定，政府投资项目的建设程序可以分为以下阶段：

（1）根据国民经济和社会发展长远规划，结合行业和地区发展规划的要求，提出项目建议书。

（2）在勘察、试验、调查研究及详细技术经济论证的基础上编制可行性研究报告。

（3）根据咨询评估情况，对工程项目进行决策。

（4）根据可行性研究报告，编制设计文件。

（5）初步设计经批准后，进行施工图设计，并做好施工前各项准备工作。

（6）组织施工，并根据施工进度做好生产或动用前的准备工作。

（7）按批准的设计内容完成施工安装，经验收合格后正式投产或交付使用。

（8）生产运营一段时间（一般为1年）后，可根据需要进行项目后评价。

（一）投资决策阶段工作内容

从项目建设意图的酝酿开始，调查研究、编写和报批项目建议书、编制和报批项目的可行性研究等项目前期的组织、管理、经济和技术方面的论证都属于项目决策阶段的工作。一般可包括如下内容：

1. 编报项目建议书

项目建议书是拟建项目单位向国家提出的要求建设某一项目的建议文件，是对工程项目建设的轮廓设想。项目建议书的主要作用是推荐一个拟建项目，论述其建设的必要性、建设条件的可行性和获利的可能性，供国家选择并确定是否进行下一步工作。

项目建议书的内容视项目不同而有繁有简，但一般应包括以下几方面内容：

（1）项目提出的必要性和依据。

（2）产品方案、拟建规模和建设地点的初步设想。

（3）资源情况、建设条件、协作关系和设备技术引进国别、厂商的初步分析。

(4) 投资估算、资金筹措及还贷方案设想。

(5) 项目进度安排。

(6) 经济效益和社会效益的初步估计。

(7) 环境影响的初步评价。

对于政府投资项目，项目建议书按要求编制完成后，应根据建设规模和限额划分报送有关部门审批。项目建议书经批准后，可进行可行性研究工作，批准的项目建议书不是项目的最终决策。

2. 编报可行性研究报告

(1) 可行性研究的工作内容。可行性研究应完成以下工作内容：

1) 进行市场研究，以解决项目建设的必要性问题；

2) 进行工艺技术方案的研究，以解决项目建设的技术可行性问题；

3) 进行财务和经济分析，以解决项目建设的经济合理性问题。

(2) 可行性研究报告的内容。可行性研究工作完成后，需要编写出反映其全部工作成果的可行性研究报告。就其内容来看，各类项目的可行性研究报告内容不尽相同，对工业项目而言，其可行性研究报告应包括以下基本内容：

1) 项目提出的背景、项目概况及投资的必要性；

2) 产品需求、价格预测及市场风险分析；

3) 资源条件评价（对资源开发项目而言）；

4) 建设规模及产品方案的技术经济分析；

5) 建厂条件与厂址方案；

6) 技术方案、设备方案和工程方案；

7) 主要原材料、燃料供应；

8) 总图、运输与公共辅助工程；

9) 节能、节水措施；

10) 环境影响评价；

11) 劳动安全卫生与消防；

12) 组织机构与人力资源配置；

13) 项目实施进度；

14) 投资估算及融资方案；

15) 财务评价和国民经济评价；

16) 社会评价和风险分析；

17) 研究结论与建议。

3. 项目投资决策管理制度

根据《国务院关于投资体制改革的决定》（国发〔2004〕20号），政府投资项目实行审批制；非政府投资项目实行核准制或登记备案制。

(1) 政府投资项目。对于采用直接投资和资本金注入方式的政府投资项目，政府需要从投资决策的角度审批项目建议书和可行性研究报告，除特殊情况外，不再审批开工报告；同时还要严格审批其初步设计和概算；对于采用投资补助、转贷和贷款贴息方式的政府投资项目，则只审批资金申请报告。

政府投资项目一般都要经过符合资质要求的咨询机构的评估论证，特别重大的项目应实行专家评议制度。国家将逐步实行政府投资项目公示制度，以广泛听取各方面的意见和建议。

（2）非政府投资项目。对于企业不使用政府资金投资建设的项目，政府不再进行投资决策性质的审批。

对于《政府核准的投资项目目录》以外的企业投资项目，实行备案制。除国家另有规定外，由企业按照属地原则向地方政府投资主管部门备案。

对于实施核准制或登记备案制的项目，虽然政府不再审批项目建议书和可行性研究报告，但为了保证企业投资决策的质量，投资企业也应编制可行性研究报告。

为扩大大型企业集团的投资决策权，对于基本建立现代企业制度的特大型企业集团，建设《政府核准的投资项目目录》中的项目时，可以按项目单独申报核准，也可编制中长期发展建设规划，规划经国务院或国务院投资主管部门批准后，规划中属于《政府核准的投资项目目录》中的项目不再另行申报核准，只需办理备案手续。企业集团要及时向国务院有关部门报告规划执行和项目建设情况。

（二）实施阶段工作内容

1．工程设计

（1）工程设计的阶段及其内容。工程项目的设计工作一般划分为两个阶段，即初步设计和施工图设计。重大项目和技术复杂项目，可根据需要增加技术设计阶段。

1）初步设计。初步设计是根据可行性研究报告的要求所做的具体实施方案，目的是阐明在指定的地点、时间和投资控制数额内，拟建项目在技术上的可行性和经济上的合理性，通过对工程项目所做出的基本技术经济规定，编制项目总概算。初步设计不得随意改变被批准的可行性研究报告所确定的建设规模、产品方案、工程标准、建设地址和总投资等控制目标。如果初步设计提出的总概算超过可行性研究报告总投资额10%以上或其他主要指标需要变更时，应说明原因和计算依据，并重新向原审批单位报批可行性研究报告。

2）技术设计。应根据初步设计和更详细的调查研究资料编制，以进一步解决初步设计的重大技术问题，如工艺流程、建筑结构、设备选型及数量确定等，使工程项目的设计更具体、更完善，技术指标更好。

3）施工图设计。根据初步设计或技术设计的要求，结合现场实际情况，完整地表现建筑物外形、内部空间分割、结构体系、构造状况以及建筑群的组成和周围环境的配合，还包括各种运输、通信、管道系统、建筑设备的设计。在工艺方面，应具体确定各种设备的型号、规格及各种非标准设备的制造加工图。

（2）施工图设计文件的审查。根据《房屋建筑和市政基础设施工程施工图设计文件审查管理办法》，施工图审查机构按照有关法律、法规，对施工图涉及公共利益、公众安全和工程建设强制性标准的内容进行审查。审查的主要内容包括：

1）是否符合工程建设强制性标准；

2）地基基础和主体结构的安全性；

3）是否符合民用建筑节能强制性标准，对执行绿色建筑标准的项目，还应当审查是否符合绿色建筑标准；

4）勘察设计企业和注册执业人员以及相关人员是否按规定在施工图上加盖相应的图章和签字；

5）法律、法规、规章规定必须审查的内容。

任何单位或者个人不得擅自修改审查合格的施工图；确需修改的，凡涉及《房屋建筑和市政基础设施工程施工图设计文件审查管理办法》第十一条规定内容的，建设单位应当将修改后的施工图送原审查机构审查。

2. 建设准备

项目在开工建设之前要切实做好各项准备工作，其主要内容包括：

(1) 征地、拆迁和场地平整；

(2) 完成施工用水、电、通信、道路等接通工作；

(3) 组织招标选择工程监理单位、承包单位及设备、材料供应商；

(4) 准备必要的施工图纸；

(5) 办理工程质量监督和施工许可手续。

① 工程质量监督手续的办理。建设单位在办理施工许可证之前应当到规定的工程质量监督机构办理工程质量监督注册手续。办理质量监督注册手续时需提供施工图设计文件审查报告和批准书，中标通知书和施工、监理合同，建设单位、施工单位和监理单位工程项目的负责人和机构组成，施工组织设计和监理规划（监理实施细则），其他需要的文件资料。

② 施工许可证的办理。建设单位在开工前应向工程所在地的县级以上人民政府建设行政主管部门申请领取施工许可证。必须申请领取施工许可证的建筑工程未取得施工许可证的，一律不得开工。

3. 施工安装

工程项目经批准新开工建设，项目即进入施工安装阶段。项目新开工时间，是指工程项目设计文件中规定的任何一项永久性工程第一次正式破土开槽开始施工的日期。不需开槽的工程，正式开始打桩的日期就是开工日期。铁路、公路、水库等需要进行大量土方、石方工程的，以开始进行土方、石方工程的日期作为正式开工日期。工程地质勘察、平整场地、旧建筑物的拆除、临时建筑、施工用临时道路和水、电等工程开始施工的日期不能算正式开工日期。分期建设的项目分别按各期工程开工的日期计算，如二期工程应根据工程设计文件规定的永久性工程开工的日期计算。

施工安装活动应按照工程设计要求、施工合同及施工组织设计，在保证工程质量、工期、成本及安全、环保等目标的前提下进行，达到竣工验收标准后，由施工单位移交建设单位。

4. 生产准备

对于生产性项目而言，生产准备是项目投产前由建设单位进行的一项重要工作。它是衔接建设和生产的桥梁，是项目建设转入生产经营的必要条件。建设单位应组成专门机构做好生产准备工作，确保项目能够顺利投产。生产准备主要内容包括：

（1）招收和培训生产人员。招收项目运营过程中所需要的人员，并采用多种方式进行培训。特别要组织生产人员参加设备的安装、调试和工程验收工作，使其能尽快掌握生产技术和工艺流程。

（2）组织准备。主要包括生产管理机构设置、管理制度和有关规定的制定、生产人员配备等。

（3）技术准备。主要包括国内装置设计资料的汇总，有关国外技术资料的翻译、编辑，各种生产方案、岗位操作法的编制以及新技术的准备等。

（4）物资准备。主要包括落实原材料、协作产品、燃料、水、电、气等的来源和其他需协作配合的条件，并组织工装、器具、备品、备件等的制造或订货。

5. 竣工验收

当工程项目按设计文件的规定内容和施工图纸的要求全部建完后，便可组织验收。竣工验收是投资成果转入生产或使用的标志，也是全面考核工程建设成果、检验设计和工程质量的重要步骤。

（1）竣工验收的范围和标准。按照国家规定，工程项目按批准的设计文件所规定的内容建成，符合验收标准，即工业项目经过投料试车（带负荷运转）合格，形成生产能力的；非工业项目符合设计要求，能够正常使用的，都应及时组织验收，办理固定资产移交手续。工程项目竣工验收、交付使用，应达到下列标准：

1）生产性项目和辅助公用设施已按设计要求建完，能满足生产要求；

2）主要工艺设备已安装配套，经联动负荷试车合格，形成生产能力，能够生产出设计文件规定的产品；

3）职工宿舍和其他必要的生产福利设施，能适应投产初期的需要；

4）生产准备工作能适应投产初期的需要；

5）环境保护设施、劳动安全卫生设施、消防设施已按设计要求与主体工程同时建成使用。

以上是国家对工程项目竣工应达到标准的基本规定，各类工程项目除应遵循这些共同标准外，还要结合专业特点确定其竣工应达到的具体条件。对某些特殊情况，工程施工虽未全部按设计要求完成，但也应进行验收，这些特殊情况主要是指：

1）因少数非主要设备或某些特殊材料短期内不能解决，虽然工程内容尚未全部完成，但已可以投产或使用；

2）按规定的内容已建完，但因外部条件的制约，如流动资金不足、生产所需原材料不能满足等，而使已建成工程不能投入使用；

3）有些工程项目或单位工程，已形成部分生产能力，但近期内不能按原设计规模续建，应从实际情况出发经主管部门批准后，可缩小规模，对已完成的工程和设备组织竣工验收，移交固定资产。

（2）竣工验收的准备工作。建设单位应认真做好工程竣工验收的准备工作，主要包括：

1）整理技术资料。技术资料主要包括土建施工、设备安装方面及各种有关的文件、合同和试生产情况报告等。

2）绘制竣工图。工程项目竣工图是真实记录各种地下、地上建筑物等详细情况的技术文件，是对工程进行交工验收、维护、扩建、改建的依据，同时也是使用单位长期保存的技术资料。关于绘制竣工图的规定如下：

① 凡按图施工没有变动的，由施工承包单位（包括总包单位和分包单位）在原施工图加盖“竣工图”标志后即作为竣工图；

② 凡在施工中，虽有一般性设计变更，但能将原施工图加以修改补充作为竣工图的，不重新绘制，由施工承包单位负责在原施工图（必须新蓝图）上注明修改部分，并附以设计变更通知单和施工说明，加盖“竣工图”标志后，即作为竣工图；

③ 凡结构形式改变、工艺改变、平面布置改变、项目改变以及有其他重大改变，不宜在原施工图上修改补充的，应重新绘制改变后的竣工图。由于设计原因造成的，由设计单位负责重新绘图；由于施工原因造成的，由施工承包单位负责重新绘图；由于其他原因造成的，由建设单位自行绘图或委托设计单位绘图，施工单位负责在新图上加盖“竣工标志，并附以有关记录和说明，作为竣工图。

竣工图必须准确、完整，符合归档要求，方能交工验收。

3）编制竣工决算。建设单位必须及时清理所有财产、物资和未用完或应收回的资金，编制工程竣工决算，分析概（预）算执行情况，考核投资效益，报请主管部门审查。

（3）竣工验收的程序和组织。根据国家规定，规模较大、较复杂的工程建设项目应先进行初验，然后进行正式验收。规模较小、较简单的工程项目，可以一次进行全部项目的竣工验收。

工程项目全部建完，经过各单位工程的验收，符合设计要求，并具备竣工图、竣工决算、工程总结等必要文件资料，由项目主管部门或建设单位向负责验收的单位提出竣工验收申请报告。

竣工验收要根据投资主体、工程规模及复杂程度由国家有关部门或建设单位组成验收委员会或验收组。验收委员会或验收组负责审查工程建设的各个环节，听取各有关单位的工作汇报。审阅工程档案、实地查验建筑安装工程实体，对工程设计、施工和设备质量等做出全面评价。不合格的工程不予验收。对遗留问题要提出具体解决意见，限期落实完成。

（三）交付使用阶段工作内容

1. 项目保修

工程保修期从工程竣工验收合格之日起算，具体分部分项工程的保修期由合同当事人在专用合同条款中约定，但不得低于法定最低保修年限。在工程保修期内，承包人应当根据有关法律规定以及合同约定承担保修责任。发包人未经竣工验收擅自使用工程的，保修期自转移占有之日起算。

在工程移交发包人后，因承包人原因产生的质量缺陷，承包人应承担质量缺陷责任和保修义务。缺陷责任期届满，承包人仍应按合同约定的工程各部位保修年限承担保修义务。

2. 项目后评价

项目后评价是工程项目实施阶段管理的延伸。工程项目竣工验收或通过销售交付使用，只是工程建设完成的标志，而不是工程项目管理的终结。工程项目建设和运营是否达到投资决策时所确定的目标，只有经过生产经营或销售取得实际投资效果后，才能进行正确的判断。项目后评价的基本方法是对比法。在实际工作中，往往从以下两个方面对工程项目进行后评价。

(1) 效益后评价

项目效益后评价是项目后评价的重要组成部分。具体包括经济效益后评价、环境效益和社会效益后评价、项目可持续性后评价及项目综合效益后评价。

(2) 过程后评价

过程后评价是指对工程项目的立项决策、设计施工、竣工投产、生产运营等全过程进行系统分析，找出项目后评价与原预期效益之间的差异及其产生的原因，使后评价结论有根有据，同时针对问题提出解决办法。

三、建设工程项目管理目标和内容

(一) 建设工程项目管理及其知识体系

1. 建设工程项目管理的概念

建设工程项目管理是指组织运用系统工程的观点、理论和方法，对工程项目周期内的所有工作（包括项目建议书、可行性研究、评估论证与设计、采购、施工、验收等）进行计划、组织、指挥、协调和控制的过程。工程项目管理的核心任务是管理项目基本目标（造价、质量、进度），同时兼顾安全、环保、节能等社会目标，最终实现项目的功能以满足使用者的需求。

工程项目的造价、质量、进度、安全、环保、节能等目标是一个相互关联的整体，进行工程项目管理，必须充分考虑工程项目目标之间的相互关系，注意统筹兼顾，合理确定目标，防止发生盲目追求单一目标而冲击或干扰其他目标的现象。

2. 建设工程项目管理的发展

20 世纪 60 年代末期和 70 年代初期，工业发达国家开始将项目管理的理论和方法应用于建设工程领域，并于 20 世纪 70 年代中期在大学开设了与工程管理相关的专业。为适应建设需要，满足世界银行和国际金融机构要求，接受贷款的建设单位应用项目管理的思想、组织、方法和手段组织实施建设工程项目，我国从 20 世纪 80 年代初期开始引进建设工程项目管理的概念。从 1983 年原国家计划委员会首先提出要在建设工程领域积极推行项目前期项目经理负责制以来，我国建设工程项目管理稳步发展：

(1) 1988 年我国开始推行建设工程监理制度。

(2) 1990 年原建设部颁发了《建筑施工企业项目经理资质管理办法》，推行项目经理负责制。

(3) 2002 年原人事部和建设部颁布了《建造师执业资格制度暂行规定》(〔2002〕111 号)，以便加强建设工程项目总承包与施工管理，保证工程质量和施工安全。

(4) 2003 年原建设部发出《关于建筑业企业项目经理资质管理制度向建造师执业资格制度过渡有关问题的通知》(建市〔2003〕86 号)。

(5) 2003 年原建设部《关于培育发展工程总承包和工程项目管理企业的指导意见》

建市（〔2003〕30号）指出应鼓励具有工程勘察、设计、施工、监理资质的企业，通过建立与工程项目管理业务相适应的组织机构、项目管理体系，充实项目管理专业人员，按照有关资质管理规定在其资质等级许可的工程项目范围内开展相应的工程项目管理业务。

（6）2004年原人事部与发展改革委颁布了国人部发（〔2004〕110号）关于印发《投资建设项目管理师职业水平认证制度暂行规定》和《投资建设项目管理师职业水平考试实施办法》的通知。

（7）2006年《建设工程项目管理规范》（GB/T 50326—2006）的发布，标志着我国建设工程项目管理工作逐步成熟。

（8）2017年《建设工程项目管理规范》（GB/T 50326—2017）的发布，标志着我国建设工程项目管理工作步入了新的时代。

建设工程项目管理的原理、理论和方法最先应用于建设单位的工程管理中，然后逐步在承包单位、设计单位和供货单位中得到推广。

3. 建设工程项目管理的相关制度

工程建设领域实行项目法人负责制、工程监理制、工程招标投标制和合同管理制，是我国工程建设管理体制深化改革的重大举措，也是促进建设工程安全、可靠建设的有力保障。

（1）项目法人负责制。

项目法人负责制是指经营性建设项目由项目法人对项目的策划、资金筹措、建设实施、生产经营、偿还债务和资产的保值增值实行全过程负责的一种项目管理制度。国有单位经营性大中型建设工程必须在建设阶段组建项目法人。项目法人承担投资风险是项目法人负责制的核心内容。

1）项目法人的设立。新上项目在项目建议书被批准后，应由项目的投资方派代表组成项目法人筹备组，具体负责项目法人的筹建工作。有关单位在申报项目可行性研究报告时，须同时提出项目法人的组建方案；否则，其可行性研究报告将不予审批。在项目可行性研究报告被批准后，应正式成立项目法人。按有关规定确保资本金按时到位，并及时办理公司设立登记。项目公司可以是有限责任公司（包括国有独资公司），也可以是股份有限公司。

由原有企业负责建设的大中型基建项目，需新设立子公司的，要重新设立项目法人；只设分公司或分厂的，原企业法人即项目法人，原企业法人应向分公司或分厂派遣专职管理人员，并实行专项考核。

2）项目董事会的职权。建设项目董事会的职权有负责筹措建设资金；审核、上报项目初步设计和概算文件；审核、上报年度投资计划并落实年度资金；提出项目开工报告；研究解决建设过程中出现的重大问题；负责提出项目竣工验收申请报告；审定偿还债务计划和生产经营方针，并负责按时偿还债务；聘任或解聘项目总经理，并根据总经理的提名，聘任或解聘其他高级管理人员。

3）项目总经理的职权。项目总经理的职权有组织编制项目初步设计文件，对项目工艺流程、设备选型、建设标准、总图布置提出意见，提交董事会审查；组织工程设计、施工监理、施工队伍和设备材料采购的招标工作，编制和确定招标方案、标底和评标标准，评选和确定投标、中标单位。实行国际招标的项目，按现行规定办理；编制并组织实施项目年度投资计划、用款计划、建设进度计划；编制项目财务预算、决算；编制并组织实施归还贷款和其他债务计划；组织工程建设实施，负责控制工程投资、工期和质量；在项目建设过程中，在批准的概算范围内对单项工程的设计进行局部调整（凡引起生产性质、能力、产品品种和标准变化的设计调整以及概算调整，需经董事会决定并报原审批单位批准）；根据董事会授权处理项目实施中的重大紧急事件，并及时向董事会报告；负责生产准备工作和培训有关人员；负责组织项目试生产和单项工程预验收；拟订生产经营计划、企业内部机构设置、劳动定员定额方案及工资福利方案；组织项目后评价，提出项目后评价报告；按时向有关部门报送项目建设、生产信息和统计资料；提请董事会聘任或解聘项目高级管理人员。

（2）工程监理制。

工程监理是指具有资质的工程监理单位受项目法人委托，依据法律、行政法规及有关的技术标准、设计文件和建筑工程合同，对承包单位在施工质量、建设工期和建设资金等方面，代表建设单位实施监督。

1）工程监理的范围。根据《建设工程质量管理条例》，下列建设工程必须实行监理：

① 国家重点建设工程；

② 大中型公用事业工程；

③ 成片开发建设的住宅小区工程；

④ 利用外国政府或者国际组织贷款、援助资金的工程；

⑤ 国家规定必须实行监理的其他工程。

2）工程监理中造价控制的工作内容。造价控制是工程监理的主要任务之一。工程监理中造价控制的主要工作内容包括：

① 根据工程特点、施工合同、工程设计文件及经过批准的施工组织设计对工程进行风险分析，制定工程造价目标控制方案，提出防范性对策。

② 编制施工阶段资金使用计划，并按规定的程序和方法进行工程计量、签发工程款支付证书。

③ 审查施工单位提交的工程变更申请，力求减少变更费用。

④ 及时掌握国家调价动态，合理调整合同价款。

⑤ 及时收集、整理工程施工和监理有关资料，协调处理费用索赔事件。

⑥ 及时统计实际完成工程量，进行实际投资与计划投资的动态比较，并定期向建设单位报告工程投资动态情况。

⑦ 审核施工单位提交的竣工结算书，签发竣工结算款支付证书。

此外，工程监理单位还可受建设单位委托，在工程勘察、设计、发承包、保修等阶段为建设单位提供工程造价控制的相关服务。

（3）工程招投标制。

工程招投标制是在商品生产条件下，依据价值规律和竞争规律来管理社会化生产的一种经济管理制度，是一种市场化的竞争方式。通常由建设单位对拟采购的工程、货物或服务，通过发布招标公告或者发出投标邀请实行公开招标，潜在投标单位自愿参加投标，并根据建设单位提出建设规模、面积、质量、工期等要求，结合自己的技术力量、管理水平、施工经验及当地的地质、气候、道路、交通等条件，通过书面报价及其他响应性招标要求的条件参与竞争。最终由建设单位择优选择能保证工程质量、工期及标价最佳的投标单位来承担该采购任务。投标单位中标后，根据建设单位提出的合同内容或条件，按照承包方式与建设单位正式签订承包合同。

（4）合同管理制。

工程建设是一个多方参与的复杂活动，各参与单位之间通过合同建立合作关系，在保证自身利益的同时，兼顾各方不同利益，达到项目的多赢。1999 年 10 月 1 日起施行的《中华人民共和国合同法》（中华人民共和国主席令第 15 号）为合同管理制的实施提供了重要法律依据，现行法律依据为《中华人民共和国民法典》。

在众多的工程项目参与方中，建设单位和施工单位最为重要，其涉及的合同关系极其复杂。

1）建设单位的主要合同关系。为实现工程项目总目标，建设单位可通过签订合同将工程项目有关活动委托给相应的专业承包单位或专业服务机构，相应的合同有工程承包（总承包、施工承包）合同、工程勘察合同、工程设计合同、设备和材料采购合同、工程咨询（可行性研究、技术咨询、造价咨询）合同、工程监理合同、工程项目管理服务合同、工程保险合同、贷款合同等。

2）施工单位的主要合同关系。施工单位作为工程承包合同的履行者，也可通过签订合同将工程承包合同中所确定的工程设计、施工、设备材料采购等部分任务委托给其他相关单位来完成，相应的合同有工程分包合同、设备和材料采购合同、运输合同、加工合同、租赁合同、劳务分包合同、保险合同等。

（二）建设工程项目管理的类型和任务

1. 建设工程项目管理的类型

在工程项目的策划决策和建设实施过程中，由于各阶段的任务和实施主体不同，从而构成了不同类型的项目管理，包括建设单位的项目管理、工程总承包单位的项目管理、设计单位的项目管理、施工单位的项目管理、供货单位的项目管理等。

建设单位不仅是建设工程项目生产过程中人力资源、物质资源和知识的总集成者，也是建设工程项目生产过程的总组织者；因此，在不同类型的建设工程项目管理类型中，建设单位的项目管理是核心。建设单位自身的项目管理、社会化的项目管理公司为建设单位提供的项目管理服务以及工程监理单位为建设单位提供的监理服务都属于建设单位的项目管理。设计、施工任务的综合承包以及设计、采购和施工任务的综合承包都属于工程总承包单位的项目管理，施工总承包单位和分包单位的项目管理都属于施工单位的项目管理。材料和设备供应方的项目管理都属于供货单位的项目管理。

2. 建设工程项目管理的任务

建设工程项目管理就是要通过工程项目管理人员的一系列活动，包括采用规划、组织、协调等手段，采取组织、技术、经济、合同等措施，以确保工程项目目标在不断动态变化的环境中仍能够按计划实现。建设工程项目管理任务贯穿项目前期策划与决策、勘察、设计、施工、竣工验收及交付使用等各阶段。

（1）成本管理。

工程项目成本管理是指在整个项目的实施阶段开展管理活动，力求使项目在满足质量和进度要求的前提下，实现项目实际投资不超过计划投资。工程项目成本管理不是单一目标的控制，而应当与工程项目质量管理和进度管理同时进行。项目管理人员在对工程成本目标进行确定或论证时，应当综合考虑整个目标系统的协调和统一，不仅要使成本目标满足建设单位的需求，还要使质量目标和进度目标也能满足建设单位的要求。这就需要在确定项目目标系统时，认真分析建设单位对项目的整体需求，反复协调工程进度、质量和成本三大目标之间的关系，力求实现三大目标的最佳匹配。

（2）进度管理。

工程项目进度管理是指在实现工程项目总目标的过程中，为使工程建设的实际进度符合项目进度计划的要求，使项目按计划要求的时间动用而开展的有关监督管理活动。工程项目进度管理的总目标就是项目最终动用的计划时间，也就是工业项目负荷联动试车成功、民用项目交付使用的计划时间。工程项目进度管理是对工程项目从策划与决策开始，经设计与施工，直至竣工验收交付使用为止全过程的管理。

影响工程项目进度目标的因素有很多，包括管理人员、劳务人员素质和能力低下，数量不足；材料和设备不能按时、按质、按量供应；建设资金缺乏，不能按时到位；施工技术水平低，不能熟练掌握和运用新技术、新材料、新工艺；组织协调困难，各承包人不能协作同步工作；未能提供合格的施工现场；异常的工程地质、水文、气候、社会、政治环境等。要实现有效的进度控制管理，必须对上述影响进度的因素实施控制，采取措施减少或避免其对工程进度的影响。

（3）质量管理。

工程项目质量管理是指在力求实现工程项目总目标的过程中，为满足项目总体质量要求所开展的有关监督管理活动。工程项目的质量目标是指对工程项目实体、功能和使用价值，以及参与工程建设的有关各方工作质量的要求或需求的标准和水平，也就是对项目符合有关法律、法规、规范、标准程度和满足建设单位要求程度做出的明确规定。

影响工程项目质量的因素有很多，通常可以概括为人、机械、材料、方法和环境五方面。工程项目的质量管理，应当是一个全面、全过程的管理过程，项目管理人员应当采取有效措施对人、机械、材料、方法和环境等因素进行控制，以保障工程质量。

（4）合同管理。

在建设工程项目实施过程中，往往会涉及许多合同。工程总承包合同、勘察设计合同、施工合同、材料设备采购合同、项目管理合同、监理合同等均是建设单位与参与项目实施各主体之间明确权利义务关系的具有法律效力的协议文件。从某种意义上讲，工程项目的实施过程就是合同订立和履行的过程。合同管理主要是指对各类合同的订立过程和履行过程的管理，包括合同文本的选择，合同条件的协商、谈判，合同书的签署；合同履行的检查，变更和违约、纠纷的处理；总结评价等。

（5）安全生产管理。

随着人类社会进步和科技发展，安全问题越来越受关注。为了保证劳动者在劳动生产过程中的安全，必须加强安全管理。通过安全生产的管理活动，对影响生产的具体因素进行状态控制，使生产因素中的不安全行为和状态尽可能减少或消除，且不引发事故，以保证生产活动中人员的安全。对于建设工程项目，安全管理的目的是防止和尽可能减少生产安全事故、保护产品生产者的安全、保障人民群众的生命和财产免受损失；控制影响或可能影响工作场所内的员工或其他工作人员（包括临时工和承包方员工）、访问者或任何其他人员的安全的条件和因素；避免因管理不当对在组织控制下工作的人员安全造成危害。

（6）信息与知识管理。

信息与知识管理是项目目标管理的基础。组织应建立项目信息与知识管理制度，及时、准确、全面地收集信息与知识，安全、可靠、方便、快捷地存储、传输信息和知识，有效、适宜地使用信息和知识，以便在工程项目进展的全过程中，动态地进行项目规划，迅速正确地进行各种决策，并及时检查决策执行结果。

（7）沟通管理。

组织应建立项目相关方沟通管理机制，健全项目协调制度，确保组织内部与外部各个层面的交流与合作。项目管理机构应将沟通管理纳入日常管理计划，沟通信息，协调工作，避免和消除在项目运行过程中的障碍、冲突和不一致。项目各相关方应通过制度建设、完善程序，实现相互之间沟通的零距离和运行的有效性。

（三）建设工程项目管理的方法和措施

1. 目标管理的措施

为了取得目标控制的理想成果，应当从多方面采取措施。工程项目目标控制的措施通常包括组织措施、技术措施、经济措施和合同措施四个方面。

（1）组织措施

组织措施是分析由于组织的原因而影响项目目标实现的问题。人不仅是组织的核心要素，也是最重要的生产力，是一切活动存在的基础，如监督按计划要求投入劳动力、机具、设备、材料，巡视、检查工程运行情况，进行工程信息的收集、加工、整理、反馈，发现和预测目标偏差，采取纠正行动等都需要事先委任执行人员，授予相应职权，确定职责，制定工作考核标准，并力求使之一体化运行。此外，如何充实控制机构，挑选与其工作相称的人员；对工作进行考评，以便评估工作、改进工作、挖掘潜在工作能力、加强相互沟通；在控制过程中激励人们以调动和发挥他们实现目标的积极性、创造性；培训人员等，都是在目标控制过程中需要考虑采取的措施。只有采取适当的组织措施，如调整项目组织结构、任务分工、管理职能分工、工作流程组织和项目管理班子人员等保证目标控制的组织工作明确、完善，才能使目标控制取得良好效果。

（2）技术措施

技术措施是分析由于技术原因而影响项目目标实现的问题。实施有效目标管理，如果不对多个可能的主要技术方案进行技术可行性分析，不对各种技术数据进行审核、比较，不事先确定设计方案的评选原则，不通过科学试验确定新材料、新工艺、新设备、新结构的适用性，不对各投标文件中的主要技术方案做必要的论证，不对施工组织设计进行审查，不想方设法地在整个项目实施阶段寻求节约投资、保障工期和质量的技术措施，目标管理就毫无效果可言。使计划能够输出期望的目标需要掌握特定技术的人，需要采取一系列有效的技术措施，如调整设计、改进施工方法和改变施工机具等，实现项目目标的有效管理。

（3）经济措施

一个工程项目的建成动用，归根结底是一项投资的实现。从项目的提出到项目的实现，始终伴随资金的筹集和使用工作。无论是对工程造价实施控制，还是对工程质量、进度实施控制，都离不开经济措施。为了理想地实现工程项目，项目管理人员要收集、加工、整理工程经济信息和数据，要对各种实现目标的计划进行资源、经济、财务等方面的可行性分析，要对经常出现的各种设计变更和其他工程变更方案进行技术经济分析，以力求减少对计划目标实现的影响，要对工程概预算进行审核，要编制资金使用计划，要对工程付款进行审查等。如果项目管理人员在目标控制时忽视了经济措施，如落实加快工程施工进度所需的资金等，不但使工程造价目标控制难以实现，而且会影响工程质量和进度目标的实现。

（4）合同措施

工程项目建设需要设计单位、施工单位和材料设备供应单位分别承担设计、施工和材料设备供应。没有这些工程建设行为，项目就无法建成动用。在市场经济条件下，这些承包人是分别根据其与建设单位签订的设计合同、施工合同和供销合同来参与工程项目建设的，他们与建设单位构成了工程承发包关系。承包设计的单位根据合同要求，要保障工程项目设计的安全可靠性，提高项目的适用性和经济性，并保证设计工期的要求。承包施工的单位要根据合同要求，在规定的工期、造价范围内保证完成规定的工程量并使其达到规定的施工质量要求。承包材料和设备供应的单位应当根据合同要求，保证按质、按量、按时供应材料和设备。为实现对工程项目目标的有效控制，建设单位还可委托专业化、社会化的项目管理单位及监理单位，在其授权范围内依据其与建设单位签订的委托合同及相关的工程建设合同行使管理及监理职责，对工程建设合同的履行实施监督管理。由此可见，确定对目标控制有利的承发包模式和合同结构，拟订合同条款，参加合同谈判，处理合同执行过程中的问题，以及做好防止和处理索赔工作等，是项目管理人员进行目标管理的重要手段。

2. 目标管理的方法

因管理目标的不同，工程项目目标管理的方法主要有：

（1）网络计划法。

网络计划技术是一种用于工程进度控制的有效方法，在工程项目目标控制中采用这种方法也有助于工程成本控制和资源的优化配置。应用网络计划技术时，可按下列程序对工程进度目标实施控制：

1）根据工程项目具体要求编制网络计划图，并按有关目标要求进行网络计划的优化；

2）定期进行网络计划执行情况的检查，主要分析实际进度与计划进度的差异；

3）分析产生进度差异的原因以及工作进度偏差对总工期及后续工作的影响程度；

4）根据工程项目总工期及后续工作的限制条件，采取进度调整措施，调整原进度计划；

5）执行调整后的网络计划，并在执行过程中定期进行实际进度的检查与分析。

如此循环，直至工程项目进度目标实现为止。

（2）S曲线法。

对一个工程项目而言，如果以横坐标表示时间，纵坐标表示累计完成的工程数量或造价，即可形成一条形如S的曲线，如图2.1.1所示，S曲线因此而得名。

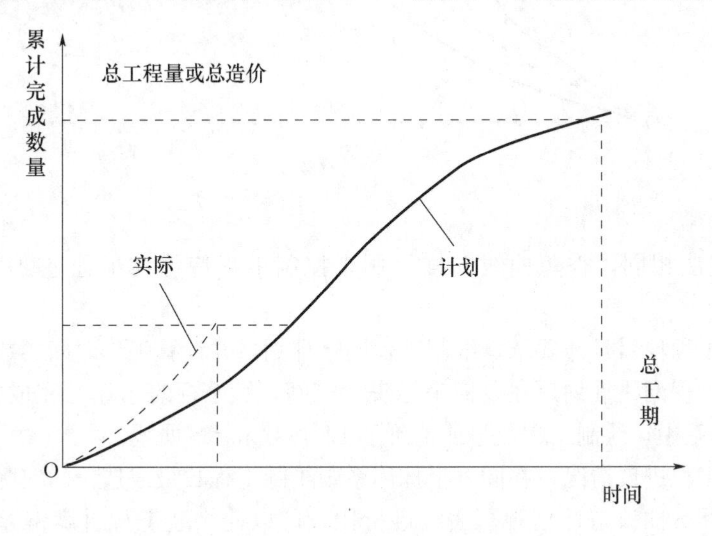

图2.1.1　S曲线控制图

S曲线可用于控制工程造价和工程进度。其控制程序如下：

1）根据工程项目进度计划安排，在以横坐标表示时间，纵坐标表示累计完成的工程数量或造价的坐标体系中，绘制工程数量或造价的计划累计S曲线。

2）根据工程进展情况，在同一坐标体系中绘制工程数量或造价的实际累计S曲线。

3）将实际S曲线与计划S曲线进行比较，以此判断工程进度偏差或造价偏差。

4）如果出现较大偏差，则应分析原因，并采取措施进行调整。

5）如果投资计划或进度计划做出调整后，需要重新绘制调整后的S曲线，以便在下一步控制过程中进行对比分析。

（3）香蕉曲线法。

香蕉曲线法的原理与S曲线法的原理基本相同，其主要区别在于：香蕉曲线是以工程网络计划为基础绘制的。由于在工程网络计划中，工作的开始时间有最早开始时间和最迟开始时间两种，如果按照工程网络计划中每项工作的最早开始时间绘制整个工程项目的计划累计完成工程量或造价，即可得到一条S曲线（ES曲线）；而如果按照工程网络计划中每项工作的最迟开始时间绘制整个工程项目的计划累计完成工程量或造价，又可得到一条S曲线（LS曲线），两条S曲线组合在一起，成为香蕉曲线，如图2.1.2所示。

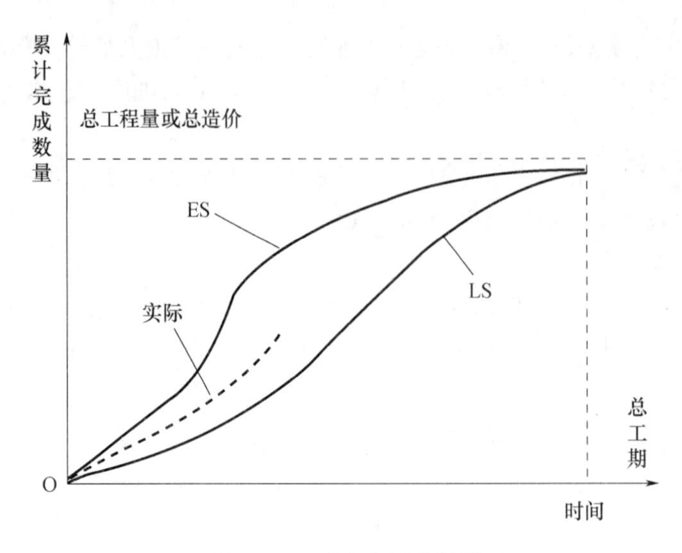

图 2.1.2　香蕉曲线控制图

与S曲线法相同，香蕉曲线同样可用来控制工程造价和工程进度。其控制程序如下：

1）根据工程项目具体要求，编制工程网络计划，并计算工作时间参数。

2）根据工程网络计划，在以横坐标表示时间，纵坐标表示累计完成的工程数量或造价的坐标体系中，绘制工程数量或造价的ES曲线和LS曲线。

3）根据工程进展情况，在同一坐标体系中绘制工程数量或造价的实际累计S曲线。

4）将实际S曲线与计划香蕉曲线进行比较，以此判断工程进度偏差或造价偏差。如果实际S曲线落在香蕉曲线范围之内，说明实际造价或进度处于控制范围之内。否则，说明工程造价或进度出现偏差，需要分析原因，并采取措施进行调整。

5）如果投资计划或进度计划做出调整后，需要重新绘制调整后的香蕉曲线，以便在下一步控制过程中进行对比分析。

（4）排列图法。

排列图又称主次因素分析图或帕累托（Pareto）图，是用来寻找影响工程质量主要因素的一种有效工具。排列图由两个纵坐标、一个横坐标、若干个直方图形和一条曲线组成。其中左边的纵坐标表示频数，右边的纵坐标表示频率，横坐标表示影响质量的各种因素。若干个直方图形分别表示质量影响因素的项目，直方图形的高度则表示影响因素的大小程度，按大小顺序由左向右排列，曲线表示各影响因素大小的累计百分数。这条曲线称为帕累托曲线。排列图如图 2.1.3 所示。

采用排列图分析影响工程（产品）质量的主要因素，可按以下程序进行：

1）列出影响工程（产品）质量的因素，并统计各影响因素出现的频数和频率。

2）按质量影响因素出现频数由大到小的顺序，从左至右绘制排列图。

3）分析排列图，找出影响工程（产品）质量的主要因素。在一般情况下，将影响质量的因素分为三类，累计频率在0～80％范围的因素，称为A类因素，是主要因素；在80％～90％范围内的为B类因素，是次要因素；在90％～100％范围内的为C类因素，是一般因素。

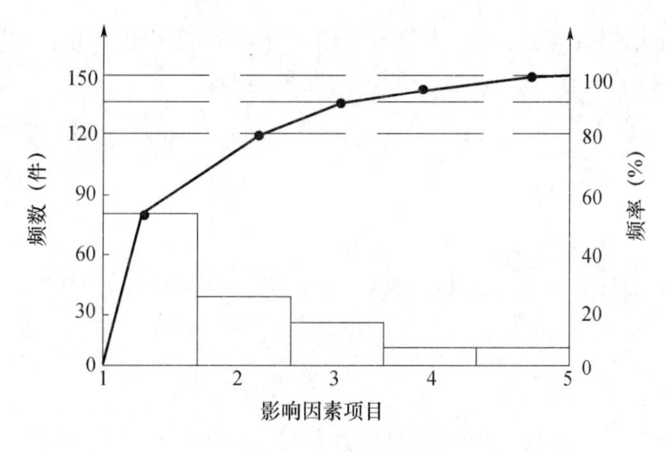

图 2.1.3　排列图

（5）因果分析图法。

因果分析图又称树枝图或鱼刺图，是用来寻找某种质量问题产生原因的有效工具。因果分析图的作法是：首先明确质量特性结果，画出质量特性的主干线，也就是明确制作质量问题的因果图。例如，混凝土强度不足，则把它写在右边，从左向右画上带箭头的框线。然后分析确定可能影响质量特性的大原因（大枝），一般有人、机械、材料、方法和环境五个方面。再进一步分析确定影响质量的中、小和更小原因，即画出中小细枝，如图 2.1.4 所示。

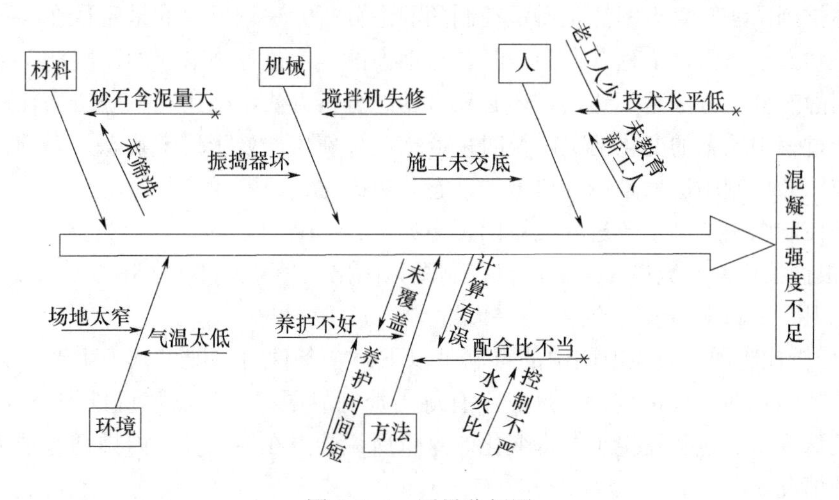

图 2.1.4　因果分析图

（6）直方图法。

直方图又称频数分布直方图。它以直方图形的高度表示一定范围内数值所发生的频数，据此可掌握产品质量的波动情况，了解质量特征的分布规律，以便对质量状况进行分析判断。应用直方图法控制工程（产品）质量的程序如下：

1）收集质量特征数据，绘制直方图。

2）对直放图分布状态进行分析，以此判断生产过程是否正常。当生产条件正常时，直方图应该是中间高、两侧低、左右接近对称的正常型图形，如图 2.1.5（a）所示。

当出现非正常型图形时，就要进一步分析原因，并采取措施加以纠正。常见的非正常型图形有图 2.1.5（b）～图 2.1.5（e）所示的四种类型：

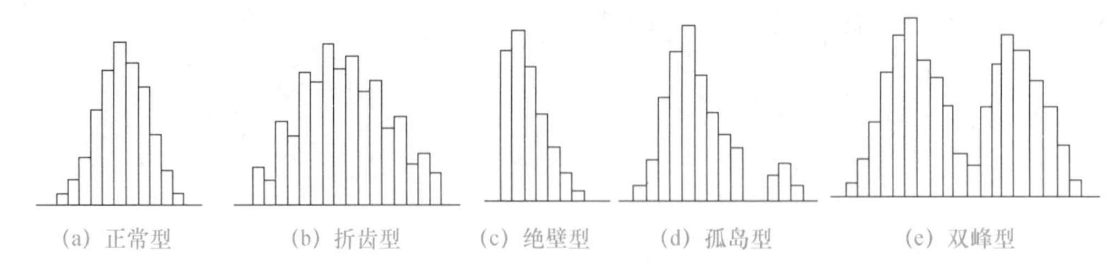

图 2.1.5　常见的直方图图形

① 折齿型分布。这多数是由于绘制频数表时，分组不当或组距确定不当所致的；

② 绝壁型分布。直方图的分布中心偏向一侧，通常是因操作者的主观因素造成的；

③ 孤岛型分布。出现孤立的小直方图，这是由于少量材料不合格，或短时间内工人操作不熟练所造成的；

④ 双峰型分布。一般是由于在抽样检查以前，数据分类工作不够好，使两个分布混淆在一起所造成的。

3）当出现质量问题时，可进一步利用排列图、因果分析图、相关图等寻找产生质量问题的原因，并采取有效措施，使工程质量达到预定要求。

（7）控制图法

前述排列图法、直方图法是质量控制的静态分析方法，反映的是质量在某一段时间里的静止状态。然而，工程（产品）都是在动态的生产过程中形成的，因此，在质量控制中只用静态分析方法是不够的，还必须有动态分析方法。采用动态分析法，可以随时了解生产过程中质量的变化情况，及时采取措施，使生产处于稳定状态，起到预防出现废品的作用。控制图法就是一种典型的动态分析方法。

应用控制图法控制生产过程质量的程序如下：

1）根据抽样检测数据，绘制质量控制图，画出质量控制图的上限（UCL）、中心线（CL）、下限（LCL）。

2）分析控制图。当控制图中的点满足以下两个条件时，即可认为生产过程基本上处于控制状态，即生产正常：一是点没有跳出控制界限；二是点随机排列且没有缺陷。否则，就认为生产过程发生了异常变化。这里所说的点在控制界限内排列有缺陷，包括以下几种情况：

① 点连续在中心线一侧出现 7 个以上，如图 2.1.6（a）所示；

② 连续 7 个以上的点上升或下降，如图 2.1.6（b）所示；

③ 点在中心线一侧多次出现，如连续 11 个点中至少有 10 个点在同一侧，如图 2.1.6（c）所示；或连续 14 个点中至少有 12 个点、连续 17 个点中至少有 14 个点、连续 20 个点中至少有 16 个点出现在同一侧；

④ 点接近控制界限，如果连续 3 个点中至少有 2 个落在 2 倍标准偏差与 3 倍标准偏差控制界限之间，如图 2.1.6（d）所示；或连续 7 个点中至少有 3 个点、连续 10 个点中至少有 4 个点落在 2 倍标准偏差与 3 倍标准偏差控制界限之间；

⑤ 点出现周期性波动，如图 2.1.6（e）所示。

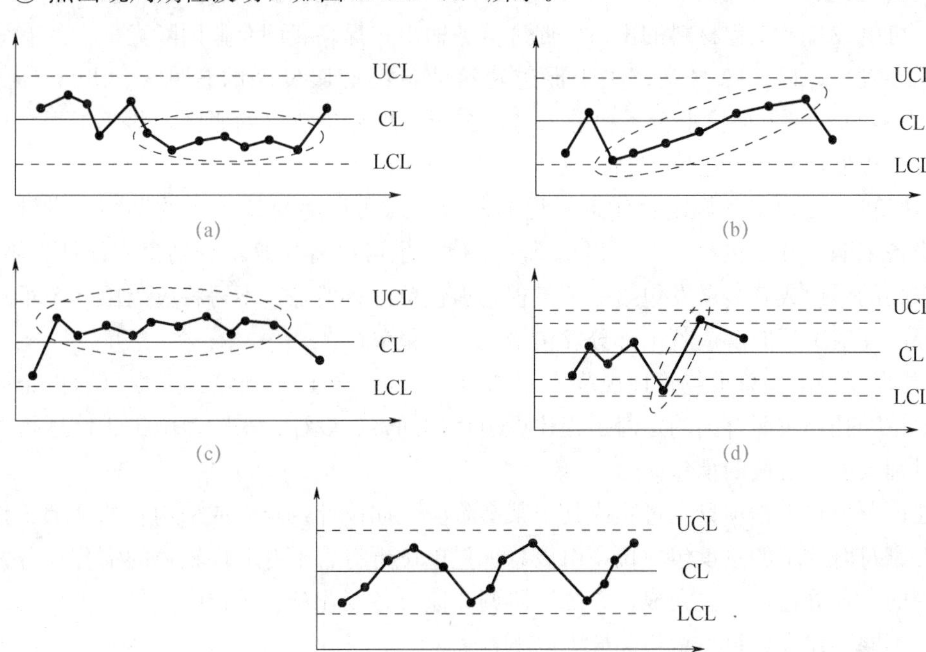

图 2.1.6　点在控制界限内的排列缺陷

3）如果控制图出现异常，说明生产过程存在质量问题。这时，可进一步利用排列图、因果分析图、相关图等寻找产生质量问题的原因，并采取有效措施，使工程质量达到预定要求。

除上述方法外，工程项目目标控制的方法还有很多，如目标管理、责任矩阵、里程碑跟踪、价值工程、看板管理、PDCA 循环等。

第二节　建设工程项目实施模式

一、建设项目承发包模式

在工程项目实施过程中，往往不止一家承包单位。根据建设单位和承包单位之间以及承包单位之间不同的关系，就形成了不同的工程项目承发包模式。

（一）项目总承包模式

原建设部（建市〔2003〕30 号文）《关于培育发展工程总承包和工程项目管理企业的指导意见》明确提出：工程总承包和工程项目管理是国际通行的工程建设项目组织实施方式。积极推行工程总承包和工程项目管理，是深化我国工程建设项目组织实施方式改革，提高工程建设管理水平，保证工程质量和投资效益，规范建筑市场秩序的重要措施；是勘察、设计、施工、监理企业调整经营结构，增强综合实力，加快与国际工程承包和管理方式接轨，适应社会主义市场经济发展和加入世界贸易组织后新形势的必然要求；是贯彻党的十六大关于“走出去”的发展战略，积极开拓国际承包市场，带动我国技术、机电设备及工程材料的出口，促进劳务输出，提高我国企业国际竞争力的有效途径。国办发〔2017〕19号文《关于促进建筑业持续健康发展的意见》（以下称《意见》），《意见》要求加快推行工程总承包，按照总承包负总责的原则，落实工程总承包单位在工程质量安全、进度控制、成本管理等方面的责任。

《建筑法》第24条规定：建筑工程的发包单位可以将建筑工程的勘察、设计、施工、设备采购一并发包给一个工程总承包单位，也可以将建筑工程勘察、设计、施工、设备采购的一项或者多项发包给一个工程总承包单位；但是，不得将应当由一个承包单位完成的建筑工程肢解成若干部分发包给几个承包单位。

《建设项目工程总承包管理规范》（GB/T 50358—2017）规定：工程总承包企业受建设单位委托，按照合同约定对工程建设项目的勘察、设计、采购、施工、试运行等实行全过程或若干阶段的承包。

建设单位将工程项目全过程或其中某个阶段（如设计或施工或采购）的全部工作发包给一家符合要求的总承包单位，由该总承包单位再将若干专业性较强的部分任务发包给不同的专业分包单位去完成，并统一协调和监督各专业分包单位的工作。根据总承包范围的不同，建设项目总承包又分为以下方式：

（1）设计—施工总承包（Design Build，DB）：设计—施工总承包是指工程总承包企业按照合同约定，承担工程项目设计和施工，并对承包工程的质量、安全、工期、造价全面负责。

（2）设计采购施工总承包（Engineering Procurement Construction，EPC）：设计采购施工总承包是指工程总承包企业按照合同约定，承担工程项目的设计、采购、施工、试运行服务等工作，并对承包工程的质量、安全、工期、造价全面负责。

项目总承包模式下，建设单位仅与总承包单位签订合同，与各专业分包单位不存在合同关系，如图2.2.1所示。

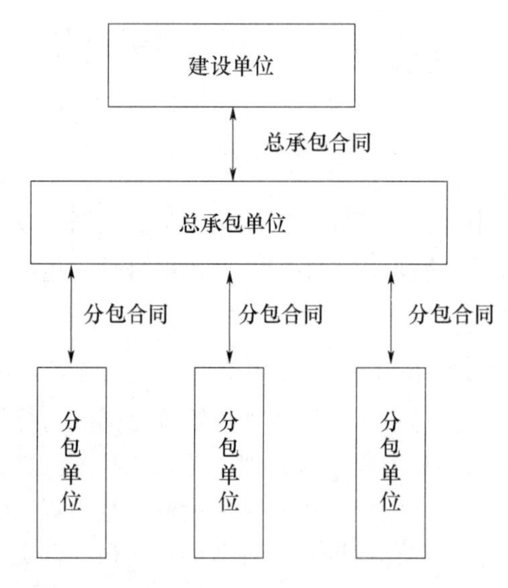

图2.2.1　项目总承包合同

采用项目总承包模式具有以下特点：

（1）有利于工程项目的组织管理。由于建设单位只与总承包单位签订合同，合同结构简单。同时，由于合同数量少，使得建设单位的组织管理和协调工作量小，可发挥总承包单位多层次协调的积极性。

（2）有利于控制工程造价。由于总包合同价格可以较早确定，建设单位可承担较少风险。

（3）有利于控制工程质量。由于总承包单位与分包单位之间通过分包合同建立了责、权、利关系，在承包单位内部，工程质量既有分包单位的自控，又有总承包单位的监督管理，从而增加了工程质量监控环节。

（4）有利于缩短建设工期。总承包单位具有控制的积极性，分包单位之间也有相互制约作用。此外，在工程设计与施工总承包的情况下，由于工程设计与施工由一个单位统筹安排，使两个阶段能够有机地融合，一般均能做到工程设计阶段与施工阶段的相互搭接。

（5）对建设单位而言，选择总承包单位的范围小，一般合同金额较大。

（6）对总承包单位而言，责任重、风险大，需要具有较高的管理水平和丰富的实践经验。当然，获得高额利润的潜力也比较大。

总之，建设项目总承包的基本出发点是借鉴工业生产组织的经验，实现建设生产过程的组织集成化，从而避免设计、施工阶段相分离导致的一系列问题。如由于设计不合理而造成的施工阶段投资增加，由于设计、施工不协调而造成的施工进度延误等。建设项目总承包的主要意义并不在于总价包干和“交钥匙”，其核心是通过设计与施工过程的组织集成，促进设计与施工的紧密结合，以达到为项目建设增值的目的。应该指出，即使采用总价包干的方式，稍大一些的项目也难以用固定总价包干合同，而多数采用变动总价合同。

（二）施工总承包模式

建设单位施工任务的委托可以采取不同的模式。第一种是由建设单位委托一个施工单位或由多个施工单位组成的施工联合体或施工合作体作为施工总承包单位，施工总承包单位视需要再委托其他施工单位作为分包单位配合施工。第二种是由建设单位委托一个施工单位或由多个施工单位组成的施工联合体或施工合作体作为施工总承包管理单位，建设单位另行委托其他施工单位作为分包单位进行施工。第三种是由建设单位平行委托多个施工单位进行施工。

1. 施工总承包

建设单位委托一个施工单位或由多个施工单位组成的施工联合体或施工合作体作为施工总包单位，经建设单位同意，施工总承包单位可以根据需要将施工任务的一部分分包给其他符合资质的分包人。施工总承包合同结构如图 2.2.2 所示。采用施工总承包模式具有以下特点：

（1）有利于控制工程造价。在开工前就有较明确的合同价，有利于建设单位的总投资控制。但若在施工过程中发生设计变更，可能会引发索赔。

（2）不利于缩短建设工期。由于一般要等施工图设计全部结束后，建设单位才进行施工总承包的招标；因此，开工日期不可能太早，建设周期会较长。这是施工总承包模式的最大缺点，限制了其在建设周期紧迫的建设工程项目上的应用。

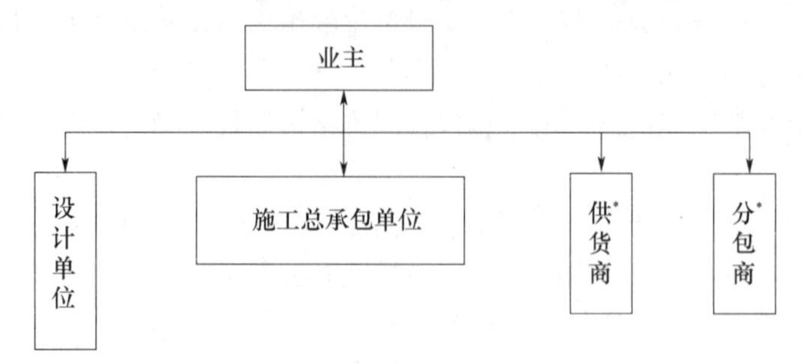

图 2.2.2　施工总承包合同结构

（3）有利于控制工程质量。建设工程项目质量的好坏在很大程度上取决于施工总承包单位的管理水平和技术水平。

（4）有利于工程组织管理。建设单位只需要进行一次招标，与施工总承包方签约，因此招标及合同管理工作量将会减小。由于建设单位只负责对施工总承包单位的管理及组织协调，其组织与协调工作量大大减少。

2. 施工总承包管理

建设单位委托一个施工单位或由多个施工单位组成的施工联合体或施工合作体作为施工总承包管理单位，另委托其他施工单位作为分包单位进行施工。一般情况下，施工总承包管理单位不参与具体工程的施工，但如果施工总承包管理单位也想承担部分工程的施工，它也可以参加该部分工程的投标，通过竞争取得施工任务。施工总承包管理模式的合同关系有两种可能，即建设单位与分包单位直接签订合同或者由施工总承包管理单位与分包单位签订合同，其合同结构如图 2.2.3 和图 2.2.4 所示。

采用施工总承包管理模式具有以下特点：

（1）不利于控制工程造价。一部分施工图完成后，建设单位就可单独或与施工总承包管理单位共同进行该部分工程的招标，分包合同的投标报价和合同价以施工图为依据；在进行对施工总承包管理单位的招标时，只确定施工总承包管理费，而不确定工程总造价，这可能成为建设单位控制总投资的风险；多数情况下，由建设单位与分包单位直接签约，这样有可能增加建设单位的风险。

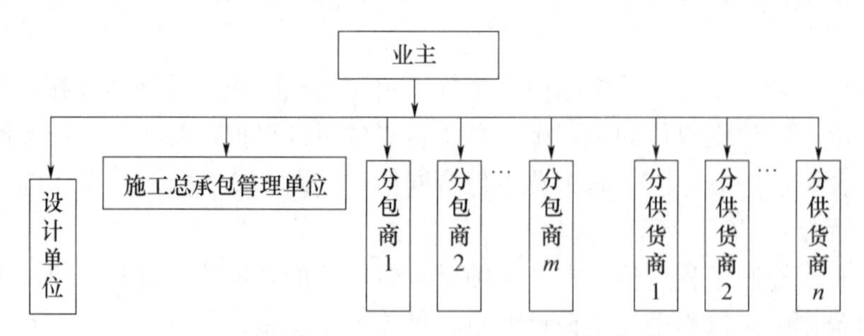

图 2.2.3　施工总承包管理模式下的合同结构 1

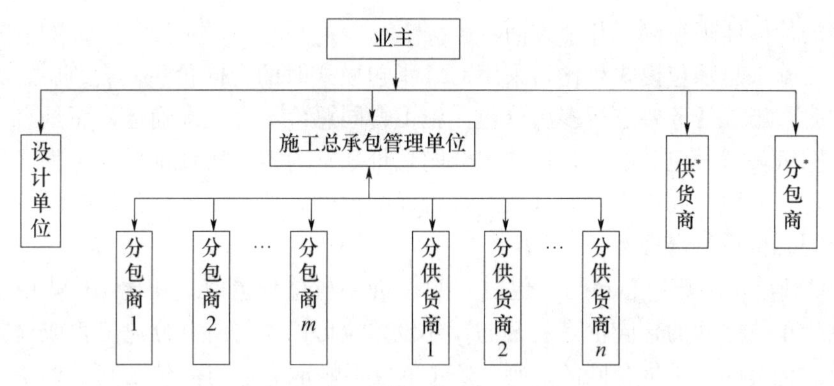

*注：此为业主自行采购和分包的部分

图 2.2.4　施工总承包管理模式下的合同结构 2

（2）有利于缩短建设工期。不需要等待施工图设计完成后再进行施工总承包管理的招标，分包合同的招标也可以提前，这样就有利于提前开工，有利于缩短建设周期。

（3）有利于控制工程质量。对分包单位的质量控制由施工总承包管理单位进行，分包工程任务符合质量控制的“他人控制”原则，对质量控制有利。建设工程项目质量的好坏在很大程度上取决于施工总承包单位的管理水平和技术水平。

（4）有利于工程组织管理。由施工总承包管理单位负责对所有分包单位的管理及组织协调，这样就大大减轻了建设单位的工作。这是采用施工总承包管理模式的基本出发点。

（三）CM 承包模式

CM（Construction Management）承包模式是指由建设单位委托一家 CM 单位承担项目管理工作，该 CM 单位以承包单位的身份进行施工管理，并在一定程度上影响工程设计活动，组织快速路径（Fast Track）的生产方式，使工程项目实现设计和施工的衔接。

1. CM 承包模式的特点。

（1）采用快速路径法施工。即在工程设计尚未结束之前，当工程某些部分的施工图设计已经完成时，就开始进行该部分工程的施工招标，从而使这部分工程的施工提前到工程项目的设计阶段。

（2）CM 单位有代理型（Agency）和非代理型（Non Agency）两种。代理型的 CM 单位不负责工程分包的发包，与分包单位的合同由建设单位直接签订。而非代理型的 CM 单位直接与分包单位签订分包合同。

（3）CM 合同采用成本加酬金方式。代理型和非代理型的 CM 合同是有区别的。由于代理型合同是建设单位与分包单位直接签订，因此，采用简单的成本加酬金的合同形式。而非代理型合同则采用保证最大工程费用（GMP）加酬金的合同形式。这是因为 CM 合同总价是在 CM 合同签订之后，随着 CM 单位与各分包单位签约而逐步形成的。只有采用保证最大工程费用，建设单位才能控制工程总费用。

2. CM 承包模式在工程造价控制方面的价值。

CM 承包模式特别适用于实施周期长、工期要求紧迫的大型复杂工程。在工程造价控制方面的价值体现在以下几个方面：

（1）与施工总承包模式相比，采用CM承包模式时的合同价更具合理性。采用CM承包模式时，施工任务要进行多次分包，施工合同总价不是一次确定，而是有一部分完整的施工图纸，就分包一部分，将施工合同总价划整为零。而且每次分包都通过招标展开竞争，每个分包合同价格都通过谈判进行详细讨论，从而使各个分包合同价格汇总后形成的合同总价更具合理性。

（2）CM单位不赚取总包与分包之间的差价。与总分包模式相比，CM单位与分包单位或供货单位之间的合同价是公开的，建设单位可以参与所有分包工程或设备材料采购招标及分包合同或供货合同的谈判。CM单位不赚取总包与分包之间的差价，其在进行分包谈判时，会努力降低分包合同价。经谈判而降低合同价的节约部分全部归建设单位所有，CM单位可获得部分奖励，这样有利于降低工程费用。

（3）应用价值工程方法挖掘节约投资的潜力。CM承包模式不同于普通承包模式的“按图施工”，CM单位早在工程设计阶段就可凭借其在施工成本控制方面的实践经验，应用价值工程方法对工程设计提出合理化建议，以进一步挖掘节省工程投资的可能性。此外，由于工程设计与施工的早期结合，使得设计变更在很大程度上减少，从而减少了分包单位因设计变更而提出的索赔。

（4）GMP可大大减少建设单位在工程造价控制方面的风险。当采用非代理型CM承包模式时，CM单位将对工程费用的控制承担更直接的经济责任，其必须承担GMP的风险。如果实际工程费用超过GMP，超出部分将由CM单位承担。由此可见，建设单位在工程造价控制方面的风险将大大减少。

（四）项目管理承包

项目管理承包（Project Management Contract，PMC）是指项目建设单位聘请专业的工程公司或咨询公司，代表建设单位在项目实施全过程或其中若干阶段进行项目管理。被聘请的工程公司或咨询公司被称为项目管理承包单位（PMC）。采用PMC管理模式时，项目建设单位仅需保留很少部分项目管理力量对一些关键问题进行决策，绝大部分项目管理工作均由项目管理承包单位承担。项目管理承包单位派出的项目管理人员与建设单位代表组成一个完整的管理组织进行项目管理，该项目管理组织有时也称为一体化项目管理团队。

1. 项目管理承包类型

按照工作范围不同，项目管理承包（PMC）可分为以下三种类型：

（1）项目管理承包单位代表建设单位进行项目管理，同时还承担部分工程的设计、采购、施工（EPC）工作。这对项目管理承包单位而言，风险高，相应的利润、回报也较高。

（2）项目管理承包单位作为建设单位项目管理组织的延伸，只是管理EPC承包单位而不承担任何EPC工作。这对项目管理承包单位而言，风险和回报均较低。

（3）项目管理承包单位作为建设单位顾问，对项目进行监督和检查，并及时向建设单位报告工程进展情况。这对项目管理承包单位而言，风险最低，接近于零，但回报也低。

2. 项目管理承包工作内容

项目管理承包单位在项目前期和项目实施阶段承担不同的工作：

（1）项目前期阶段工作内容。在此阶段，项目管理承包单位的主要任务是代表建设单位进行项目管理。具体包括项目建设方案优化；组织项目风险识别和分析，并制定项目风险应对策略；提供融资方案并协助建设单位进行融资；提出项目应统一遵循的标准及规范；组织或完成基础设计、初步设计和总体设计；协助建设单位完成相关审批工作；提出项目实施方案，完成项目投资估算；提出材料、设备清单及供货厂家名单；编制 EPC 招标文件，进行 EPC 投标人资格预审，并完成 EPC 评标工作。

（2）项目实施阶段工作内容。在此阶段，由中标的项目总承包单位进行项目的详细设计，并进行采购和施工工作。项目管理承包单位的主要任务是代表建设单位进行协调和监督。具体包括进行设计管理，协调有关技术条件；完成项目总体中某些部分的详细设计；实施采购管理，并为建设单位负责的采购提供服务；配合建设单位进行生产准备、组织试运行和验收；向建设单位移交项目文件资料。

3. 项目管理承包的特点

（1）通过优化设计方案，可实现建设工程全寿命期成本最低。项目管理承包单位会运用自身技术优势，根据项目实际条件对项目进行技术经济分析，从全寿命期成本最低角度对整个设计方案进行优化。

（2）通过选择合适的合同方式，可从整体上为建设单位节省建设投资。项目管理承包单位在完成基础设计之后，会根据工程设计深度、技术复杂程度、工期紧迫程度及工程量大小等因素，通过周密的招标策划，确定每一个合同范围及计价方式，以化解项目总承包带来的风险，为建设单位节省投资。

（3）通过多项目采购协议及统一的项目采购协议，可降低建设投资。项目管理承包单位协助建设单位就某种设备或材料与制造商签订多项目采购协议，使其成为该项目中这种设备或材料的唯一供货商。建设单位可通过此协议获得价格、日常运行维护等方面的优惠。各个项目总承包单位必须按建设单位提供的协议去采购相应设备或材料，以降低工程投资。

（4）通过现金管理及现金流量优化，可降低建设投资。项目管理承包单位与建设单位之间通常采用成本加奖励的合同计价方式，如果在工程实施过程中通过有效管理使建设投资节约，项目管理承包单位将会得到节约部分一定比例的奖励。这样会促使项目管理承包单位利用其丰富的项目融资及财务管理经验，结合工程实际情况，对整个项目的现金流进行优化，从而节约工程建设投资。

二、建设工程项目融资模式

项目融资有广义和狭义之分。广义的项目融资就是指为项目进行的融资。狭义的项目融资就是以项目的资产、预期收益、预期现金流量等作为偿还贷款资金的一种融资活动，是区别于传统贷款方式的、有限追索的融资活动。目前，常用的项目融资方式除了传统的直接融资、项目公司融资、杠杆租赁融资和实施使用协议融资等外，还包括 BOT、TOT、PFI、PPP 和 ABS 等新型方式。

（一）BOT 模式

BOT（Build-Operate-Transfer，建设—运营—移交）是 20 世纪 80 年代中后期发展起来的一种项目融资方式。BOT 模式下，由项目所在国政府或其所属机构为项目的建设和经营提供一种特许权协议（Concession Agreement）作为项目融资的基础，由本国公司或者外国公司作为项目的投资者和经营者安排融资，承担风险，开发建设项目并在特许权协议期间经营项目获取商业利润。特许期满后，根据协议将该项目转让给相应的政府机构。BOT 模式下，项目公司没有项目的所有权，只有项目的建设权和经营权。BOT 模式适用于竞争性不强的行业或有稳定收入的项目，如包括公路、桥梁、自来水厂、发电厂等在内的公共基础设施、市政设施等。

为了适应市场需要，BOT 在应用过程中还演变出了数十种形式。如 BOOT、BOO、BT 等模式。BOOT（Build-Own-Operate-Transfer，建设—拥有—运营—移交）模式与 BOT 模式的主要不同之处是，项目公司既有经营权又有所有权，政府允许项目公司在一定范围和一定时期内，将项目资产以融资目的抵押给银行，以获得更优惠的贷款条件，从而使项目的产品/服务价格降低，但特许期一般比典型 BOT 模式稍长。BOO（Build-Own-Operate，建设—拥有—运营）模式与 BOT 模式的主要不同之处在于，项目公司不必将项目移交给政府（即为永久私有化），目的主要是鼓励项目公司从项目全寿命期的角度合理建设和经营设施，提高项目产品/服务的质量，追求全寿命期的总成本降低和效率提高，使项目的产品/服务价格更低。BT（Build-Transfer，建设—移交）模式下，政府在项目建成后从民营机构（或任何国营/民营/外资法人机构）中购回项目（可一次支付，也可分期支付）；与政府投资建造项目不同的是，政府用于购回项目的资金往往是事后支付（可通过财政拨款，但更多的是通过运营项目来支付）；民营机构是投资者或项目法人，必须出一定的资本金，用于建设项目的其他资金可以由民营机构自己出，但更多的是以期望的政府支付款（如可兑信用证）来获取银行的有限追索权贷款。BT 项目中，投资者仅获得项目的建设权，而项目的经营权则属于政府，BT 融资形式适用于各类基础设施项目，特别是出于安全考虑的必须由政府直接运营的项目。对银行和承包单位而言，BT 项目的风险可能比 BOT 项目大。

（二）TOT 模式

TOT（Transfer-Operate-Transfer，移交—运营—移交），是从 BOT 模式演变而来的一种新型方式，是指用民营资金购买某个项目资产（一般是公益性资产）的经营权，购买者在约定的时间内通过经营该资产收回全部投资和得到合理的回报后，再将项目无偿移交给原产权所有人（一般为政府或国有企业）。该模式不仅解决了政府建设大型项目时的资金短缺问题，也为各类资本投资于基础设施建设提供了可能和机会，因此在发展中国家得到越来越多的应用。

（1）TOT 模式的运作程序。

TOT 模式的运作程序相对比较简单，一般包括以下步骤：

1）制定 TOT 方案并报批。转让方须先根据国家有关规定编制 TOT 项目建议书，征求行业主管部门同意后，按现行规定报有关部门批准。国有企业或国有基础设施管理人只有获得国有资产管理部门批准或授权才能实施 TOT 模式。

2）项目发起人（同时又是投产项目的所有者）设立 SPC 或 SPV（Special Purpose Corporation 或 Special Purpose Vehicle，即特殊目的公司或特殊目的机构），发起人把完工项目的所有权和新建项目的所有权均转让给 SPC 或 SPV，以确保有专门机构对两个项目的管理、转让、建造负有全权，并对出现的问题加以协调。SPC 或 SPV 通常是政府设立或政府参与设立的具有特许权的机构。

3）TOT 项目招标。按照国家规定，需要进行招标的项目，须采用招标方式选择 TOT 项目的受让方，其程序与 BOT 模式大体相同，包括招标准备、资格预审、准备招标文件、评标等步骤。

4）SPV 与投资者洽谈以达成转让投产运行项目在未来一定期限内全部或部分经营权的协议，并取得资金。

5）转让方利用获得的资金建设新项目。

6）新项目投入使用。

7）转让项目经营期满后，收回转让的项目。转让期满，资产应在无债务、未设定担保、设施状况完好的情况下移交给原转让方。

（2）TOT 模式的特点。

与 BOT 模式相比，TOT 模式主要有下列特点：

1）从项目融资的角度看，TOT 模式是通过转让已建成项目的产权和经营权来融资的，而 BOT 是政府给予投资者特许经营权的许诺后，由投资者融资新建项目，即 TOT 模式是通过已建成项目为其他新项目进行融资，BOT 模式则是为筹建中的项目进行融资。

2）从具体运作过程看，TOT 模式由于避开了建造过程中所包含的大量风险和矛盾（如建设成本超支、延期、停建、无法正常运营等），并且只涉及转让经营权，不存在产权、股权等问题，在项目融资谈判过程中比较容易就双方意愿达成一致，并且不会威胁国内基础设施的控制权与国家安全。

3）从东道国政府的角度看，通过 TOT 模式吸引国外或民间投资者购买现有的资产，将从两个方面进一步缓解中央和地方政府财政支出的压力，通过经营权的转让，得到一部分外资或民营资本，可用于偿还因为基础设施建设而承担的债务，也可作为当前迫切需要建设而又难以吸引外资或民营资本的项目，转让经营权后，可大量减少基础设施运营的财政补贴支出。

4）从投资者的角度看，TOT 模式既可回避建设中的超支、停建或者建成后不能正常运营、现金流量不足以偿还债务等风险，又能尽快取得收益。采用 BOT 模式，投资者先要投入资金建设，并要设计合理的信用保证结构，花费时间很长，承担风险大；采用 TOT 模式，投资者购买的是正在运营的资产和对资产的经营权，资产收益具有确定性，也不需要太复杂的信用保证机制。

（三）PFI 模式

PFI（Private Finance Initiative，私人主动融资）是指由私营企业进行项目的建设与运营，从政府方或接受服务方收取费用以回收成本，在运营期结束时，私营企业应将所运营的项目完好地、无债务地归还政府。PFI融资方式具有使用领域广泛、缓解政府资金压力、提高建设效率等特点。利用这种融资方式，可以弥补财政预算的不足、有效转移政府财政风险、提高公共项目的投资效率、增加私营部门的投资机会。

PFI是一种强调私营企业在融资中主动性与主导性的融资方式，在这种方式下，政府以不同于传统的由其自身负责提供公共项目产出的方式，而是采取促进私营企业有机会参与基础设施和公共产品的生产和提供公共服务的一种全新的公共项目产出方式。通过PFI模式，政府与私营企业进行合作，由私营企业承担部分政府公共产品的生产或提供公共服务，政府购买私营企业提供的产品或服务，或给予私营企业以收费特许权，或政府与私营企业以合伙方式共同营运等方式，来实现政府公共产品产出中的资源配置最优化、效率和产出的最大化。

（1）PFI适用的项目类型。

1）在经济上自立的项目。以这种方式实施的PFI项目，私营企业提供服务时，政府不向其提供财政的支持，但是在政府的政策支持下，私营企业通过项目的服务向最终使用者收费，来收回成本和实现利润。其中，公共部门不承担项目建设和运营的费用，但是私营企业可以在政府的特许下，通过适当调整对使用者的收费来补偿成本的增加。在这种模式下，公共部门对项目的作用是有限的，也许仅仅是承担项目最初的计划或按照法定程序帮助项目公司开展前期工作和按照法律程序进行管理。

2）向公共部门出售服务的项目。以这种方式实施的PFI项目，私营企业提供项目服务所产生的成本，完全或主要通过私营企业服务提供者向公共部门收费来补偿，这样的项目主要包括私人融资兴建的监狱、医院和交通线路等。

3）合资经营项目。以这种方式实施的PFI项目，公共部门与私营企业共同出资、分担成本和共享收益。但是，为了使项目成为一个真正的PFI项目，项目的控制权必须由私营企业来掌握，公共部门只是一个合伙人的角色。

（2）PFI模式的优点。

PFI模式在本质上是一个设计、建设、融资和运营模式，政府与私营企业是一种合作关系，对PFI项目服务的购买是由有采购特权的政府与私营企业签订的。PFI项目中，公共部门要么作为服务的主要购买者，要么充当实施的基本的法定授权控制者，这是政府部门必须坚持的基本原则。同时，与买断经营也有所不同，买断经营方式中的私营企业受政府的制约较弱，是比较完全的市场行为，私营企业既是资本财产的所有者又是服务的提供者。PFI模式的核心旨在增加包括私营企业参与的公共服务或者是公共服务的产出大众化。

PFI模式的主要优点如下：

1）PFI有非常广泛的适用范围，不仅包括基础设施项目，在学校、医院、监狱等公共项目上也有广泛的应用。

2）推行PFI模式，能够广泛吸引经济领域的私营企业或非官方投资者，参与公共物品的产出，这不仅大大地缓解了政府公共项目建设的资金压力，同时也提高了政府公共产品的产出水平。

3）吸引私营企业的知识、技术和管理方法，提高公共项目的效率和降低产出成本，使社会资源配置更加合理化，同时也使政府摆脱了长期困扰的政府项目低效率的压力，使政府有更多的精力和财力用于社会发展更加急需的项目建设。

4）PFI模式是政府公共项目投融资和建设管理方式的重要的制度创新，这也是PFI模式的最大的优势。在英国的实践中，被认为是政府获得高质量、高效率的公共设施的重要工具，已经有很多成功的案例。

（3）PFI模式的特点。

PFI与BOT模式在本质上没有太大区别，但在适用领域、合同类型、承担风险、合同期满处理方式等方面仍有一些细微的差别。

1）适用领域。BOT模式主要用于基础设施或市政设施，如机场、港口、电厂、公路、自来水厂等，以及自然资源开发项目。PFI模式的应用面更广，除上述项目之外，一些非营利性的、公共服务设施项目（如学校、医院、监狱等）同样可以采用PFI融资方式。

2）合同类型。两种融资方式中，政府与私营部门签署的合同类型不尽相同，BOT项目的合同类型是特许经营合同，而PFI项目中签署的是服务合同，PFI项目的合同中一般会对设施的管理、维护提出特殊要求。

3）承担风险。BOT项目中，私营企业不参与项目设计，因此设计风险由政府承担，而PFI项目由私营企业参与项目设计，需要承担设计风险。

4）合同期满处理方式。BOT项目在合同中一般会规定特许经营期满后，项目必须无偿交给政府管理及运营，而PFI项目的服务合同中往往规定，如果私营企业通过正常经营未达到合同规定的收益，可以继续保持运营权。

（四）PPP模式

PPP（Public-Private-Partnership，公私合作或公私合伙）作为2014年开始在我国推广应用的一种融资模式，最早出现于20世纪90年代，是指政府与民营机构（或任何国营/民营/外商法人机构）签订长期合作协议，授权民营机构代替政府建设、运营或管理基础设施（如道路、桥梁、电厂、水厂等）或其他公共服务设施（如医院、学校、监狱等），并向公众提供公共服务。

发展改革委（基础设施和公用事业特许经营法内部征求意见稿2014）提出，PPP是指各级人民政府依法选择中华人民共和国境内外的企业法人或者其他组织，并签订协议，授权企业法人或者其他组织在一定期限和范围内建设经营或者经营特定基础设施和公用事业，提供公共产品或者公共服务的活动。

财政部（财金〔2014〕76号）《关于推广运用政府和社会资本合作模式有关问题的通知》指出：PPP是在基础设施及公共服务领域建立的一种长期合作关系。通常是由社会资本承担设计、建设、运营、维护基础设施的大部分工作，并通过“使用者付费”及必要的“政府付费”获得合理投资回报；政府部门负责基础设施及公共服务价格和质量监管，以保证公共利益最大化。

财政部《PPP操作指南》指出：Public-Private-Partnerships，“政府和社会资本合作模式”，即政府和社会资本以长期契约方式提供公共产品和服务的一种合作模式，旨在利用市场机制合理分配风险，提高公共产品和服务的供给数量、质量和效率。

“Public”指的是政府、政府职能部门或政府授权的其他合格机构；而“Private”主要是指依法设立并有效存续的自主经营、自负盈亏、独立核算的具有法人资格的企业，包括民营企业、国有企业、外国企业和外资企业。但不包括本级政府所属融资平台公司及其他控股国有企业。

尽管PPP定义各有不同，但其本质都是社会资本负责融资，政府负责监督和设计，双方在公共服务和基础设施领域形成的一种友好合作关系。

1. PPP项目实施方案的内容

1）项目概况。项目概况主要包括基本情况、经济技术指标和项目公司股权情况等。基本情况主要明确项目提供的公共产品和服务内容、项目采用政府和社会资本合作模式运作的必要性和可行性，以及项目运作的目标和意义。经济技术指标主要明确项目区位、占地面积、建设内容或资产范围、投资规模或资产价值、主要产出说明和资金来源等。项目公司股权情况主要明确是否要设立项目公司以及公司股权结构。

2）风险分配基本框架。按照风险分配优化、风险收益对等和风险可控等原则，综合考虑政府风险管理能力、项目回报机制和市场风险管理能力等要素，在政府和社会资本间合理分配项目风险。原则上，项目设计、建造、财务和运营维护等商业风险由社会资本承担，法律、政策和最低需求等风险由政府承担，不可抗力等风险由政府和社会资本合理共担。

3）项目运作方式。项目运作方式主要包括委托运营、管理合同、建设—运营—移交、建设—拥有—运营、转让—运营—移交和改建—运营—移交等。具体运作方式的选择主要由收费定价机制、项目投资收益水平、风险分配基本框架、融资需求、改扩建需求和期满处置等因素决定。

4）交易结构。交易结构主要包括项目投融资结构、回报机制和相关配套安排。项目投融资结构主要说明项目资本性支出的资金来源、性质和用途，项目资产的形成和转移等。项目回报机制主要说明社会资本取得投资回报的资金来源，包括使用者付费、可行性缺口补助和政府付费等支付方式。相关配套安排主要说明由项目以外相关机构提供的土地、水、电、气和道路等配套设施和项目所需的上下游服务。

5）合同体系。合同体系主要包括项目合同、股东合同、融资合同、工程承包合同、运营服务合同、原料供应合同、产品采购合同和保险合同等。项目合同是其中最核心的法律文件。项目边界条件是项目合同的核心内容，主要包括权利义务、交易条件、履约保障和调整衔接等边界。权利义务边界主要明确项目资产权属、社会资本承担的公共责任、政府支付方式和风险分配结果等。交易条件边界主要明确项目合同期限、项目回报机制、收费定价调整机制和产出说明等。履约保障边界主要明确强制保险方案以及由投资竞争保函、建设履约保函、运营维护保函和移交维修保函组成的履约保函体系。调整衔接边界主要明确应急处置、临时接管和提前终止、合同变更、合同展期、项目新增改扩建需求等应对措施。

6）监管架构。监管架构主要包括授权关系和监管方式。授权关系主要是政府对项目实施机构的授权，以及政府直接或通过项目实施机构对社会资本的授权；监管方式主要包括履约管理、行政监管和公众监督等。

7）采购方式选择。项目采购应根据《政府采购法》及相关规章制度执行，采购方式包括公开招标、竞争性谈判、邀请招标、竞争性磋商和单一来源采购。项目实施机构应根据项目采购需求特点，依法选择适当采购方式。公开招标主要适用于核心边界条件和技术经济参数明确、完整、符合国家法律法规和政府采购政策，且采购中不做更改的项目。

财政部门（或政府和社会资本合作中心）应对项目实施方案进行物有所值和财政承受能力验证，通过验证的，由项目实施机构报政府审核；未通过验证的，可在实施方案调整后重新验证；经重新验证仍不能通过的，不再采用政府和社会资本合作模式。

2. 物有所值（VFM）评价

物有所值（Value For Money，VFM）评价是判断是否采用PPP模式代替政府传统投资运营方式提供公共服务项目的一种评价方法。在中国境内拟采用PPP模式实施的项目，应在项目识别或准备阶段开展物有所值评价。物有所值评价包括定性评价和定量评价。现阶段以定性评价为主，鼓励开展定量评价。定量评价可作为项目全寿命期内风险分配、成本测算和数据收集的重要手段，以及项目决策和绩效评价的参考依据。应统筹定性评价和定量评价结论，做出物有所值评价结论。物有所值评价结论分为“通过”和“未通过”。“通过”的项目，可进行财政承受能力论证“未通过”的项目，可在调整实施方案后重新评价，仍未通过的不宜采用PPP模式。财政部门（或政府和社会资本合作中心）应会同行业主管部门共同做好物有所值评价工作，并积极利用第三方专业机构和专家力量。《PPP物有所值评价指引（试行）》（财金〔2015〕167号）是开展物有所值评价重要的指导性文件。

开展物有所值评价所需资料主要包括（初步）实施方案、项目产出说明、风险识别和分配情况、存量公共资产的历史资料、新建或改扩建项目的（预）可行性研究报告、设计文件等。开展物有所值评价时，项目本级财政部门（或政府和社会资本合作中心）应会同行业主管部门，明确是否开展定量评价，并明确定性评价程序、指标及其权重、评分标准等基本要求。项目本级财政部门（或政府和社会资本合作中心）应会同行业主管部门，明确定量评价内容、测算指标和方法，以及定量评价结论是否作为采用PPP模式的决策依据。

（1）物有所值定性评价。定性评价指标包括全寿命期整合程度、风险识别与分配、绩效导向与鼓励创新、潜在竞争程度、政府机构能力、可融资性等六项基本评价指标，以及根据具体情况设置的补充评价指标。补充评价指标包括项目规模大小、预期使用寿命长短、主要固定资产种类、全寿命期成本测算准确性、运营收入增长潜力、行业示范性等。物有所值定性评价一般采用专家打分法。在各项评价指标中，六项基本评价指标权重为80%，其中任一指标权重一般不超过20%；补充评价指标权重为20%，其中任一指标权重一般不超过10%。每项指标评分分为五个等级，即有利、较有利、一般、较不利、不利，对应分值分别为100～81分、80～61分、60～41分、40～21分、20～0分。原则上，评分结果在60分及以上的，可以认为通过定性评价；否则，认为未通过定性评价。

（2）物有所值定量评价。定量评价是在假定采用PPP模式与政府传统投资方式产出绩效相同的前提下，通过对PPP项目全寿命期内政府方净成本的现值（PPP值）与公共部门比较值（PSC值）进行比较，判断PPP模式能否降低项目全寿命期成本。PPP值可等同于PPP项目全生命周期内股权投资、运营补贴、风险承担和配套投入等各项财政支出责任的现值。PSC值是以下三项成本的全寿命现值之和：

① 参照项目的建设和运营维护净成本；

② 竞争性中立调整值；

③ 项目全部风险成本。

PPP值小于或等于PSC值的，认为通过定量评价PPP值大于PSC值的，认为未通过定量评价。

（3）物有所值评价报告。在物有所值评价结论形成后，完成物有所值评价报告编制工作。物有所值评价报告内容包括：

① 项目基础信息。项目基础信息主要包括项目概况、项目产出说明和绩效标准、PPP运作方式、风险分配框架和付费机制等。

② 评价方法。评价方法主要包括定性评价程序、指标及权重、评分标准、评分结果、专家组意见以及定量评价的PSC值、PPP值的测算依据、测算过程和结果等。

③ 评价结论，分为“通过”和“未通过”。

④ 附件。通常包括（初步）实施方案、项目产出说明、可行性研究报告、设计文件、存量公共资产的历史资料、PPP项目合同、绩效监测报告和中期评估报告等。

3. PPP项目财政承受能力论证

财政承受能力论证是指识别、测算PPP项目的各项财政支出责任，科学评估项目实施对当前及今后年度财政支出的影响，为PPP项目财政管理提供依据。财政承受能力论证的结论分为“通过论证”和“未通过论证”的项目，各级财政部门应当在编制年度预算和中期财政规划时，将项目财政支出责任纳入预算统筹安排。“未通过论证”的项目，则不宜采用PPP模式。

（1）责任识别。PPP项目全生命周期过程的财政支出责任，主要包括股权投资、运营补贴、风险承担、配套投入等。股权投资支出责任是指在政府与社会资本共同组建项目公司的情况下，政府承担的股权投资支出责任。如果社会资本单独组建项目公司，政府不承担股权投资支出责任。运营补贴支出责任是指在项目运营期间，政府承担的直接付费责任。不同付费模式下，政府承担的运营补贴支出责任不同。政府付费模式下，政府承担全部运营补贴支出责任；可行性缺口补助模式下，政府承担部分运营补贴支出责任；使用者付费模式下，政府不承担运营补贴支出责任。风险承担支出责任是指项目实施方案中政府承担风险带来的财政支出责任。通常由政府承担的法律风险、政策风险、最低需求风险以及因政府方原因导致项目合同终止等突发情况，会产生财政支出责任。配套投入支出责任是指政府提供的项目配套工程等其他投入责任，通常包括土地征收和整理、建设部分项目配套措施、完成项目与现有相关基础设施和公用事业的对接、投资补助、贷款贴息等。配套投入支出应依据项目实施方案合理确定。

（2）支出测算。财政部门（或政府和社会资本合作中心）应当综合考虑各类支出责任的特点、情景和发生概率等因素，对项目全寿命周期内财政支出责任分别进行测算。

股权投资支出应当依据项目资本金要求以及项目公司股权结构合理确定。股权投资支出责任中的土地等实物投入或无形资产投入，应依法进行评估，合理确定价值。计算公式为

$$股权投资支出=项目资本金\times政府占项目公司股权比例 \tag{2.2.1}$$

运营补贴支出应当根据项目建设成本、运营成本及利润水平合理确定，并按照不同付费模式分别测算。对政府付费模式的项目，在项目运营补贴期间，政府承担全部直接付费责任。政府每年直接付费数额包括社会资本方承担的年均建设成本（折算成各年度现值）、年度运营成本和合理利润，再减去每年使用者付费的数额。计算公式如下：

$$当年运营补贴支出数额=\frac{项目全部建设成本\times（1+合理利润率）\times（1+年度折现率）^n}{财政运营补贴周期（年）}+年度运营成本\times（1+合理利润率） \tag{2.2.2}$$

式中　n——折现年数。

对可行性缺口补助模式的项目，在项目运营补贴期间，政府承担部分直接付费责任。政府每年直接付费数额包括社会资本方承担的年均建设成本（折算成各年度现值）、年度运营成本和合理利润，再减去每年使用者付费的数额。计算公式为

$$当年运营补贴支出数额=\frac{项目全部建设成本\times（1+合理利润率）\times（1+年度折现率）^n}{财政运营补贴周期（年）}+年度运营成本\times（1+合理利润率）-当年使用者付费数额 \tag{2.2.3}$$

式中　n——折现年数。

财政运营补贴周期指财政提供运营补贴的年数。年度折现率应考虑财政补贴支出发生年份，并参照同期地方政府债券收益率合理确定。合理利润率应以商业银行中长期贷款利率水平为基准，充分考虑可用性付费、使用量付费、绩效付费的不同情景，结合风险等因素确定。在计算运营补贴支出时，应当充分考虑合理利润率变化对运营补贴支出的影响。在计算运营补贴支出数额时，应当充分考虑定价和调价机制的影响。风险承担支出应充分考虑各类风险出现的概率和带来的支出责任，可采用比例法、情景分析法及概率法进行测算。

① 比例法。在各类风险支出数额和概率难以进行准确测算的情况下，可以按照项目的全部建设成本和一定时期内的运营成本的一定比例确定风险承担支出。

② 情景分析法。在各类风险支出数额可以进行测算，但出现概率难以确定的情况下，可针对影响风险的各类事件和变量进行“基本”“不利”及“最坏”等情景假设，测算各类风险发生带来的风险承担支出。计算公式为

$$\begin{aligned}风险承担支出数额=&基本情景下财政支出数额\times基本情景出现的概率\\&+不利情景下财政支出数额\times不利情景出现的概率\\&+最坏情景下财政支出数额\times最坏情景出现的概率\end{aligned} \tag{2.2.4}$$

③ 概率法。在各类风险支出数额和发生概率均可进行测算的情况下，可将所有可变风险参数作为变量，根据概率分布函数，计算各种风险发生带来的风险承担支出。配套投入支出责任应综合考虑政府将提供的其他配套投入总成本和社会资本方为此支付的

费用。配套投入支出责任中的土地等实物投入或无形资产投入，应依法进行评估，合理确定价值。计算公式为

$$配套投入支出数额=政府拟提供的其他投入总成本-社会资本方支付的费用 \tag{2.2.5}$$

3）能力评估。财政部门（或政府和社会资本合作中心）识别和测算单个项目的财政支出责任后，汇总年度全部已实施和拟实施的 PPP 项目，进行财政承受能力评估。财政承受能力评估包括财政支出能力评估以及行业和领域平衡性评估。财政支出能力评估，是根据 PPP 项目预算支出责任，评估 PPP 项目实施对当前及今后年度财政支出的影响；行业和领域均衡性评估，是根据 PPP 模式使用的行业和领域范围，以及经济社会发展需要和公众对公共服务的需求，平衡不同行业和领域 PPP 项目，防止某一行业和领域 PPP 项目过于集中。每一年度全部 PPP 项目需要从预算中安排的支出，占一般公共预算支出的比例应当不超过 10%。省级财政部门可根据本地实际情况，因地制宜地确定具体比例，并报财政部备案，同时对外公布。在进行财政支出能力评估时，未来年度一般公共预算支出数额可参照前五年相关数额的平均值及平均增长率计算，并根据实际情况进行适当调整。

“通过论证”且经同级人民政府审核同意实施的 PPP 项目，各级财政部门应当将其列入 PPP 项目目录，并在编制中期财政规划时，将项目财政支出责任纳入预算统筹安排。

（五）ABS 模式

ABS（Asset-Backed Securitization，资产证券化）是 20 世纪 80 年代首先在美国兴起的一种新型的资产变现方式，它将缺乏流动性但能产生可预见的、稳定的现金流量的资产归集起来，通过一定的安排，对资产中的风险与收益要素进行分离与重组，进而转换为在金融市场上可以出售和流通的证券过程。

（1）ABS 融资方式的运作过程。

1）组建特殊目的机构 SPV。该机构可以是一个信托机构，如信托投资公司、信用担保公司、投资保险公司或其他独立法人，该机构应能够获得国际权威资信评估机构较高级别的信用等级（AAA 或 AA 级），由于 SPV 是进行 ABS 融资的载体，成功组建 SPV 是 ABS 能够成功运作的基本条件和关键因素。

2）SPV 与项目结合。即 SPV 寻找可以进行资产证券化融资的对象。一般来说，投资项目所依附的资产只要在未来一定时期内能带来现金收入，就可以进行 ABS 融资。拥有这种未来现金流量所有权的企业（项目公司）成为原始权益人。这些未来现金流量所代表的资产，是 ABS 融资方式的物质基础。在进行 ABS 融资时，一般应选择未来现金流量稳定、可靠，风险较小的项目资产。而 SPV 与这些项目的结合，就是以合同、协议等方式将原始权益人所拥有的项目资产的未来现金收入的权利转让给 SPV，转让的目的在于将原始权益人本身的风险割断。这样 SPV 进行 ABS 模式融资时，其融资风险仅与项目资产未来现金收入有关，而与建设项目的原始权益人本身的风险无关。

3）进行信用增级。利用信用增级手段使该组资产获得预期的信用等级。为此，就要调整项目资产现有的财务结构，使项目融资债券达到投资级水平，达到 SPV 关于承

包ABS债券的条件要求。SPV通过提供专业化的信用担保进行信用升级，之后委托资信评估机构进行信用评级，确定ABS债券的资信等级。

4）SPV发行债券。SPV直接在资本市场上发行债券募集资金，或者SPV通过信用担保，由其他机构组织债券发行，并将通过发行债券筹集的资金用于项目建设。

5）SPV偿债。由于项目原始收益人已将项目资产的未来现金收入权利让渡给SPV，因此，SPV就能利用项目资产的现金流入量，清偿其在国际高等级投资证券市场上所发行债券的本息。

（2）ABS模式的特点。

与BOT模式相比，ABS模式主要有下列特点：

1）项目所有权、运营权归属。BOT融资方式中，项目的所有权与经营权在特许经营期内是属于项目公司的，在特许经营期经营结束之后，所有权及与经营权将会移交给政府；在ABS融资方式中，根据合同规定，项目的所有权在债券存续期内由原始权益人转至SPV，而经营权与决策权仍属于原始权益人，债券到期后，利用项目所产生的收益还本付息并支付各类费用之后，项目的所有权重新回到原始权益人手中。

2）适用范围。对于关系国家经济命脉或包括国防项目在内的敏感项目，采用BOT融资方式是不可行的，容易引起政治、社会、经济等各方面的问题；在ABS融资方式中，虽然在债券存续期内资产的所有权归SPV所有，但是资产的运营权与决策权仍然归属原始权益人，SPV不参与运营，不必担心外商或私营机构控制，因此应用更加广泛。

3）资金来源。BOT与ABS融资方式的资金来源主要都是民间资本，可以是国内资金，也可以是外资，如项目发起人自有资金、银行贷款等；但ABS模式强调通过证券市场发行债券这一模式筹集资金，这是ABS模式与其他项目融资方式一个较大的区别。

4）对项目所在国的影响。BOT模式会给东道国带来一定负面效应，如掠夺性经营、国家税收流失及国家承担价格、外汇等多种风险，ABS模式则较少出现上述问题。

5）风险分散度。BOT模式风险主要由政府、投资者/经营者、贷款机构承担；ABS模式则由众多的投资者承担，而且债券可以在二级市场上转让，变现能力强。

6）融资成本。BOT模式过程复杂、牵涉面广、融资成本因中间环节多而增加；ABS模式则只涉及原始权益人、SPV、证券承销商和投资者，无须政府的许可、授权、担保等，是民间的非政府途径，过程简单，降低了融资成本。

第三章　工程造价构成

第一节　工程造价构成概述

一、建设工程造价的概念

（一）建设项目投资

1. 投资的含义

投资是现代经济生活中最重要的内容之一，无论是政府、企业、金融组织或个人，作为经济主体，都在不同程度上以不同的方式直接或间接地参与投资活动。投资的基本目的，是实现投资者及投资主体的利益追求，取得某种未来的收益。

所谓投资，是指投资主体为了特定的目的，以达到预期收益的价值垫付行为。广义的投资是指投资主体为了特定的目的，将资源投放到某项目以达到预期效果的一系列经济行为。其资源可以是资金也可以是人力、技术等，既可以是有形资产的投放，也可以是无形资产的投放。狭义的投资是指投资主体在经济活动中为实现某种预定的生产、经营目标而预先垫付资金的经济行为。

投资可以从不同角度进行不同的分类，如图 3.1.1 所示。

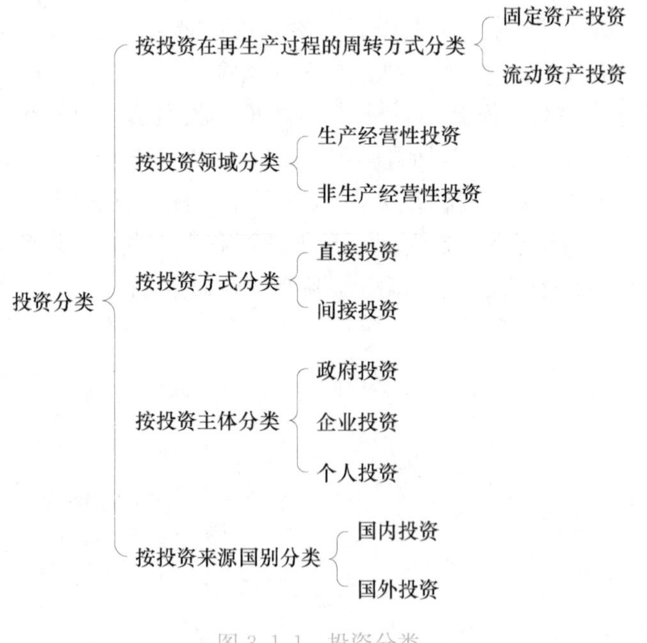

图 3.1.1　投资分类

2. 建设项目总投资与固定资产投资

建设项目总投资是指投资主体为获取预期收益，在选定的建设项目上投入所需的全部资金。建设项目按投资领域可分为生产性建设项目和非生产性建设项目。生产性建设项目总投资包括固定资产投资和流动资产投资两部分；非生产性建设项目总投资只包括固定资产投资，不含流动资产投资。

固定资产投资是指投资主体为了特定的目的，用于建设和形成固定资产的投资。

固定资产是指社会再生产过程中可供长时间反复使用，单位价值在规定限额以上，并在其使用过程中不改变其实物形态的物质资料，如建筑物、机械设备等。在我国会计实务中，固定资产的具体划分标准为企业使用年限超过一年的建筑物、构筑物、机械设备、运输工具和其他与生产经营有关的工具、器具等资产均应视作固定资产；凡是不符合上述条件的生产资料一般称为低值易耗品，属于流动资产。

（二）建设工程造价

1. 工程造价的含义

工程造价的直接意义是指工程的建造价格。工程泛指一切建设工程，它的范围和内涵具有很大的不确定性。依据 1996 年中国建设工程造价管理协会学术委员会对“工程造价”一词提出的界定意见，在市场经济条件下，工程造价有两种不同的含义。

第一种含义，从投资者（业主）角度定义，工程造价是指工程的建设成本，即为建设一项工程预期支付或实际支付的全部固定资产投资费用。投资者为了获取所投资项目的预期效益，就需要进行立项、勘察、设计、施工、竣工验收等一系列投资活动，在这些活动中所支出的全部费用即构成工程造价。从这个含义上看，建设项目的工程造价就是建设项目的固定资产投资。

第二种含义，从市场交易角度定义，工程造价是指工程价格，即为建成一项工程，预计或实际在土地、设备、技术劳务以及承包等市场上，通过招投标等交易方式所形成的建筑安装工程的价格或建设工程总价格。这里的工程既可以是一个建设工程项目，也可以是其中一个或几个单项工程或单位工程，还可以是建设过程中的某个阶段，如建设项目的可行性研究、建设项目的设计，以及建设项目的施工阶段等。随着经济发展、社会进步、分工细化和市场的不断完善，工程建设中的中间产品也会越来越多，商品交换会更加频繁，工程价格的种类和形式也会更加丰富。

工程造价的第二种含义通常以工程发包与承包价格（即建筑安装工程造价在具体项目上的表现形式，下同）为基础。发包与承包价格是工程造价中的一种重要的，也是典型的价格形式。它是建筑市场通过招投标或发包与承包交易，由需求主体（投资者）和供给主体（建筑商）共同认可的价格。鉴于建筑安装工程价格在项目固定资产中占有 50%～60% 的份额，是工程建设中最活跃的部分，建筑企业又是工程项目的实施者和建筑市场重要的市场主体之一，工程承发包价格被界定为工程价格的第二种含义，很有现实意义。但是，把工程造价的含义局限于工程发包与承包价格，造成了对工程造价含义的理解较狭窄。

工程造价的两种含义是从不同角度对同一事物本质的把握。对投资者来说，面对市场经济条件下的工程造价就是项目投资，是“购买”工程项目要付出的价格；同时也是投资者作为市场供给主体时“出售”工程项目时定价的基础。对工程承包单位、材料供应单位、设计单位等机构来说，工程造价是它们作为市场供给主体出售商品和劳务价格的总和，或是特定范围的工程造价，如建筑安装工程造价。

2. 工程造价的特点

（1）大额性

建设项目实物形体庞大，而且消耗资源巨大，因此，一个建设项目的工程造价少则几百万元，多则上亿元。工程造价的大额性不仅关系有关方面的重大经济利益，同时也对宏观经济产生重大影响。这就决定了工程造价的特殊地位，也说明了造价管理的重要意义。

（2）个别性和差异性

任何一项建设项目都有特定的用途、功能和规模。因此，每一项建设项目的结构、造型、工艺设备、建筑材料和内外装饰等都有具体的要求，这就造就了建设项目实物形态的个别性和差异性，也决定了工程造价的个别性和差异性。同时，即使是相同用途、功能和规模的建设项目，由于所处地理位置或建造时间不同，其工程造价也会有较大差异。

（3）动态性

任何一项建设项目从立项到交付使用，都有一个较长的建设期。在此期间，影响工程造价的动态因素（如材料价格、工资标准、汇率、利率等）发生变化时，必然会导致工程造价的变动。因此，工程造价在整个建设期内都处于不确定的状态之中，直至竣工结算或决算后才能确定实际的工程造价。

（4）层次性

工程造价的层次性由建设项目的层次性决定。一个建设项目可以由若干个能够独立发挥设计效能的单项工程构成，一个单项工程又可以由多个单位工程构成。与此对应，工程造价也有三个层次：建设项目总造价、单项工程造价和单位工程造价。

（5）兼容性

工程造价的兼容性是由其丰富的内涵决定的。工程造价既可以指建设项目的固定资产投资，也可以指建筑安装工程造价；既可以指招标项目的标底或招标控制价，又可以指投标项目的报价。

二、建设工程造价的构成

按照原国家计委审定（计办投资〔2002〕15号）文件发布的《投资项目可行性研究指南》的规定，现行建设项目总投资由固定资产投资和流动资产投资两部分组成。固定资产投资即工程造价，包括建设投资与建设期利息。

工程造价中的主要构成部分是建设投资，建设投资是指为完成工程项目建设，在建设期内投入且形成现金流出的全部费用。根据发展改革委和建设部发布的《建设项目经济评价方法与参数（第三版）》（发改投资〔2006〕1325号）的规定，按概算法分类，建设投资包括工程费用、工程建设其他费用和预备费三部分。工程费用是指建设期内直接用于工程建造、设备购置及其安装的建设投资，可以分为设备及工器具购置费和建筑安装工程费用；工程建设其他费用是指在建设项目从立项到交付使用为止的整个建设期间，除建筑设备及工器具购置费和安装工程费用以外，为保证项目建设顺利完成和交付使用后能够正常发挥作用而发生的各项费用的总和。预备费是在建设期内因各种不可预见因素的变化而预留的可能增加的费用，包括基本预备费和价差预备费。我国现行建设项目总投资的具体构成内容如图 3.1.2 所示。

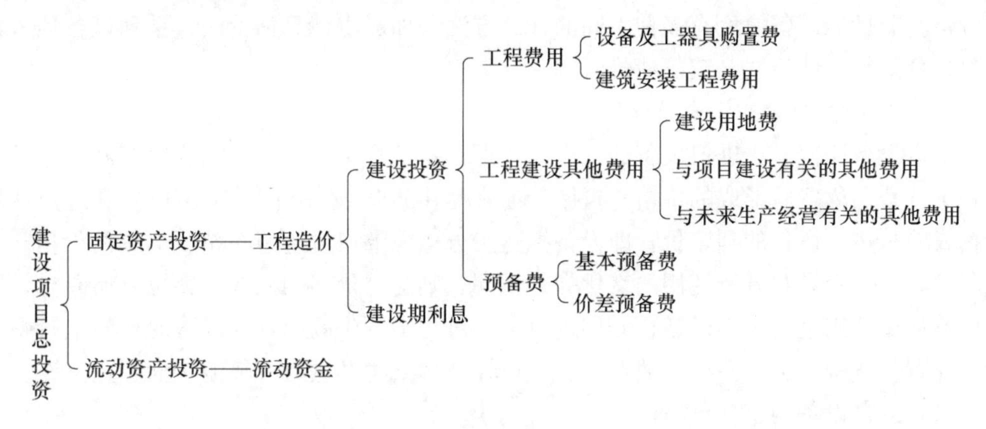

图 3-1-2 建设项目总投资构成

第二节 设备及工器具购置费

设备及工器具购置费是由设备购置费和工具、器具及生产家具购置费组成的，它是固定资产投资中的积极部分。在生产性工程建设中，设备及工器具购置费占工程造价比重的增大，意味着生产技术的进步和资本有机构成的提高。

一、设备购置费

设备购置费是指购置或自制的达到固定资产标准的设备、工器具及生产家具等所需的费用。它由设备原价和设备运杂费构成。

设备购置费＝设备原价＋设备运杂费 (3.2.1)

式（3.2.1）中，设备原价指国内采购设备的出厂（场）价格或国外采购设备的抵岸价格，设备原价通常包含备品备件费在内；设备运杂费指除设备原价之外的关于设备采购、运输、途中包装及仓库保管等方面支出费用的总和。

（一）设备原价

1. 国产设备原价的构成及计算

国产设备原价一般指的是设备制造厂的交货价或订货合同价，即出厂（场）价格。它一般根据生产厂或供应商的询价、报价、合同价确定，或采用一定的方法计算确定。国产设备原价分为国产标准设备原价和国产非标准设备原价。

（1）国产标准设备原价。

国产标准设备是指按照主管部门颁布的标准图纸和技术要求，由国内设备生产厂批量生产的，符合国家质量检测标准的设备。国产标准设备一般有完善的设备交易市场，因此可通过查询相关交易市场价格或向设备生产厂家询价得到国产标准设备原价。

（2）国产非标准设备原价。

国产非标准设备是指国家尚无定型标准，各设备生产厂不可能在工艺过程中采用批量生产，只能按订货要求并根据具体的设计图纸制造的设备。非标准设备由于单件生产、无定型标准，所以无法获取市场交易价格，只能按其成本构成或相关技术参数估算其价格。非标准设备原价有多种不同的计算方法，如成本计算估价法、系列设备插入估价法、分部组合估价法、定额估价法等。

2. 进口设备原价的构成及计算

进口设备原价是指进口设备的抵岸价，即设备抵达买方边境、港口或车站，缴纳完各种手续费、税费后形成的价格。抵岸价通常是由进口设备到岸价（CIF）和进口从属费构成的。进口设备的到岸价，即设备抵达买方边境港口或边境车站所形成的价格。在国际贸易中，交易双方所使用的交货类别不同，则交易价格的构成内容也有所差异。进口设备从属费用是指进口设备在办理进口手续过程中发生的应计入设备原价的银行财务费、外贸手续费、进口关税、消费税、进口环节增值税及进口车辆的车辆购置税等。

（1）进口设备的交易价格。

在国际贸易中，较为广泛使用的交易价格术语有 FOB、CFR 和 CIF。

① FOB（Free on Board），意为装运港船上交货，也称为离岸价格。FOB 是指当货物在装运港被装上指定船时，卖方即完成交货义务。风险转移，以在指定的装运港货物被装上指定船时为分界点。费用划分与风险转移的分界点相一致。

在 FOB 交货方式下，卖方的基本义务：在合同规定的时间或期限内，在装运港按照习惯方式将货物交到买方指派的船上，并及时通知买方；自负风险和费用，取得出口许可证或其他官方批准证件，在需要办理海关手续时，办理货物出口所需的一切海关手续；负担货物在装运港至装上船为止的一切费用和风险；自付费用，提供证明货物已交至船上的通常单据或具有同等效力的电子单证。买方的基本义务：自负风险和费用，取得进口许可证或其他官方批准的证件，在需要办理海关手续时，办理货物进口以及经由他国过境的一切海关手续，并支付有关费用及过境费；负责租船或订舱，支付运费，并给予卖方关于船名、装船地点和要求交货时间的通知；负担货物在装运港装上船后的一切费用和风险；接受卖方提供的有关单据，受领货物，并按合同规定支付货款。

② CFR（Cost and Freight），意为成本加运费，或称为运费在内价。CFR 是指在装运港货物在装运港被装上指定船时卖方即完成交货，卖方必须支付将货物运至指定的目的港所需的运费和费用，但交货后货物灭失或损坏的风险，以及由于各种事件造成的任何额外费用，即由卖方转移到买方。与 FOB 价格相比，CFR 的费用划分与风险转移的分界点是不一致的。

在 CFR 交货方式下，卖方的基本义务有自负风险和费用，取得出口许可证或其他官方批准的证件，在需要办理海关手续时，办理货物出口所需的一切海关手续；签订从指定装运港承运货物运往指定目的港的运输合同；在买卖合同规定的时间和港口，将货物装上船并支付至目的港的运费，装船后及时通知买方；负担货物在装运港装上船为止的一切费用和风险；向买方提供通常的运输单据或具有同等效力的电子单证。买方的基本义务有自负风险和费用，取得进口许可证或其他官方批准的证件，在需要办理海关手续时，办理货物进口以及必要时经由另一国过境的一切海关手续，并支付有关费用及过境费；负担货物在装运港装上船后的一切费用和风险；接受卖方提供的有关单据，受领货物，并按合同规定支付货款；支付除通常运费以外的有关货物在运输途中所产生的各项费用以及包括驳运费和码头费在内的卸货费。

③ CIF（Cost Insurance and Freight），意为成本加保险费、运费，习惯称到岸价格。在CIF术语中，卖方除负有与CFR相同的义务外，还应办理货物在运输途中最低险别的海运保险，并应支付保险费。如买方需要更高的保险险别，则需要与卖方明确地达成协议，或者自行做出额外的保险安排。除保险这项义务外，买方的义务与CFR相同。

（2）进口设备到岸价的构成及计算。

$$\begin{aligned}进口设备到岸价（CIF）&=离岸价格（FOB）+国际运费+运输保险费\\&=运费在内价（CFR）+运输保险费\end{aligned}\quad(3.2.2)$$

① 货价。一般指装运港船上交货价（FOB）。设备货价分为原币货价和人民币货价，原币货价一律折算为美元表示，人民币货价按原币货价乘以外汇市场美元兑换人民币汇率中间价确定。进口设备货价按有关生产厂商询价、报价、订货合同价计算。

② 国际运费。即从装运港（站）到达我国目的港（站）的运费。我国进口设备大部分采用海洋运输，小部分采用铁路运输，个别采用航空运输。进口设备国际运费计算公式为

$$\begin{aligned}国际运费（海、陆、空）&=原币货价（FOB）\times 运费费率\\国际运费（海、陆、空）&=单位运价\times 运量\end{aligned}\quad(3.2.3)$$

其中，运费费率或单位运价参照有关部门或进出口公司的规定执行。

③ 运输保险费。对外贸易货物运输保险是由保险人（保险公司）与被保险人（出口人或进口人）订立保险契约，在被保险人交付议定的保险费后，保险人根据保险契约的规定对货物在运输过程中发生的承保责任范围内的损失给予经济上的补偿。这是一种财产保险。计算公式为

$$运输保险费=\frac{原币货价（FOB）+国际运费}{1-保险费费率}\times 保险费费率\quad(3.2.4)$$

其中，保险费费率按保险公司规定的进口货物保险费费率计算。

（3）进口从属费的构成及计算。

$$\begin{aligned}进口从属费=&银行财务费+外贸手续费+关税+消费税+\\&进口环节增值税+车辆购置税\end{aligned}\quad(3.2.5)$$

① 银行财务费。一般是指在国际贸易结算中，中国银行为进出口商提供金融结算服务所收取的费用，可按下式简化计算：

$$银行财务费=离岸价格（FOB）\times 人民币外汇汇率\times 银行财务费率\quad(3.2.6)$$

② 外贸手续费。外贸手续费指按对外经济贸易部门规定的外贸手续费费率计取的费用，外贸手续费费率一般取1.5%。计算公式为

$$外贸手续费=到岸价格（CIF）\times 人民币外汇汇率\times 外贸手续费费率\quad(3.2.7)$$

③ 关税。由海关对进出国境或关境的货物和物品征收的一种税。计算公式为：

$$关税=到岸价格（CIF）\times 人民币外汇汇率\times 进口关税税率\quad(3.2.8)$$

到岸价格作为关税的计征基数时，通常又可称为关税完税价格。进口关税税率分为优惠和普通两种。优惠税率适用于与我国签订关税互惠条款的贸易条约或协定的国家的进口设备；普通税率适用于与我国未签订关税互惠条款的贸易条约或协定的国家的进口

设备。进口关税税率按我国海关总署发布的进口关税税率计算。

④ 消费税。仅对部分进口设备（如轿车、摩托车等）征收，一般计算公式为

$$应纳消费税税额=\frac{到岸价格（CIF）\times人民币外汇汇率+关税}{1-消费税税率}\times消费税税率 \quad (3.2.9)$$

其中，消费税税率根据规定的税率计算。

⑤ 进口环节增值税。进口环节增值税是对从事进口贸易的单位和个人，在进口商品报关进口后征收的税种。我国增值税征收条例规定，进口应税产品均按组成计税价格和增值税税率直接计算应纳税额。即

$$\begin{aligned}进口环节增值税额&=组成计税价格\times增值税税率\\ 组成计税价格&=关税完税价格+关税+消费税\end{aligned} \quad (3.2.10)$$

增值税税率根据规定的税率计算。

⑥ 车辆购置税。进口车辆需缴纳进口车辆购置税。其公式如下：

$$进口车辆购置税=（关税完税价格+关税+消费税）\times车辆购置税税率 \quad (3.2.11)$$

（二）设备运杂费

1. 设备运杂费的构成

设备运杂费是指国内采购设备自来源地、国外采购设备自到岸港运至工地仓库或指定堆放地点发生的采购、运输、运输保险、保管、装卸等费用。通常由下列各项构成：

（1）运费和装卸费。国产设备由设备制造厂交货地点起至工地仓库（或施工组织设计指定的需要安装设备的堆放地点）止所发生的运费和装卸费；进口设备由我国到岸港口或边境车站起至工地仓库（或施工组织设计指定的需安装设备的堆放地点）止所发生的运费和装卸费。

（2）包装费。在设备原价中没有包含的，为运输而进行的包装支出的各种费用。

（3）设备供销部门的手续费。按有关部门规定的统一费率计算。

（4）采购与仓库保管费。采购与仓库保管费指采购、验收、保管和收发设备所发生的各种费用，包括设备采购人员、保管人员和管理人员的工资、工资附加费、办公费、差旅交通费，设备供应部门办公和仓库所占固定资产使用费、工具用具使用费、劳动保护费、检验试验费等。这些费用可按主管部门规定的采购与保管费费率计算。

2. 设备运杂费的计算

设备运杂费按设备原价乘以设备运杂费费率计算，其计算公式为

$$设备运杂费=设备原价\times设备运杂费费率 \quad (3.2.12)$$

其中，设备运杂费费率按各部门及省、市有关规定计取。

二、工具、器具及生产家具购置费

工具、器具及生产家具购置费，是指新建或扩建项目初步设计规定的，保证初期正常生产必需购置的没有达到固定资产标准的设备、仪器、工卡模具、器具、生产家具和备品备件等的购置费用。一般以设备购置费为计算基数，按照部门或行业规定的工具、器具及生产家具费率计算。计算公式为

$$工具、器具及生产家具购置费=设备购置费\times定额费费率 \quad (3.2.13)$$

第三节　建筑安装工程费用

一、建筑安装工程费用的内容

建筑安装工程费用是指为完成工程项目建造、生产性设备及配套工程安装等所需的费用。

根据中华人民共和国住房和城乡建设部、中华人民共和国财政部颁布的“关于印发《建筑安装工程费用项目组成》的通知”（建标〔2013〕44号），我国现行建筑安装工程费用项目按两种不同的方式划分，即按费用构成要素划分和按造价形成划分，其具体构成如图3.3.1、图3.3.2所示。

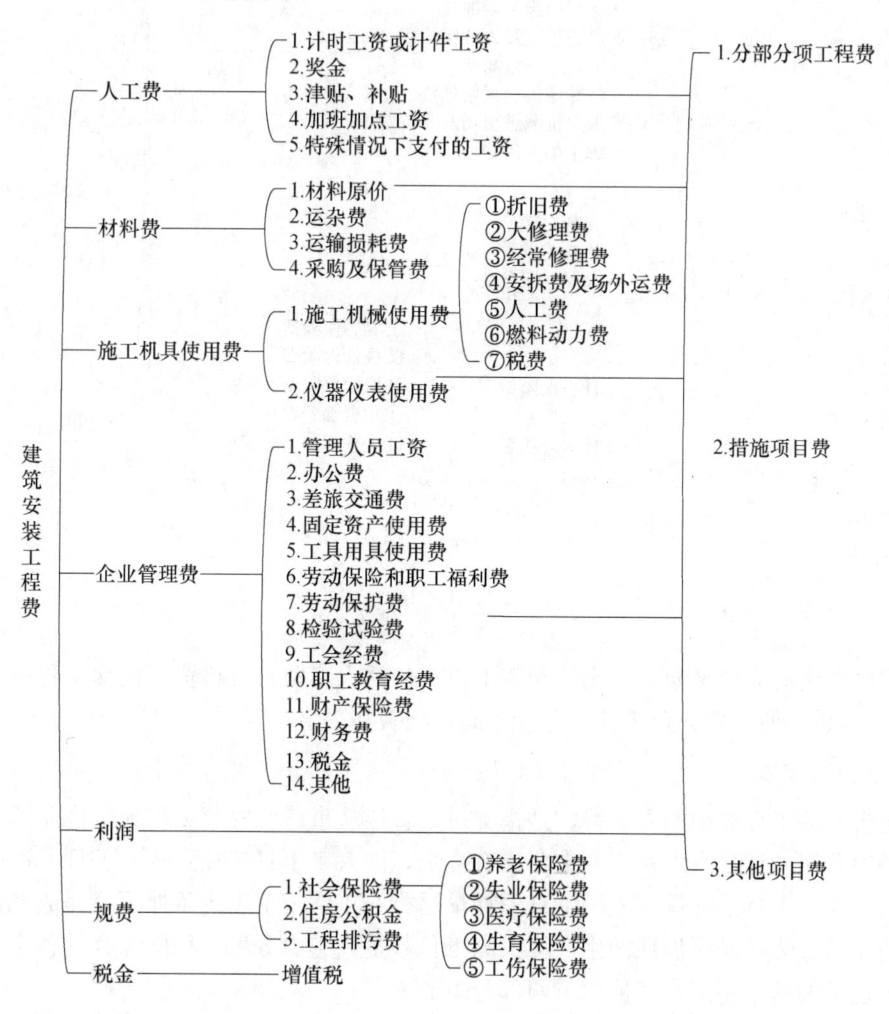

图3.3.1　建筑安装工程费用项目构成（按费用构成要素划分）①

① 根据上海市现行文件规定，规费中的工程排污费并入水费中计算，工程排污费不再单独在规费中计列，在工程实践中应特别留意。

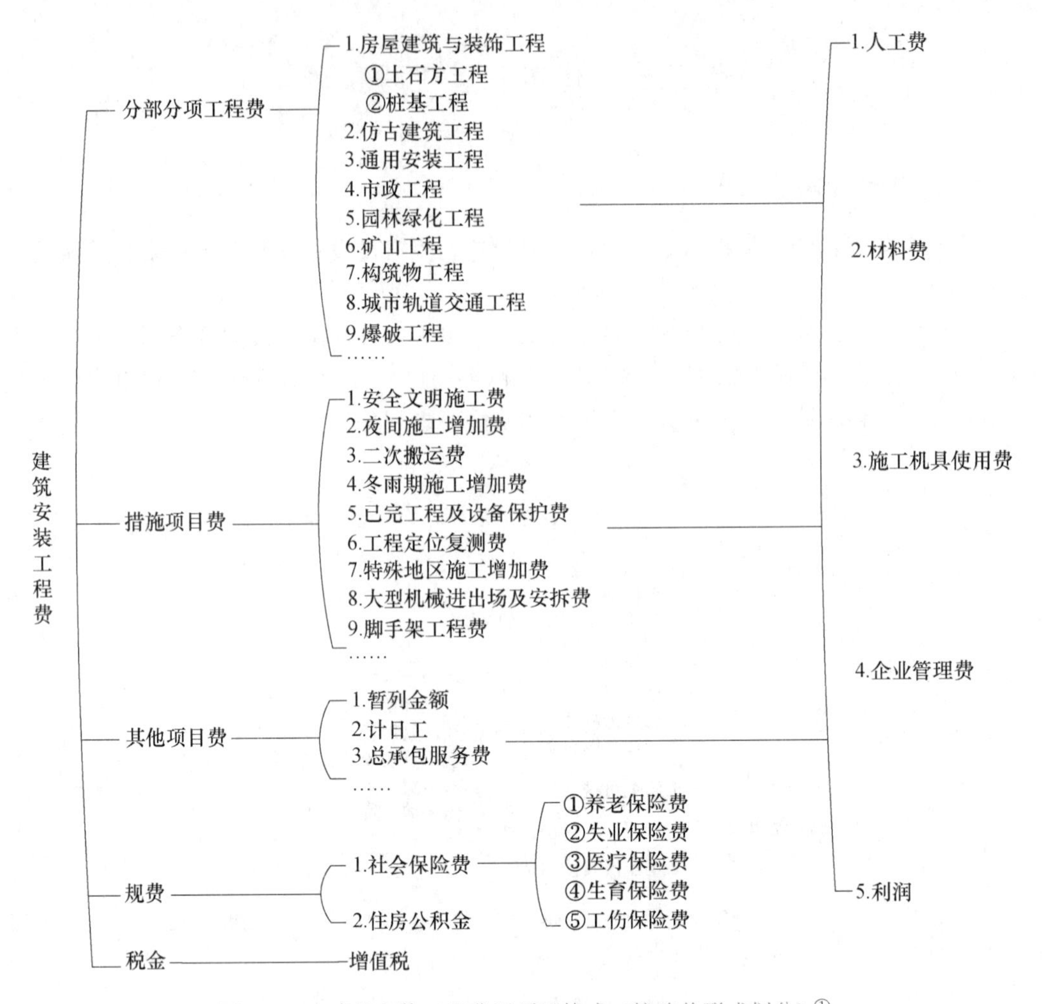

图 3.3.2 建筑安装工程费用项目构成（按造价形成划分）[①]

二、按费用构成要素划分建筑安装工程费用

按照费用构成要素划分，建筑安装工程费包括人工费、材料费（包含工程设备，下同）、施工机具使用费、企业管理费、利润、规费和税金。

（一）人工费

建筑安装工程费中的人工费，是指支付给直接从事建筑安装工程施工作业的生产工人的各项费用。计算人工费的基本要素有两个，即人工工日消耗量和人工日工资单价。

（1）人工工日消耗量。人工工日消耗量是指在正常施工生产条件下，完成规定计量单位的建筑安装产品所消耗的生产工人的工日数量。它由分项工程所综合的各个工序劳动定额包括的基本用工、其他用工两部分组成。

（2）人工日工资单价。人工日工资单价是指直接从事建筑安装工程施工的生产工人

① 根据上海市现行文件规定，规费中的工程排污费并入水费中计算，工程排污费不再单独在规费中计列，在工程实践中应特别留意。

在每个法定工作日的工资、津贴及奖金等。

人工费的基本计算公式为

$$人工费 = \sum(工日消耗量 \times 日工资单价) \tag{3.3.1}$$

（二）材料费

建筑安装工程费中的材料费，是指工程施工过程中耗费的各种原材料、半成品、构配件、工程设备等的费用，以及周转材料等的摊销、租赁费用。计算材料费的基本要素是材料消耗量和材料单价。

（1）材料消耗量。材料消耗量是指在正常施工生产条件下，完成规定计量单位的建筑安装产品所消耗的各类材料的净用量和不可避免的损耗量。

（2）材料单价。材料单价是指建筑材料从其来源地运到施工工地仓库直至出库形成的综合平均单价。由材料原价、运杂费、运输损耗费、采购及保管费组成。当一般纳税人采用一般计税方法时，材料单价中的材料原价、运杂费等均应扣除增值税进项税额。

材料费的基本计算公式为

$$材料费 = \sum(材料消耗量 \times 材料单价) \tag{3.3.2}$$

（3）工程设备。工程设备是指构成或计划构成永久工程一部分的机电设备、金属结构设备、仪器装置及其他类似的设备和装置。

（三）施工机具使用费

建筑安装工程费中的施工机具使用费，是指施工作业所发生的施工机械使用费、仪器仪表使用费或其租赁费。

（1）施工机械使用费。施工机械使用费是指施工机械作业发生的使用费或租赁费。构成施工机械使用费的基本要素是施工机械台班消耗量和机械台班单价。施工机械台班消耗量是指在正常施工生产条件下，完成规定计量单位的建筑安装产品所消耗的施工机械台班的数量。施工机械台班单价是指折合到每台班的施工机械使用费。施工机械使用费的基本计算公式为

$$施工机械使用费 = \sum(施工机械台班消耗量 \times 机械台班单价) \tag{3.3.3}$$

施工机械台班单价通常由折旧费、检修费、维护费、安拆费及场外运费、人工费、燃料动力费和其他费用组成。

（2）仪器仪表使用费。仪器仪表使用费是指工程施工所需使用的仪器仪表的摊销及维修费用。与施工机械使用费类似，仪器仪表使用费的基本计算公式为

$$仪器仪表使用费 = \sum(仪器仪表台班消耗量 \times 仪器仪表台班单价) \tag{3.3.4}$$

仪器仪表台班单价通常由折旧费、维护费、校验费和动力费组成。

当一般纳税人采用一般计税方法时，施工机械台班单价和仪器仪表台班单价中的相关子项均需扣除增值税进项税额。

（四）企业管理费

1. 企业管理费的内容

企业管理费是指施工单位组织施工生产和经营管理所发生的费用。其内容包括：

（1）管理人员工资。管理人员工资是指按规定支付给管理人员的计时工资、奖金、津贴补贴、加班加点工资及特殊情况下支付的工资等。

（2）办公费。办公费是指企业管理办公用的文具、纸张、账簿、印刷、邮电、书报、办公软件、现场监控、会议、水电、烧水和集体取暖降温（包括现场临时宿舍取暖降温）等费用。当一般纳税人采用一般计税方法时，办公费中增值税进项税额的抵扣原则：以购进货物适用的相应税率扣减，其中购进自来水、暖气冷气、图书、报纸、杂志等适用的税率为10%，接受邮政和基础电信服务等适用的税率为10%，接受增值电信服务等适用的税率为6%，其他一般为16%。

（3）差旅交通费。差旅交通费是指职工因公出差、调动工作的差旅费、住勤补助费，市内交通费和误餐补助费，职工探亲路费，劳动力招募费，职工退休、退职一次性路费，工伤人员就医路费，工地转移费以及管理部门使用的交通工具的油料、燃料等费用。

（4）固定资产使用费。固定资产使用费是指管理和试验部门及附属生产单位使用的属于固定资产的房屋、设备、仪器等的折旧、大修、维修或租赁费。当一般纳税人采用一般计税方法时，固定资产使用费中增值税进项税额的抵扣原则：2016 年 5 月 1 日后以直接购买、接受捐赠、接受投资入股、自建以及抵债等各种形式取得并在会计制度上按固定资产核算的不动产或者 2016 年 5 月 1 日后取得的不动产在建工程，其进项税额应自取得之日起分两年扣减，第一年抵扣比例为60%，第二年抵扣比例为40%。设备、仪器的折旧、大修、维修或租赁费以购进货物、接受修理修配劳务或租赁有形动产服务适用的税率扣减，均为16%。

（5）工具用具使用费。工具用具使用费是指企业施工生产和管理使用的不属于固定资产的工具、器具、家具、交通工具和检验、试验、测绘、消防用具等的购置、维修和摊销费。当一般纳税人采用一般计税方法时，工具用具使用费中增值税进项税额的抵扣原则：以购进货物或接受修理修配劳务适用的税率扣减，均为16%。

（6）劳动保险和职工福利费。劳动保险和职工福利费是指由企业支付的职工退职金、按规定支付给离休干部的经费，集体福利费、夏季防暑降温费、冬季取暖补贴、上下班交通补贴等。

（7）劳动保护费。劳动保护费是企业按规定发放的劳动保护用品的支出。如工作服、手套、防暑降温饮料以及在有碍身体健康的环境中施工的保健费用等。

（8）检验试验费。检验试验费是指施工企业按照有关标准规定，对建筑以及材料、构配件和建筑安装物进行一般鉴定、检查所发生的费用，包括自设实验室进行试验所耗用的材料等费用。不包括新结构、新材料的试验费，对构件做破坏性试验及其他特殊要求检验试验的费用和建设单位委托检测机构进行检测的费用，对此类检测发生的费用，由建设单位在工程建设其他费用中列支。但对施工企业提供的具有合格证明的材料进行检测不合格的，该检测费用由施工企业支付。当一般纳税人采用一般计税方法时，检验试验费中增值税进项税额现代服务业以适用的税率6%扣减。

（9）工会经费。工会经费是指企业按《中华人民共和国工会法》规定的全部职工工资总额比例计提的工会经费。

（10）职工教育经费。职工教育经费是指按职工工资总额的规定比例计提，企业为职工进行专业技术和职业技能培训，专业技术人员继续教育、职工职业技能鉴定、职业资格认定以及根据需要对职工进行各类文化教育所发生的费用。

（11）财产保险费。财产保险费是指施工管理用财产、车辆等的保险费用。

（12）财务费。财务费是指企业为施工生产筹集资金或提供预付款担保、履约担保、职工工资支付担保等所发生的各种费用。

（13）税金。税金是指企业按规定缴纳的房产税、非生产性车船使用税、土地使用税、印花税、城市维护建设税、教育费附加、地方教育附加等各项税费（采用一般计税方法时，城市维护建设税、教育费附加、地方教育附加在管理费中核算）。

（14）其他。其他包括技术转让费、技术开发费、投标费、业务招待费、绿化费、广告费、公证费、法律顾问费、审计费、咨询费、保险费等。

2. 企业管理费的计算

企业管理费一般采用取费基数乘以费率的方法计算，取费基数有三种，分别是以直接费为计算基础、以人工费和施工机具使用费合计为计算基础及以人工费为计算基础。企业管理费费率计算方法如下：

（1）以直接费为计算基础。

$$\text{企业管理费费率（\%）}=\frac{\text{生产工人年平均管理费}}{\text{年有效施工天数}\times\text{人工单价}}\times\text{人工费占直接费的比例（\%）} \tag{3.3.5}$$

（2）以人工费和施工机具使用费合计为计算基础。

$$\text{企业管理费费率（\%）}=\frac{\text{生产工人年平均管理费}}{\text{年有效施工天数}\times\text{（人工单价＋每一台班施工机具使用费）}}\times100\% \tag{3.3.6}$$

（3）以人工费为计算基础。

$$\text{企业管理费费率（\%）}=\frac{\text{生产工人年平均管理费}}{\text{年有效施工天数}\times\text{人工单价}}\times100\% \tag{3.3.7}$$

工程造价管理机构在确定计价定额中的企业管理费时，应以定额人工费或定额人工费与施工机具使用费之和作为计算基数，其费率根据历年积累的工程造价资料，辅以调查数据确定。

（五）利润

利润是指施工单位从事建筑安装工程施工所获得的盈利，由施工企业根据企业自身需求并结合建筑市场实际自主确定。工程造价管理机构在确定计价定额中利润时，应以定额人工费或定额人工费与施工机具使用费之和作为计算基数，其费率根据历年积累的工程造价资料，并结合建筑市场实际确定，以单位（单项）工程测算，利润在税前建筑安装工程费的比重可按不低于5%且不高于7%的费率计算。

（六）规费

1. 规费的内容

规费是指按国家法律、法规规定，由省级政府和省级有关权力部门规定施工单位必须缴纳或计取，应计入建筑安装工程造价的费用。规费主要包括社会保险费、住房公积金和工程排污费。

（1）社会保险费。包括：

① 养老保险费：企业按规定标准为职工缴纳的基本养老保险费。

② 失业保险费：企业按照国家规定标准为职工缴纳的失业保险费。

③ 医疗保险费：企业按照规定标准为职工缴纳的基本医疗保险费。

④ 工伤保险费：企业按照国务院制定的行业费率为职工缴纳的工伤保险费。

⑤ 生育保险费：企业按照国家规定为职工缴纳的生育保险。根据“十三五”规划纲要，生育保险与基本医疗保险合并的实施方案已在12个试点城市行政区域进行试点。

（2）住房公积金：企业按规定标准为职工缴纳的住房公积金。

2. 规费的计算

社会保险费和住房公积金应以分部分项工程单项措施和专业暂估价的人工费之和为计算基础，根据工程所在地省、自治区、直辖市或行业建设主管部门规定费率计算。

$$\text{社会保险费和住房公积金} = \sum(\text{分部分项工程单项措施和专业暂估价的人工费} \times \text{社会保险费和住房公积金费率}) \quad (3.3.8)$$

社会保险费和住房公积金费率可以每万元发承包价的生产工人人工费和管理人员工资含量与工程所在地规定的缴纳标准综合分析取定。

按照上海市相关文件的规定，规费包含社会保险费和住房公积金两项内容，原工程排污费按上海市相关规定计入建设工程材料价格信息发布的水费价格内。

（七）税金

建筑安装工程费用中的税金是指按照国家税法规定的应计入建筑安装工程造价内的增值税额，按税前造价乘以增值税税率确定。

1. 采用一般计税方法时增值税的计算

当采用一般计税方法时，建筑业增值税税率为9%。计算公式为

$$\text{增值税} = \text{税前造价} \times 9\% \quad (3.3.9)$$

税前造价为人工费、材料费、施工机具使用费、企业管理费、利润和规费之和，各费用项目均以不包含增值税可抵扣进项税额的价格计算。

2. 采用简易计税方法时增值税的计算

（1）简易计税的适用范围。根据《营业税改征增值税试点实施办法》以及《营业税改征增值税试点有关事项的规定》的规定，简易计税方法主要适用于以下几种情况：

① 小规模纳税人发生应税行为适用简易计税方法计税。小规模纳税人通常是指纳税人提供建筑服务的年应征增值税销售额未超过500万元，并且会计核算不健全，不能按规定报送有关税务资料的增值税纳税人。年应税销售额超过500万元，但不经常发生应税行为的单位也可选择按照小规模纳税人计税。

② 一般纳税人以清包工方式提供的建筑服务，可以选择适用简易计税方法计税。以清包工方式提供建筑服务，是指施工方不采购建筑工程所需的材料或只采购辅助材料，并收取人工费、管理费或者其他费用的建筑服务。

③ 一般纳税人为甲供工程提供的建筑服务，就可以选择适用简易计税方法计税。甲供工程，是指全部或部分设备、材料、动力由工程发包方自行采购的建筑工程。

④ 一般纳税人为建筑工程项目提供的建筑服务，可以选择适用简易计税方法计税。

⑤ 财政部、国家税务总局《关于建筑服务等营改增试点政策的通知》（财税〔2017〕58号）的规定，建筑工程总承包单位为房屋建筑的地基与基础、主体结构提供工程服务，建设单位自行采购全部或部分钢材、混凝土、砌体材料、预制构件的，适用简易计税方法计税。

（2）简易计税的计算方法。当采用简易计税方法时，建筑业增值税税率为3%。其计算公式为

$$增值税=税前造价\times 3\% \qquad (3.3.10)$$

税前造价为人工费、材料费、施工机具使用费、企业管理费、利润和规费之和，各费用项目均以包含增值税进项税额的含税价格计算。采用简易计税方法时，若前述城市维护建设税、教育费附加、地方教育费附加不在管理费中核算，此处还应计税增值税附加。

三、按造价形成划分建筑安装工程费用

建筑安装工程费按照工程造价形成由分部分项工程费、措施项目费、其他项目费、规费和税金组成。

（一）分部分项工程费

分部分项工程费是指各专业工程的分部分项工程应予列支的各项费用。各类专业工程的分部分项工程划分遵循国家或行业工程量计算规范的规定。分部分项工程费通常用分部分项工程量乘以综合单价进行计算。其计算公式为

$$分部分项工程费=\sum(分部分项工程量\times 综合单价) \qquad (3.3.11)$$

综合单价包括人工费、材料费、施工机具使用费、企业管理费和利润，以及一定范围的风险费用。

（二）措施项目费

1. 措施项目费的构成

措施项目费是指为完成建设工程施工，发生于该工程施工准备和施工过程中的技术、生活、安全、环境保护等方面的费用。措施项目及其包含的内容应遵循各类专业工程的现行国家或行业工程量计算规范。以《房屋建筑与装饰工程工程量计算规范》（GB 50854—2013）中的规定为例，措施项目费可以归纳为以下几项：

（1）安全文明施工费。安全文明施工费是指工程项目施工期间，施工单位为保证安全施工、文明施工和保护现场内外环境等所发生的措施项目费用。通常由环境保护费、文明施工费、安全施工费、临时设施费组成。

① 环境保护费：施工现场为达到环保部门要求所需要的各项费用。

② 文明施工费：施工现场文明施工所需要的各项费用。

③ 安全施工费：施工现场安全施工所需要的各项费用。

④ 临时设施费：施工企业为进行建设工程施工所必需搭设的生活和生产用的临时建筑物、构筑物和其他临时设施费用。临时设施费包括临时设施的搭设、维修、拆除、清理费或摊销费等。

各项安全文明施工费的具体内容如表 3.3.1 所示。

表 3.3.1　安全文明施工费的主要内容

项目名称	工作内容及包含范围
环境保护费	现场施工机械设备降低噪声、防扰民措施费用
	水泥和其他易飞扬细颗粒建筑材料密闭存放或采取覆盖措施等费用
	工程防扬尘洒水费用
	土石方、建筑弃渣外运车辆防护措施费用
	现场污染源的控制、生活垃圾清理外运、场地排水排污措施费用
	其他环境保护措施费用
文明施工费	“五牌一图”费用
	现场围挡的墙面美化（包括内外墙粉刷、刷白、标语等）、压顶装饰费用
	现场厕所便槽刷白、贴面砖，水泥砂浆地面或地砖铺砌，建筑物内临时便溺设施费用
	其他施工现场临时设施的装饰装修、美化措施费用
	现场生活卫生设施费用
	符合卫生要求的饮水设备、淋浴、消毒等设施费用
	生活用洁净燃料费用
	防煤气中毒、防蚊虫叮咬等措施费用
	施工现场操作场地的硬化费用
	现场绿化费用、治安综合治理费用
	现场配备医药保健器材、物品费用和急救人员培训费用
	现场工人的防暑降温、电风扇、空调等设备及用电费用
	其他文明施工措施费用
安全施工费	安全资料、特殊作业专项方案的编制，安全施工标志的购置及安全宣传费用
	“三宝”（安全帽、安全带、安全网）、“四口”（楼梯口、电梯井口、通道口、预留洞）、“五临边”（阳台围边、楼板围边、屋面围边、槽坑围边、卸料平台两侧）、水平防护架、垂直防护架、外架封闭等防护费用
	施工安全用电的费用，包括配电箱三级配电、两级保护装置要求、外电防护措施费用
	起重机、塔吊等起重设备（含井架、门架）及外用电梯的安全防护措施（含警示标志）及卸料平台的临边防护、层间安全门、防护棚等设施费用
	建筑工地起重机械的检验检测费用
	施工机具防护棚及其围栏的安全保护设施费用
	施工安全防护通道费用
	工人的安全防护用品、用具购置费用
	消防设施与消防器材的配置费用
	电气保护、安全照明设施费
	其他安全防护措施费用

续表

项目名称	工作内容及包含范围
临时设施费	施工现场采用彩色、定型钢板，砖、混凝土砌块等围挡的安砌、维修、拆除费用
	施工现场临时建筑物、构筑物的搭设、维修、拆除，如临时宿舍、办公室、食堂、厨房、厕所、诊疗所、临时文化福利用房、临时仓库、加工场、搅拌台、临时简易水塔、水池等费用
	施工现场临时设施的搭设、维修、拆除，如临时供水管道、临时供电管线、小型临时设施等费用
	施工现场规定范围内临时简易道路铺设，临时排水沟、排水设施安砌、维修、拆除费用
	其他临时设施搭设、维修、拆除费用

（2）夜间施工增加费。夜间施工增加费是指因夜间施工所发生的夜班补助费、夜间施工降效、夜间施工照明设备摊销及照明用电等措施费用。内容由以下各项组成：

① 夜间固定照明灯具和临时可移动照明灯具的设置、拆除费用；

② 夜间施工时，施工现场交通标志、安全标牌、警示灯的设置、移动、拆除费用；

③ 夜间照明设备摊销及照明用电、施工人员夜班补助、夜间施工劳动效率降低等费用。

（3）非夜间施工照明费。非夜间施工照明费是指为保证工程施工正常进行，在地下室等特殊施工部位施工时所采用的照明设备的安拆、维护及照明用电等费用。

（4）二次搬运费。二次搬运费是指因施工管理需要或因场地狭小等原因，导致建筑材料、设备等不能一次搬运到位，必须发生的二次或以上搬运所需的费用。

（5）冬雨季施工增加费。冬雨季施工增加费是指因冬雨期天气原因导致施工效率降低加大投入而增加的费用，以及为确保冬雨期施工质量和安全而采取的保温、防雨等措施所需的费用。其内容由以下各项组成：

① 冬雨（风）期施工时增加的临时设施（防寒保温、防雨、防风设施）的搭设、拆除费用；

② 冬雨（风）期施工时，对砌体、混凝土等采用的特殊加温、保温和养护措施费用；

③ 冬雨（风）期施工时，施工现场的防滑处理、对影响施工的雨雪的清除费用；

④ 冬雨（风）期施工时增加的临时设施、施工人员的劳动保护用品、冬雨（风）期施工劳动效率降低等费用。

（6）地上、地下设施和建筑物的临时保护设施费。在工程施工过程中，对已建成的地上、地下设施和建筑物进行的遮盖、封闭、隔离等必要保护措施所发生的费用。

（7）已完工程及设备保护费。竣工验收前，对已完工程及设备采取的覆盖、包裹、封闭、隔离等必要保护措施所发生的费用。

（8）脚手架费。脚手架费是指施工需要的各种脚手架搭、拆、运输费用以及脚手架购置费的摊销（或租赁）费用。通常包括以下内容：

① 施工时可能发生的场内、场外材料搬运费用；

② 搭、拆脚手架、斜道、上料平台费用；

③ 安全网的铺设费用；

④ 拆除脚手架后材料的堆放费用。

(9) 混凝土模板及支架（撑）费。混凝土施工过程中需要的各种钢模板、木模板、支架等的支拆、运输费用及模板、支架的摊销（或租赁）费用。其内容由以下各项组成：

① 混凝土施工过程中需要的各种模板制作费用；

② 模板安装、拆除、整理堆放及场内外运输费用；

③ 清理模板黏结物及模内杂物、刷隔离剂等费用。

(10) 垂直运输费。垂直运输费是指现场所用材料、机具从地面运至相应高度以及人员上下工作面等所发生的运输费用。其内容由以下各项组成：

① 垂直运输机械的固定装置、基础制作、安装费；

② 行走式垂直运输机械轨道的铺设、拆除、摊销费。

(11) 超高施工增加费。当单层建筑物檐口高度超过 20m，多层建筑物超过 6 层时，可计算超高施工增加费，内容由以下各项组成：

① 建筑物超高引起的人工工效降低以及由于人工工效降低引起的机械降效费；

② 高层施工用水加压水泵的安装、拆除及工作台班费；

③ 通信联络设备的使用及摊销费。

(12) 大型机械设备进出场及安拆费。机械整体或分体自停放场地运至施工现场或由一个施工地点运至另一个施工地点，所发生的机械进出场运输和转移费用及机械在施工现场进行安装、拆卸所需的人工费、材料费、机具费、试运转费和安装所需的辅助设施的费用。其内容由安拆费和进出场费组成：

① 安拆费包括施工机械、设备在现场进行安装拆卸所需人工、材料、机具和试运转费用以及机械辅助设施的折旧、搭设、拆除等费用；

② 进出场费包括施工机械、设备整体或分体自停放地点运至施工现场或由一施工地点运至另一施工地点所发生的运输、装卸、辅助材料等费用。

(13) 施工排水、降水费。施工排水、降水费是指将施工期间有碍施工作业和影响工程质量的水排到施工场地以外，以及防止在地下水位较高的地区开挖深基坑时出现基坑浸水、地基承载力下降，在动水压力作用下还可能引起流砂、管涌和边坡失稳等现象而必须采取有效的降水和排水措施费用。该项费用由成井和排水、降水两个独立的费用项目组成：

① 成井。成井的费用主要包括：准备钻孔机械、埋设护筒、钻机就位、泥浆制作、固壁、成孔、出渣、清孔等费用；对接上下井管（滤管）、焊接、安防、下滤料、洗井、连接试抽等费用；

② 排水、降水。排水、降水的费用主要包括：管道安装、拆除，场内搬运等费用；抽水、值班、降水设备维修等费用。

(14) 其他。根据项目的专业特点或所在地区不同，可能会出现其他的措施项目。如工程定位复测费和特殊地区施工增加费等。

2. 措施项目费的计算

按照有关专业工程量计算规范规定，措施项目分为应予计量的措施项目和不宜计量的措施项目两类。

（1）应予计量的措施项目。与分部分项工程费的计算方法基本相同。其计算公式为

$$措施项目费 = \sum(措施项目工程量 \times 综合单价) \quad (3.3.12)$$

（2）不宜计量的措施项目。对于不宜计量的措施项目，通常用计算基数乘以费率的方法予以计算。

① 安全文明施工费。其计算公式为

$$安全文明施工费 = 计算基数 \times 安全文明施工费费率(\%) \quad (3.3.13)$$

总价措施项目中安全文明施工费（安全防护、文明施工费）按照原上海市城乡建设和交通委员会《关于印发〈上海市建设工程安全防护、文明施工措施费管理暂行规定〉的通知》（沪建交〔2006〕445号）的规定执行。市政管网工程参照排水管道工程；房屋修缮工程参照民用建筑（居住建筑多层）；园林绿化工程参照民防工程（1500m^{2}以上）；仿古建筑工程参照民用建筑（居住建筑多层）。

② 总价措施项目中除了安全文明施工费之外的其他总价措施项目，以分部分项工程费为基数乘以相应费率。主要包括夜间施工、非夜间施工照明，二次搬运，冬雨期施工，地上、地下设施及建筑物的临时保护设施（施工场地内）和已完工程及设备保护等内容。其他措施项目费中不包括增值税可抵扣进项税额。

$$其他措施项目费 = 分部分项工程费 \times 其他措施项目费费率（\%） \quad (3.3.14)$$

（三）其他项目费

1. 暂列金额

暂列金额是招标人在工程量清单中暂定并包括在合同价款中的一笔款项。用于工程合同签订时尚未确定或者不可预见的所需材料、工程设备、服务的采购，施工中可能发生的工程变更、合同约定调整因素出现时的合同价款调整以及发生的索赔、现场签证确认等的费用。

暂列金额应包含与其对应的企业管理费、利润和规费，但不包含税金。应根据工程特点按有关计价规定估算。一般可按分部分项工程费和措施项目费之和的10%～15%作为参考。

2. 暂估价

暂估价是招标人在工程量清单中提供的，用于支付必然发生但暂时不能确定价格的材料、工程设备暂估单价以及专业工程的金额。

暂估价中的材料、工程设备暂估单价应根据工程造价信息或参照市场价格估算，列出明细表；专业工程暂估价应分不同专业，按有关计价规定估算，列出明细表。暂估价按上海市建设行政管理部门的规定执行。

其中，材料和工程设备暂估价是此类材料、工程设备本身运至施工现场内的工地地面价。

暂估价数量和拟用项目应当结合工程量清单中的“暂估价表”予以补充说明。为方便合同管理，需要纳入分部分项工程量清单项目综合单价中的暂估价应只是材料费，以方便投标人组价。

专业工程的暂估价一般应是综合暂估价，应当包括除规费和税金以外的管理费、利润等取费。总承包招标时，专业工程设计深度往往是不够的，一般需要交由专业设计人员设计。国际上出于提高可建造性考虑，一般由专业承包人负责设计，以发挥其专业技能和专业施工经验的优势。这类专业工程交由专业分包人完成是国际工程的良好实践，目前在我国工程建设领域也已经比较普遍。公开透明的合理确定这类暂估价的实际开支金额的最佳途径就是通过施工总承包人与工程建设项目招标人共同组织的招标。

3. 计日工

计日工是指在施工过程中，承包人完成发包人提出的工程合同范围以外的零星项目或工作，按合同中约定的单价计价的一种方式。

计日工应列出项目名称、计量单位和暂估数量。其中计日工种类和暂估数量应尽可能贴近实际。计日工综合单价均不包括规费和税金。其中：

① 劳务单价应当包括人工工资，交通费用，各种补贴，劳动安全防护，个人应缴纳的社保费用，手提手动和电动工器具、施工场地内已经搭设的脚手架、水电和低值易耗品费用，现场管理费用，企业管理费和利润；

② 材料价格包括材料运到现场的价格以及现场搬运、仓储、二次搬运、损耗、保险、企业管理费和利润；

③ 施工机械限于在施工场地（现场）的机械设备，其价格包括租赁或折旧，维修、维护和燃料等消耗品以及操作人员费用，包括承包人企业管理费和利润；

④ 辅助人员按劳务价格另计。

4. 总承包服务费

总承包服务费是指总承包人为配合协调发包人进行的专业工程发包，对发包人自行采购的材料、工程设备等进行保管以及施工现场管理、竣工资料汇总整理等服务所需的费用。

总承包服务费应列出服务项目及其内容等，费率可参考以下标准：

① 招标人仅要求对分包的专业工程进行总承包管理和协调时，按分包的专业工程估算造价的1.5%计算；

② 招标人要求对分包的专业工程进行总承包管理和协调，并同时要求提供配合服务时，根据招标文件列出的配合服务内容和提出的要求，按分包的专业工程估算造价的3%～5%计算；

③ 招标人自行供应材料的，按招标人供应材料价值的1%计算。

（四）规费和税金

规费是指根据国家法律、法规规定，由省级政府或省级有关权利部门规定施工企业必须缴纳的，应计入建筑安装工程造价的费用。

规费项目清单应按照下列内容列项：

（1）社会保险费：包括养老保险费、失业保险费、医疗保险费、工伤保险费、生育保险费。

（2）住房公积金。

如出现上述项目以外的未列项目，应根据上海市建设行政管理部门的规定列项。

税金是指增值税，当前增值税税率为9%。

第四节　工程建设其他费用

工程建设其他费用是指在建设项目从立项到交付使用为止的整个建设期间，除建筑设备及工器具购置费和安装工程费用以外，为保证项目建设顺利完成和交付使用后能够正常发挥作用而发生的各项费用的总和。

工程建设其他费用按其内容大体可分为三类：第一类指建设用地费；第二类指与项目建设有关的其他费用；第三类指与未来生产经营有关的其他费用。

一、建设用地费

任何一个建设项目都必须占用土地，也就必然要发生为获得建设用地而支付的费用，这就是建设用地费，是指为获得工程项目建设土地的使用权而在建设期内发生的各项费用。其包括通过划拨方式取得土地使用权而支付的土地征用及迁移补偿费，或者通过土地使用权出让方式取得土地使用权而支付的土地使用权出让金。

建设用地的取得，实质是依法获取国有土地的使用权。根据《中华人民共和国土地管理法》《中华人民共和国土地管理法实施条例》《中华人民共和国城市房地产管理法》的规定，获取国有土地使用权的基本方式有两种：一是出让方式；二是划拨方式。建设土地取得的基本方式还包括租赁和转让方式。

建设用地如通过行政划拨方式取得，则须承担征地补偿费用或对原用地单位或个人的拆迁补偿费用；若通过市场机制取得，则不但承担以上费用，还须向土地所有者支付有偿使用费，即土地出让金。

（一）征地补偿费

1. 土地补偿费

土地补偿费是对农村集体经济组织因土地被征用而造成的经济损失的一种补偿。征用耕地的补偿费，为该耕地被征用前三年平均年产值的6～10倍。征用其他土地的补偿费标准，由省、自治区、直辖市参照征用耕地的土地补偿费标准制定。土地补偿费归农村集体经济组织所有。

2. 青苗补偿费和地上附着物补偿费

青苗补偿费是因征地时对其正在生长的农作物受到损害而做出的一种赔偿。在农村实行承包责任制后，农民自行承包土地的青苗补偿费应付给本人，属于集体种植的青苗补偿费可纳入当年集体收益。凡在协商征地方案后抢种的农作物、树木等，一律不予补偿。地上附着物是指房屋、水井、树木、涵洞、桥梁、公路、水利设施、林木等地面建筑物、构筑物、附着物等。视协商征地方案前地上附着物价值与折旧情况确定，应根据“拆什么、补什么；拆多少，补多少，不低于原来水平”的原则确定。如附着物产权属个人，则该项补助费付给个人。地上附着物的补偿标准，由省、自治区、直辖市规定。

3. 安置补助费

安置补助费应支付给被征地单位和安置劳动力的单位，作为劳动力安置与培训的支出，以及作为不能就业人员的生活补助。征收耕地的安置补助费，按照需要安置的农业人口数计算。需要安置的农业人口数，按照被征收的耕地数量除以征地前被征收单位平均每人占有耕地的数量计算。每一个需要安置的农业人口的安置补助费标准，为该耕地被征收前三年平均年产值的4～6倍。但是，每公顷被征收耕地的安置补助费，最高不得超过被征收前三年平均年产值的15倍。土地补偿费和安置补助费，尚不能使需要安置的农民保持原有生活水平的，经省、自治区、直辖市人民政府批准，可以增加安置补助费。但是，土地补偿费和安置补助费的总和不得超过土地被征收前三年平均年产值的30倍。

4. 新菜地开发建设基金

新菜地开发建设基金指征用城市郊区商品菜地时支付的费用。这项费用交给地方财政，作为开发建设新菜地的投资。菜地是指城市郊区为供应城市居民蔬菜，连续3年以上常年种菜地或者养殖鱼、虾等的商品菜地和精养鱼塘。一年只种一茬或因调整茬口安排种植蔬菜的，均不作为需要收取开发基金的菜地。征用尚未开发的规划菜地，不缴纳新菜地开发建设基金。在蔬菜产销放开后，能够满足供应，不再需要开发新菜地的城市，不收取新菜地开发基金。

5. 耕地占用税

耕地占用税是对占用耕地建房或者从事其他非农业建设的单位和个人征收的一种税收，目的是合理利用土地资源、节约用地，保护农用耕地。耕地占用税征收范围，不仅包括占用耕地，还包括占用鱼塘、园地、菜地及其农业用地建房或者从事其他非农业建设，均按实际占用的面积和规定的税额一次性征收。其中，耕地是指用于种植农作物的土地。占用前三年曾用于种植农作物的土地也视为耕地。

6. 土地管理费

土地管理费主要作为征地工作中所发生的办公、会议、培训、宣传、差旅、借用人员工资等必要的费用。土地管理费的收取标准，一般是在土地补偿费、青苗费、地上附着物补偿费、安置补助费四项费用之和的基础上提取2%～4%。如果是征地包干，还应在四项费用之和后再加上粮食价差、副食补贴、不可预见费等费用，在此基础上提取2%～4%作为土地管理费。

（二）拆迁补偿费用

在城市规划区内国有土地上实施房屋拆迁，拆迁人应当对被拆迁人给予补偿、安置。

1. 拆迁补偿金

拆迁补偿金的方式可以实行货币补偿，也可以实行房屋产权调换。货币补偿的金额，根据被拆迁房屋的区位、用途、建筑面积等因素，以房地产市场评估价格确定。具体办法由省、自治区、直辖市人民政府制定。

实行房屋产权调换的，拆迁人与被拆迁人按照计算得到的被拆迁房屋的补偿金额和所调换房屋的价格，结清产权调换的差价。

2. 搬迁、安置补助费

拆迁人应当对被拆迁人或者房屋承租人支付搬迁补助费，对于在规定的搬迁期限届满前搬迁的，拆迁人可以付给提前搬家奖励费；在过渡期限内，被拆迁人或者房屋承租人自行安排住处的，拆迁人应当支付临时安置补助费；被拆迁人或者房屋承租人使用拆迁人提供的周转房的，拆迁人不支付临时安置补助费。

搬迁补助费和临时安置补助费的标准，由省、自治区、直辖市人民政府规定。有些地区规定，拆除非住宅房屋，造成停产、停业引起经济损失的，拆迁人可以根据被拆除房屋的区位和使用性质，按照一定标准给予一次性停产停业综合补助费。

（三）土地出让金

土地使用权出让金为用地单位向国家支付的土地所有权收益，出让金标准一般参考城市基准地价并结合其他因素制定。基准地价由市土地管理局会同市物价局、市国有资产管理局、市房地产管理局等部门综合平衡后报市级人民政府审定通过，它以城市土地综合定级为基础，用某一地价或地价幅度表示某一类别用地在某一土地级别范围的地价，以此作为土地使用权出让价格的基础。

在有偿出让和转让土地时，政府对地价不作统一规定，但应坚持以下原则：即地价对目前的投资环境不产生大的影响；地价与当地的社会经济承受能力相适应；地价要考虑已投入的土地开发费用、土地市场供求关系、土地用途、所在区类、容积率和使用年限等。有偿出让和转让使用权，要向土地受让者征收契税；转让土地如有增值，要向转让者征收土地增值税；土地使用者每年应按规定的标准缴纳土地使用费。土地使用权出让或转让，应先由地价评估机构进行价格评估后，再签订土地使用权出让和转让合同。

土地使用权出让合同约定的使用年限届满，土地使用者需要继续使用土地的，应当至迟于届满前一年申请续期，除根据社会公共利益需要收回该幅土地的，应当予以批准。经批准准予续期的，应当重新签订土地使用权出让合同，依照规定支付土地使用权出让金。

二、与项目建设有关的其他费用

（一）建设管理费

建设管理费是指建设单位从项目立项开始直至竣工验收交付使用及后评价等全过程管理所需费用。

1. 建设管理费的内容

（1）建设单位管理费。建设单位管理费是指建设单位发生的管理性质的开支，包括工作人员工资、工资性补贴、施工现场津贴、职工福利费、住房公基金、基本养老保险费、基本医疗保险费、失业保险费、工伤保险费，办公费、差旅交通费、劳动保护费、工具用具使用费、固定资产使用费、必要的办公及生活用品购置费、必要的通信设备及交通工具购置费、零星固定资产购置费、招募生产工人费、技术图书资料费、业务招待费、设计审查费、工程招标费、合同契约公证费、法律顾问费、工程咨询费、完工清理费、竣工验收费、印花税和其他管理性质开支。

（2）工程监理费。工程监理费是指建设单位委托工程监理单位实施工程监理的费用。按照发展改革委关于《进一步放开建设项目专业服务价格的通知》（发改价格〔2015〕299号）的规定，此项费用实行市场调节价。

（3）工程总承包管理费。如建设管理采用工程总承包方式，其总包管理费由建设单位与总包单位根据总包工作范围在合同中商定，从建设管理费中支出。

2. 建设管理费的计算

建设单位管理费按照工程费用之和（包括设备工器具购置费和建筑安装工程费用）乘以建设单位管理费费率计算。其计算公式为

$$建设单位管理费 = 工程费用 \times 建设单位管理费费率 \tag{3.4.1}$$

建设单位管理费费率按照建设项目的不同性质、不同规模确定。有的建设项目按照建设工期和规定的金额计算建设单位管理费。如采用监理，建设单位部分管理工作量转移至监理单位。监理费应根据委托的监理工作范围和监理深度在监理合同中商定。

（二）可行性研究费

可行性研究费是指在工程项目投资决策阶段，依据调研报告对有关建设方案、技术方案或生产经营方案进行的技术经济论证，以及编制、评审可行性研究报告所需的费用。此项费用应依据前期研究委托合同计列，按照发展改革委关于《进一步放开建设项目专业服务价格的通知》（发改价格〔2015〕299号）的规定，此项费用实行市场调节价。

（三）研究试验费

研究试验费是指为建设项目提供或验证设计数据、资料等进行必要的研究试验及按照相关规定在建设过程中必须进行试验、验证所需的费用。其包括自行或委托其他部门研究试验所需人工费、材料费、试验设备及仪器使用费等。这项费用按照设计单位根据本工程项目的需要提出的研究试验内容和要求计算。在计算时要注意不应包括以下项目：

（1）应由科技三项费用（即新产品试制费、中间试验费和重要科学研究补助费）开支的项目。

（2）应在建筑安装费用中列支的施工企业对建筑材料、构配件和建筑物进行一般鉴定、检查所发生的费用及技术革新的研究试验费。

（3）应由勘察设计费或工程费用中开支的项目。

（四）勘察设计费

勘察设计费是指对工程项目进行工程水文地质勘察、工程设计所发生的费用，包括工程勘察费、初步设计费（基础设计费）、施工图设计费（详细设计费）、设计模型制作费。按照发展改革委关于《进一步放开建设项目专业服务价格的通知》（发改价格〔2015〕299号）的规定，此项费用实行市场调节价。

（五）专项评价及验收费

专项评价及验收费包括环境影响评价费、安全预评价及验收费、职业病危害预评价及控制效果评价费、地震安全性评价费、地质灾害危险性评价费、水土保持评价及验收费、压覆矿产资源评价费、节能评估及评审费、危险与可操作性分析及安全完整性评价费以及其他专项评价及验收费。按照发展改革委关于《进一步放开建设项目专业服务价格的通知》（发改价格〔2015〕299号）的规定，这些专项评价及验收费用均实行市场调节价。

1. 环境影响评价费

环境影响评价费是指在工程项目投资决策过程中，对其进行环境污染或影响评价所需的费用。其包括编制环境影响报告书（含大纲）、环境影响报告表和评估等所需的费用，以及建设项目竣工验收阶段环境保护验收调查和环境监测、编制环境保护验收报告的费用。

2. 安全预评价及验收费

安全预评价及验收费指为预测和分析建设项目存在的危害因素种类和危险危害程度，提出先进、科学、合理可行的安全技术和管理对策，而编制评价大纲、编写安全评价报告书和评估等所需的费用，以及在竣工阶段验收时所发生的费用。

3. 职业病危害预评价及控制效果评价费

职业病危害预评价及控制效果评价费指建设项目因可能产生职业病危害，而编制职业病危害预评价书、职业病危害控制效果评价书和评估所需的费用。

4. 地震安全性评价费

地震安全性评价费是指通过对建设场地和场地周围的地震活动与地震、地质环境的分析，而进行的地震活动环境评价、地震地质构造评价、地震地质灾害评价，编制地震安全评价报告书和评估所需的费用。

5. 地质灾害危险性评价费

地质灾害危险性评价费是指在灾害易发区对建设项目可能诱发的地质灾害和建设项目本身可能遭受的地质灾害危险程度的预测评价，编制评价报告书和评估所需的费用。

6. 水土保持评价及验收费

水土保持评价及验收费是指对建设项目在生产建设过程中可能造成水土流失进行预测，编制水土保持方案和评估所需的费用，以及在施工期间的监测、竣工阶段验收时所发生的费用。

7. 压覆矿产资源评价费

压覆矿产资源评价费是指对需要压覆重要矿产资源的建设项目，编制压覆重要矿床评价和评估所需的费用。

8. 节能评估及评审费

节能评估及评审费是指对建设项目的能源利用是否科学合理进行分析评估，并编制节能评估报告以及评估所发生的费用。

9. 危险与可操作性分析及安全完整性评价费

危险与可操作性分析及安全完整性评价费是指对应用于生产具有流程性工艺特征的新建、改建、扩建项目进行工艺危害分析和对安全仪表系统的设置水平及可靠性进行定量评估所发生的费用。

10. 其他专项评价及验收费

其他专项评价及验收费是指根据国家法律法规，建设项目所在省、直辖市、自治区人民政府有关规定，以及行业规定需进行的其他专项评价、评估、咨询和验收所需的费用。如重大投资项目社会稳定风险评估、防洪评价等。

（六）场地准备及临时设施费

1. 场地准备及临时设施费的内容

（1）建设项目场地准备费是指为使工程项目的建设场地达到开工条件，由建设单位组织进行的场地平整等准备工作而发生的费用。

（2）建设单位临时设施费是指建设单位为满足工程项目建设、生活、办公的需要，用于临时设施建设、维修、租赁、使用所发生或摊销的费用。

2. 场地准备及临时设施费的计算

（1）场地准备及临时设施应尽量与永久性工程统一考虑。建设场地的大型土石方工程应计入工程费用中的总图运输费用中。

（2）新建项目的场地准备和临时设施费应根据实际工程量估算，或按工程费用的比例计算。改扩建项目一般只计拆除清理费。其计算公式为：

$$场地准备和临时设施费=工程费用\times费率+拆除清理费 \quad (3.4.2)$$

（3）发生拆除清理费时可按新建同类工程造价或主材费、设备费的比例计算。凡可回收材料的拆除工程采用以料抵工方式冲抵拆除清理费。

（4）此项费用不包括已列入建筑安装工程费用中的施工单位临时设施费用。

（七）引进技术及引进设备其他费

引进技术及引进设备其他费是指引进技术和设备发生的但未计入设备购置费中的费用。

（1）引进项目图纸资料翻译复制费、备品备件测绘费。可根据引进项目的具体情况计列或按引进货价（FOB）的比例估列；引进项目发生备品备件测绘费时按具体情况估列。

（2）出国人员费用。出国人员费用包括买方人员出国设计联络、出国考察、联合设计、监造、培训等所发生的差旅费、生活费等。依据合同或协议规定的出国人次、期限以及相应的费用标准计算。生活费按照财政部、外交部规定的现行标准计算，差旅费按中国民航公布的票价计算。

（3）来华人员费用。来华人员费用包括卖方来华工程技术人员的现场办公费用、往返现场交通费用、接待费用等。依据引进合同或协议有关条款及来华技术人员派遣计划进行计算。来华人员接待费用可按每人次费用指标计算。引进合同价款中已包括的费用内容不得重复计算。

（4）银行担保及承诺费。引进项目由国内外金融机构出面承担风险和责任担保所发生的费用，以及支付贷款机构的承诺费用。应按担保或承诺协议计取，投资估算和概算编制时可以担保金额或承诺金额为基数乘以费率计算。

（八）工程保险费

工程保险费是指为转移工程项目建设的意外风险，在建设期内对建筑工程、安装工程、机械设备和人身安全进行投保而发生的费用。工程保险费包括建筑安装工程一切险、引进设备财产保险和人身意外伤害险等。

根据不同的工程类别，分别以其建筑、安装工程费乘以建筑、安装工程保险费费率计算。民用建筑（住宅楼、综合性大楼、商场、旅馆、医院、学校）占建筑工程费的

2‰～4‰；其他建筑（工业厂房、仓库、道路、码头、水坝、隧道、桥梁、管道等）占建筑工程费的3‰～6‰；安装工程（农业、工业、机械、电子、电气、纺织、矿山、石油、化学及钢铁工业、钢结构桥梁）占建筑工程费的3‰～6‰。

（九）特殊设备安全监督检验费

特殊设备安全监督检验费是指安全监察部门对在施工现场组装的锅炉及压力容器、压力管道、消防设备、燃气设备、电梯等特殊设备和设施实施安全检验收取的费用。此项费用按照建设项目所在省（市、自治区）安全监察部门的规定标准计算。无具体规定的，在编制投资估算和概算时可按受检设备现场安装费的比例估算。

（十）市政公用设施费

市政公用设施费是指使用市政公用设施的工程项目，按照项目所在地省级人民政府有关规定建设或缴纳的市政公用设施建设配套费用以及绿化工程补偿费用。此项费用按工程所在地人民政府规定标准计列。

三、与未来生产经营有关的其他费用

（一）联合试运转费

联合试运转费是指新建或新增生产能力的工程项目，在交付生产前按照设计文件规定的工程质量标准和技术要求，对整个生产线或装置进行负荷联合试运转所发生的费用净支出（试运转支出大于收入的差额部分费用）。试运转支出包括试运转所需原材料、燃料及动力消耗、低值易耗品、其他物料消耗、工具用具使用费、机械使用费、保险金、施工单位参加试运转人员工资以及专家指导费等；试运转收入包括试运转期间的产品销售收入和其他收入。联合试运转费不包括应由设备安装工程费用开支的调试及试车费用，以及在试运转中暴露出来的因施工原因或设备缺陷等发生的处理费用。

（二）专利及专有技术使用费

专利及专有技术使用费是指在建设期内为取得专利、专有技术、商标权、商誉、特许经营权等发生的费用。

1. 专利及专有技术使用费的主要内容

（1）国外设计及技术资料费、引进有效专利、专有技术使用费和技术保密费。

（2）国内有效专利、专有技术使用费用。

（3）商标权、商誉和特许经营权费等。

2. 专利及专有技术使用费的计算

计算专利及专有技术使用费时应注意以下问题：

（1）按专利使用许可协议和专有技术使用合同的规定计列。

（2）专有技术的界定应以省、部级鉴定批准为依据。

（3）项目投资中只计算需在建设期支付的专利及专有技术使用费。协议或合同规定在生产期支付的使用费应在生产成本中核算。

（4）一次性支付的商标权、商誉及特许经营权费按协议或合同规定计列。协议或合同规定在生产期支付的商标权费或特许经营权费应在生产成本中核算。

（5）为项目配套的专用设施投资，包括专用铁路线、专用公路、专用通信设施、送变电站、地下管道、专用码头等，如由项目建设单位负责投资但产权不归属本单位的，应作为无形资产处理。

（三）生产准备费

1. 生产准备费的内容

生产准备费是指在建设期内，建设单位为保证项目正常生产而发生的人员培训费、提前进厂费以及投产使用必备的办公、生活家具用具及工器具等的购置费用。其包括：

（1）人员培训费及提前进厂费。人员培训费及提前进厂费包括自行组织培训或委托其他单位培训的人员工资、工资性补贴、职工福利费、差旅交通费、劳动保护费、学习资料费等。

（2）为保证初期正常生产（或营业、使用）所必需的生产办公、生活家具用具购置费。

2. 生产准备费的计算

（1）新建项目按设计定员为基数计算，改扩建项目按新增设计定员为基数计算。其计算公式为

生产准备费＝设计定员×生产准备费指标（元/人）　　（3.4.3）

（2）可采用综合的生产准备费指标进行计算，也可以按费用内容的分类指标计算。

第五节　预备费及建设期利息

预备费是指在建设期内因各种不可预见因素的变化而预留的可能增加的费用，包括基本预备费和价差预备费。建设期利息主要是指在建设期内发生的为建设项目筹措资金的融资费用及债务资金利息。

一、基本预备费

（一）基本预备费的内容

基本预备费是指投资估算或工程概算阶段预留的，由于工程实施中不可预见的工程变更及洽商、一般自然灾害处理、地下障碍物处理、超规超限设备运输等而可能增加的费用，也可称为工程建设不可预见费。基本预备费一般由以下四部分构成：

（1）工程变更及洽商。在批准的初步设计范围内，技术设计、施工图设计及施工过程中所增加的工程费用；设计变更、工程变更、材料代用、局部地基处理等增加的费用。

（2）一般自然灾害处理。一般自然灾害造成的损失和预防自然灾害所采取的措施费用。实行工程保险的工程项目，该费用应适当降低。

（3）不可预见的地下障碍物处理的费用。

（4）超规超限设备运输增加的费用。

（二）基本预备费的计算

基本预备费是按工程费用和工程建设其他费用两者之和为计取基础，乘以基本预备

费费率进行计算。其计算公式为

$$基本预备费=（工程费用+工程建设其他费用）\times基本预备费费率 \quad (3.5.1)$$

基本预备费费率的取值应执行国家及部门的有关规定。

二、价差预备费

（一）价差预备费的内容

价差预备费是指为在建设期内利率、汇率或价格等因素的变化而预留的可能增加的费用，也称为价格变动不可预见费。价差预备费的内容包括人工、设备、材料、施工机具的价差费，建筑安装工程费及工程建设其他费用调整，利率、汇率调整等增加的费用。

（二）价差预备费的计算

价差预备费一般根据国家规定的投资综合价格指数，按估算年份价格水平的投资额为基数，采用复利方法计算。其计算公式为

$$PF = \sum_{t=1}^{n} I_t[(1+f)^m (1+f)^{0.5} (1+f)^{t-1} - 1] \quad (3.5.2)$$

式中　PF——价差预备费；

n——建设期年限；

I_t——建设期中第 t 年的静态投资计划额，包括工程费用、工程建设其他费用及基本预备费；

f——年投资价格上涨率；年涨价率，政府部门有规定的按规定执行，没有规定的由可行性研究人员预测；

m——建设前期年限（从编制估算到开工建设，单位：年）。

【例 3.5.1】　某建设项目建筑安装工程费为 10000 万元，设备购置费为 6000 万元，工程建设其他费用为 4000 万元。已知基本预备费费率为 5%，项目建设前期年限为 1 年，建设期为 3 年。各年投资计划额：第一年完成投资 50%，第二年 25%，第三年 25%。年均投资价格上涨率为 6%，求建设项目建设期价差预备费。

解：基本预备费=(10000+6000+4000)×5%=1000(万元)

静态投资=10000+6000+4000+1000=21000(万元)

第一年涨价预备费 PF_1=21000×50%×[(1+6%)×$(1+6\%)^{0.5}$−1]

=959.036(万元)

第二年涨价预备费 PF_2=21000×25%×[(1+6%)×$(1+6\%)^{0.5}$

×(1+6%)−1]=823.289(万元)

第三年涨价预备费 PF_3=21000×25%×[(1+6%)×$(1+6\%)^{0.5}$

×$(1+6\%)^2$−1]=1187.687(万元)

项目建设期价差预备费 PF=959.036+823.289+1187.687=2970.012(万元)

三、建设期利息

建设期利息的计算，根据建设期资金用款计划，在总贷款分年均衡发放前提下，可

按当年借款在年中支用考虑，即当年借款按半年计息，上年借款按全年计息。其计算公式为

$$q_j=\left(P_{j-1}+\frac{1}{2}A_j\right)\cdot i \qquad (3.5.3)$$

式中 q_j——建设期第 j 年应计利息；

P_{j-1}——建设期第（$j-1$）年末累计贷款本金与利息之和；

A_j——建设期第 j 年贷款金额；

i——年利率。

国外贷款的利息计算，年利率应综合考虑贷款协议中向贷款方加收的手续费、管理费、承诺费，以及国内代理机构向贷款方收取的转贷费、担保费和管理费等。

【例 3.5.2】 某建设项目的建设期为 3 年，分年均衡进行贷款，第一年贷款 600 万元，第二年贷款 1200 万元，第三年贷款 800 万元，年利率为 12%，建设期内利息只计息不支付，计算建设期利息。

解：建设期第一年利息 $q_1=\frac{1}{2}\times600\times12\%=36$(万元)

建设期第二年利息 $q_2=\left(600+36+\frac{1}{2}\times1200\right)\times12\%=148.32$(万元)

建设期第三年利息 $q_3=\left(600+36+1200+148.32+\frac{1}{2}\times800\right)\times12\%=286.118$(万元)

建设期利息 $q=q_1+q_2+q_3=36+148.32+286.118=470.438$(万元)

第四章　工程计价方法及依据

第一节　工程计价方法

一、工程计价的方式及区别

工程计价是指按照法律法规和标准等规定的程序、方法和依据，对工程造价及其构成内容进行的预测或确定。具体包括对拟建或已完建设项目及其组成部分进行价格的估计、审核和确定等行为，包括决策与设计阶段投资估算、设计概算、施工图预算的编制与审核，建设工程发承包中招标工程量清单、招标控制价、投标价的编制与审核以及合同价款的约定，项目实施阶段合同价款结算审查、调整、变更、签证等。

工程计价的含义应该从以下三方面进行解释：

（1）工程计价是工程价值的货币形式。工程计价是指按照规定计算程序和方法，用货币的数量表示建设项目（包括拟建、在建和已建的项目）的价值。工程计价是自下而上的分部组合计价，建设项目兼具单件性与多样性的特点，每一个建设项目都需要按业主的特定需求进行单独设计、单独施工，不能批量生产和按整个项目确定价格，只能将整个项目进行分解，划分为可以按有关技术参数测算价格的基本构造要素（或分部、分项工程），并计算出基本构造要素的费用。

（2）工程计价是投资控制的依据。投资计划按照建设工期、工程进度和建设价格等逐年分月制定，正确的投资计划有助于合理有效地使用资金。工程计价的每一次估算对下一次估算都是严格控制的。具体来说，后一次估算不能超过前一次估算的幅度，这种控制是在投资者财务能力限度内为取得既定的投资效益所必需的。工程计价基本确定了建设资金的需要量，从而为筹集资金提供了比较准确的依据。当建设资金来源于金融机构的贷款时，金融机构在对项目的偿贷能力进行评估的基础上，也需要依据工程计价来确定给予投资者的贷款数额。

（3）工程计价是合同价款管理的基础。合同价款是业主依据承包商按图样完成的工程量在历次支付过程中应支付给承包商的款额，是发包人确认后按合同约定的计算方法确定形成的合同约定金额、变更金额、调整金额、索赔金额等各工程款额的总和。合同价款管理的各项内容中始终有工程计价的存在：在签约合同价的形成过程中有招标控制价、投标报价以及签约合同价等计价活动；在工程价款的调整过程中，需要确定调整价款额度，工程计价也贯穿其中；工程价款的支付仍然需要工程计价工作，以确定最终的支付额。

(一)工程计价的方式

1. 概预算计价方式(定额计价方式)

我国长期采用的是根据设计文件和国家统一颁布的计价定额(概算定额或预算定额)及计价指标,对建筑产品的价格进行计价,这里称为工程概预算计价方式。在这种方式下,计价活动主要根据提供的设计文件(特别是其中的图纸)确定建筑产品的价格,一般采用工料机单价进行计价。

2. 清单计价方式

工程量清单的计价是在建设市场建立、发展和完善过程中的产物。随着社会主义市场经济的发展,自 2003 年在全国范围内开始逐步推广建设工程工程量清单计价法,2013 年推出新版建设工程工程量清单计价规范,标志着我国工程量清单计价方法的应用逐渐完善。工程量清单计价相较于以往的计价方式,最大的特点是除了一般的设计文件外,需要根据提供的工程量清单(明确的清单项目、质量标准和数量标准)进行计价,比设计文件具有更好的可读性。建设工程发承包中,使用国有资金的必须采用工程量清单计价,并且必须采用综合单价计价。

3. 其他计价方式

除了以上两种计价方式,发承包双方也可以在合同中约定其他的计价方式。例如,在装修工程中以建筑面积采用全费用单价进行计价;在交通工程中以公里数采用全费用单价进行计价等。

(二)定额计价与清单计价的区别

工程量清单计价,是我国改革现行的工程造价计价方法和招标投标中报价方法与国际通行惯例接轨所采取的一种方式。长期以来我国沿袭苏联工程造价计价模式,建筑工程项目或建筑产品实行“量价合一、固定取费”的政府指令性计价模式即“定额预算计价法”。这种方法按预算定额规定的分部分项子目,逐项计算工程量,套用定额单价(或单位估价表)确定直接费,然后按规定的取费标准计算其他直接费、现场经费、间接费、利润、税金、加上材料价差和适当的不可预见费,经汇总即成为工程预算价,用作标底和投标报价。这种方法呈现出“重复算量、套价、取费、调差”的模式,使本来就千差万别的工程造价,却统一在预算定额体系中;这种方法计算出的标价看起来似乎很准确详细,但其中的弊端也是显而易见的,其表现在:

第一,浪费了大量的人力、物力,各方都在做工程量计算的重复劳动。第二,违背了我国工程造价实行“控制量、指导价、竞争费”的改革原则,与市场经济的要求极不适应。第三,导致业主和承包商没有市场经济风险意识。第四,标底的保密难以保证。第五,不利于施工企业技术的进步和管理水平的提高。

两种计价方式在计价依据、项目设置、单价构成、价差调整、计价程序等方面都存在一定的差异。最核心的区别主要体现在:

(1)项目设置不同。定额计价的项目一般是按施工工序、工艺进行设置的,在具体列项时,可根据设计文件和消耗量定额子目进行列项,其项目包括的工作内容一般是相对单一的。而清单计价的项目一般以一个“综合实体”考虑的,在具体列项时,可根据设计文件和工程量计算规范附录中的清单项目进行列项，其项目一般包括多个子目工作内容，即一个清单项目可能对应多个定额子目。

（2）单价构成不同。定额计价主要采用定额子目的工料单价，定额子目的工料单价综合了每定额单位的人工费、材料费、机具使用费，在具体应用中可以直接套取定额子目价目表，再根据实际情况对要素价格进行调整。清单计价目前主要采用综合单价，其综合了完成一个清单项目所有工作内容的人工费、材料费、机具使用费、管理费和利润，各项费用可由投标人根据企业自身情况和考虑各种风险因素自主确定。

二、工程计价的基本原理

建设项目的单件性与多样性决定了每一个建设项目的建设都需要按业主的特定需要进行单独设计、单独施工，不能批量生产和按整个项目确定价格，只能采用特殊的计价程序和计价方法，即将整个项目进行分解，划分为可以按有关技术经济参数测算价格的基本构造单元（即假定的产品如定额项目、清单项目等），以计算出基本构造单元的费用。一般来说，分解结构层次越多，基本子项也越细，计算也更精确。

任何一个建设项目都可以分解为一个或几个单项工程；任何一个单项工程都是由一个或几个单位工程所组成，作为单位工程的各类建筑工程和安装工程仍然是一个比较复杂的综合实体，还需要进一步分解。就建筑工程来说，又可以按照施工顺序细分为土石方工程、地基处理与边坡支护工程、桩基工程、砌筑工程、混凝土及钢筋混凝土工程、金属结构工程、木结构工程、门窗工程、屋面及防水工程等分部工程。分解成分部工程后，从工程计价的角度，还需要把分部工程按照不同的施工方法、不同的构造及不同的规格，加以更为细致的分解，划分为更为简单细小的部分，即分项工程。分解到分项工程后还可以根据需要进一步划分为定额项目或清单项目，这样就可以得到基本构造单元了。

建筑工程产品定价的基本原理是将最基本的工程项目作为假定产品计算出其工程造价。所谓假定产品是指消耗量定额或工程量清单中所规定的分部分项（子分项）工程。由于这些工程项目与完整的工程项目有本质不同，无独立存在的意义，只是兼职安装工程的一种因素，是为了确定建筑安装单位工程产品价格而分解出的一种假定产品。

确定单位工程建筑产品价格，首先要确定单价假定产品（分部分项或子分项）工程的人工、材料、机械台班消耗指标及管理费、利润指标，再用货币形成计算单位假定产品的价格（综合单价），作为建筑产品计价基础；然后根据设计文件及有关的技术标准、规范计算出假定产品的工程量，再乘以假定产品的价格，然后考虑规费和税金即可得出建筑产品价格。

工程造价计价的主要思路就是将建设项目细分至最基本的构成单位，找到了适当的计量单位及当时当地的单价，就可以采取一定的计价方法，进行分部组合汇总，计算出相应工程造价。工程计价的基本原理就在于项目的分解与组合。

工程计价的基本原理可以用公式的形式表达如下：

$$\text{分部分项工程费} = \sum[\text{基本构造单元工程量(定额项目或清单项目)} \times \text{单价}] \tag{4.1.1}$$

这里的单价可以是工料机单价、综合单价或全费用单价，如为工程量清单计价需要采用综合单价。

（1）工料单价也称概预算单价，包括人工、材料、机械台班费用，是各种人工消耗量、各种材料消耗量、各类机械台班消耗量与其相应单价的乘积。用下式表示：

$$工料单价 = \sum(人材机消耗量 \times 人材机单价) \quad (4.1.2)$$

（2）综合单价包括人工费、材料费、机械台班费，还包括企业管理费、利润和风险因素。综合单价根据国家、地区、行业定额或企业定额消耗量和相应生产要素的市场价格来确定。

根据采用单价的不同，总价的计算程序有所不同。

（1）采用工料机单价时，在工料机单价确定后，乘以相应定额项目工程量并汇总，得出相应定额项目（分部分项工程或措施项目）的人工、机械和机械台班费用合计，再计取管理费和利润得到定额项目（分部分项工程或措施项目）的分部分项工程费（措施项目费），最后计取规费和税金，汇总后形成工程造价。

（2）采用综合单价时，在综合单价确定后，乘以相应项目工程量，经汇总即可得出分部分项工程费，措施项目费和其他项目，在按规定的程序和方法计取规费、税金，各项目费汇总后得出相应工程造价。

（3）采用全费用单价时，在全费用单价确定后，乘以相应项目（分部分项工程、措施项目、其他项目）的工程量，然后汇总即可得到相应工程造价。

三、工程计价的基本程序

（一）工程概预算计价的基本程序

工程概预算计价主要是根据定额项目这一假定建筑安装产品为对象，按照概预算定额项目对拟建项目进行列项，计算工程量，套用概预算定额单价（工料机单价），再考虑定额项目的管理费和税金，即可得到分部分项工程费、措施项目费和其他项目费，然后按规定计算规费和税金，经过汇总即为工程概算价值和工程预算价值。工程概预算计价的基本程序如图 4.1.1 所示。

（二）工程量清单计价的基本程序

工程量清单计价的基本程序首先要根据施工图纸等设计文件编制工程量清单，根据工程量清单采用综合单价计算分部分项工程费、措施项目费和其他项目费，然后计算规费和税金，汇总得到工程造价。工程量清单计价程序如图 4.1.2 所示。

四、工程计价的基本内容及作用

工程计价活动要依据法律、法规、规则、政策、合同、标准等进行。工程计价标准和依据主要是指计价活动的相关规章规程、工程量清单计价和工程量计算规范、工程定额和相关造价信息等。

从现阶段来看，工程定额主要作为国有资金投资工程编制投资估算、设计概算和最高投标限价的依据，对于其他工程，在项目建设前期各阶段可以用于建设投资的预测和估计，在工程建设交易阶段，工程定额可以作为建设产品价格形成的辅助依据。工程量清单计价依据主要适用于合同价格形成以及后续的合同价款管理阶段。计价活动的相关规章规程则根据其具体内容可能适用不同阶段的计价活动。造价信息是计价活动所必需的依据。

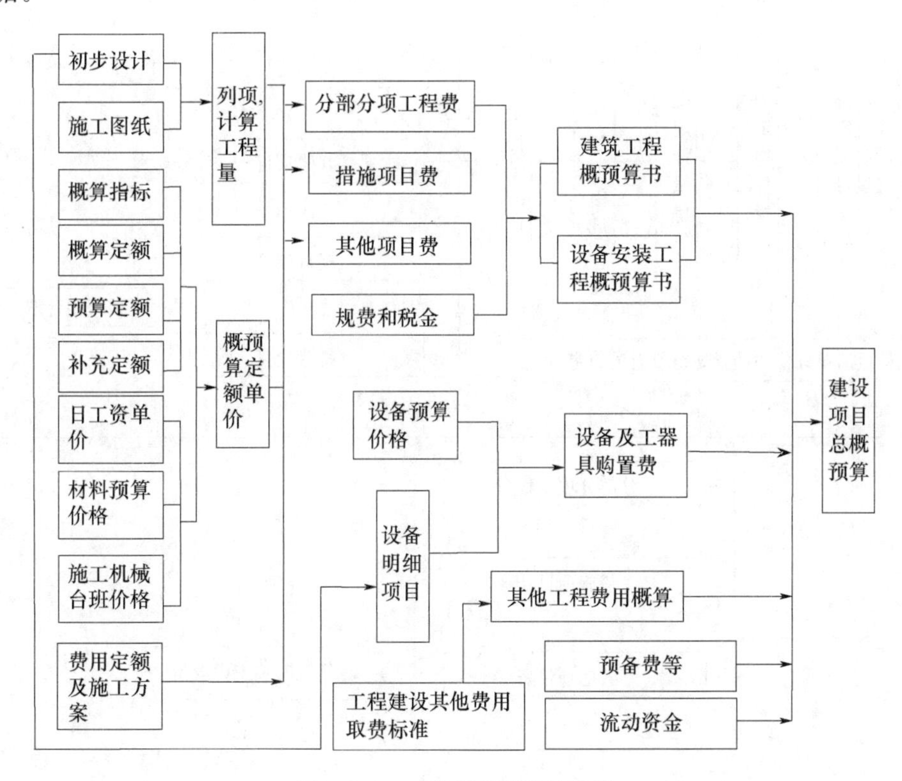

图 4.1.1　工程概预算计价程序

（一）计价活动的相关规章规程

现行计价活动相关的规章规程主要包括国家标准：《工程造价术语标准》（GB/T 50875—2013）、《建筑工程建筑面积计算规范》（GB/T 50353—2013）、《建设工程造价咨询规范》（GB/T 51095—2015）、《建设工程造价鉴定规范》（GB/T 51262—2017）以及中国建设工程造价管理协会标准：建设项目投资估算编审规程、建设项目设计概算编审规程、建设项目施工图预算编审规程、建设工程招标控制价编审规程、建设项目工程结算编审规程、建设项目工程竣工决算编制规程、建设项目全过程造价咨询规程、建设工程造价咨询成果文件质量标准、建设工程造价咨询工期标准等。

（二）工程量清单计价与工程量计算规范

工程量清单计价与工程量计算规范由《建设工程工程量清单计价规范》（GB 50500—2013）、《房屋建筑与装饰工程工程量计算规范》（GB 50854—2013）、《仿古建筑工程工程量计算规范》（GB 50855—2013）、《通用安装工程工程量计算规范》（GB 50856—2013）、《市政工程工程量计算规范》（GB 50857—2013）、《园林绿化工程工程量计算规范》（GB 50858—2013）、《矿山工程工程量计算规范》（GB 50859—2013）、《构筑物工程工程量计算规范》(GB 50860—2013)、《城市轨道交通工程工程量计算规范》(GB 50861—2013)、《爆破工程工程量计算规范》(GB 50862—2013)等组成。

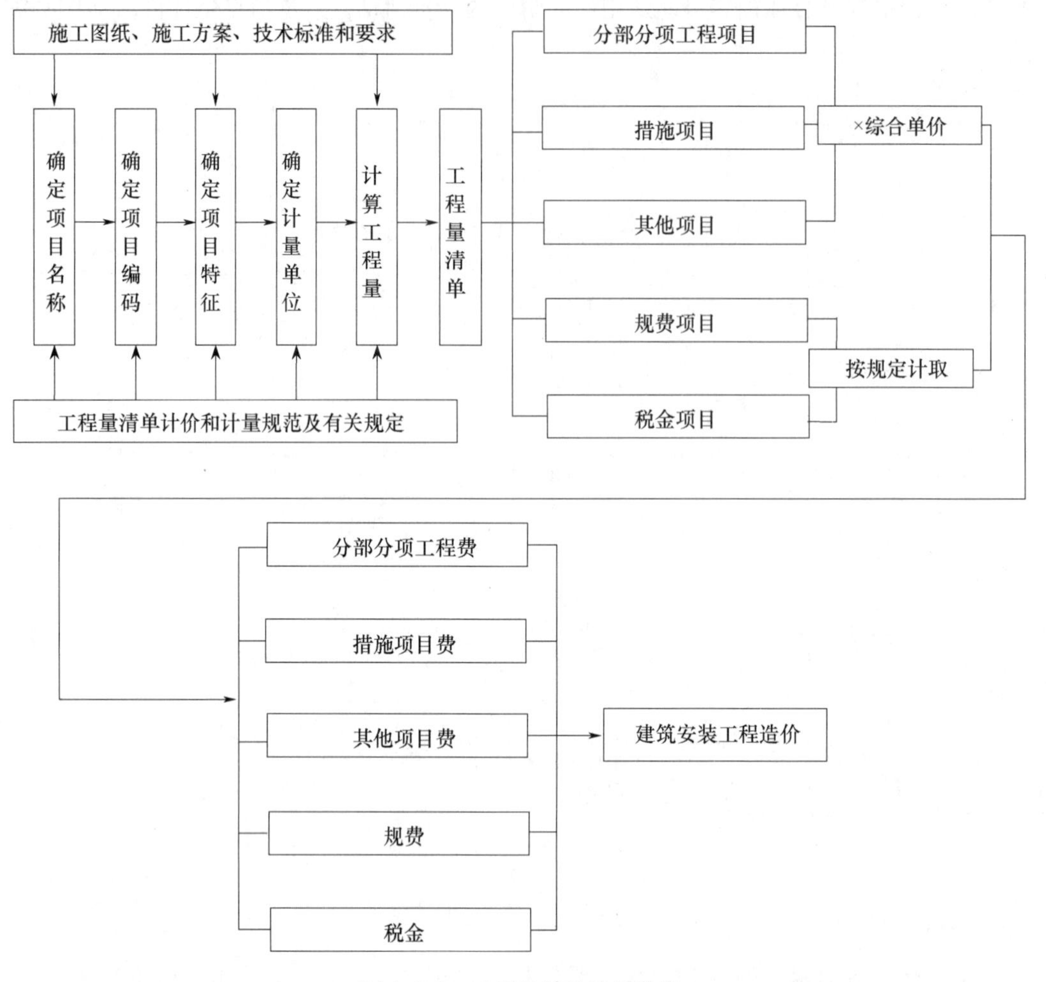

图 4.1.2　工程量清单计价程序

(三) 工程定额

工程定额主要指国家、地方或行业主管部门制定的各种定额，包括工程消耗量定额和工程计价定额等。工程消耗量定额主要是指完成规定计量单位的合格建筑安装产品所消耗的人工、材料、施工机具台班的数量标准。工程计价定额是指直接用于工程计价的定额或指标，以及取费标准等，包括预算定额、概算定额、概算指标和投资估算指标及相关的取费标准等。此外，部分地区和行业造价管理部门还会颁布工期定额，工期定额是指在正常的施工技术和组织条件下，完成建设项目和各类工程建设投资费用的计价依据。

(四) 工程造价信息

工程造价信息是指工程造价管理机构发布的建设工程人工、材料、工程设备、施工机具的价格信息，以及各类工程的造价指数、指标等。

第二节　工程量清单计价与工程量计算规范

一、工程量清单计价与工程量计算规范概述

工程量清单计价与工程量计算规范是计价活动中最主要的依据之一，由《建设工程工程量清单计价规范》（GB 50500—2013）、《房屋建筑与装饰工程工程量计算规范》（GB 50854—2013）、《仿古建筑工程工程量计算规范》（GB 50855—2013）、《通用安装工程工程量计算规范》（GB 50856—2013）、《市政工程工程量计算规范》（GB 50857—2013）、《园林绿化工程工程量计算规范》（GB 50858—2013）、《矿山工程工程量计算规范》（GB 50859—2013）、《构筑物工程工程量计算规范》（GB 50860—2013）、《城市轨道交通工程工程量计算规范》（GB 50861—2013）、《爆破工程工程量计算规范》（GB 50862—2013）等组成。

《建设工程工程量清单计价规范》（GB 50500—2013）（以下简称"计价规范"）包括总则、术语、一般规定、工程量清单编制、招标控制价、投标报价、合同价款约定、工程计量、合同价款调整、合同价款期中支付、竣工结算与支付、合同解除的价款结算与支付、合同价款争议的解决、工程造价鉴定、工程计价资料与档案、工程计价表格及11个附录。

各专业工程量计算规范包括总则、术语、工程计量、工程量清单编制和附录。

（一）工程量清单计价的适用范围

清单计价规范适用于建设工程发承包及其实施阶段的计价活动。使用国有资金投资的建设工程发承包，必须采用工程量清单计价；非国有资金投资的建设工程，宜采用工程量清单计价；不采用工程量清单计价的建设工程，应执行计价规范中除工程量清单等专门性规定外的其他规定。

国有资金投资的项目包括全部使用国有资金（含国家融资资金）投资或国有资金投资为主的工程建设项目。

（1）国有资金投资的工程建设项目包括：

1）使用各级财政预算资金的项目；

2）使用纳入财政管理的各种政府性专项建设资金的项目；

3）使用国有企事业单位自有资金，并且国有资产投资者实际拥有控制权的项目。

（2）国家融资资金投资的工程建设项目包括：

1）使用国家发行债券所筹资金的项目；

2）使用国家对外借款或者担保所筹资金的项目；

3）使用国家政策性贷款的项目；

4）国家授权投资主体融资的项目；

5）国家特许的融资项目。

（3）国有资金（含国家融资资金）为主的工程建设项目是指国有资金占投资总额50％以上，或虽不足50％但国有投资者实质上拥有控股权的工程建设项目。

（二）工程量清单计价的作用

1. 提供一个平等的竞争条件

采用施工图预算来投标报价，由于设计图纸的缺陷，不同施工企业的人员理解不一，计算出的工程量也不同，报价就更不同，也容易产生纠纷。而工程量清单报价就为投标者提供了一个平等竞争的条件，相同的工程量，由企业根据自身的实力来填报不同的单价。投标人的这种自主报价，使得企业的优势体现到投标报价中，可在一定程度上规范建筑市场秩序，确保工程质量。

2. 满足市场经济条件下竞争的需要

招投标过程就是竞争的过程，招标人提供工程量清单，投标人根据自身情况确定综合单价，利用单价与工程量逐项计算每个项目的合价，再分别填入工程量清单表内，计算出投标总价。单价成了决定性的因素，定高了不能中标，定低了又要承担过大的风险。单价的高低直接取决于企业管理水平和技术水平的高低，这种局面促成了企业整体实力的竞争，有利于我国建设市场的快速发展。

3. 有利于提高工程计价效率，能真正实现快速报价

采用工程量清单计价方式，避免了传统计价方式下招标人与投标人之间的在工程量计算上的重复工作，各投标人以招标人提供的工程量清单为统一平台，结合自身的管理水平和施工方案进行报价，促进了各投标人企业定额的完善和工程造价信息的积累和整理，体现了现代工程建设中快速报价的要求。

4. 有利于工程款的拨付和工程造价的最终结算

中标后，业主要与中标单位签订施工合同，中标价就是确定合同价的基础，投标清单上的单价就成了拨付工程款的依据。业主根据施工企业完成的工程量，可以很容易地确定进度款的拨付额。工程竣工后，根据设计变更、工程量增减等，业主也很容易确定工程的最终造价，可在某种程度上减少业主与施工单位之间的纠纷。

5. 有利于业主对投资的控制

采用现在的施工图预算形式，业主对因设计变更、工程量的增减所引起的工程造价变化不敏感，往往等到竣工结算时才知道这些变化对项目投资的影响有多大，但此时常常是为时已晚。而采用工程量清单报价的方式则可对投资变化一目了然，在要进行设计变更时，能马上知道它对工程造价的影响，业主就能根据投资情况来决定是否变更或进行方案比较，以决定最恰当的处理方法。

二、分部分项工程项目清单

分部分项工程是“分部工程”和“分项工程”的总称。“分部工程”是单位工程的组成部分，是按结构部位、路段长度及施工特点或施工任务将单位工程划分为若干分部的工程。例如，砌筑工程分为砖砌体、砌块砌体、石砌体、垫层分部工程。“分项工程”是分部工程的组成部分，是按不同施工方法、材料、工序及路段长度等分部工程划分为若干个分项或项目的工程。例如，砖砌体分为砖基础、砖砌挖孔桩护壁、实心砖墙、多孔砖墙、空心砖墙、空斗墙、空花墙、填充墙、实心砖柱、多孔砖柱、砖检查井、零星砌砖、砖散水、砖地坪、砖地沟、砖明沟等分项工程。

分部分项工程项目清单必须载明项目编码、项目名称、项目特征、计量单位和工程量。分部分项工程项目清单必须根据各专业工程工程量计算规范规定的项目编码、项目名称、项目特征、计量单位和工程量计算规则进行编制。其格式如表 4.2.1 所示，在分部分项工程项目清单的编制过程中，由招标人负责前六项内容填列，金额部分在编制招标控制价或投标报价时填列。

表 4.2.1　分部分项工程和单价措施项目清单与计价表

工程名称：　　　　　　　　　　　　标段：　　　　　　　　　　　　第　页　共　页

序号	项目编码	项目名称	项目特征描述	计量单位	工程量	金额		
						综合单价	合计	其中：暂估价

注：为计取规费等的使用，可在表中增设“定额人工费”。

（一）项目编码

（1）项目编码是分部分项工程和措施项目清单名称的阿拉伯数字标识。

（2）清单项目编码以五级编码设置，用十二位阿拉伯数字表示。一、二、三、四级编码为全国统一，即一至九位应按国家计算规范和上海市补充计算规则的规定设置；第五级即十至十二位为清单项目编码，应根据拟建工程的工程量清单项目名称设置，不得有重号，这三位清单项目编码由招标人针对招标工程项目具体编制，并应自 001 起顺序编制。

各级编码代表的含义如下：

① 第一级表示工程分类顺序码（分两位）；

② 第二级表示专业工程顺序码（分两位）；

③ 第三级表示分部工程顺序码（分两位）；

④ 第四级表示分项工程项目名称顺序码（分三位）；

⑤ 第五级表示工程量清单项目名称顺序码（分三位）。

项目编码结构如图 4.2.1 所示（以房屋建筑与装饰工程为例）。

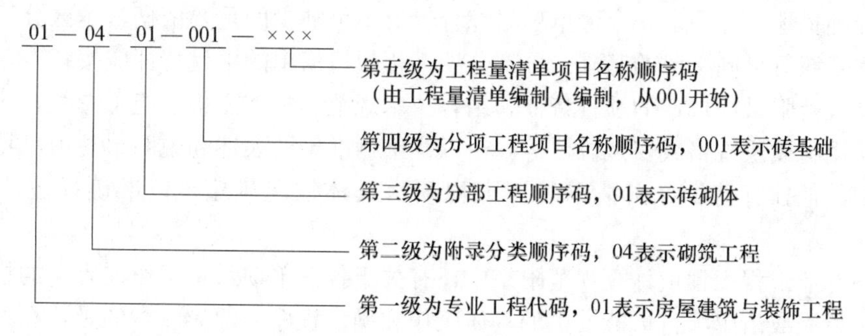

图 4.2.1　工程量清单项目编码结构

当同一标段（或合同段）的一份工程量清单中含有多个单位工程且工程量清单是以单工程为编制对象时，在编制工程量清单时应特别注意对项目编码十至十二位的设置不得有重号的规定。例如，一个标段（或合同段）的工程量清单中含有三个单位工程，每一单位工程中都有项目特征相同的实心砖墙砌体，在工程量清单中又需反映三个不同单位工程的实心砖墙砌体工程量时，则第一个单位工程的实心砖墙的项目编码应为010401003001，第二个单位工程的实心砖墙的项目编码应为010401003002，第三个单位工程的实心砖墙的项目编码应为010401003003，并分别列出各单位工程实心砖墙的工程量。

（3）若编制工程量清单时出现国家计算规范和上海市补充计算规则未规定的项目，编制人应做补充，并报上海市工程造价管理部门备案。

① 补充项目的编码由各专业代码（0×）与B和三位阿拉伯数字组成，并应从0×B001其顺序编制，同一招标工程的项目不得重码，如房屋建筑和装饰工程的第一项补充项目编码为01bB001，以此类推。

② 补充的工程量清单需附有补充的项目名称、项目特征、计量单位、工程量计算规则、工作内容。不能计量的措施项目，需附有补充的项目名称、工作内容及包含范围。

（4）上海市补充计算规则中的项目编码应由“沪”和九位编码组成。

（二）项目名称

分部分项工程项目清单的项目名称应按各专业工程量计算规范附录的项目名称结合拟建工程的实际确定。附录表中的“项目名称”为分项工程项目名称，是形成分部分项工程项目清单项目名称的基础。在编制分部分项工程项目清单时，以附录中的分项工程项目名称为基础，综合考虑该项目的规格、型号、材质等特征要求，结合拟建工程的实际情况，使其工程量清单项目名称具体化、细化，以反映影响工程造价的主要因素。例如，“墙面一般抹灰”这一分项工程在形成分部分项工程项目名称时可以细化为“外墙面抹灰”“内墙面抹灰”等。清单项目名称应表达详细、准确，各专业工程量计算规范中的分项工程项目名称如有缺陷，招标人可作补充，并报上海市工程造价管理机构备案。

（三）项目特征

项目特征是构成分部分项工程项目、措施项目自身价值的本质特征。项目特征是对项目的准确描述，是确定一个清单项目综合单价不可缺少的重要依据，是区分清单项目的依据，是履行合同义务的基础。分部分项工程项目清单的项目特征应按各专业工程工程量计算规范附录中规定的项目特征，结合技术规范、标准图集、施工图纸，按照工程结构、使用材质及规格或安装位置等，予以详细而准确的表述和说明。凡项目特征中未描述到的其他独有特征，由清单编制人视项目具体情况确定，以准确描述清单项目为准。

在各专业工程工程量计算规范附录中还有关于各清单项目“工作内容”的描述。工作内容是指完成清单项目可能发生的具体工作和操作程序，但应注意的是，在编制分部分项工程项目清单时，工作内容通常无须描述，因为在工程量计算规范中，工程量清单项目与工程量计算规则、工程内容有一一对应关系，当采用工程量计算规范这一标准时，工作内容均有规定。

（四）计量单位

工程量清单的计量单位应按国家计算规范和上海市补充计算规则中规定的计量单位

确定。计量单位应采用基本单位，除各专业另有特殊规定外均按以下单位计量：

（1）以质量计算的项目——吨或千克（t或kg）；

（2）以体积计算的项目——立方米（m^3）；

（3）以面积计算的项目——平方米（m^2）；

（4）以长度计算的项目——米（m）；

（5）以自然计量单位计算的项目——个、套、块、樘、组、台…

（6）没有具体数量的项目——宗、项……

各专业有特殊计量单位的，另外加以说明，当计量单位有两个或两个以上时，应根据所编工程量清单项目的特征要求，选择最适宜表现该项目特征并方便计量的单位。

计量单位的有效位数应遵守下列规定：

（1）以“t”为单位，应保留三位小数，第四位小数四舍五入。

（2）以“m^3”“m^2”“m”“kg”为单位，应保留两位小数，第三位小数四舍五入。

（3）以“个”“项”等为单位，应取整数。

（4）没有具体数量的项目应取整数。

各专业有特殊计量单位的，另外加以说明，当计量单位有两个或两个以上时，应根据所编工程量清单项目的特征要求，选择最适宜表现该项目特征并方便计量的单位，在同一个建设项目（或标段、合同段）中有多个单位工程的相同项目计量单位必须保持一致。如010506001直形楼梯其工程量计量单位可以为“m^3”也可以为“m^2”，由于工程量计算手段的进步，对于混凝土楼梯其体积也是很容易计算的，在工程量计算规范中增加了以“m^3”为单位计算，可以根据实际情况进行选择，但一旦选定必须保持一致。

（五）工程量

工程量清单中所列工程量应按国家计算规范［《房屋建筑与装饰工程工程量计算规范》（GB 50854—2013）］和上海市补充计算规则中规定的工程量计算规则计算。工程量主要通过工程量计算规则计算得到。工程量计算规则是对清单项目工程量的计算规定。除另有说明外，所有清单项目的工程量应以实体工程量为准，并以完成后的净值计算。投标人投标报价时，应在单价中考虑施工中的各种损耗和需要增加的工程量。

三、措施项目清单

（一）措施项目

措施项目是指完成工程项目施工，发生于该工程施工准备和施工过程中的技术、生活、安全、环境等方面的项目。

（二）措施项目清单

《建设工程工程量清单计价规范》（GB 50500—2013）中，将措施项目分为总价措施项目（整体措施项目）和单价措施项目（单项措施项目）两部分。

总价措施项目费通常被称为“施工组织措施费”，是指措施项目中不能计量的且以清单形式列出的项目费用，主要包括安全文明措施费（环境保护费、文明施工费、安全施工费、临时设施费)、夜间施工增加费、非夜间施工增加费、二次搬运费、冬雨（风）季施工增加费，以及地上、地下设施，建筑物的临时保护设施，已完工程及设备保护费等。其中安全文明施工费是指在合同履行过程中，承包人按照国家法律、法规、标准等规定，为保证安全施工、文明施工，保护现场内外环境和搭拆临时设施等所采取的措施而发生的费用。并且作为强制性规定，安全文明施工费必须按国家或省级、行业建设主管部门的规定计算，不得作为竞争性费用。总价措施项目列出项目编码、项目名称，未列出项目特征、计量单位和工程量计算规则等项目，编制工程量清单时，应按规范中措施项目中规定的项目编码、项目名称确定，一般可以“项”为单位确定工程内容及相关金额。总价措施项目清单与计价表，见表 4.2.2。

表 4.2.2　总价措施项目清单与计价表

工程名称：　　　　　　　　　　　　　　　标段：　　　　　　　　　　　　　　　第　页　共　页

序号	项目编码	项目名称	计算基础	费率（%）	金额（元）	调整费率（%）	调整后金额（元）	备注
		安全文明施工						
		夜间施工增加费						
		二次搬运费						
		冬雨季施工增加费						
		已完工程及设备保护费						
		……						
合计								

编制人（造价人员）：　　　　　　　　　　　　　　复核人（造价工程师）：

单价措施项目费通常被称为“施工技术措施费”，是指措施项目中计量的且以清单形式列出的项目费用。单位措施项目在工程量计算规范中列出了项目编码、项目名称、项目特点、计量单位、工程量计算规则等内容，编制工程量清单时，与分部分项工程项目的相关规定一致。其主要包括脚手架工程费、混凝土模板及支架（承）费、垂直运输费、超高施工增加费、大型机械设备进出场及安拆费，以及施工排水、降水费等。

（三）措施项目清单的编制依据

措施项目清单的编制需考虑多种因素，除工程本身的因素外，还涉及水文、气象、环境、安全等因素。措施项目清单应根据拟建工程的实际情况列项。若出现工程量计算规范中未列的项目，可根据工程实际情况补充。

措施项目清单的编制依据主要有：

（1）施工现场情况、地勘水文资料、工程特点；

（2）常规施工方案；

（3）与建设工程有关的标准、规范、技术资料；

（4）拟定的招标文件；

（5）建设工程设计文件及相关资料。

四、其他项目清单

其他项目清单是指分部分项工程项目清单、措施项目清单所包含的内容以外，因招标人的特殊要求而发生的与拟建工程有关的其他费用项目和相应数量的清单。工程建设标准的高低、工程的复杂程度、工程的工期长短、工程的组成内容、发包人对工程管理的要求等都直接影响其他项目清单的具体内容。其他项目清单包括暂列金额；暂估价（包括材料暂估单价、工程设备暂估单价、专业工程暂估价）；计日工；总承包服务费。其他项目清单宜按照表 4.2.3 的格式编制，出现未包含在表格中内容的项目，可根据工程实际情况补充。

表 4.2.3　其他项目清单与计价汇总表

工程名称：　　　　　　　　　　　　　　标段：　　　　　　　　　　　　　　第　页　共　页

序号	项目名称	金额（元）	结算金额（元）	备注
1	暂列金额			明细详见表 4.2.4
2	暂估价			
2.1	材料（工程设备）暂估价/结算价	—		明细详见表 4.2.5
2.2	专业工程暂估价/结算价			明细详见表 4.2.6
3	计日工			明细详见表 4.2.7
4	总承包服务费			明细详见表 4.2.8
合计				—

注：材料（工程设备）暂估单价进入清单项目综合单价，此处不汇总。

（一）暂列金额

暂列金额是招标人在工程量清单中暂定并包括在合同价款中的一笔款项。用于工程合同签订时尚未确定或者不可预见的所需材料、工程设备、服务的采购，施工中可能发生的工程变更、合同约定调整因素出现时的合同价款调整，以及发生的索赔、现场签证确认等的费用。不管采用何种合同形式，其理想的标准是，一份合同的价格就是其最终的竣工结算价格，或者至少两者应尽可能接近。我国规定对政府投资工程实行概算管理，经项目审批部门批复的设计概算是工程投资控制的刚性指标，即使商业性开发项目也有成本的预先控制问题；否则，无法相对准确预测投资的收益和科学合理地进行投资控制。但工程建设自身的特性决定了工程的设计需要根据工程进展不断地进行优化和调整，业主需求可能会随工程建设进展出现变化，工程建设过程还会存在一些不能预见、不能确定的因素。消化这些因素必然会影响合同价格的调整，暂列金额正是因这类不可避免的价格调整而设立，以便达到合理确定和有效控制工程造价的目标。设立暂列金额并不能保证合同结算价格就不会再出现超过合同价格的情况，是否超出合同价格完全取决于工程量清单编制人对暂列金额预测的准确性，以及工程建设过程是否出现了其他事先未预测到的事件。

暂列金额应根据工程特点，按有关计价规定估算。暂列金额可按照表 4.2.4 的格式列示。

表 4.2.4 暂列金额明细表

工程名称： 标段： 第 页 共 页

序号	项目名称	计量单位	暂定金额（元）	备注
1				
2				
3				

注：此表由招标人填写，如不能详列，也可只列暂定金额总额，投标人应将上述暂列金额计入投标总价中。

（二）暂估价

暂估价是指招标人在工程量清单中提供的用于支付必然发生但暂时不能确定价格的材料、工程设备的单价以及专业工程的金额，包括材料暂估单价、工程设备暂估单价和专业工程暂估价；暂估价类似 FIDIC 合同条款中的 Prime Cost Items，在招标阶段预见肯定要发生，只是因为标准不明确或者需要由专业承包人完成，暂时无法确定价格。暂估价数量和拟用项目应当结合工程量清单中的"暂估价表"予以补充说明。为方便合同管理，需要纳入分部分项工程项目清单综合单价中的暂估价应只是材料、工程设备暂估单价，以方便投标人组价。

专业工程的暂估价一般应是综合暂估价，包括人工费、材料费、施工机具使用费、企业管理费和利润，不包括规费和税金。总承包招标时，专业工程设计深度往往是不够的，一般需要交由专业设计人员设计，在国际社会，出于对提高可建造性的考虑，一般由专业承包人负责设计，以发挥其专业技能和专业施工经验的优势。这类专业工程交由专业分包人完成在国际工程施工中有良好实践，目前在我国工程建设领域也已经比较普遍。公开透明地合理确定这类暂估价的实际金额的最佳途径，就是通过施工总承包人与工程建设项目招标人共同组织的招标。

暂估价中的材料、工程设备暂估单价应根据工程造价信息或参照市场价格估算，列出明细表；专业工程暂估价应分不同专业，按有关计价规定估算，列出明细表。暂估价可按照表 4.2.5、表 4.2.6 的格式列示。

表 4.2.5 材料（工程设备）暂估单价及调整表

工程名称： 标段： 第 页 共 页

序号	材料（工程设备）名称、规格、型号	计量单位	数量		暂估（元）		确认（元）		差额±（元）		备注
			暂估	确认	单价	合价	单价	合价	单价	合价	
	合计										

注：此表由招标人填写"暂估单价"，并在备注栏说明暂估价的材料、工程设备拟用在哪些清单项目上，投标人应将上述材料、工程设备暂估价计入工程量清单综合单价报价中。

表 4.2.6　专业工程暂估价及结算价表

工程名称：　　　　　　　　　　　　　　标段：　　　　　　　　　　　　　　第　页　共　页

序号	工程名称	工程内容	暂估金额（元）	结算金额（元）	差额±（元）	备注
合计						

注：此表“暂估金额”由招标人填写，投标人应将“暂估金额”计入投标总价中。结算时按合同约定结算金额填写。

（三）计日工

计日工是指在施工过程中，承包人完成发包人提出的工程合同范围以外的零星项目或工作，按合同中约定的单价计价的一种方式。

计日工应列出项目名称、计量单位和暂估数量，其中计日工种类和暂估数量应尽可能贴近实际。计日工综合单价均不包括规费和税金，其中：

（1）劳务单价应当包括人工工资、交通费用、各种补贴、劳动安全防护、个人应缴纳的社保费用、手提手动和电动工器具、施工场地内已经搭设的脚手架、水电和低值易耗品费用、现场管理费用、企业管理费和利润。

（2）材料价格包括材料运到现场的价格以及现场搬运、仓储、二次搬运、损耗、保险、企业管理费和利润。

（3）施工机械限于在施工场地（现场）的机械设备，其价格包括租赁或折旧、维修、维护和燃料等消耗品以及操作人员费用，包括承包人企业管理和利润。

（4）辅助人员按劳务价格另计。

计日工可按照表 4.2.7 的格式列示。

表 4.2.7　计日工表

工程名称：　　　　　　　　　　　　　　标段：　　　　　　　　　　　　　　第　页　共　页

编号	项目名称	单位	暂定数量	实际数量	综合单价（元）	合价（元）	
						暂定	实际
一	人工						
1							
2							
…							
人工小计							
二							
1							
2							
…							
材料小计							

续表

编号	项目名称	单位	暂定数量	实际数量	综合单价（元）	合价（元）	
						暂定	实际
三							
1							
2							
…							
施工机具小计							
四、企业管理费和利润							
合计							

注：此表项目名称、暂定数量由招标人填写，编制招标控制价时，单价由招标人按有关计价规定确定；投标时，单价由投标人自主报价，按暂定数量计算合价计入投标总价中。结算时，按发承包双方确认的实际数量计算合价。

（四）总承包服务费

总承包服务费是指总承包人为配合协调发包人进行的专业工程发包，对发包人自行采购的材料、工程设备等进行保管以及施工现场管理、竣工资料汇总整理等服务所需的费用。

总承包服务费应列出服务项目及其内容等。总承包服务费按照表 4.2.8 的格式列示。

表 4.2.8　总承包服务费计价表

工程名称：　　　　标段：　　　　第　页　共　页

序号	项目名称	项目价值（元）	服务内容	计算基础	费率（%）	金额（元）
1	发包人发包专业工程					
2	发包人提供材料					
…						
	合计	—	—		—	

注：此表项目名称、服务内容由招标人填写，编制招标控制价时，费率及金额由招标人按有关计价规定确定；投标时，费率及金额由投标人自主报价，计入投标总价中。

五、规费、税金项目清单

规费项目清单应按照下列内容列项：社会保险费，包括养老保险费、失业保险费、医疗保险费、工伤保险费、生育保险费；住房公积金，出现计价规范中未列的项目，应根据省级政府或省级有关权力部门的规定列项。

税金项目清单应包括增值税。出现计价规范未列的项目，应根据税务部门的规定列项。

规费、税金项目计价表如表 4.2.9 所示。

表 4.2.9　规费、税金项目计价表

工程名称：　　　　　　　　　　　　　　　标段：　　　　　　　　　　　　　　　第　页 共　页

序号	项目名称	计算基础	计算基数	费率（%）	金额（元）
1	规费	计算基数			
1.1	社会保险费	计算基数			
(1)	养老保险费	计算基数			
(2)	失业保险费	计算基数			
(3)	医疗保险费	计算基数			
(4)	工伤保险费	计算基数			
(5)	生育保险费	计算基数			
1.2	住房公积金	计算基数			
2	税金（增值费）	分部分项工程费、措施项目费、其他项目费、规费之和为基数			
		合计			

编制人（造价人员）：　　　　　　　　　　　　　复核人（造价工程师）：

第三节　建设工程定额

一、工程定额体系

工程定额是指在正常的施工条件下完成规定计量单位的合格建筑安装工程所消耗的人工、材料、施工机械台班、工期天数及相关费率等的数量标准。

在工程建设领域，我国形成了较为完善的工程定额体系。工程定额作为独具中国特色的工程计价依据是我国工程管理的宝贵财富和基础数据积累。从本质看，工程定额是经过标准化的各类工程数据库（各类消耗量指标、费用指标等），随着 BIM 等信息技术的发展必将推进定额的编制、管理等体制改革，完善定额体系，提高定额的科学性和实效性。

目前，我国已形成涵盖国家、行业、地方各类定额、估概算指标 1600 多册，见图 4.3.1。

（一）工程定额分类

工程定额是工程建设中各类定额的总称。它包括许多种类的定额。为了对工程定额能有一个全面的了解，可以按照不同的原则和方法对它进行科学的分类。

1. 按定额反映的生产要素分类

可以把工程定额划分为劳动定额、材料消耗定额和机械台班消耗定额三种。

（1）劳动定额。劳动定额也称为人工定额，是指完成一定数量的合格产品规定的活劳动消耗的数量标准。劳动定额的表现形式有时间定额和产量定额。时间定额与产量定额互为倒数。

（2）材料消耗定额。材料消耗定额简称材料定额，是指完成一定合格产品所需消耗材料的数量标准。材料，是工程建设中使用的原材料、成品、半成品、构配件、燃料以及水、电等动力资源的统称。材料作为劳动对象构成工程的实体，需用数量很大，种类很多。所以材料消耗量是多少，消耗是否合理，不仅关系资源的有效利用，影响市场供求状况，而且对建设工程的项目投资、建筑产品的成本控制都有着决定性的影响。

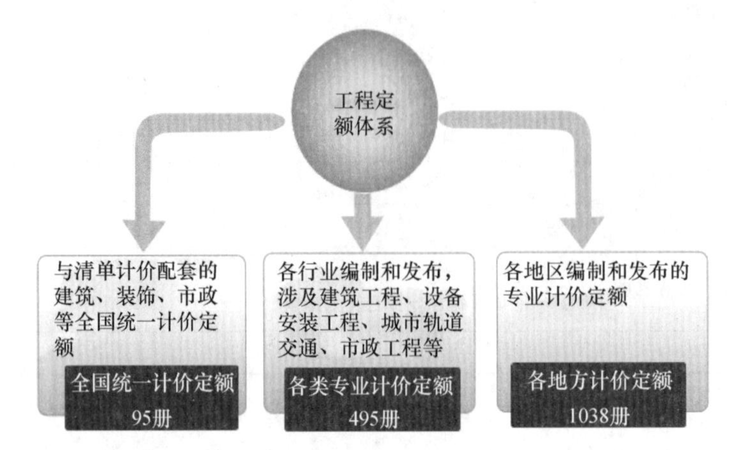

图 4.3.1　现阶段工程定额体系

（3）机械台班消耗定额。我国机械台班消耗定额是以一台机械一个工作班为计量单位，所以又称为机械台班定额。机械消耗定额是指为完成一定合格产品（工程实体或劳务）所规定的施工机械消耗的数量标准。机械消耗定额主要有两种表现形式为机械时间定额和产量定额。

2. 按定额的编制程序和用途分类

可以把工程建设定额分为施工定额、预算定额、概算定额、概算指标、投资估算指标等。

（1）施工定额。施工定额是以同一性质的施工过程——工序，作为研究对象，表示生产产品数量与生产要素消耗综合关系编制的定额。施工定额是施工企业组织生产和加强管理在企业内部使用的一种定额，属于企业定额的性质。为了适应组织生产和管理的需要，施工定额的项目划分很细，是工程建设定额中分项最细、定额子目最多的一种定额，也是工程定额中的基础性定额。

施工定额本身由劳动定额、机械定额和材料定额三个相对独立的部分组成，主要直接用于工程的施工管理，作为编制工程施工组织设计、施工预算、施工作业计划、签发施工任务单、限额领料卡及结算计件工资或计量奖励工资等用。它同时也是编制预算定额的基础。

（2）预算定额。预算定额是在正常的施工条件下，完成一定计量单位合格分项工程和结构构件所需消耗的人工、材料、施工机械台班数量及其费用标准。预算定额是一种计价性定额，基本反映完成分项工程或结构构件的人、材、机消耗量及其相应费用，以施工定额为基础综合扩大编制而成，主要用于施工图预算的编制，也可用于工程量清单计价，是施工发承包阶段工程计价的基础。

（3）概算定额。概算定额是以扩大的分部分项工程为对象编制的，计算和确定该工程项目的劳动、机械台班、材料消耗量所使用的定额，同时它也列有工程费用，也是一种计价性定额。概算定额是编制扩大初步设计概算、确定建设项目投资额的依据。概算定额的项目划分粗细，与扩大初步设计的深度相适应，一般是在预算定额的基础上综合扩大而成的，每一综合分项概算定额都包含了数项预算定额。

（4）概算指标。概算指标是概算定额的扩大与合并，是以整个建筑物和构筑物为对象，以更为扩大的计量单位来编制的。概算指标的内容包括劳动、机械台班、材料定额三个基本部分，同时还列出了各结构分部的工程量及单位建筑工程（以体积计或面积计）的造价，是一种计价定额。为了增加概算指标的适用性，也以房屋或构筑物的扩大的分部工程或结构构件为对象编制，称为扩大结构定额。

（5）投资估算指标。它是在项目建议书和可行性研究阶段编制投资估算、计算投资需要量时使用的一种定额。它非常概略，往往以独立的单项工程或完整的工程项目为计算对象，编制内容是所有项目费用之和。它的概略程度与可行性研究阶段相适应。投资估算指标往往根据历史的预、结算资料和价格变动等资料编制，但其编制基础仍然离不开预算定额、概算定额。

3. 按照投资的费用性质分类

可以把工程定额划分为建筑工程定额、设备安装工程定额、建筑安装工程费用定额和工程建设其他费用定额等。

（1）建筑工程定额

建筑工程定额按专业对象分为建筑及装饰工程定额、房屋修缮工程定额、市政工程定额、铁路工程定额、公路工程定额、矿山井巷工程定额等。

（2）设备安装工程定额

设备安装工程定额按专业对象分为电气设备安装工程定额、机械设备安装工程定额、热力设备安装工程定额、通信设备安装工程定额、化学工业设备安装工程定额、工业管道安装工程定额、工艺金属结构安装工程定额等。

（3）建筑安装工程费用定额

建筑安装工程费用定额是指与建筑安装施工生产的个别产品无关，而为企业生产全部产品所必需，为维持企业的经营管理活动所必须发生的各项费用开支的费用消耗标准。如措施费、管理费等取费费率。

（4）工程建设其他费用定额

工程建设其他费用定额是独立于建筑安装工程、设备和工器具购置之外的其他费用开支的标准。工程建设的其他费用的发生和整个项目的建设密切相关。

4. 按编制单位和管理权限分类

可以把工程定额划分为全国统一定额、行业定额、地区统一定额、企业定额及补充定额等。

（1）全国统一定额

全国统一定额是由国家建设行政主管部门根据全国各专业工程的生产技术与组织管理情况而编制的、在全国范围内执行的定额。

(2) 行业定额

按照国家定额分工管理的规定，由各行业部门根据本行业情况编制的、只在本行业和相同专业性质使用的定额。

(3) 地区统一定额

按照国家定额分工管理的规定，由各省、直辖市、自治区建设行政主管部门根据本地区情况编制的、在其管辖的行政区域内执行的定额。

(4) 企业定额

企业定额，是指施工企业根据本企业的施工技术和管理水平，以及有关工程造价资料制定的，供本企业使用的人工、材料和机械预算定额。企业定额是企业进行内部管理和投标报价的依据。企业定额水平一般应高于国家或地区现行定额，才能满足生产技术发展、企业管理和市场竞争的需要。

(5) 补充定额

当现行定额项目不能满足生产需要时，根据现场实际情况一次性补充定额，并报当地造价管理部门批准或备案。

(二) 工程定额消耗量确定方法

工程定额的核心内容就是要解决人工、材料及机具台班的消耗量指标。可以通过编制基础定额确定相应的消耗量，基础定额一般由劳动（人工）定额、材料消耗量定额、机具台班定额组成。其中，劳动定额确定了人工的消耗量，材料消耗量定额确定了材料的消耗量，机具台班定额确定了机具的消耗量。

1. 人工定额消耗量的确定

(1) 劳动定额的形式

劳动定额也称定额，反映的是人工的消耗标准。按其表现形式分为时间定额和产量定额，时间定额与产量定额互为例数。

① 时间定额也称工时定额，是指在一定的施工技术和组织条件下，完成单位合格产品或施工作业过程所需消耗工作时间的数量标准。时间定额包括准备与结束工作时间、基本工作时间、辅助工作时间、不可避免的中断时间及必需的休息时间等。

时间定额一般单位以“工日”表示。一个工日表示一个工人工作一个工作班，每个工作班按现行制度为每个人 8h。其计算公式为

$$\text{单位产品的时间定额}=\frac{1}{\text{每工的产量}} \tag{4.3.1}$$

或

$$\text{单位产品的时间定额}=\frac{\text{小组成员工日数总和}}{\text{小组的班产量}} \tag{4.3.2}$$

② 产量定额是指在一定的生产技术和生产组织条件下，某工种和某种技术等级的工人小组或个人，在单位时间（工日）内，完成合格产品的数量。一般单位以 m^2、m、t 等表示。其计算公式为

$$\text{每工的产量定额}=\frac{1}{\text{单位产品的时间定额}} \tag{4.3.3}$$

或

$$\text{每班的产量定额}=\frac{\text{小组成员工日数总和}}{\text{单位产品的时间定额}} \tag{4.3.4}$$

例如，某人工挖土（普通土），单位 $10m^3$，其时间定额：综合工日 1.34 工日，则产量定额为：每工日 1/1.34＝0.746×10（m^3）。

现行的劳动定额为 2009 年 3 月 1 日开始实施的《建设工程劳动定额》（分建筑工程、安装工程、市政工程、园林绿化工程和装饰工程五个专业）。以《建设工程劳动定额-建筑工程》中的砖基础为例，见表 4.3.1。

表 4.3.1　砖基础劳动定额（时间定额表）

工作内容：清理地槽，砌垛、角，抹防潮层砂浆等操作过程　　单位：工日/m^3

定额编号	AD0001	AD0002	AD0003	AD0004	AD0005	AD0006	AD0007	序号
项目	带形基础			圆、弧基础		独立基础	砌挖孔桩护壁	
	厚度							
	1 砖	3/2 砖	≥2 砖	1 砖	＞1 砖			
综合	0.937	0.905	0.876	1.080	1.040	1.120	1.410	一
砌砖	0.39	0.354	0.325	0.470	0.425	0.490	0.550	二
运输	0.449	0.449	0.449	0.500	0.500	0.500	0.700	三
调制砂浆	0.098	0.102	0.102	0.110	0.114	0.130	0.160	四

注 1：墙基无大放脚的，其砌砖部分执行混水墙相应定额。

注 2：带形基础也称条形基础。

注 3：挖孔桩护壁不分厚度，砂浆不分人拌与机拌，砖、砂浆均以人力垂直运输为准。

（2）施工过程分析

定额制定时，必须要分析施工过程，进行工时消耗分析，即科学地区分定额时间和非定额时间，合理地采取措施，使非定额时间降到最低限度。

施工过程就是为完成某一项施工任务，在施工现场所进行的生产过程。其最终目的是要建造、改建、修复或拆除工业及民用建筑物和构筑物的全部或一部分。每个施工过程的结束，获得了一定的产品，这种产品或者是改变了劳动对象的外表形态、内部结构或性质（由于制作和加工的结果），或者是改变了劳动对象在空间的位置（由于运输和安装的结果）。

根据施工过程组织上的复杂程度，施工过程可以包括工序、工作过程和综合工作过程，见图 4.3.2。

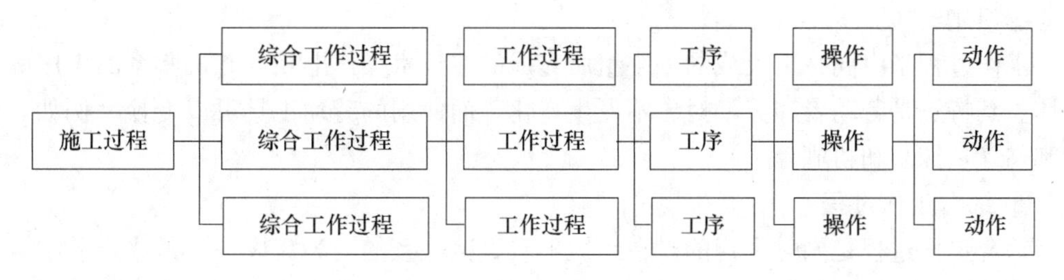

图 4.3.2　施工过程组成

① 工序

工序是指施工过程中在组织上不可分割，在操作上属于同一类的作业环节。其主要特征是劳动者、劳动对象和使用的劳动工具均不发生变化。如果其中一个因素发生变化，就意味着由一项工序转入了另一项工序。如钢筋制作，它由平直钢筋、钢筋除锈、切断钢筋、弯曲钢筋等工序组成。

工序可以由一个人来完成，也可以由小组或施工队内的几名工人协同完成；可以由手动完成，也可以由机械操作完成。在机械化的施工工序中，还可以包括由工人自己完成的各项操作和由机器完成的工作两部分。

从施工的技术操作和组织观点看，工序是工艺方面最简单的施工过程。在编制施工定额时，工序是主要的研究对象。测定定额时只需分解和标定到工序为止。如果进行某项先进技术或新技术的工时研究，就要分解到操作甚至动作为止，从中研究可加以改进操作或节约工时。操作即为工序的组成部分，是一个施工动作接一个施工动作的综合。每一个施工动作和操作都是完成施工工序的一部分。动作是施工工序中最小的可以计时测算的部分，是工人接触材料、构配件等劳动对象的举动，目的是使之移位、固定或对其进行加工。

图 4.3.3 是“弯曲钢筋”工序分解为操作和动作的分解示意（部分）。

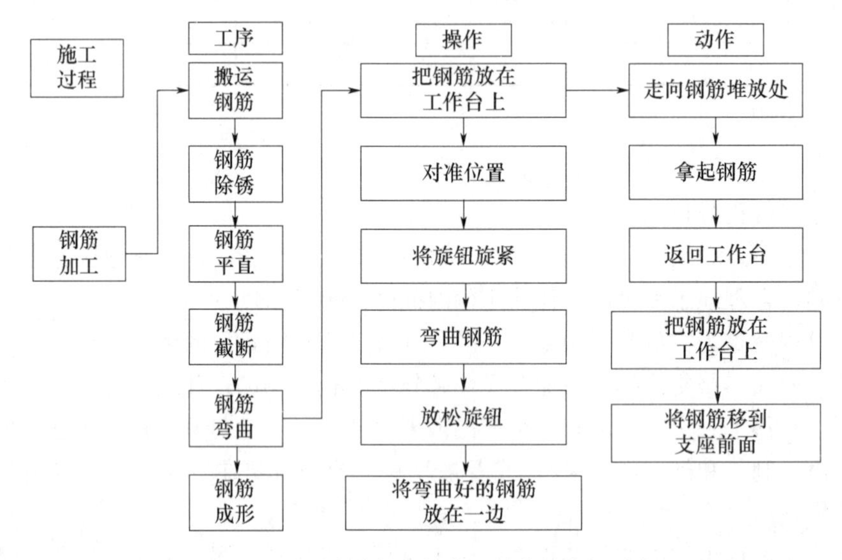

图 4.3.3　工序分解为操作和动作的分解示意

② 工作过程

工作过程是由同一工人或同一小组所完成的在技术操作上相互有机联系的工序的综合体。其特点是劳动者和劳动对象不发生变化，而使用的劳动工具可以变换。例如，砌墙和勾缝，抹灰和粉刷等。

③ 综合工作过程

综合工作过程是同时进行的，在组织上有直接联系的，为完成一个最终产品结合起来的各个施工过程的总和。例如，砌砖墙这一综合工作过程，由调制砂浆、运砂浆、运砖、砌墙等工作过程构成，它们在不同的空间同时进行，在组织上有直接联系，并最终形成的共同产品是一定数量的砖墙。

（3）工人工作时间分析

研究施工中的工作时间最主要的目的是确定施工的时间定额和产量定额，其前提是对工作时间按其消耗性质进行分类，以便研究工时消耗的数量及其特点。工作时间，指的是工作班延续时间。例如，8h 工作制的工作时间就是 8h，午休时间不包括在内。

工人在工作班内消耗的工作时间，按其消耗的性质，基本可以分为两大类：必须消耗的时间和损失时间。工人工作时间的分类一般如图 4.3.4 所示。

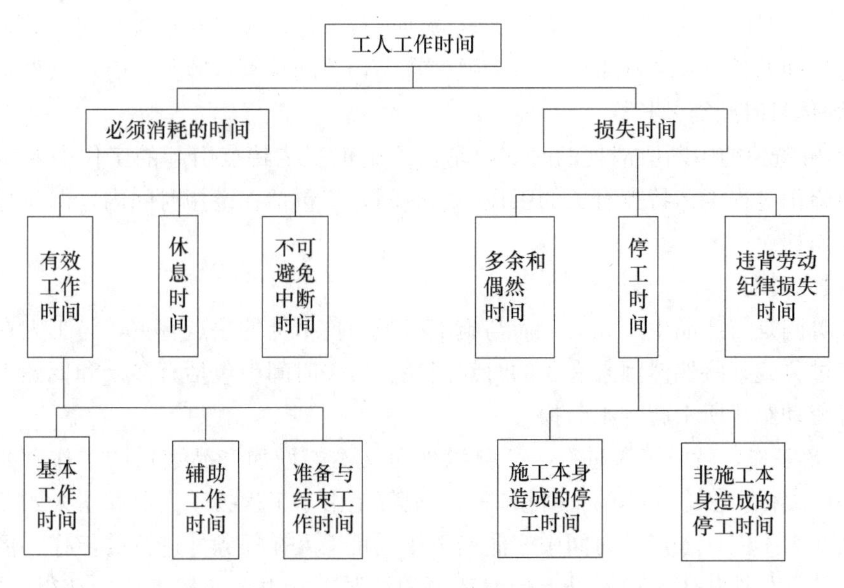

图 4.3.4　工人工作时间分类图

1）必需消耗的工作时间

必需消耗的工作时间是工人在正常施工条件下，为完成一定合格产品（工作任务）所消耗的时间，是制定定额的主要依据，包括有效工作时间、休息时间和不可避免中断所消耗的时间。

① 有效工作时间，是从生产效果来看与产品生产直接有关的时间消耗。其中，包括基本工作时间、辅助工作时间、准备与结束工作时间的消耗。

基本工作时间是工人完成能生产一定产品的施工工艺过程所消耗的时间。通过这些工艺过程可以使材料改变外形，如钢筋揻弯等；可以改变材料的结构与性质，如混凝土制品的养护干燥等；可以使预制构配件安装组合成型；也可以改变产品外部及表面的性质，如粉刷、油漆等。基本工作时间所包括的内容依工作性质各不相同。基本工作时间的长短和工作量大小呈正比例。

辅助工作时间是为保证基本工作能顺利完成所消耗的时间。在辅助工作时间里，不能使产品的形状大小、性质或位置发生变化。辅助工作时间的结束，往往就是基本工作时间的开始。辅助工作一般是手工操作。但如果在机手并动的情况下，辅助工作是在机械运转过程中进行的，为避免重复则不应再计辅助工作时间的消耗。辅助工作时间长短与工作量大小有关。

准备与结束工作时间是执行任务前或任务完成后所消耗的工作时间。如工作地点、劳动工具和劳动对象的准备工作时间；工作结束后的整理工作时间等。准备和结束工作时间的长短与所担负的工作量大小无关，但往往和工作内容有关。这项时间消耗可以分为班内的准备与结束工作时间和任务的准备与结束工作时间。其中任务的准备和结束时间是在一批任务的开始与结束时产生的，如熟悉图纸、准备相应的工具、事后清理场地等，通常不反映在每一个工作班里。

② 休息时间，是工人在工作过程中为恢复体力所必需的短暂休息和生理需要的时间消耗。这种时间是为了保证工人精力充沛地进行工作，所以在定额时间中必须进行计算。休息时间的长短和劳动条件、劳动强度有关，劳动越繁重紧张、劳动条件越差（如高温），则休息时间需越长。

③ 不可避免的中断所消耗的时间，是由于施工工艺特点引起的工作中断所必需的时间。与施工过程工艺特点有关的工作中断时间，应包括在定额时间内，但应尽量缩短此项时间消耗。

2）损失时间

损失时间是与产品生产无关，而与施工组织和技术上的缺点有关，与工人在施工过程的个人过失或某些偶然因素有关的时间消耗。损失时间中包括有多余和偶然工作、停工、违背劳动纪律所引起的工时损失。

① 多余工作，就是工人进行了任务以外而又不能增加产品数量的工作。如重砌质量不合格的墙体。多余工作的工时损失，一般都是由于工程技术人员和工人的差错而引起的，因此，不应计入定额时间中。偶然工作也是工人在任务外进行的工作，但能够获得一定产品。如抹灰工不得不补上偶然遗留的墙洞等。由于偶然工作能获得一定产品，拟定定额时要适当考虑它的影响。

② 停工时间，是工作班内停止工作造成的工时损失。停工时间按其性质可分为施工本身造成的停工时间和非施工本身造成的停工时间两种。施工本身造成的停工时间，是由于施工组织不善、材料供应不及时、工作面准备工作做得不好、工作地点组织不良等情况引起的停工时间。非施工本身造成的停工时间，是由于水源、电源中断引起的停工时间。前一种情况在拟定定额时不应该计算，后一种情况定额中则应给予合理的考虑。

③ 违背劳动纪律造成的工作时间损失，是指工人在工作班开始和午休后的迟到、午饭前和工作班结束前的早退、擅自离开工作岗位、工作时间内聊天或办私事等造成的工时损失。由于个别工人违背劳动纪律而影响其他工人无法工作的时间损失，也包括在内。

（4）人工消耗量的确定方法

测定定额工时消耗通常使用计时观察法，计时观察法是测定时间消耗的基本方法。计时观察法以研究工时消耗为对象，以观察测时为手段，通过密集抽样和粗放抽样等技术进行直接的时间研究。计时观察法以现场观察为主要技术手段，所以也称为现场观察法。

通过计时观察资料，可以获得定额的各种必须消耗时间。将这些时间进行归纳，有的是经过换算，有的是根据不同的工时规范附加，最后把各种定额时间加以综合和类比就是整个工作过程的人工消耗的时间定额。

1）确定工序作业时间

根据计时观察资料的分析和选择，可以获得各种产品的基本工作时间和辅助工作时间，将这两种时间合并，可以称为工序作业时间。工序作业时间决定了整个产品的定额时间。

① 基本工作时间确定

基本工作时间消耗一般应根据计时观察资料来确定。首先确定工作过程每一组成部分的工时消耗，然后综合工作过程的工时消耗。如果组成部分的产品计量单位和工作过程的产品计量单位不符，就需先求出不同计量单位的换算系数，进行产品计量单位的换算，再相加，求得工作过程的工时消耗。

各组成部分与最终产品单位一致时的基本工作时间计算。此时，单位产品基本工作时间就是施工过程各个组成部分作业时间的总和，计算公式为

$$T=\sum_{i=1}^{n}t_i \tag{4.3.5}$$

式中 T——单位产品基本工作时间；

t_i——各组成部分的基本工作时间；

n——各组成部分的个数。

各组成部分单位与最终产品单位不一致时的基本工作时间计算。此时，各组成部分基本工作时间应分别乘以相应的换算系数。计算公式为

$$T=\sum_{i=1}^{n}k_i\times t_i \tag{4.3.6}$$

式中 k_i——对应于 t_i 的换算系数。

【例 4.3.1】 砌砖墙勾缝的计量单位是 m^2，但若将勾缝作为砌砖墙施工过程的一个组成部分对待，即将勾缝时间区分不同墙厚按砌体体积计算，设每平方米墙面所需的勾缝时间为 10min，试求各种不同墙厚每立方米砌体所需的勾缝时间。

解：（1）1 砖厚的砖墙，其每立方米砌体墙面面积的换算系数为 $1/0.24=4.17(m^2)$

则每立方米砌体所需的勾缝时间是 $4.17\times10=41.7(min)$

（2）标准砖规格为 240mm×115mm×53mm，灰缝宽 10mm，

故一砖半墙的厚度 $=0.24+0.115+0.01=0.365(m)$

一砖半厚的砖墙，其每立方米砌体墙面面积的换算系数为 $1/0.365=2.74(m^2)$；

则每立方米砌体所需的勾缝时间是 $2.74\times10=27.4(min)$

② 辅助工作时间

辅助工作时间的确定方法与基本工作时间相同，可以通过计时观察法得到。当然，也可采用工时规范或经验数据来确定，即用工序作业时间乘以一个比例得到。

2）确定规范时间

规范时间内容包括准备与结束时间、不可避免中断时间以及休息时间。

① 确定准备与结束时间

准备与结束工作时间分为班内准备与结束工作时间和任务准备与结束工作时间两种。任务的准备与结束时间通常不能集中在某一个工作日中，而要采取分摊计算的方法，分摊在单位产品的时间定额里。

如果在计时观察资料中不能取得足够的准备与结束时间的资料，也可根据工时规范

或经验数据来确定。

② 确定不可避免的中断时间

在确定不可避免中断时间的定额时，必须注意由工艺特点所引起的不可避免中断才可列入工作过程的时间定额。

不可避免中断时间也需要根据测时资料通过整理分析获得，也可以根据经验数据或工时规范，以占工作日的百分比表示此项工时消耗的时间定额。

③ 拟定休息时间

休息时间应根据工作班作息制度、经验资料、计时观察资料，以及对工作的疲劳程度做全面分析来确定。同时，应考虑尽可能利用不可避免中断时间作为休息时间。

同样，规范时间也可利用工时规范或经验数据确定，如表 4.3.2 所示某工作过程的规范时间的比例。

表 4.3.2 准备与结束、休息、不可避免中断时间占工作班时间的百分率

序号	时间分类 工种	准备与结束时间占工作时间（%）	休息时间占工作时间（%）	不可避免中断时间占工作时间（%）
1	材料运输及材料加工	2	13～16	2
2	人力土方工程	3	13～16	2
3	架子工程	4	12～15	2
4	砖石工程	6	10～13	4
5	抹灰工程	6	10～13	3
6	手工木作工程	4	7～10	3
7	机械木作工程	3	4～7	3
8	模板工程	5	7～10	3
9	钢筋工程	4	7～10	4
10	现浇混凝土工程	6	10～13	3
11	预制混凝土工程	4	10～13	2
12	防水工程	5	25	3
13	油漆玻璃工程	3	4～7	2
14	钢制品制作及安装工程	4	4～7	2
15	机械土方工程	2	4～7	2
16	石方工程	4	13～16	2
17	机械打桩工程	6	10～13	3
18	构件运输及吊装工程	6	10～13	3
19	水暖电气工程	5	7～10	3

3）拟定劳动定额人工消耗量

根据以上确定的基本工作时间、辅助工作时间、准备与结束工作时间、不可避免中断时间与休息时间之和，就是劳动定额的人工消耗指标。同时，还可以确定人工的产量指标，即产量定额。计算公式如下：

$$定额时间=工序作业时间+规范时间 \qquad (4.3.7)$$

$$工序作业时间=基本工作时间+辅助工作时间=\frac{基本工作时间}{1-辅助时间\%} \qquad (4.3.8)$$

$$规范时间=准备与结束工作时间+不可避免的中断时间+休息时间 \qquad (4.3.9)$$

利用工时规范，可以计算劳动定额的时间定额，计算公式如下：

$$定额时间=\frac{工序作业时间}{1-规范时间\%} \qquad (4.3.10)$$

【例 4.3.2】　通过计时观察资料得知：人工挖二类土 $1m^3$ 的基本工作时间为 6h，辅助工作时间占工序作业时间的 2%。准备与结束工作时间、不可避免的中断时间、休息时间分别占工作日的 3%、2%、18%。求该人工挖二类土的时间定额是多少？

解：基本工作时间＝6h＝0.75工日/m^3

工序作业时间＝0.75/(1－2%)＝0.765(工日/m^3)

时间定额＝0.765/(1－3%－2%－18%)＝0.994(工日/m^3)

(5) 劳动定额的应用

劳动定额的核心内容是定额项目表格，在使用过程中还需要详细阅读定额说明部分。劳动定额一方面可以安排组织生产，确定人工消耗数量，也可以用来计算工期。时间定额和产量定额虽是同一劳动定额的两种表现形式，但作用不同。时间定额以工日为单位，便于统计总工日数、核算工人工资、编制进度计划。产量定额以产品数量的计量单位为单位，便于施工小组分配任务，签发施工任务单，考核工人的劳动生产率。

【例 4.3.3】　某砌筑工程，1.5 砖厚带形大放脚砖基础 $89m^3$，每工作班组 12 名工人，时间定额为 0.937 工日/m^3。计算该砖基础砌筑完成天数。

解：完成 $89m^3$ 砖基础需要的工日数＝89×0.937＝83.393(工日)

需要的天数＝83.393÷12≈7(天)

【例 4.3.4】　某砌筑工程，1.5 砖厚带形大放脚砖基础 $89m^3$，根据计划需要 7 天内完成砌筑工作，时间定额为 0.937 工日/m^3。计算该砖基础砌筑需要的人数。

解：完成 $89m^3$ 砖基础需要的工日数＝89×0.937＝83.393(工日)

需要的人数＝83.393÷7≈12(人)

2. 材料定额消耗量的确定

(1) 材料的分类。

1) 根据材料消耗的性质划分。

施工中材料的消耗可分为必须的材料消耗和损失的材料两类性质。

必须消耗的材料，是指在合理用料的条件下，生产合格产品所需消耗的材料，是材料消耗定额应考虑的消耗标准，包括直接用于建筑和安装工程的材料，不可避免的施工废料和不可避免的材料损耗。损失的材料属于施工生产中不合理的耗费，在确定材料消耗量时不应予以考虑。

必须消耗的材料属于施工正常消耗，是确定材料消耗定额的基本数据。其中，直接用于建筑和安装工程的材料，编制材料净用量定额；不可避免的施工废料和材料损耗，编制材料损耗定额。因此，材料消耗量定额包括材料的净用量和必要的损耗量，即

$$材料消耗量=净用量+损耗量 \qquad (4.3.11)$$

材料的损耗量是指材料自现场仓库领出，到完成合格产品的过程中合理的损耗量，包括场内搬运的合理损耗，加工制作的合理损耗和施工操作的合理损耗。

材料的损耗一般用损耗率来表示，如式（4.3.12)。材料损耗率可以通过观察法和统计法得到，通常由国家有关部门确定。

$$材料损耗率=\frac{材料损耗量}{材料净用量}\times 100\% \tag{4.3.12}$$

$$总消耗量=净用量+损耗量=净用量\times（1+损耗率） \tag{4.3.13}$$

2）根据材料消耗与工程实体的关系划分。

施工中的材料可分为实体材料和非实体材料两类。

① 实体材料，是指直接构成工程实体的材料。它包括工程直接性材料和辅助材料。工程直接性材料主要是指为一次性消耗、直接用于工程上构成建筑物或结构本体的材料，如钢筋混凝土柱中的钢筋、水泥、砂、碎石等；辅助材料主要是指在施工过程中所必需的材料，但又不能构成建筑物或结构本体的材料。如土石方爆破工程中所需的炸药、引信、雷管等。主要材料用量大，辅助材料用量少。

② 非实体材料，是指在施工中必须使用但又不能构成工程实体的施工措施性材料。非实体材料主要是指周转性材料，如模板、脚手架等。

（2）确定材料消耗量的基本方法。

确定实体材料的净用量定额和材料损耗定额的计算数据，是通过现场技术测定、实验室试验、现场统计和理论计算等方法获得的。

1）现场技术测定法。

现场技术测定法又称为观测法，是根据对材料消耗过程的测定与观察，通过完成产品数量和材料消耗量的计算，而确定各种材料消耗定额的一种方法。现场技术测定法主要适用确定材料损耗量，因为该部分数值用统计法或其他方法较难得到。通过现场观察，还可以区别出哪些是可以避免的损耗，哪些是属于难以避免的损耗，明确定额中不应列入可以避免的损耗。

2）实验室试验法。

实验室试验法主要用于编制材料净用量定额。通过试验，能够对材料的结构、化学成分和物理性能以及按强度等级控制的混凝土、砂浆、沥青、油漆等配比做出科学的结论，给编制材料消耗定额提供出有技术根据的、比较精确的计算数据。但其缺点在于无法估计施工现场某些因素对材料消耗量的影响。

3）现场统计法。

现场统计法是以施工现场积累的分部分项工程使用材料数量、完成产品数量、完成工作原材料的剩余数量等统计资料为基础，经过整理分析，获得材料消耗的数据。这种方法由于不能分清材料消耗的性质，因而不能作为确定材料净用量定额和材料损耗定额的依据，只能作为编制定额的辅助性方法使用。

上述三种方法的选择必须符合国家有关标准规范，即材料的产品标准，计量要使用标准容器和称量设备，质量符合施工验收规范要求，以保证获得可靠的定额编制依据。

4）理论计算法。

理论计算法是运用一定的数学公式计算材料消耗定额。理论计算法适合计算按件论块的现成制品材料。

① $1m^3$ 砖砌体材料消耗量的计算。

设 $1m^3$ 砖砌体净用量中，标准砖为 A 块，砂浆为 Bm^3，则：$1m^3=A\times$一块砖带砂浆体积，故：

$$A=\frac{1}{(240+10)\times(53+10)\times\text{砖宽}} \tag{4.3.14}$$

因墙厚为砖宽的倍数，即墙厚＝砖宽×K，如1/2砖墙 $K=1$；1砖墙 $K=2$；2砖墙 $K=4$；此处的1/2、1、2砖墙称为表示墙厚的砖数。即：

$$K=\text{表示墙厚的砖数}\times 2 \tag{4.3.15}$$

式（4.3.14）可以写为：

$$A=\frac{1\times K}{(240+10)\times(53+10)\times\text{砖宽}\times K} \tag{4.3.16}$$

所以，则 $1m^3$ 砖砌体砖的净块数为：

$$A=\frac{\text{表示墙厚的砖数}\times 2}{(240+10)\times(53+10)\times\text{墙厚}} \tag{4.3.17}$$

则 $1m^3$ 砖砌体砖的损耗量为：

$$\text{材料定额消耗量}=A\times(1+\text{砖的损耗率}) \tag{4.3.18}$$

砂浆的用量 B：

则 $1m^3$ 砖砌体中砂浆的净用量为：

$$B=1-A\times 0.24\times 0.115\times 0.053 \tag{4.3.19}$$

砂浆的消耗量为：

$$\text{材料定额消耗量}=B\times(1+\text{砂浆损耗率}) \tag{4.3.20}$$

【例4.3.5】　计算1.5标准砖外墙每立方米砌体中砖和砂浆的消耗量（砖和砂浆损耗率均为2%）。

解：a. 砖的消耗量：

净用量：$A=\frac{1.5\times 2}{(0.24+0.01)\times(0.053+0.01)\times 0.365}=522$(块)

消耗量：$522\times(1+2\%)=533$(块)

b. 砂浆的消耗量：

净用量：$B=1-522\times 0.24\times 0.115\times 0.053=0.236(m^3)$

消耗量：$0.236\times(1+2\%)=0.24(m^3)$

② 块料面层的材料净用量计算。

每 $100m^2$ 面层块料数量、灰缝及结合层材料量公式如下：

$$100m^2\text{块料净用量}=\frac{100}{(\text{块料长}+\text{灰缝宽})\times(\text{块料宽}+\text{灰缝宽})} \tag{4.3.21}$$

$$100m^2\text{灰缝材料净用量}=[100-(\text{块料长}\times\text{块料宽}\times 100m^2\text{块料用量})]\times\text{灰缝深} \tag{4.3.22}$$

$$结合层材料用量=100m^2×结合层厚度 \quad (4.3.23)$$

【例 4.3.6】 某彩色地面砖规格为 200mm×200mm×5mm，灰缝为 1mm，结合层为 20mm 厚 1∶2 水泥砂浆，试计算 100m² 地面中面砖和砂浆的消耗量。（面砖和砂浆损耗率均为 1.5%）

解：每 $100m^2$ 面砖的净用量 $=\dfrac{100}{(0.2+0.001)\times(0.2+0.001)}=2475$（块）

每 $100m^2$ 面砖消耗量 $=2475\times(1+1.5\%)=2512$（块）

每 $100m^2$ 灰缝砂浆的净用量 $=(100-2475\times0.2\times0.2)\times0.005=0.005(m^3)$

每 $100m^2$ 结合层砂浆净用量 $=100\times0.02=2(m^3)$

每 $100m^2$ 砂浆的消耗量 $=(0.005+2)\times(1+1.5\%)=2.035(m^3)$

3. 施工机械台班消耗定额

（1）施工机械台班定额的表现形式。

施工机械台班定额也有两种表现形式，即机械时间定额和机械产量定额，两者互为倒数。

1）机械时间定额。

机械时间定额是指在先进合理的劳动组织和生产组织条件下，生产质量合格的单位产品所必须消耗的机械工作时间。机械时间定额的单位是“台班”，即一台机械工作一个工作班 8h。其计算公式为：

$$机械时间定额（台班）=\frac{1}{机械台班产量} \quad (4.3.24)$$

2）机械台班产量定额。

机械台班产量定额是指在先进合理的劳动组织和生产组织条件下，机械在单位时间内所完成的合格产品的数量。其单位是产品的计量单位，如 m³，m²，m，t 等。其计算公式为：

$$机械台班产量定额=\frac{1}{机械时间定额} \quad (4.3.25)$$

由于机械必须由工人小组配合作业，因此除了要确定机械时间定额外，还应确定与机械配合的工人小组的人工时间定额。其计算公式为：

$$配合机械工作人工时间定额（台班）=\frac{班组总工日数}{一个机械台班的产量} \quad (4.3.26)$$

或

$$人工时间定额=机械台班内工人的工日数×机械台班时间定额 \quad (4.3.27)$$
$$=班组人数×机械台班时间定额$$

机械施工以考核台班产量定额为主，时间定额为辅。机械定额可采用复式表示，形式如下：

$$机械定额=\frac{时间定额}{台班产量}或\frac{时间定额}{台班产量}台班车次（其中，台班车次即人机配合比）$$

【例 4.3.7】 斗容量为 1m³ 的正铲挖土机，挖四类土，装车，深度在 2m 内，小组成员 2 人，机械台班产量为 4.76（100m³）。请确定机械时间定额和配合机械的人工时间定额。

解：挖 $100m^3$ 的机械时间定额$=\frac{1}{台班产量}=\frac{1}{4.76}=0.21$（台班）

挖 $100m^3$ 的人工时间定额$=\frac{班组总工日数}{台班产量}=\frac{2}{4.76}=0.42$（工日）

或　挖 $100m^3$ 的人工时间定额＝班组人数×机械台班时间定额＝2×0.21＝0.42（台班）

也可以看出台班人数$=\frac{人工时间定额}{机械时间定额}=\frac{0.42}{0.21}=2$（人）

若采用复式表示形式为：$\frac{0.42}{4.76}2$，即挖 $100m^3$ 需要 0.42 个工日，一个台班挖 4.76（$100m^3$），需要 2 人与挖土机配合作业。

（2）机器工作时间分析。

机器工作时间的消耗，按其性质也分为必需消耗的时间和损失时间两大类。如图 4.3.5 所示。

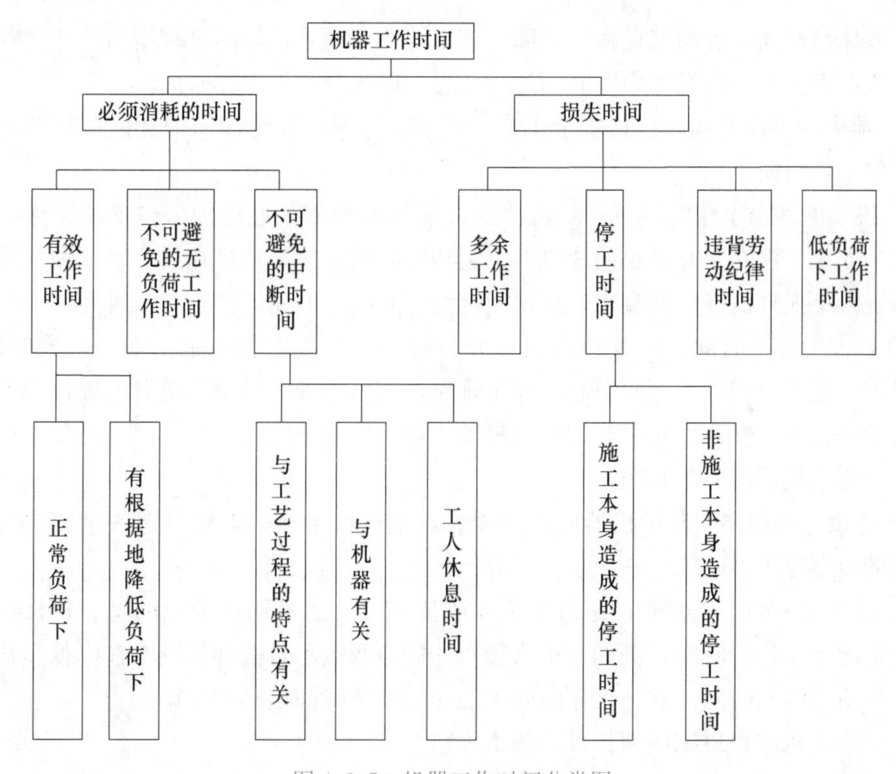

图 4.3.5　机器工作时间分类图

1）在必须消耗的工作时间里，包括有效工作、不可避免的无负荷工作和不可避免的中断三项时间消耗。而在有效工作的时间消耗中又包括正常负荷下、有根据地降低负荷下的工时消耗。

① 正常负荷下的工作时间，是机器在与机器说明书规定的额定负荷相符的情况下进行工作的时间。

② 有根据地降低负荷下的工作时间，是在个别情况下由于技术上的原因，机器在

低于其计算负荷下工作的时间。例如，汽车运输质量轻而体积大的货物时，不能充分利用汽车的载重吨位因而不得不降低其计算负荷。

③ 不可避免的无负荷工作时间，是由施工过程的特点和机械结构的特点造成的机械无负荷工作时间。例如，筑路机在工作区末端调头等，就属于此项工作时间的消耗。

④ 不可避免的中断工作时间，是与工艺过程的特点、机器的使用和保养、工人休息有关的中断时间。

与工艺过程的特点有关的不可避免中断工作时间，有循环的和定期的两种。循环的不可避免中断，是在机器工作的每一个循环中重复一次。如汽车装货和卸货时的停车。定期的不可避免中断，是经过一定时期重复一次。如把灰浆泵由一个工作地点转移到另一工作地点时的工作中断。

与机器有关的不可避免中断工作时间，是由于工人进行准备与结束工作或辅助工作时，机器停止工作而引起的中断工作时间。它是与机器的使用与保养有关的不可避免中断时间。

工人休息时间，前面已经作了说明。这里要注意的是，应尽量利用与工艺过程有关的和与机器有关的不可避免中断时间进行休息，以充分利用工作时间。

2）损失的工作时间，包括多余工作、停工、违背劳动纪律所消耗的工作时间和低负荷下的工作时间。

① 机器的多余工作时间，一是机器进行任务内和工艺过程内未包括的工作而延续的时间。如工人没有及时供料而使机器空运转的时间；二是机械在负荷下所做的多余工作，如混凝土搅拌机搅拌混凝土时超过规定搅拌时间，即属于多余工作时间。

② 机器的停工时间，按其性质也可分为施工本身造成和非施工本身造成的停工。前者是由于施工组织的不好而引起的停工现象，如由于未及时供给机器燃料而引起的停工。后者是由于气候条件所引起的停工现象，如暴雨时压路机的停工。上述停工中延续的时间，均为机器的停工时间。

③ 违反劳动纪律引起的机器的时间损失，是指由于工人迟到早退或擅离岗位等原因引起的机器停工时间。

④ 低负荷下的工作时间，是由于工人或技术人员的过错所造成的施工机械在降低负荷的情况下工作的时间。例如，工人装车的砂石数量不足引起的汽车在降低负荷的情况下工作所延续的时间。此项工作时间不能作为计算时间定额的基础。

（3）确定机械台班定额消耗量的基本方法。

1）确定机械1h纯工作正常生产率。

机械纯工作时间，就是指机械的必须消耗时间。机械1h纯工作正常生产率，就是在正常施工组织条件下，具有必需的知识和技能的技术工人操纵机械1h的生产率。

根据机械工作特点的不同，机械1h纯工作正常生产率的确定方法，也有所不同。

① 对于循环动作机械，确定机械纯工作1h正常生产率的计算公式如下：

$$\text{机械一次循环的正常延续时间} = \sum(\text{循环各组成部分正常延续时间}) - \text{交叠时间} \tag{4.3.28}$$

$$机械纯工作1h循环次数=\frac{60\times 60\ (s)}{一次循环的正常延续时间} \tag{4.3.29}$$

$$机械纯工作1h正常生产率=机械纯工作1h正常循环次数\times 一次循环生产的产品数量 \tag{4.3.30}$$

② 对于连续动作机械，确定机械纯工作 1h 正常生产率要根据机械的类型和结构特征，以及工作过程的特点来进行。计算公式如下：

$$连续动作机械纯工作1h正常生产率=\frac{工作时间内生产的产品数量}{工作时间\ (h)} \tag{4.3.31}$$

工作时间内的产品数量和工作时间的消耗，要通过多次现场观察和机械说明书来取得数据。

2）确定施工机械的正常利用系数。

确定施工机械的正常利用系数，是指机械在工作班内对工作时间的利用率。机械的利用系数和机械在工作班内的工作状况有着密切的关系。所以，要确定机械的正常利用系数。首先要拟定机械工作班的正常工作状况，保证合理利用工时。机械正常利用系数的计算公式如下：

$$机械正常利用系数=\frac{机械在一个工作班内纯工作时间}{一个工作班延续时间\ (8h)} \tag{4.3.32}$$

3）计算施工机械台班定额。

计算施工机械定额是编制机械定额工作的最后一步。在确定了机械工作正常条件、机械 1h 纯工作正常生产率和机械正常利用系数之后，采用下列公式计算施工机械的产量定额：

$$施工机械台班产量定额=机械1h纯工作正常生产率\times 工作班纯工作时间 \tag{4.3.33}$$

或

$$\begin{aligned}施工机械台班产量定额=&机械1h纯工作正常生产率\times\\&工作班延续时间\times 机械正常利用系数\end{aligned} \tag{4.3.34}$$

$$施工机械时间定额=\frac{1}{机械台班产量定额指标} \tag{4.3.35}$$

【例 4.3.8】　某工程现场采用出料容量 500L 的混凝土搅拌机，每一次循环中，装料、搅拌、卸料、中断需要的时间分别为 1min、3min、1min、1min，机械正常利用系数为 0.9，求该机械的台班产量定额。

解：该搅拌机一次循环的正常延续时间＝1＋3＋1＋1＝6min＝0.1(h)

该搅拌机纯工作 1h 循环次数＝10(次)

该搅拌机纯工作 1h 正常生产率＝10×500＝5000L＝5(m)

该搅拌机台班产量定额＝5×8×0.9＝36(m^3/台班)

【例 4.3.9】　用 6t 塔式起重机吊装某种构件，由 1 名吊车司机，7 名安装起重工，2 名电焊工组成的综合小组共同完成。已知机械台班产量定额为 40 块，试求吊装每一块构件的机械时间定额和人工时间定额。

解：1. 吊装每一块混凝土构件和机械时间定额

机械时间定额＝1/机械台班产量定额＝1/40＝0.025(台班)

2. 吊装每一块混凝土构件的人工时间定额

(1) 分工种计算。

吊车司机时间定额＝1×0.025＝0.025(工日)

安装起重工时间定额＝7×0.025＝0.175(工日)

电焊工时间定额＝2×0.025＝0.05(工日)

(2) 按综合小时计算。

人工时间定额＝(1＋7＋2)×0.025＝0.25(工日)

(三) 工程定额要素单价确定方法

施工活动中主要的资源要素包括人工、材料和施工机械，其价格即人工单价、材料单价和机械台班单价。

1. 人工日工资单价的确定

人工日工资单价是指直接从事建筑安装工程施工的生产工人在每个法定工作日的工资、津贴及奖金等。体现的是一个建筑工人在一个工作日内应得的劳动报酬。

(1) 人工日工资单价的组成。

人工日工资单价由计时或计件工资、奖金、津贴补贴、加班加点工资、特殊情况下支付的工资组成。

① 计时工资或计件工资：是指按计时工资标准和工作时间或对已做工作按计件单价支付给个人的劳动报酬。

② 奖金：是指对超额劳动和增收节支支付给个人的劳动报酬。如节约奖、劳动竞赛奖等。

③ 津贴补贴：是指为了补偿职工特殊或额外的劳动消耗和因其他特殊原因支付给个人的津贴，以及为了保证职工工资水平不受物价影响支付给个人的物价补贴。如流动施工津贴、特殊地区施工津贴、高温(寒)作业临时津贴、高空津贴等。

④ 加班加点工资：是指按规定支付的在法定节假日工作的加班工资和在法定日工作时间外延时工作的加点工资。

⑤ 特殊情况下支付的工资：是指根据国家法律、法规和政策规定，因病、工伤、产假、计划生育假、婚丧假、事假、探亲假、定期休假、停工学习、执行国家或社会义务等原因按计时工资标准或计时工资标准的一定比例支付的工资。

(2) 影响人工日工资单价的因素。

影响人工日工资单价的因素主要有以下几个方面：

① 社会平均工资水平。社会平均工资水平决定了建筑安装工人人工日工资单价。而社会平均工资水平又取决于经济发展水平。所以，随着经济的增长，社会平均工资也会增长，从而影响人工日工资单价的提高。

② 生活消费指数。生活消费指数的提高会推动人工日工资单价的提高，以减少生活水平的下降，或维持原来的生活水平。生活消费指数的变动决定物价的变动，尤其决定生活消费品物价的变动。

③ 人工日工资单价的组成内容。人工日工资单价组成内容越多，相应的单价就越高。若将社会保险费、职工福利等内容纳入人工日工资单价组成，必然要提高日工资

单价。

④ 劳动力市场供求变化。劳动力市场如果需求大于供给，人工日工资单价就会提高；若供给大于需求，市场竞争激烈，人工日工资单价就会下降。

⑤ 政府推行的社会保障和福利政策也会影响人工日工资单价的变动。如政府发布的最低工资水平，随着该水平的提高，日工资单价也必然提高。

（3）人工日工资单价确定方法。

人工日工资单价在我国目前投标报价及价款结算中，具有一定的政策性，一般以造价管理部分发布的日工资单价进行计价活动。造价管理机构编制计价定额时确定定额人工日工资单价时可按下式测算：

$$日工资单价=\frac{生产工人平均月工资（计时计件）+平均月（奖金+津贴补贴+特殊情况下支付的工资）}{年平均每月法定工作日} \tag{4.3.36}$$

式（4.3.36）中的年平均每月法定工作日可用全年日历日天数扣除法定节假日天数除以 12 得到。

当工程造价管理机构编制计价定额时确定定额人工费，可按以下公式进行计算：

$$人工费=\sum(工程工日消耗量\times 日工资单价) \tag{4.3.37}$$

式（4.3.37）中工程工日消耗是基于工程造价管理部门编制的消耗量定额的工日消耗。日工资单价是指施工企业平均技术熟练程度的生产工人在每工作日（国家法定工作时间内）按规定从事施工作业应得的日工资总额。工程造价管理机构确定日工资单价应通过市场调查、根据工程项目的技术要求，参考实物工程量人工单价综合分析确定，最低日工资单价不得低于工程所在地人力资源和社会保障部门所发布的最低工资标准的：普工 1.3 倍、一般技工 2 倍、高级技工 3 倍。

2. 材料单价的确定

材料单价是指建筑材料从其来源地运到施工工地仓库直至出库形成的综合平均单价。由材料原价、运杂费、运输损耗费、采购及保管费组成。

（1）材料单价的组成。

① 材料原价：是指材料、工程设备的出厂价格或商家供应价格。

② 运杂费：是指材料、工程设备自来源地运至工地仓库或指定堆放地点所发生的全部费用。

③ 运输损耗费：是指材料在运输装卸过程中不可避免的损耗。

④ 采购及保管费：是指为组织采购、供应和保管材料、工程设备的过程中所需要的各项费用。其包括采购费、仓储费、工地保管费、仓储损耗费。

（2）影响材料单价的因素。

① 市场供需变化。材料原价是材料单价中最基本的组成。市场供大于求价格就会下降；反之，价格就会上升。从而也就会影响材料单价的涨落。

② 材料生产成本的变动直接影响材料单价的波动。材料价格的构成包括成本和利润，生产成本的增加必然导致材料单价的增加。

③ 流通环节的多少和材料供应体制也会影响材料单价。

④ 运输距离和运输方法的改变会影响材料运输费用的增减，从而也会影响材料单价。

⑤ 国际市场行情会对进口材料单价产生影响，甚至也会影响国内材料价格。

（3）材料单价的确定方法。

材料单价的计算公式为：

材料单价＝{(材料原价＋运杂费)×[1＋运输损耗率(%)]}×[1＋采购保管费费率(%)]　　(4.3.38)

① 材料原价。即材料市场取得的价格。对于国内材料就是指国内采购材料的出厂价格；对于进口材料是指国外采购材料抵达买方边境、港口或车站并交纳完各种手续费、税费（不含增值税）后形成的价格（抵岸价）。材料的原价可以通过市场调查或查询市场材料价格信息取得。在确定原价时，凡同一种材料因来源地、交货地、供货单位、生产厂家不同，而有几种价格（原价）时，根据不同来源地供货数量比例，采取加权平均的方法确定其原价。计算公式如下：

$$P_{加权平均}=\frac{\sum_{i=1}^{n}P_i\times Q_i}{\sum_{i=1}^{n}Q_i} \tag{4.3.39}$$

式中　P_i——各不同供应地点的原价；

Q_i——各不同供应地点的供应量或各不同使用地点的需要量。

若材料供货价格为含税价格，则材料原价应以购进货物适用的税率或征收率扣减增值税进项税额，得到材料的不含税价格。

② 材料运杂费。材料运杂费是指国内采购材料自来源地、国外采购材料自到岸港运至工地仓库或指定堆放地点发生的费用（不含增值税）。含外埠中转运输过程中所发生的一切费用和过境过桥费用，包括调车和驳船费、装卸费、运输费及附加工作费等。同样，同一品种的材料有若干个来源地，应采用加权平均的方法计算材料运杂费（参照材料原价加权评价确定的方法）。需要注意的是，若运输费用为含税价格，则需要按“两票制”和“一票制”两种支付方式分别调整。

“两票制”支付方式。所谓“两票制”材料，是指材料供应商就收取的货物销售价款和运杂费向建筑业企业分别提供货物销售和交通运输两张发票的材料。在这种方式下，运杂费以按交通运输与服务适用税率（10%）扣减增值税进项税额。

“一票制”支付方式。所谓“一票制”材料，是指材料供应商就收取的货物销售价款和运杂费合计金额向建筑业企业仅提供一张货物销售发票的材料。在这种方式下，运杂费采用与材料原价相同的方式（16%）扣减增值税进项税额。

③ 在材料的运输中应考虑一定的场外运输损耗费用。这是指材料在运输装卸过程中不可避免的损耗。运输损耗的计算公式：

运输损耗＝（材料原价＋运杂费）×运输损耗率（%）　　(4.3.40)

④ 采购及保管费。采购及保管费是指为组织采购、供应和保管材料过程中所需要的各项费用，包含采购费、仓储费、工地保管费和仓储损耗费。

采购及保管费一般按照材料到库价格以费率取定。材料采购及保管费计算公式如下：

采购及保管费＝（材料原价＋运杂费＋运输损耗费）×采购及保管费费率（%）　（4.3.41）

采购及保管费费率综合取定值一般为2.5%。根据采购与保管分工或方式的不同，采购及保管费一般按下列比例分配：①建设单位采购、付款、供应至施工现场，并自行保管，施工单位随用随领，采购及保管费全部归建设单位。②建设单位采购、付款，供应至施工现场，交由施工单位保管，建设单位计取采购及保管费的40%，施工单位计取60%。③施工单位采购、付款，供应至施工现场，并自行保管，采购及保管费全部归施工单位。建设单位采购或施工单位经建设单位认价后自行采购，其付款价一般（双方未另行约定时）均为材料供应至施工现场的落地价（应含卸车费用），未包括材料的采购及保管费。但一般价目表或单位估价表中的材料单价已包括采购及保管费。

【例4.3.10】　某建设项目材料（适用16%增值税率）从两个地方采购，其采购量及有关费用如表4.3.3所示，求该工地水泥的单价（表中原价、运杂费均为含税价格，且材料采用“两票制”支付方式）。

表4.3.3　材料采购信息表

采购处	采购量（t）	原价（元/t）	运杂费（元/t）	运费损耗率（%）	采购及保管费费率（%）
来源一	300	400	30	0.5	2.5
来源二	200	380	20	0.4	

解：应将含税的原价和运杂费调整为不含税价格，具体过程如表4.3.4所示。

表4.3.4　材料价格信息不含税价格处理

采购处	采购量（t）	原价（除税）（元/t）	运杂费（不含税）（元/t）	运输损耗率（%）	采购及保管费率（%）
来源一	300	400/1.16＝344.83	30/1.10＝27.27	0.5	2.5
来源二	200	380/1.16＝327.59	20/1.10＝18.18	0.4	

$$加权平均原价\ P_{加权平均}=\frac{344.83\times300+327.59\times200}{300+200}=337.93(元/t)$$

$$加权平均运费=\frac{27.27\times300+18.18\times200}{300+200}=23.63(元/t)$$

$$来源一的运输损耗费=(344.83+27.27)\times0.5\%=1.86(元/t)$$

$$来源二的运输损耗费=(327.59+18.18)\times0.4\%=1.38(元/t)$$

$$加权平均运输损耗费=\frac{1.86\times300+1.38\times200}{300+200}=1.67(元/t)$$

$$材料单价=(337.93+23.63+1.67)\times(1+2.5\%)=372.31(元/t)$$

3. 施工机械台班单价的确定

施工机械台班单价是指一台施工机械，在正常运转条件下一个工作班中所发生的分摊和支出的全部费用。施工机械台班单价由台班折旧费、台班大修理费、台班安拆费和场外运输费、台班人工费、台班燃料动力费和台班车船使用税等七部分组成。

（1）施工机械台班单价的组成。

① 折旧费：指施工机械在规定的使用年限内，陆续收回其原值的费用。

② 大修理费：指施工机械按规定的大修理间隔台班进行必要的大修理，以恢复其正常功能所需的费用。

③ 经常修理费：指施工机械除大修理以外的各级保养和临时故障排除所需的费用。其包括为保障机械正常运转所需替换设备与随机配备工具附具的摊销和维护费用，机械运转中日常保养所需润滑与擦拭的材料费用及机械停滞期间的维护和保养费用等。

④ 安拆费及场外运费：安拆费指施工机械（大型机械除外）在现场进行安装与拆卸所需的人工、材料、机械和试运转费用以及机械辅助设施的折旧、搭设、拆除等费用；场外运费指施工机械整体或分体自停放地点运至施工现场或由一施工地点运至另一施工地点的运输、装卸、辅助材料及架线等费用。

⑤ 人工费：指机上司机（司炉）和其他操作人员的人工费。

⑥ 燃料动力费：指施工机械在运转作业中所消耗的各种燃料及水、电等。

⑦ 税费：指施工机械按照国家规定应缴纳的车船使用税、保险费及年检费等。

（2）影响施工机械台班单价的因素。

① 施工机械的价格是影响机械台班单价的重要因素。

② 机械使用年限会影响折旧费的提取和经常修理费、大修理费的开支。

③ 机械的供求关系、使用效率和管理水平直接影响机械台班单价。

④ 政府征收税费的规定也会影响机械台班单价。

（3）施工机械台班单价的确定方法。

施工机械台班单价的计算公式为：

$$\begin{gathered}\text{机械台班单价}=\text{台班折旧费}+\text{台班大修理费}+\text{台班经常修理费}+\\\text{台班安拆及场外运输费}+\text{台班人工费}+\text{台班燃料动力费}+\text{台班税费}\end{gathered}\tag{4.3.42}$$

还应注意，当采用一般计税方法时机械台班单价应为不含进项税的裸价，组成台班单价的各个部分若为含税价格，应按规定的税率进行除税。

① 台班折旧费。折旧费是指施工机械在规定的耐用总台班内，根据施工机械的原值（机械预算价格），按照规定的残值率和折旧方法确定的每台班回收原值的费用。计算公式为：

$$\text{台班折旧费}=\frac{\text{机械预算价格}\times(1-\text{残值率})}{\text{耐用总台班数}}\tag{4.3.43}$$

残值率是指机械报废时回收其残余价值占施工机械预算价格的百分数。残值率应按编制期国家有关规定确定：目前各类施工机械均按 5%计算。

耐用总台班数是指施工机械从开始投入使用至报废前使用的总台班数，应按相关技术指标取定，可按下式确定：

$$耐用总台班数=折旧年限\times年工作台班=大修间隔台班\times大修周期 \tag{4.3.44}$$

年工作台班指施工机械在一个年度内使用的台班数量。

② 台班大修理费。机械大修理费是指为恢复施工机械的性能，对其进行大部分或全部修理的支出，包括更换配件、材料、机械和工时及送修运费等。计算公式为：

$$台班大修理费=\frac{一次大修理费\times寿命期内大修理次数}{耐用总台班数} \tag{4.3.45}$$

一次大修理费指施工机械进行一次大修发生的工时费、配件费、辅料费、油燃料费等。可按其占预算价格的百分率确定。

寿命期内大修理次数指机械设备在正常的施工条件下，将其寿命期（即耐用总台班）按规定的大修次数划分为若干个周期，按照其大修周期数减去 1 计算确定。即：

$$寿命期内大修理次数=大修周期数-1 \tag{4.3.46}$$

③ 台班经常修理费。台班经常修理费指施工机械在规定的耐用总台班内，按规定的维护间隔进行各级维护和临时故障排除所需的费用。保障机械正常运转所需替换与随机配备工具附具的摊销和维护费用、机械运转及日常保养维护所需润滑与擦拭的材料费用及机械停滞期间的维护费用等。各项费用分摊到台班中，即为台班经常修理费。可按下式计算确定：

$$台班经常修理费=\frac{\sum(各级保养一次费用\times寿命期内各级保养次数)+临时故障排除费}{耐用总台班} \tag{4.3.47}$$

④ 台班安拆费及场外运费。这里的安拆费及场外运费是指安拆简单、移动需要起重及运输机械的轻型施工机械，计入台班单价的安拆费及场外运费。其中安拆费指施工机械在现场进行安装与拆卸所需的人工、材料、机械和试运转费用以及机械辅助设施的折旧、搭设、拆除等费用；场外运费指施工机械整体或分体自停放地点运至施工现场或由一施工地点运至另一施工地点的运输、装卸、辅助材料及架线等费用。安拆费及场外运费应按下列公式计算：

$$台班安拆费及场外运输费=一次安拆费及场外运输费\times年平均安拆次数/年工作台班 \tag{4.3.48}$$

⑤ 台班人工费。人工费指机上司机（司炉）和其他操作人员的人工费。即计入机械台班单价中的人工费。可按下列公式计算：

$$台班机上人工费=\frac{台班机上人工数量\times人工单价\times法定工作日天数}{年工作台班} \tag{4.3.49}$$

⑥ 台班燃料动力费。燃料动力费是指施工机械在运转作业中所耗用的燃料及水、电等费用。计算公式如下：

$$台班燃料动力费=\sum(燃料动力消耗量\times燃料动力单价) \tag{4.3.50}$$

⑦ 台班税费。台班税费是指施工机械按照国家规定应缴纳的车船税、保险费及检测费等。其计算公式为：

$$台班税费=\frac{年车船使用税+年保险费+年检费}{年工作台班} \tag{4.3.51}$$

二、预算定额

（一）预算定额的概念及作用

1. 预算定额的概念

预算定额是在正常的施工条件下，完成一定计量单位合格分项工程和结构构件所需消耗的人工、材料、施工机械台班数量及其费用标准。

2. 预算定额的作用

（1）预算定额是编制施工图预算，确定和控制建筑安装工程造价的基本依据；

（2）预算定额是计算分项工程单价的基础，也是编制最高投标限价、投标报价的基础；

（3）预算定额是施工企业编制人工、材料、机械台班需要量计划、统计完成工程量，考核工程成本，实行经济核算的依据；

（4）预算定额是编制地区价目表、概算定额和概算指标的基础资料；

（5）预算定额是设计单位对设计方案进行技术经济分析比较的依据；

（6）预算定额是发包人和银行拨付工程款、建设资金贷款和工程竣工结（决）算的依据。

总之，预算定额在基本建设中，对合理确定工程造价，推行以招标承包为中心的经济责任制，实行基本建设投资监督管理，控制建设资金的合理使用，促进企业经济核算，改善预算工作等均有重大作用。

（二）预算定额的编制原则与依据

1. 预算定额的编制原则

预算定额的编制工作，实质上是一种标准的制定。在编制时应根据国家对经济建设的要求，既要结合历年定额水平，也要照顾现实情况，还要考虑发展趋势，使预算定额符合客观实际。为保证预算定额的编制质量，充分发挥预算定额的作用，在编制工作中应遵循以下原则：

（1）定额水平以社会平均水平为准的原则。

定额水平是预算定额的核心。所谓定额水平是指规定消耗在单位建筑产品上的人工、材料、机械台班数量的多少。一定历史条件下的定额水平，是社会生产力水平的反映，同时又推动社会生产力的发展。消耗量越少，说明定额水平越高；消耗量越多，说明定额水平越低。

预算定额作为确定和控制工程造价的主要依据，必须遵照价值规律的客观要求，即按建筑产品生产过程中所消耗的必要劳动时间来确定定额水平。预算定额的平均水平，是根据社会正常生产条件，社会平均的劳动熟练程度和劳动强度下，完成单位建筑产品所需的劳动消耗来确定的。

（2）内容形式简明适用。

预算定额的内容和形式，既能满足不同用途的需要，具有多方面的适用性；又要简单明了，易于掌握和应用。两者既有联系又有区别，简明性应满足适用性的要求。贯彻简明适用原则，有利于简化工程造价文件的编制工作，简化建筑产品的计价程序，便于群众参加经营管理，便于经济核算。为此，定额项目的划分要以结构构件和分项工程为基础，主要的项目，常用的项目应齐全，要把已经成熟推广的新技术、新结构、新材料、新工艺的新项目编进定额，使预算定额满足编制各类造价文件的需要。对次要项目，适当综合、扩大，细算粗编。

贯彻简明适用原则，还应注意计量单位的选择，使工程量计算合理和简化。同时为了稳定定额水平，统一考核尺度和简化工作，除了变化较多和影响造价较大的因素允许换算外，定额要尽量少留活口，减少换算工作量，以维护定额的严肃性。

（3）统一性和差别性相结合的原则。

统一性是指由国家建设行政主管部门负责全国统一基础定额、计价规范的制定和修订，这样有利于实现建设工程价格的宏观控制与管理。

差别性是指在全国统一基础定额、计价规范的基础上，各省、自治区、直辖市建设行政主管部门根据本地区的具体情况，制定地区性定额，以适应我国地区间自然条件差异大、发展不平衡的实际情况。

2. 预算定额的编制依据

（1）现行的企业定额和全国统一建筑工程基础定额；

（2）现行的设计规范、施工及验收规范，质量评定标准和安全操作规程；

（3）通用标准图集和定型设计图纸，有代表性的典型工程的施工图及有关标准图集；

（4）新技术、新结构、新材料和先进的施工方法等资料；

（5）有关科学试验、技术测定的统计分析资料；

（6）本地区现行的人工工资水平、材料价格和施工机械台班单价；

（7）现行的预算定额、材料预算价格及以往积累的基础资料，包括有代表性的补充单位估价表。

（三）预算定额的编制步骤

预算定额的编制大致可以分为准备工作、收集资料、编制定额、报批和修改定稿五个阶段。各阶段工作相互交叉，有些工作需要多次反复。其中预算定额编制阶段的主要工作如下：

（1）确定编制细则。主要包括：统一编制表格及编制方法；统一计算口径、计量单位和小数点位数的要求；有关统一性规定，名称统一，用字统一，专业用语统一，符号代码统一，简化字要规范，文字要简练明确。

预算定额与施工定额计量单位往往不同。施工定额的计量单位一般按照工序或施工过程确定；而预算定额的计量单位主要是根据分部分项工程和结构构件的形体特征及其变化确定。由于工作内容综合，预算定额的计量单位也具有综合的性质。工程量计算规则的规定应确切反映定额项目所包含的工作内容。预算定额的计量单位关系预算工作的繁简和准确性。因此，要正确确定各分部分项工程的计量单位。一般依据建筑结构构件形状的特点确定。

（2）确定定额的项目划分和工程量计算规则。计算工程数量是为了通过计算出典型设计图纸所包括的施工过程的工程量，以便在编制预算定额时，有可能利用施工定额的人工、材料和机械消耗指标确定预算定额所含工序的消耗量。

(3) 定额人工、材料、机械台班耗用量的计算、复核和测算。

(四) 预算定额消耗指标的确定

人工、材料和机械台班消耗指标，是预算定额的重要内容，预算定额水平的高低主要取决于这些指标的合理确定。

1. 预算定额中人工工日消耗量的计算

预算定额子目的用工数量，是根据工作内容范围及综合取定的工程数量，在劳动定额相应子目的人工工日基础上，经过综合，加上人工幅度差计算出来的。预算定额人工消耗指标中包括基本用工、辅助用工、超运距用工和人工幅度差四项。

(1) 基本用工是指完成子项工程的主要用工量。如砌墙工程中的砌砖、调制砂浆、运砖、运砂浆的用工量。

(2) 辅助用工是指在施工现场发生的材料加工等用工。如筛砂子、淋石灰膏等增加的用工。

(3) 超运距用工是指预算定额中材料及半成品的运输距离超过劳动定额规定的运距时所需增加的工日数。

(4) 人工幅度差是指在劳动定额中未包括，而在正常施工中又不可避免的必须计入的一些零星用工因素。这些因素很难准确计量用工量，各种工时损失又不好单独列项计算，一般是综合定出一个人工幅度差系数（一般为10%～15%），即增加一定比例的用工量，纳入预算定额。

人工幅度差包括的因素如下：

① 各工种间的工序搭接及交叉作业相互配合或影响所发生的停歇用工；

② 施工过程中，移动临时水电线路而造成的影响工人操作的时间；

③ 工程质量检查和隐蔽工程验收工作而影响工人操作的时间；

④ 同一现场内单位工程之间因操作地点转移而影响工人操作的时间；

⑤ 工序交接时对前一工序不可避免的修整用工等。

确定人工工日数的方法有两种：一种是以施工定额中的劳动定额为基础确定；即预算定额子目的用工数量，是根据它的工程内容范围及综合取定的工程数量，在劳动定额相应子目的人工工日基础上，经过综合，加上人工幅度差计算出来的。基本计算公式如下：

工日数量（工日）＝基本用工＋超运距用工＋辅助用工＋人工幅度差用工

＝（基本用工＋超运距用工＋辅助用工）（1＋人工幅度差系数）　(4.3.52)

人工幅度差（工日）＝（基本用工＋超运距用工＋辅助用工）×人工幅度差系数　(4.3.53)

2. 预算定额中材料消耗量的计算

材料消耗量计算方法主要如下：

(1) 凡有标准规格的材料，按规范要求计算定额计量单位的耗用量，如砖、防水卷材、块料面层等。

（2）凡设计图纸标注尺寸及下料要求的按设计图纸尺寸计算材料净用量，如门窗制作用材料、方、板料等。

（3）换算法。各种胶结、涂料等材料的配合比用料，可以根据条件要求换算，得出材料用量。

（4）测定法。测定法包括实验室试验法和现场观察法。测定法指各种强度等级的混凝土及砌筑砂浆配合比的耗用原材料数量的计算，须按照规范要求试配，经过试压合格以后并经过必要的调整后得出的水泥、砂子、石子、水的用量。对新材料、新结构又不能用其他方法计算定额消耗用量时，须用现场测定方法来确定，根据不同条件可以采用写实记录法和观察法，得出定额的消耗量。

材料损耗量，指在正常条件下不可避免的材料损耗，如现场内材料运输及施工操作过程中的损耗等。其关系式如下：

$$材料损耗率=\frac{材料损耗量}{材料净用量}\times 100\% \tag{4.3.54}$$

$$材料损耗量=材料净用量\times 损耗率（\%） \tag{4.3.55}$$

$$材料消耗量=材料净用量+损耗量 \tag{4.3.56}$$

或

$$材料消耗量=材料净用量\times［1+损耗率（\%）］ \tag{4.3.57}$$

3. 预算定额中机械台班消耗量计算

机械台班消耗量是指在正常施工条件下，生产单位合格产品（分部分项或结构构件）必须消耗的某种型号的施工机械的台班数量。预算定额中的施工机械台班消耗量指标，是以统一劳动定额中各种机械施工项目的台班产量为基础，考虑在合理的施工组织设计条件下机械的停歇因素，增加一定的机械幅度差来计算的，每台班按一台机械工作8h计算。

机械幅度差一般包括下列因素：

（1）施工中作业区之间的转移及配套机械相互影响的损失时间；

（2）在正常施工情况下，机械施工中不可避免的工序间歇；

（3）工程结束时，工作量不饱满所损失的时间；

（4）工程质量检查和临时停水停电等，引起机械停歇时间；

（5）机械临时维修根据以上影响因素小修和水电线路移动所引起的机械停歇时间。

根据以上因素，在企业定额的基础上增加一个附加额，这个附加额用相对数表示，称为幅度差系数。

$$\begin{aligned}机械台班消耗量&=劳动定额中机械台班用量+机械幅度差\\&=劳动定额中机械台班用量\times（1+机械幅度差系数）\end{aligned} \tag{4.3.58}$$

（五）预算定额基价的确定

预算定额基价，是指完成定额项目规定的单位建筑安装产品，在定额编制基期所需的人工费、材料费、施工机械使用费或其总和，是不完全价格，因为只包含了人工、材料、机械台班的费用，也称工料单价。为了与清单计价相互配套，目前，我国已有不少省、市编制了工程量清单项目的综合单价的基价，为发承包双方组成工程量清单项目综合单价构建了平台，取得了成效。

预算定额基价一般通过编制单位估价表、地区单位估价表及设备安装价目表确定单价，用于编制施工图预算。在预算定额中列出的“预算价值”或“基价”，应视作该定额编制时的工程单价。

定额基价是由人、材、机单价构成的，计算公式为：

$$定额项目基价=人工费+材料费+机械费 \tag{4.3.59}$$

式中　人工费=定额项目工日数×人工日工资单价

$$材料费 = \sum(定额项目材料用量 \times 材料单价)$$

$$机械费 = \sum(定额项目台班量 \times 台班单价)$$

以某地区消耗量定额中“5-1-14 矩形柱”子目为例，说明定额基价的编制过程。首先通过消耗量定额查阅“矩形柱”定额子目消耗的人工、材料和机械台班的数量标准；然后由各要素的单价乘以相应的消耗量得出人工费、材料费和机械台班使用费，即得到定额单位所对应的单价。见表 4.3.5。

表 4.3.5　“矩形柱”项目工料机单价的确定（除税单价）

定额编号				5-1-14
项目名称				矩形柱
单位				10m^3
工料单价（元）				5326.18
其中	人工费（元）			1635.90
	材料费（元）			3678.64
	机械费（元）			11.64
名称		单位	数量	单价（元）
人工	综合工日	工日	17.22	95
材料	C30 现浇混凝土，碎石<31.5	m^3	9.8691	359.22
	水泥抹灰砂浆 1：2	m^3	0.2343	345.67
	塑料薄膜	m^2	5	1.74
	阻燃毛毡	m^2	1	40.39
	水	m^3	0.7913	4.27
机械	灰浆搅拌机	台班	0.04	157.71
	混凝土振捣器	台班	0.6767	7.88

三、概算定额

（一）概算定额的概念与作用

1. 概算定额的概念

概算定额又称扩大结构定额，它是确定一定计量单位扩大分项工程或单位扩大结构构件所必须消耗的人工、材料和施工机械台班的数量及其费用标准。概算定额是以预算定额和主要分项工程为基础，根据通用图和标准图等资料，经过适当综合扩大编制而成的定额。概算定额以长度（m）、面积（m^2）、体积（m^3），小型独立构筑物等按“座”为计量单位进行计算。

概算定额将预算定额中有联系的若干个分项工程综合为一个概算项目，是预算定额项目的合并与综合扩大。因此，概算定额的编制比预算定额的编制具有更大的综合性。

由于建设程序设计精度和时间的限制，同一个工程概算的精确程度低于预算定额，且概算定额数额要高于预算定额的数额，同时又由于概算定额中的项目综合了相同的工程内容的预算定额中的若干个分项，因此概算定额的编制很大程度上要比预算定额简化。

2. 概算定额的作用

概算定额对于合理使用建设资金，降低工程成本，充分发挥投资效益，具有极其重要的意义。概算定额的作用主要体现在以下几个方面：

（1）是初步设计阶段编制概算、扩大初步设计阶段编制修正概算的主要依据。

（2）是对设计项目进行技术经济分析比较的基础资料之一。

（3）是建设工程主要材料计划编制的依据。

（4）是控制施工图预算的依据。

（5）是施工企业在准备施工期间，编制施工组织总设计或总规划时，对生产要素提出需要量计划的依据。

（6）是工程结束后，进行竣工决算和评价的依据。

（7）是编制概算指标的依据。

（二）概算定额的编制依据

概算定额的编制依据因其使用范围不同而不同。其编制依据一般有以下几种：

（1）相关的国家和地区文件。

（2）现行的设计规范、施工验收技术规范和各类工程预算定额、施工定额。

（3）具有代表性的标准设计图纸和其他设计资料。

（4）有关的施工图预算及有代表性的工程决算资料。

（5）现行的人工日工资单价标准、材料单价、机具台班单价及其他的价格资料。

（三）概算定额的编制步骤

概算定额的编制步骤可分为准备阶段、定额初稿编制、征求意见、审查、批准发布五个步骤。在其定额初稿编制过程中，需要根据已经确定的编制方案和概算定额项目，收集和整理各种编制依据，对各种资料进行深入细致的测算和分析，确定人工、材料和机具台班的消耗量指标，最后编制概算定额初稿。概算定额水平与预算定额水平之间应有一定的幅度差，幅度差一般在5%以内。

（四）概算定额的内容

概算定额一般由文字说明（总说明、分部工程说明）、概算定额项目表和附录等组成。

1. 文字说明部分

文字说明部分有总说明和分部工程说明。总说明包含下列内容：

（1）概算定额的性质和作用；

（2）概算定额编纂形式和应注意的事项；

（3）概算定额编制目的和适用范围；

（4）有关定额的使用方法的统一规定。

2. 概算定额项目表

（1）概算定额项目表定额项目的划分。定额项目一般按两种方法划分：一是按工程结构划分；二是按工程部位（分部）划分。

（2）概算定额项目表。该表由若干分节定额组成。各节定额由工程内容、定额表和附注说明组成。概算定额项目的排序，是按施工程序，以建筑结构的扩大结构构件和形象部位等划分章节的。定额前面列有说明和工程量计算规则。

某地区概算定额项目表示例见表 4.3.6。

表 4.3.6　某基础土方概算定额项目表

工作内容：挖土，清底修边，运土，弃土，基底钎探，原土打夯，运回填土，夯填土　　计量单位：$10m^3$

定额编号				GJ-1-12	GJ-1-13	GJ-1-14
项目				人工挖人力车运一般土方	人工挖人力车运槽坑土方	
					基深≤2m	基深>2m
				运距≤100m		
基价（元）				1262.74	1909.88	2448.36
其中	人工费（元）			1219.80	1863.90	2384.50
	材料费（元）			2.06	4.25	1.95
	机械费（元）			40.88	41.73	61.91
名称		单位	单价	数量		
人工	综合工日（土建）	工日	95.00	12.84	19.62	25.10
材料	灰土	m^3	—	(13.6500)	(12.2200)	(21.6300)
	钢钎，ϕ22～25	kg	3.88	0.2508	0.5163	0.2353
	中砂	m^3	97.09	0.0077	0.0158	0.0072
	烧结煤矸石普通砖，240×115×53	千块	368.93	0.0009	0.0019	0.0009
	水	m^3	4.27	0.0015	0.0032	0.0014
机械	轻便钎探器	台班	179.71	0.0246	0.0506	0.0230
	电动夯实机，250N·m	台班	27.97	1.3036	1.1670	2.0657

四、概算指标

（一）概算指标的概念与作用

1. 概算指标的概念

概算指标在概算定额的基础上进一步综合扩大，以建筑物和构筑物为对象，以建筑面积、体积或成套设备装置的台或组为计量单位，规定所需人工、材料及施工机械台班消耗数量指标及其费用指标。

概算指标比概算定额进一步综合和扩大。所以依据概算指标来编制设计概算，可以更为简单方便，但其精确度就会大打折扣。

在内容的表达上，概算指标可分为综合形式和单项形式。综合概算指标是以一种类型的建筑物或构筑物为研究对象，以建筑物或构筑物的建筑面积或体积为计量单位，综合了该类型范围内各种规格的单位工程的造价和消耗量指标而成的，它反映的不是具体工程的指标而是一类工程的综合指标，指标概括性较强。

2. 概算指标的作用

概算指标和概算定额、预算定额一样，都是与各个设计阶段相适应的多次计价的产物，主要用于初步设计阶段，其作用主要如下：

（1）概算指标是发包人编制固定资产投资计划、确定投资额的依据；

（2）概算指标是设计单位编制初步设计概算、选择设计方案的依据；

（3）概算指标中的主要材料指标可以作为匡算主要材料用量的依据；

（4）概算指标是考核建设投资效果的依据。

（二）概算指标的编制依据

概算指标编制的依据如下：

（1）国家颁发的建筑标准，设计规范、施工验收规范及其他有关规定；

（2）标准设计图集和各类典型工程设计和有代表性的标准设计图纸；

（3）现行的概算指标和预算定额、补充定额资料和补充单位估价表；

（4）现行的相应地区的人工工资标准、材料价格、机械台班使用单价等；

（5）积累的工程结算资料；

（6）现行的工程建设政策、法令和规章等（如颁发的各种有关提高建筑经济效果和降低造价方面的文件）。

（三）概算指标的内容

概算指标比概算定额更加综合扩大，其主要内容包括以下部分：

（1）总说明。总说明用来说明概算指标的作用、编制依据和使用方法。

（2）示意图。示意图表明工程结构的形式，工业项目还可以表示出起重机及起重能力等。必要时，画出工程剖面图，或者增加平面简图，借以表明结构形式和使用特点（有起重设备的，需要表明）。

（3）结构特征。结构特征说明结构类型，如单层、多层、高层；砖混结构、框架结构、钢结构和建筑面积等。

（4）主要构造。主要构造说明基础、内墙、外墙、梁、柱、板等构件情况。

（5）经济指标。经济指标说明该项目每 $100m^3$ 或每座构筑物的造价指标，以及其中土建、水暖、电气照明等单位工程的相应造价。

（6）分部分项工程构造内容及工程量指标。说明该工程项目各分部分项工程的构造内容，相应计量单位的工程量指标，以及人工、材料消耗指标。

五、投资估算指标

（一）投资估算指标的概念与作用

1. 投资估算指标的概念

投资估算指标是在编制项目建议书、可行性研究报告阶段进行投资估算、计算投资需要量时使用的一种定额。投资估算指标一般是以建设项目、单项工程、单位工程为对象进行计算，反映其建设总投资及其各项费用构成的经济指标。投资估算是一种比概算指标更为扩大的单位工程指标或单项工程指标。其概略程度与可行性研究阶段相适应。其范围涉及建设前期、建设实施期和竣工验收交付使用期等各个阶段的费用支出，内容因行业不同而各异。可作为编制固定资产长远投资额的参考。

在工程建设前期进行可行性研究编制投资估算时，因缺少指导性的依据资料，所以投资估算的精确性在很大程度上取决于编制人员的业务水平和经验。

2. 投资估算指标的作用

（1）投资估算指标是编制项目建议书、可行性研究报告等前期工作阶段的项目决策的投资估算的依据，也可以作为编制固定资产长远规划投资额的参考资料。

（2）投资估算指标在固定资产的形成过程中起着投资预测、投资控制、投资效益分析的作用。

（3）投资估算指标是项目投资的控制目标之一。投资估算不仅是编制初步设计概算的依据，还对初步设计概算起控制作用。

（4）投资估算对项目进行筹资决策和投资决策提供重要依据。对于确定融资方式、进行经济评价和方案优选都起着重要作用。

可见，投资估算指标的正确制定对于提高投资估算的准确度，对建设项目的合理评估、正确决策具有重大意义。

（二）投资估算指标的编制依据

投资估算指标编制的依据如下：

（1）影响建设工程投资的动态因素，如利率、汇率等；

（2）专门机构发布的建设工程费用组成及计算方法、其他相关估算工程造价的文件；

（3）专门机构发布的工程建设其他费用的计算方法以及财政部门发布的物价指数；

（4）主要工程项目、辅助工程项目及其他单项工程的套用内容及工程量；

（5）已建同类工程项目的投资档案资料。

（三）投资估算指标的内容

投资估算指标是对建设项目全过程各项投资支出进行确定和控制的技术经济指标，其范围涉及工程建设项目各个阶段的费用支出，内容因行业不同一般可分为建设项目综合指标、单项工程指标和单位工程指标三个层次。

（1）建设项目综合指标。建设项目综合指标指按规定应列入建设项目总投资的、从立项筹建至竣工验收交付使用的全部投资额，包括单项工程投资、工程建设其他费用和预备费等。建设项目综合指标一般以项目的综合生产能力单位投资表示，如“元/t”。

（2）单项工程指标。单项工程指标指按照相关规定列入并能够独立发挥生产能力和使用效益的单项工程内的全部投资额，包括建筑安装工程费、设备购置费、生产工器具购置费和可能包含的其他费用。单项工程指标一般以单项工程生产能力单位投资如“元/t”或其他单位表示。例如，变配电站“元/（kV·A)”；办公室、宿舍、住宅等房屋则区别不同结构形式以“元/m^2”表示。

（3）单位工程指标。单位工程指标指按规定应列入能独立设计和施工，但不能独立发挥生产能力和使用效益的工程项目的费用即建筑安装工程费用。单位工程指标一般以“元/m^2”表示；构筑物一般以“元/座”表示。

第四节　工程造价信息及应用

一、工程造价信息的概念

工程造价信息是指工程造价管理机构发布的建设工程人工、材料、工程设备、施工机具的价格信息，以及各类工程的造价指数、指标等。

工程造价信息是一切有关工程造价的特征、状态及其变动的消息的组合。在工程发承包市场和工程建设过程中，工程造价总是在不停地运动着、变化着，并呈现出种种不同特征。人们对工程发承包市场和工程建设过程中工程造价运动的变化，是通过工程造价信息来认识和掌握的。

在工程发承包市场和工程建设中，工程造价是最灵敏的调节器和指示器，无论是政府工程造价主管部门还是工程发承包双方，都要通过接收工程造价信息来了解工程建设市场动态，预测工程造价发展，决定政府的工程造价政策和工程发承包价。因此，工程造价主管部门和工程发承包双方都要接收、加工、传递和利用工程造价信息。工程造价信息作为一种社会资源在工程建设中的地位日趋明显，特别是随着我国工程量清单计价制度的推行，工程价格从政府计划的指令性价格向市场定价转化，而在市场定价的过程中，信息起着举足轻重的作用，因此工程造价信息资源开发的意义更为重要。

二、造价信息的内容

从广义上说，所有对工程造价的计价过程起作用的资料都可以称为工程造价信息。例如，各种定额资料、标准规范、政策文件等。但最能体现信息动态性变化特征，并且在工程价格的市场机制中起重要作用的工程造价信息主要包括价格信息、工程造价指数和已完工程信息三类。

（一）价格信息

价格信息包括各种建筑材料、装修材料、安装材料、人工工资、施工机具等的最新市场价格。

1. 人工价格信息

根据《关于开展建筑工程实物工程量与建筑工种人工成本信息测算和发布工作的通

知》（建办标函〔2006〕765 号），我国自 2007 年起开展建筑工程实物工程量与建筑工种人工成本信息（也即人工价格信息）的测算和发布工作。其成果是引导建筑劳务合同双方合理确定建筑工人工资水平的基础，是建筑业企业合理支付工人劳动报酬和调解、处理建筑工人劳动工资纠纷的依据，也是工程招投标中评定成本的依据。

（1）建筑工程实物工程量人工价格信息：这种价格信息是按照建筑工程的不同划分标准为对象，反映了单位实物工程量人工价格的信息。根据工程不同部位，体现作业的难易，结合不同工种作业情况将建筑工程划分为土石方工程、架子工程、砌筑工程、模板工程、钢筋工程、混凝土工程、防水工程、抹灰工程、木作与木装饰工程、油漆工程、玻璃工程、金属制品制作及安装、其他工程 13 项。其表现形式如表 4.4.1 所示。

表 4.4.1　某地建筑工程实物工程量人工成本信息表（元）

<table>
<tr><td colspan="6">1. 土石方工程</td></tr>
<tr><td>项目编码</td><td>项目名称</td><td>工程量计算规则</td><td>计量单位</td><td>人工单位</td><td>备注</td></tr>
<tr><td>0101</td><td>平整场地</td><td>按实际平整面积计算</td><td>m²</td><td>9.12</td><td rowspan="4">一、二类</td></tr>
<tr><td>03003</td><td>人工挖土方</td><td rowspan="2">按实际挖方的天然密实体积计算</td><td rowspan="3">m³</td><td>50.16</td></tr>
<tr><td>01004</td><td>人工挖沟槽、坑土方（深 2m 以内）</td><td>59.28</td></tr>
<tr><td>01006</td><td>人工回填土</td><td>按实际填方的天然密实体积计算</td><td>25.08</td></tr>
<tr><td colspan="6">2. 架子工程</td></tr>
<tr><td>项目编码</td><td>项目名称</td><td>工程量计算规则</td><td>计量单位</td><td>人工单位</td><td>备注</td></tr>
<tr><td>02003</td><td>双排脚手架</td><td rowspan="2">按实际搭设的垂直投影面积计算</td><td rowspan="2">m²</td><td>10.02</td><td>钢管外架</td></tr>
<tr><td>02005</td><td>里架搭拆</td><td>5.58</td><td>钢管里架</td></tr>
<tr><td>011701006</td><td>满堂架搭拆</td><td>按搭设的垂直投影面积计算</td><td></td><td>18.50</td><td>钢管满堂架</td></tr>
</table>

注：数据来源 2018 年全国建筑实物工程量人工成本信息。

（2）建筑工种人工成本信息。这种价格信息是按照建筑工人的工种分类，反映不同工种的单位人工日工资单价。建筑工种是根据《劳动法》和《中华人民共和国职业教育法》的有关规定，对从事技术复杂、通用性广、涉及国家财产、人民生命安全和消费者利益的职业（工种）的劳动者施行就业准入的规定，结合建筑行业实际情况确定的。其表现形式如表 4.4.2 所示。

表 4.4.2　2020 年 9 月上海市建设工程价格市场信息表（元）

<table>
<tr><td rowspan="2">序号</td><td rowspan="2">编码</td><td rowspan="2">后缀</td><td rowspan="2">名称规格</td><td rowspan="2">单位</td><td colspan="2">价格（元）</td></tr>
<tr><td>含税价</td><td>除税价</td></tr>
<tr><td>1</td><td>00030111</td><td>000</td><td>普工</td><td>工日</td><td>141～176</td><td></td></tr>
<tr><td>2</td><td>00030113</td><td>000</td><td>打桩工</td><td>工日</td><td>164～221</td><td></td></tr>
<tr><td>3</td><td>00030115</td><td>000</td><td>制浆工</td><td>工日</td><td>158～205</td><td></td></tr>
<tr><td>4</td><td>00030116</td><td>000</td><td>注浆工</td><td>工日</td><td>164～213</td><td></td></tr>
<tr><td>5</td><td>00030117</td><td>000</td><td>模板工</td><td>工日</td><td>174～245</td><td></td></tr>
<tr><td>6</td><td>00030119</td><td>000</td><td>钢筋工</td><td>工日</td><td>170～217</td><td></td></tr>
</table>

续表

序号	编码	后缀	名称规格	单位	价格（元）	
					含税价	除税价
7	00030121	000	混凝土工	工日	155～201	
8	00030123	000	架子工	工日	152～206	
9	00030125	000	砌筑工	工日	179～238	
10	00030127	000	一般抹灰工	工日	174～226	
11	00030129	000	装饰抹灰工（镶贴）	工日	191～268	
12	00030131	000	装饰木工	工日	178～239	
13	00030133	000	防水工	工日	155～205	
14	00030137	000	金属工	工日	164～217	
15	00030139	000	油漆工	工日	159～220	
16	00030141	000	电焊工	工日	178～231	
17	00030143	000	起重工	工日	161～217	
18	00030145	000	玻璃工	工日	159～210	
19	00050101	000	综合人工 安装	工日	165～ 221	
20	00050101	000	综合人工 馈触线	工日	159～212	
21	00130123	000	加固工	工日	167～231	
22	00130131	000	白铁工	工日	171～226	
23	00130143	000	沟路工	工日	163～217	

2. 材料价格信息

在材料价格信息的发布中，应披露材料类别、规格、单价、供货地区、供货单位以及发布日期等信息。其表现形式如表 4.4.3 所示。

表 4.4.3　2020 年 9 月上海市砂、石、砖建设工程价格市场信息

序号	编码	后缀	名称规格	单位	价格（元）	
					含税价	除税价
1	04050206	000	碎石 3～6	t	136.00	132.04
2	04050211	000	碎石 5～16	t	153.00	148.54
3	04050215	000	碎石 5～25	t	155.00	150.49
4	04050217	000	碎石 5～40	t	153.00	148.54
5	04050221	000	碎石 13～25	t	153.00	148.54
6	04050223	000	碎石 25～38	t	148.00	143.69

3. 施工机具价格信息

主要内容为施工机械价格信息，又分为设备市场价格信息和设备租赁市场价格信息两部分。相对而言，后者对于工程计价更为重要，发布的机械价格信息应包括机械种类、规格型号、供货厂商名称、租赁单价、发布日期等内容。其表现形式如表 4.4.4 所示。

表 4.4.4 2020 年第二季度某地区设备租赁参考价

机械设备名称	规格型号	供应厂商名称	租赁单价（月/元）	发布日期
塔式起重机	QTZ6015	中建某局某公司租赁公司	28000	2020-6-20
塔式起重机	QTZ6010	中建某局某公司租赁公司	26000	2020-6-20
塔式起重机	QTZ63（TC5610）	中建某局某公司租赁公司	19000	2020-6-20
塔式起重机	QTZ5015	中建某局某公司租赁公司	17000	2020-6-20
塔式起重机	QTZ5013	中建某局某公司租赁公司	15000	2020-6-20

（二）工程造价指数

工程造价指数（造价指数信息）是反映一定时期价格变化对工程造价影响程度的指数，包括各种单项价格指数、设备、工器具价格指数、建筑造价指数、建设项目或单项工程造价指数。常用的工程造价指数有以下几种：

（1）各种单项价格指数。这其中包括了反映各类工程的人工费、材料费、施工机具使用费报告期价格对基期价格的变化程度的指标。可利用它研究主要单项价格变化的情况及其发展变化的趋势。其计算过程可以简单表示为报告期价格与基期价格之比。以此类推，可以把各种费率指数也归于其中，如企业管理费指数，甚至工程建设其他费率指数等。这些费率指数的编制可以直接用报告期费率与基期费率之比求得。很明显，这些单项价格指数都属于个体指数。其编制过程相对比较简单。

（2）设备、工器具价格指数。设备、工器具的种类、品种和规格很多。设备、工器具费用的变动通常是由两个因素引起的，即设备、工器具单件采购价格的变化和采购数量的变化，并且工程所采购的设备、工器具是由不同规格、不同品种组成的，因此，设备、工器具价格指数属于总指数。由于采购价格与采购数量的数据无论是基期还是报告期都比较容易获得，因此设备、工器具价格指数可以用综合指数的形式来表示。

（3）建筑造价指数。建筑造价指数也是一种总指数，其中包括了人工费指数、材料费指数、施工机具使用费指数以及企业管理费等各项个体指数的综合影响。由于建筑造价指数相对比较复杂，涉及的方面较广，利用综合指数来进行计算分析难度较大。因此，可以通过对各项个体指数的加权平均，用平均数指数的形式来表示。

（4）建设项目或单项工程造价指数。该指数是由设备、工器具指数、建筑造价指数、工程建设其他费用指数综合得到的。它也属于总指数，并且与建筑造价指数类似，一般也用平均数指数的形式来表示。

根据造价资料的期限长短来分类，也可以把工程造价指数分为时点造价指数、月指数、季指数和年指数等。

（三）已完工程信息

已完工程或在建工程的各种造价信息，可为拟建工程或在建工程造价提供依据。这种信息也可称为是工程造价资料。具体表现形式如表 4.4.5～表 4.4.9 所示。

表 4.4.5　某市某装配式高层住宅工程概况

<table>
<tr><td>建筑面积</td><td>8469.7m²</td><td>工程地点</td><td></td><td>工程用途</td><td>高层住宅</td></tr>
<tr><td>结构类型</td><td>框剪</td><td>檐高</td><td>39.7m</td><td>基础埋置深度</td><td>3m</td></tr>
<tr><td>层数</td><td>地上 14 层，地下 1 层</td><td>层高</td><td>2.8m</td><td>预制率</td><td>35%</td></tr>
<tr><td rowspan="15">建筑与
装饰工程</td><td colspan="5">3172m²/元</td></tr>
<tr><td>土石方工程</td><td colspan="4">土方全部外运，回填再购入</td></tr>
<tr><td>地基处理与边坡支护工程</td><td colspan="4">满堂基础、混凝土墙</td></tr>
<tr><td>桩基工程</td><td colspan="4">PHC500-100 桩，二接桩；PHC400-80 桩，三接桩</td></tr>
<tr><td rowspan="2">砌筑工程</td><td>外墙类型</td><td colspan="3">预制混凝土</td></tr>
<tr><td>内墙类型</td><td colspan="3">砂加气砌块</td></tr>
<tr><td>混凝土及钢筋混凝土工程</td><td colspan="4">现浇，预制（预制外墙、预制空调板、预制楼梯、预制阳台、预制叠合楼板）</td></tr>
<tr><td>门窗工程</td><td colspan="4">外门窗均采用断热铝合金。窗采用隔热铝合金充氩气（传热系数 2.2，气密性 6 级）</td></tr>
<tr><td>屋面及防水工程</td><td colspan="4">内保温</td></tr>
<tr><td>防腐、隔热、保温工程</td><td colspan="4">卷材防水、保温隔热层、细石混凝土刚性面层</td></tr>
<tr><td>楼地面装饰工程</td><td colspan="4">20mm 厚水泥砂浆面层，电梯厅、大堂部分为地砖</td></tr>
<tr><td>墙柱面装饰与隔断工程、幕墙工程</td><td colspan="4">内墙部分水泥砂浆粉刷，批腻子，公用部位涂料（装配式墙面无粉刷基层）</td></tr>
<tr><td>顶棚工程</td><td colspan="4">批腻子</td></tr>
<tr><td>油漆、涂料、裱糊工程</td><td colspan="4">批腻子</td></tr>
<tr><td rowspan="5"></td><td>电气设备</td><td colspan="4">公灯、电梯双电源切换箱、动力照明配电箱、公共部位感应吸顶灯、应急照明灯、疏散灯及荧光灯，低烟无卤电缆、铜芯线，钢管及塑料管敷设、普通开关插座、防雷接地装置</td></tr>
<tr><td>给排水、采暖、燃气工程</td><td colspan="4">水箱、潜水泵、总管钢塑复合管、支管 PPR 管、UPVC 排水管、普通卫生洁具（坐便器、洗脸盆、洗涤盆）、螺纹水表</td></tr>
<tr><td>消防工程</td><td colspan="4">喷淋系统及火灾报警系统建筑智能化系统工程</td></tr>
<tr><td>弱电工程</td><td colspan="4">户内多媒体配电箱、钢管敷设、部分槽架、穿电话线及网线</td></tr>
<tr><td>电梯工程</td><td colspan="4">国产、合资品牌</td></tr>
</table>

表 4.4.6　某市某装配式高层住宅造价指标汇总

序号	项目名称	造价（万元）	造价（元/m²）	占总造价比率（%）
1	分部分项工程	1730.99	2043.75	64.43
1.1	建筑与装饰工程	1440.95	1701.30	53.64
1.2		290.04	342.45	10.80
1.3	室外景观绿化	—	—	—
2	措施项目	452.23	533.94	16.83
3	其他项目	—	—	—
4	规费	244.19	288.31	9.09
5	增值税	259.10	305.91	9.64
总造价（合计）		2686.51	3171.91	100.00

表 4.4.7　某市某装配式高层住宅分部分项工程造价指标

序号	项目名称	造价（万元）	造价（元/m²）	占总造价比率（%）
1.1	建筑与装饰工程	1440.95	1701.30	53.64
1.1.1	土石方工程	15.99	18.88	0.60
1.1.2	桩与地基基础工程	179.38	211.79	6.71
1.1.3	砌筑工程	61.75	72.91	2.31
1.1.4	混凝土及钢筋混凝土工程	636.42	751.41	23.79
1.1.5	金属结构工程	9.89	11.68	0.37
1.1.6	门窗工程	147.37	174.00	5.51
1.1.7	屋面及防水工程	39.73	46.91	1.49
1.1.8	楼地面装饰工程	350.41	413.72	13.10
1.2		290.04	342.45	10.84
1.2.1	电气设备	74.51	87.97	2.79
1.2.2	给排水、采暖、燃气工程	80.33	94.84	3.00
1.2.3	消防工程	30.45	35.95	1.14
1.2.4	建筑智能化系统工程	32.77	38.69	1.23
1.2.5	电梯工程	71.99	85.00	2.69
合计		1730.99	2043.75	64.43

表 4.4.8　某市某装配式高层住宅措施项目造价指标

序号	项目名称	造价（万元）	造价（元/m²）	占总造价比率（%）
2	措施项目	452.23	533.94	16.83
2.1	总体措施项目	85.27	100.68	3.19
2.1.1	安全防护文明施工措施项目	53.09	62.68	1.98
2.1.2	夜间施工增加费	32.18	38.00	1.20
2.2	单体措施项目	366.96	433.26	13.33
2.2.1	脚手架	65.08	76.84	2.04
2.2.2	混凝土支架及模板	233.93	264.40	8.37
2.2.3	垂直运输	42.89	50.64	1.60
2.2.4	超高施工增加	19.66	23.21	0.73
2.2.5	大型机械设备进出场及安拆	9.42	11.13	0.35
2.2.6	施工排水、降水	5.97	7.05	0.22

表 4.4.9　某市某装配式高层住宅主要消耗量/工程量指标

序号	项目名称		单位	消耗量/工程量	100m² 消耗量/工程量
1	人工	建筑	工日	32617.14	385.10
		装饰	工日		
		安装	工日	5375.13	63.46
		小计	工日	37992.27	448.57

续表

序号	项目名称			单位	消耗量/工程量	$100m^2$ 消耗量/工程量
2	土（石）方工程			m^3		
3	桩基工程	钢管桩		kg		
		混凝土方桩		m^3		
		混凝土管桩		m^3	518.40	6.12
		灌注桩		m^3		
		其他		m^3		
4	砌筑工程	砖基础		m^3		
		外墙砌体		m^3		
		内墙砌体		m^3	903.66	10.67
5	混凝土工程	地下（含基础）		m^3		10.52
		地上	现浇	m^3	2224.60	26.27
			工厂预制	m^3	1185.86	14.00
			小计	m^3	3410.46	40.274
6	钢筋工程			t	447.00	5.28
7	模板工程			m^2	25141.59	296.84
8	门窗工程	门		m^2	983.08	11.61
		窗		m^2	1246.30	14.71
		其他		m^2	229.38	26.32
9	楼地面工程	块料面层		m^2	430.10	5.08
		整体面层		m^2	7179.73	84.77
		其他		m^2		
10	屋面工程	屋面防水		m^2	602.63	7.12
		隔热保温		m^2	602.63	7.12
11	外装饰工程	幕墙		m^2		
		涂料		m^2	9335.19	110.22
		块料		m^2		
		外保温		m^2		
		其他		m^2		
12	内装饰工程	内墙饰面		m^2	14066.15	166.08
		顶棚		m^2	5434.78	64.17
		内保温		m^2	8100.04	95.64
		其他		m^2		
13	金属结构工程			t		

三、造价信息的管理

（一）工程造价信息管理的基本原则

工程造价信息的管理是指对信息的收集、加工整理、储存、传递与应用等一系列工作的总称。其目的就是通过有组织的信息流通，使决策者能及时、准确地获得相应的信息。为了达到工程造价信息动态管理的目的，在工程造价信息管理中应遵循以下基本原则。

（1）标准化原则。要求在项目的实施过程中对有关信息的分类进行统一，对信息流程进行规范，力求做到格式化和标准化，从组织上保证信息生产过程的效率。

（2）有效性原则。工程造价信息应针对不同层次管理者的要求进行适当加工，针对不同管理层提供不同要求和浓缩程度的信息。这一原则是为了保证信息产品对于决策支持的有效性。

（3）定量化原则。工程造价信息不是项目实施过程中产生数据的简单记录，而是经过信息处理人员的比较与分析。采用定量工具对有关数据进行分析和比较是十分必要的。

（4）时效性原则。考虑工程造价计价过程的时效性，工程造价信息也应具有相应的时效性，以保证信息产品能够及时服务于决策。

（5）高效处理原则。通过采用高性能的信息处理工具（如工程造价信息管理系统），尽量缩短信息在处理过程中的延迟。

（二）我国目前工程造价信息化发展的现状及问题

1. 我国工程造价信息化发展的现状

我国工程造价信息化发展的现状可通过对当前政府制定的相关发展战略、政策法规、标准规范、造价信息化建设政府职能、造价信息化平台建设现状、造价咨询行业信息化发展现状、造价管理软件与信息系统现状的分析得以较全面的了解。

（1）工程造价信息化相关发展战略。住房城乡建设部组织制定的《建筑业发展“十三五”规划》提出构建多元化的工程造价信息服务方式，明确政府提供的工程造价信息服务清单，鼓励社会力量开展工程造价信息服务。建立国家工程造价数据库，开展工程造价数据积累。

住房城乡建设部组织制定的《2016—2020 年建筑业信息化发展纲要》提出了“十三五”时期，全面提高建筑业信息化水平的目标，要求着力增强 BIM、大数据、智能化、移动通信、云计算、物联网等信息技术集成应用能力，建筑业数字化、网络化、智能化取得突破性进展，初步建成一体化行业监管和服务平台，数据资源利用水平和信息服务能力明显提升，形成一批具有较强信息技术创新能力和信息化应用达到国际先进水平的建筑企业及具有关键自主知识产权的建筑业信息技术企业。

住房城乡建设部标准定额司发布的《工程造价行业发展“十三五”规划》立足工程造价行业特色，明确了“十三五”期间工程造价行业信息化发展的主要任务目标是构建多元化信息服务体系，加强对市场价格信息、造价指标、指数、工程案例信息等各类型、各专业造价信息的综合开发利用，丰富多元化信息服务种类。鼓励企业及社会个体按照规定的计价规则及技术标准开展细微、精准的工程造价信息服务业务，适应云计算、大数据发展需要，建立健全合作机制，促进多元化平台良性发展，引导社会力量建立面向特定行业、特定范围的造价信息服务平台。以BIM技术为基础，以企业数据库为支撑，建立工程项目造价管理信息系统。加强“互联网+”协同发展，促进造价从业人员计价方式改革，注重造价与设计、工期、施工的结合，提供合理确定和有效控制工程造价的精确度。

（2）工程造价信息化相关政策法规现状。目前我国在国家或行业层级尚未出台专门针对工程造价信息化的法律、法规和部门规章，建筑业的主要法律、法规和部门规章中也基本没有关于工程造价信息化的相关规定和要求。

在住房城乡建设部层级，专门针对工程造价信息化的政策性文件也很少，最主要的当属2011年6月住房城乡建设部标准定额司发布的《关于做好建设工程造价信息化管理工作的若干意见》（建标造函〔2011〕46号），该文件针对我国建设工程造价信息化管理中的政府部门职能分工、信息化平台建设、工程造价数据管理等问题提出了若干意见。《住房城乡建设部关于推进建筑业发展和改革的若干意见》明确提出“推进建筑市场监管信息化与诚信体系建设”，并随之下发要求全面推进建筑市场监管信息化建设，要求各省在2015年年底前，完成本地区工程建设企业、注册人员、工程项目、诚信信息等基础数据库建设，并建立省级一体化工作平台，全面实现“数据一个库、监管一张网、管理一条线”的信息化监管总体目标。

（3）工程造价信息化标准建设现状。在工程造价信息数据标准研究方面，最权威的是住房城乡建设部、国家质量监督检验检疫总局于2012年12月发布了国家标准《建设工程人工材料设备机械数据标准》（GB/T 50851—2013），该标准通过规定工料机编码和特征描述、工料机数据库组成内容、工料机信息库价格特征描述内容、工料机数据交换接口数据元素规定等，规范建设工程工料机价格信息的收集、整理、分析、上报和发布工作。此外，住房城乡建设部标准定额司于2008年3月发布的《城市住宅建筑工程造价信息数据标准》用于规范城市住宅建筑工程造价数据的采集、统计、分析和发布；于2011年9月发布了《建设工程造价数据编码规则》建立了针对单项工程整体数据汇总文件的编码体系，用于规范工程造价信息的收集和整理工作。

（4）工程造价信息化平台建设现状。1992年建设部标准定额司组织标准定额研究所、中国建设工程造价管理协会和建设部信息中心，按照建设部关于建设工程信息网络建设规划，在中国工程建设信息网的基础上建立了中国建设工程造价信息网，并初步完成了建设部发布的有关工程造价管理信息的建库工作。目前，中国建设工程造价信息网主要由首页、综合新闻、政策法规、行政许可、各地信息、计价依据、造价信息、政务咨询、调查征集等栏目组成。通过政策法规数据库，进行法律法规、部门规章、规范性文件、地方政策法规的汇集和宣贯；通过工程造价咨询单位管理系统和造价工程师管理系统进行工程造价咨询企业和造价工程师的资质管理；通过计价依据数据库，汇集国家统一计价依据和地区计价依据；通过造价信息数据库，汇集全国各省份住宅建安成本和各工种人工成本。

（5）工程造价管理软件与信息系统现状。20世纪90年代以来，计算机技术、信息技术不断发展，计量、计价软件悄然问世，工程造价的计算条件得到了提升。工程造价软件公司均开发设计了不同的造价软件，同时工程造价软件开发企业已经注重对BIM技术、云技术、项目的寿命周期的整体管理以及工程项目相关配套软件的研发。

2. 我国工程造价信息化目前存在的问题

（1）信息发布、更新不及时，信息准确度不足。由于我国工程造价信息采集技术依旧落后，各地区的工程造价信息系统与智能化数据库没有有机结合，使得信息的收集、整理、加工、发布的工作很多需要人工完成，采样点少，信息量不足，花费时间长，更新滞后，不能真实反映造价信息实际动态，降低了信息的时效性。

（2）缺乏信息标准。虽然住房城乡建设部出台了《建设工程人工材料设备机械数据标准》，但工程造价信息化的发展需要全面的技术标准体系作支撑，不仅需要工料机数据标准，还需要造价指数指标、成果文件标准，工程造价信息收集和处理、交流和共享也需要相关配套技术标准。目前由于缺乏信息标准的系统分类以及统一规划，造成信息资源的远程传递和加工处理比较困难，无法达到信息共享的优势，不利于对全国的工程造价信息进行整体全面地分析和研究。

（3）行业权威的指数、指标体系尚未形成。工程造价指数反映了报告期与基期相比的价格变动趋势，不仅是调整工程造价价差的依据，发承包双方进行工程估价和结算的指导，还可以预测工程造价变化对宏观经济的影响。目前我国发布的造价指数种类不足，缺乏完善的包含单项价格指数（如人工费价格指数、主要材料价格指数、施工机具台班价格指数等）和综合价格指数（如建筑造价指数、建设项目或单项工程造价指数、建筑直接费造价指数、间接费造价指数、工程建设其他费用造价指数等）的工程造价指数体系。

工程造价指标反映了每平方米建筑面积造价，包括总造价指标、费用构成指标，以及通过对建筑、各分部分项费用及措施项目费用组成的分析，得到的各专业人工费、材料费、施工机具使用费、企业管理费、利润等费用构成及占工程造价的比例。目前，我国发布的造价指标不仅内容不够全面，还存在与典型工程案例混淆的情况。

（4）没有充分利用已完工程资料。与发达国家相比，我国工程造价咨询企业对已完工程资料的信息收集不重视，即使收集了已完工程资料，也未对已完工程资料进行分类整理与分析，导致大量的造价信息得不到整理和加工，使信息的价值不能很好地得到利用，不能对类似工程起到指导或借鉴的作用。

（三）工程造价信息化建设

（1）制定工程造价信息化管理发展规划。根据住房城乡建设部《2011—2015年建筑业信息化发展纲要》，进一步加强工程造价信息化建设，不断提高信息技术应用水平，促进建筑业技术进步和管理水平提升。完善建筑业与企业信息化标准体系和相关的信息化标准，推动信息资源整合，提高信息综合利用水平。制定出一整套目标明确、可操作性强的信息化发展规划方案，指定专人负责，做好相关资料收集、信息化技术培训等基础工作。

（2）加快有关工程造价软件和网络的发展。为加大信息化建设的力度，全国工程造价信息网正在与各省信息网联网，这样全国造价信息网联成一体，用户可以很容易地查阅到全国、各省、各市的数据，从而大大提高各地造价信息网的使用效率。工程造价信息网包括建设工程人工、材料、机具、工程设备价格信息系统；建设工程造价指标信息系统及有关建设工程政策、工程定额、造价工程师和工程造价咨询和机构等信息。同时把与工程造价信息化有关的企业组织起来，加强交流、协作，避免低层次、低水平的重复开发，鼓励技术创新，淘汰落后，不断提高信息化技术在工程造价中的应用水平。实现网络资源高度共享和及时处理，从根本上改变信息不对称的滞后状况。

（3）发展工程造价信息化，推进造价信息的标准化工作。工程造价信息标准化工作，包括组织编制建设工程人工、材料、机具、设备的分类及标准代码，工程项目分类标准代码，各类信息采集及传输标准格式等工作，造价信息的标准化工作为全国工程造价信息化的发展提供基础。

（4）加快培养工程造价管理信息化人才。工程造价管理部门正通过各种手段与媒介，大力宣传信息化的重要性，以加快工程造价管理人员的信息素质培养，提高工作效率和工作质量。同时，随着信息系统专业化程度的提高，信息系统的运行维护和使用都需要配备专业的人员。工程造价管理部门也正大力加强对管理人员和业务人员信息化知识的宣传普及、应用技能的培训，以培养大量可以适应工程造价管理信息化发展的人才，建立一支强大的信息技术开发与应用专业队伍，满足工程造价管理信息化建设的需要。

（5）发展造价信息咨询业，建立不同层次的造价信息动态管理体系。目前我国造价信息的提供仍以政府主管部门为主导，造价信息咨询行业的发展相对滞后。国外工程造价行业一直十分重视工程造价信息的收集和积累，他们设有专门的机构收集、整理各种工程造价信息，分析、测算各种工程造价指数，并通过工程造价信息平台提供给业界参考使用。英国有三种层次的造价信息，分别为政府层次、专业团体层次和企业层次。政府层次是指英国的建筑业行业管理部门贸工部，下设建筑市场情报局，专门收集、整理工程建设领域人工、材料、机械等的价格信息，测算各类建设工程的投标指数和造价指数，每季度定期向社会公布人工、材料、机械等的价格信息和各类建设工程的投标指数、造价指数，指引和规范工程造价的确定。专业团体层次主要是指以英国皇家测量师学会为代表的专业团体发布的造价信息。这些专业团体设有专门的机构收集、整理各种工程造价信息，分析、测算各种工程造价指数，并有偿提供给业界参考使用。企业层次是指大多数测量师行、咨询公司和一些大型的工程承包商发布的造价信息。美国也有三种层次的造价信息：政府部门发布建设成本指南、最低工资标准等综合造价信息；民间组织像 S-T、ENR（Engineer-ING News-record）等许多咨询公司负责发布工料价格、建设造价指数、房屋造价指数等方面的造价信息；专业咨询公司收集、处理、存储大量已完工项目的造价统计信息，以供造价工程师在确定工程造价和审计工程造价时借鉴和使用。国外在工程造价信息管理方面有比较成熟的方法及管理体系，我国可借鉴国外工程造价信息管理的理论研究及实践经验，并结合我国的实际情况建立自身的工程造价信息动态管理体系。

第五章　工程决策和设计阶段造价管理

第一节　决策和设计阶段造价管理工作程序和内容

一、决策阶段工程造价管理工作程序与内容

（一）决策阶段工程造价管理工作程序

项目投资决策是选择和决定投资行动方案的过程，是对拟建项目的必要性和可行性进行技术经济论证，对不同建设方案进行技术经济比较选择及作出判断和决定的过程。项目投资决策是投资行动的准则，正确的项目投资行动来源于正确的项目投资决策。由此可见，项目决策正确与否，直接关系项目建设的成败，关系工程造价的高低及投资效果的好坏。正确决策是合理确定与控制工程造价的前提。

通常，建设项目投资决策阶段的工作程序如图 5.1.1 所示。

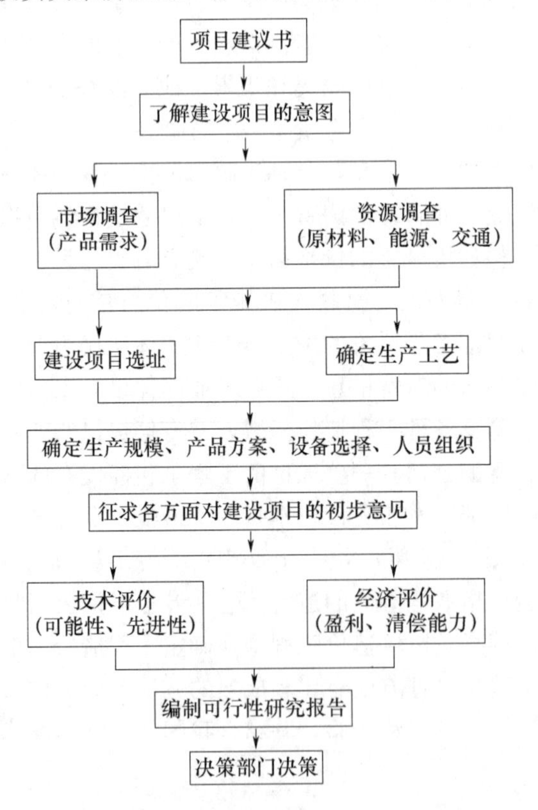

图 5.1.1　投资决策阶段造价管理工作程序

项目决策对工程造价的管理有非常重要的意义，主要体现在以下几个方面：

1. 项目决策的正确性是工程造价合理性的前提

项目决策正确，意味着对项目建设做出科学的决断，优选出最佳投资行动方案，达到资源的合理配置，在此基础上合理地估算工程造价，在实施最优投资方案过程中，有效控制工程造价。项目决策失误，如项目选择的失误、建设地点的选择错误，或者建设方案的不合理等，会带来不必要的资金投入，甚至造成不可弥补的损失。因此，为达到工程造价的合理性，事先就要保证项目决策的正确性，避免决策失误。

2. 项目决策的内容是决定工程造价的基础

决策阶段是项目建设全过程的起始阶段，决策阶段的工程计价对项目全过程的造价起着宏观控制的作用。决策阶段各项技术经济决策，对该项目的工程造价有重大影响，特别是建设标准的确定、建设地点的选择、工艺的评选、设备的选用等，直接关系工程造价的高低。据有关资料统计，在项目建设各阶段中，投资决策阶段影响工程造价的程度最高，达到70%～90%。因此，决策阶段是决定工程造价的基础阶段。

3. 项目决策的深度影响投资估算的精确度

投资决策是一个由浅入深、不断深化的过程，不同阶段决策的深度不同，投资估算的精度也不同。如在项目规划和项目建议书阶段，投资估算的误差率在±30%左右；而在可行性研究阶段，误差率在±10%以内。在项目建设的各个阶段，通过工程造价的确定与控制，形成相应的投资估算、设计概算、施工图预算、合同价、结算价和竣工决算价，各造价形式之间存在着前者控制后者，后者补充前者的相互作用关系。因此，只有加强项目决策的深度，采用科学的估算方法和可靠的数据资料，合理地计算投资估算，才能保证其他阶段的造价被控制在合理范围，避免“三超”现象的发生，继而实现投资控制目标。

4. 工程造价的数额影响项目决策的结果

项目决策影响着项目造价的高低以及拟投入资金的多少，反之亦然。项目决策阶段形成的投资估算是进行投资方案选择的重要依据之一，同时也是决定项目是否可行及主管部门进行项目审批的参考依据。因此，项目投资估算的数额，从某种程度上也影响着项目决策。

（二）决策阶段工程造价管理工作内容

项目决策阶段，是影响工程造价主要阶段，在该阶段要重点注意：建设规模、建设地区及建设地点（厂址）、技术方案、设备方案、工程方案、环境保护措施等，通过技术经济的手段研究好以上内容，才能更好地控制好造价。

1. 确定决策阶段影响工程造价的主要因素

（1）项目建设规模。

项目建设规模是指项目设定的正常生产营运年份可能达到的生产能力或者使用效益。项目规模的合理选择关系着项目的成败，决定着工程造价合理与否，其制约因素有市场因素、技术因素、环境因素。

1）市场因素。市场因素是项目规模确定中需考虑的首要因素。首先，项目产品的市场需求状况是确定项目生产规模的前提。通过市场分析与预测，确定市场需求量、了解竞争对手情况，最终确定项目建成时的最佳生产规模，使所建项目在未来能够保持合理的盈利水平和可持续发展的能力。其次，原材料市场、资金市场、劳动力市场等对项目规模的选择起着程度不同的制约作用。如项目规模过大可能导致材料供应紧张和价格上涨，造成项目所需投资资金的筹集困难和资金成本上升等，将制约项目的规模。

2）技术因素。先进实用的生产技术及技术装备是项目规模效益赖以存在的基础，而相应的管理技术水平则是实现规模效益的保证。若与经济规模生产相适应的先进技术及其装备的来源没有保障，或获取技术的成本过高，或管理水平跟不上，则不仅预期的规模效益难以实现，还会给项目的生存和发展带来危机，导致项目投资效益低下，工程支出浪费严重。

3）环境因素。项目的建设、生产和经营都是在特定的社会经济环境下进行的，项目规模确定中需考虑的主要环境因素有燃料动力供应、协作及土地条件、运输及通信条件。其中，政策因素包括产业政策、投资政策、技术经济政策、国家和地区及行业经济发展规划等。特别是国家对部门行业的新建项目规模作了下限规定，选择项目规模时应遵照执行。

此外，对于不同行业、不同项目确定建设规模时，还应考虑各行业特定的制约因素：

① 对于煤炭、金属与非金属矿山、石油、天然气等矿产资源开发项目，应根据资源合理开发利用要求和资源可采储量、赋存条件等确定建设规模；

② 对于水利水电项目，应根据水的资源量、可开发利用量、地质条件、建设条件、库区生态影响、占用土地以及移民安置等确定建设规模；

③ 对于铁路、公路项目，应根据建设项目影响区域内一定时期运输量的需求预测，以及该项目在综合运输系统和本系统中的作用确定线路等级、线路长度和运输能力；

④ 对于技术改造项目，应充分研究建设项目生产规模与企业现有生产规模的关系；新建生产规模属于外延型还是外延内涵复合型，以及利用现有场地，公用工程和辅助设施的可能性等因素，确定项目建设规模。

（2）建设地区及建设地点（厂址）。

一般情况下，确定某个建设项目的具体地址（或厂址），需要经过建设地区的选择和建设地点的选择（厂址选择）这样两个不同层次的、相互联系又相互区别的工作阶段。这两个阶段是一种递进关系。其中，建设地区的选择是指在几个不同地区之间对拟建项目适宜配置在哪个地域范围的选择；建设地点的选择是指对项目具体坐落位置的选择。

1）建设地区的选择。建设地区选择得合理与否，在很大程度上决定着拟建项目的命运，影响着工程造价的高低、建设工期的长短、建设质量的好坏，还影响项目建成后的运营状况。因此，建设地区的选择要充分考虑各种因素的制约，具体要考虑以下因素：

① 要符合国民经济发展战略规划、国家工业布局总体规划和地区经济发展规划的要求；

② 要根据项目的特点和需要，充分考虑原材料条件、能源条件、水源条件、各地区对项目产品需求及运输条件等；

③ 要综合考虑气象、地质、水文等建厂的自然条件；

④ 要充分考虑劳动力来源、生活环境、协作、施工力量、风俗文化等社会环境因素的影响。

因此，建设地区的选择要遵循以下两个基本原则：第一，靠近原料、燃料提供地和产品消费地的原则；第二，工业项目适当聚集的原则。

2）建设地点（厂址）的选择。建设地点的选择是一项极为复杂的技术经济综合性很强的系统工程，它不仅涉及项目建设条件、产品生产要素、生态环境和未来产品销售等重要问题，受社会、政治、经济、国防等多因素的制约，而且还直接影响项目建设投资、建设速度和施工条件，以及未来企业的经营管理及所在地点的城乡建设规划与发展。因此，必须从国民经济和社会发展的全局出发，运用系统观点和方法分析决策。

（3）技术方案。

生产技术方案指产品生产所采用的工艺流程和生产方法。技术方案不仅影响项目的建设成本，也影响项目建成后的运营成本。因此，技术方案的选择直接影响项目的工程造价，必须认真选择和确定。

（4）设备方案。

在生产工艺流程和生产技术确定后，就要根据工厂生产规模和工艺过程的要求，选择设备的型号和数量。设备的选择与技术密切相关，两者必须匹配。没有先进的技术，再好的设备也没用；没有先进的设备，技术的先进性则无法体现。

（5）工程方案。

工程方案选择是在已选定项目建设规模、技术方案和设备方案的基础上，研究论证主要建筑物、构筑物的建造方案，包括对建筑标准的确定。一般工业项目的厂房、工业窑炉、生产装置等建筑物、构筑物的工程方案，主要研究其建筑特征（面积、层数、高度、跨度），建筑物构筑物的结构形式，以及特殊建筑要求（防火、防爆、防腐蚀、隔声、隔热等），基础工程方案，抗震设防等。工程方案应在满足使用功能、确保质量的前提下，力求降低造价、节约资金。

（6）环境保护措施。

建设项目一般会引起项目所在地自然环境、社会环境和生态环境的变化，对环境状况、环境质量产生不同程度的影响。因此，需要在确定场址方案和技术方案中，调查研究环境条件，识别和分析拟建项目影响环境的因素，研究提出治理和保护环境的措施，比选和优化环境保护方案。在研究环境保护治理措施时，应从环境效益、经济效益相统一的角度进行分析论证，力求环境保护治理方案技术可行和经济合理。

2. 项目建议书、可行性研究及经济评价

在工程项目决策阶段，造价管理主要包括按照有关规定编制和审核投资估算，经有关部门批准，即可作为拟建工程项目的控制造价（投资估算一般作为项目建议书和可行性研究报告的一部分，有关的内容见第二章，投资估算的编制见第五章第二节）。

（1）投资方案的经济评价。

根据不同的投资方案进行经济评价，作为工程项目决策的重要依据。对于 PPP 项目可以进行 PPP 项目的物有所值评价工作，进行 PPP 项目的造价管理工作。《建设项目经济评价方法与参数》（第三版）要求，建设项目可行性研究阶段的经济评价，应系统分析、计算项目的效益和费用，通过多方案经济比选推荐最佳方案，对项目建设的必要性、财务可行性、经济合理性、投资风险等进行全面的评价。由此，作为寻求合理的经济和技术方案的必要手段——设计方案评价、比选应遵循如下原则：

1）建设项目设计方案评价、比选要协调好技术先进性和经济合理性的关系。即在满足设计功能和采用合理先进技术的条件下，尽可能降低投入。

2）建设项目设计方案评价、比选除考虑一次性建设投资的比选外，还应考虑项目运营过程中的费用比选，即项目寿命期的总费用比选。

3）建设项目设计方案评价、比选要兼顾近期与远期的要求。即建设项目的功能和规模应根据国家和地区远景发展规划，适当留有发展余地。

（2）投资估算的审查。

为了保证项目投资估算的准确性，以便确保其应有的作用，必须加强对项目投资估算的审查工作。项目投资估算的审查部门和单位，在审查项目投资估算时，应注意可信性、一致性和符合性，并据此进行审查。

1）审查投资估算编制依据的可信性

① 审查投资估算方法的科学性和适用性。因为投资估算方法很多，而每种投资估算方法都各有其适用条件和范围，并具有不同的精确度。如果使用的投资估算方法与项目的客观条件和情况不相适应，或者超出了该方法的适用范围，就不能保证投资估算的质量。

② 审查投资估算数据资料的时效性和准确性。估算项目投资所需的数据资料很多，如已运行同类型项目的投资，设备和材料价格，运杂费率，有关的定额、指标、标准，以及有关规定等都与时间有密切关系，都可能随时间的推移而发生变化。因此，必须注意其时效性和准确性。

2）审查投资估算的编制内容与规定、规划要求的一致性

① 项目投资估算是否有漏项。审查项目投资估算包括的工程内容与规定要求是否一致，是否漏掉了某些辅助工程、室外工程等的建设费用。

② 项目投资估算是否符合规划要求。审查项目投资估算的项目产品生产装置的先进水平和自动化程度等，与规划要求的先进程度是否相符合。

③ 项目投资估算是否按环境等因素的差异进行调整。审查是否对拟建项目与已运行项目在工程成本、工艺水平、规模大小、环境因素等方面的差异进行了适当的调整。

（3）审查投资估算费用的符合性。

1）审查“三废”处理情况。审查“三废”处理所需投资是否进行了估算，其估算数额是否符合实际。

2）审查物价波动变化幅度是否合适。审查是否考虑了物价上涨和汇率变动对投资额的影响，以及物价波动变化幅度是否合适。

3）审查是否采用“三新”技术。审查是否考虑了采用新技术、新材料及新工艺，采用现行新标准和规范比已有运行项目的要求提高所需增加的投资额，所增加额度是否合适。

二、设计阶段工程造价管理工作程序与内容

（一）设计阶段工程造价管理工作程序

工程设计是建设项目进行全面规划和具体描述实施意图的过程，是工程建设的灵魂，是科学技术转化为生产力的纽带，是处理技术与经济关系的关键性环节，是确定与控制工程造价的重点阶段。设计是否经济合理，对控制工程造价具有十分重要的意义。

为保证工程建设和设计工作有机的配合和衔接，将工程设计划分为几个阶段，一般工业与民用建设项目设计按初步设计和施工图设计两个阶段进行，称为“两阶段设计”；对于技术上复杂而又缺乏设计经验的项目，可按初步设计、扩大初步设计和施工图设计三个阶段进行，称为“三阶段设计”，小型建设项目中技术简单的，在简化的初步设计确定后，就可做施工图设计。在各设计阶段，都需要编制相应的工程造价控制文件，即设计概算、修正概算、施工图预算等，逐步由粗到细确定工程造价控制目标，并经过分段审批，切块分解，层层控制工程造价。

工程设计包括准备工作、编制各阶段的设计文件、配合施工和参加施工验收、进行工程设计总结等全过程，如图 5.1.2 所示。

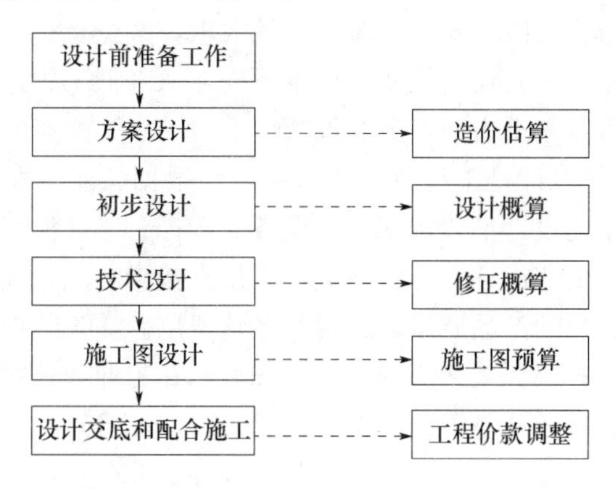

图5.1.2　工程设计阶段造价管理工作程序

（1）设计前准备工作。设计单位根据主管部门或业主的委托书进行可行性研究，参加厂址选择和调查研究设计所需的基础资料（包括勘察资料，环境及水文地质资料，科学试验资料，水、电及原材料供应资料，用地情况及指标，外部运输及协作条件等资料），开展工程设计所需的科学试验。在此基础上进行方案设计。

（2）初步设计。设计单位根据批准的可行性研究报告或设计合同和基础资料进行初步设计和编制初步设计文件。

（3）技术设计。对技术复杂而又无设计经验或特殊的建设工程，设计单位应根据批准的初步设计文件进行技术设计和编制技术设计文件（含修正总概算）。

（4）施工图设计。设计单位根据批准的初步设计文件（或技术设计文件）和主要设备订货情况进行施工图设计，并编制施工图设计文件（含施工图预算）。

（5）设计交底和配合施工。设计单位应负责交代设计意图，进行技术交底，解释设计文件及时解决施工中设计文件出现的问题，参加试运转和竣工验收、投产及进行全面

的工程设计总结。对于大中型工业项目和大型复杂的民用工程，应派现场设计代表积极配合现场施工并参加隐蔽工程验收。

（二）设计阶段工程造价管理工作内容

国内外相关资料研究表明，设计阶段的费用只占工程全部费用不到1%，但在项目决策正确的前提下，其对工程造价影响程度高达75%以上。因此，设计阶段造价管理工作尤其重要，要充分考虑该阶段影响工程造价的因素，通过在限额设计、优化设计方案，特别是采用BIM技术进行方案设计，在此基础上编制和审核工程概算、施工图预算，实现对工程造价的有效管理。

1. 设计阶段影响造价的主要因素

根据工程项目类别的不同，在设计阶段需要考虑的影响工程造价的因素也有所不同，以下就工业建设项目和民用建设项目分别介绍影响工程造价的因素。

（1）工业项目。

1）总平面设计。总平面设计中影响工程造价的因素有占地面积、功能分区和运输方式的选择。占地面积的大小一方面影响征地费用的高低，另一方面也会影响管线布置成本及项目建成运营的运输成本；合理的功能分区既可以使建筑物的各项功能充分发挥，又可以使总平面布置紧凑、安全，避免大挖大填，减少土石方量的节约用地，降低工程造价；不同的运输方式其运输效率及成本不同，从降低工程造价的角度来看，应尽可能选择无轨运输，可以减少占地，节约投资。

2）工艺设计。工艺设计是工程设计的核心，是根据工业企业生产的特点、生产性质和功能来确定的。工艺设计一般包括生产设备的选择、工艺流程设计、工艺定额的制定和生产方法的确定。工艺设计标准的高低，不仅直接影响工程建设投资的大小和建设进度，还决定着未来企业的产品质量、数量和经营费用。在工艺设计过程中影响工程造价的因素主要包括生产方法、工艺流程和设备选型。在工业建筑中，设备及安装工程投资占有很大的比例，设备的选型不仅影响着工程造价，而且对生产方法及产品质量也有着决定作用。

3）建筑设计。建筑设计部分，要在考虑施工过程的合理组织和施工条件的基础上，决定工程的立体平面设计和结构方案的工艺要求。在建筑设计阶段影响工程造价的主要因素有平面形状、流通空间、层高、建筑物层数、柱网布置、建筑物的体积与面积和建筑结构。一般来说，建筑物平面形状越简单，它的单位面积造价就越低。建筑物周长与建筑面积比即建筑周长系数 $K_{周}$（即单位建筑面积所占外墙长度）越低，设计越经济。在建筑面积不变的情况下，建筑层高增加会引起各项费用的增加。建筑物层数对造价的影响，因建筑类型、形式和结构不同而不同。如果增加一个楼层不影响建筑物的结构形式，单位建筑面积的造价可能会降低。工业厂房层数的选择应该重点考虑生产性质和生产工艺的要求。确定多层厂房的经济层数主要有两个因素：一是厂房展开面积的大小，展开面积越大，层数越可提高；二是厂房宽度和长度，宽度和长度越大，则层数越能增高，造价也随之相应降低。柱网布置是确定柱子的行距（跨度）和间距（每行柱子中相邻两个柱子间的距离）的依据。柱网布置是否合理，对工程造价和厂房面积的利用效率都有较大的影响。对于单跨厂房，当柱间距不变时，跨度越大单位面积造价越低。对于多跨厂房，当跨度不变时，中跨数量越多越经济。随着建筑物体积和面积的增加，工程总造价会提高。对于工业建筑，在不影响生产能力的条件下，厂房、设备布置力求紧凑合理；要采用先进工艺和高效能的设备，节省厂房面积；要采用大跨度、大柱距的大厂房平面设计形式，提高平面利用系数。建筑材料和建筑结构选择是否合理，不仅直接影响工程质量、使用寿命、耐火抗震性能，而且对施工费用、工程造价有很大的影响。尤其是建筑材料，一般占直接费的70%，降低材料费用，不仅可以降低直接工程费，也会导致措施费和间接费的降低。采用各种先进的结构形式和轻质高强度建筑材料，能减轻建筑物自重，简化基础工程，减少建筑材料和构配件的费用及运费，并能提高劳动生产率和缩短建设工期，经济效益十分明显。

（2）民用项目。

1）住宅小区规划。住宅小区规划中影响工程造价的主要因素有占地面积和建筑群体的布置形式。占地面积不仅直接决定着土地费的高低，而且影响着小区内道路、工程管线长度和公共设备的多少，而这些费用对小区建设投资的影响通常很大。因而，用地面积指标在很大程度上影响小区建设的总造价。建筑群体的布置形式对用地的影响也不容忽视，通过采取高低搭配、点条结合、前后错列以及局部东西向布置、斜向布置或拐角单元等手法节省用地。在保证小区居住功能的前提下，适当集中公共设施，合理布置道路，充分利用小区内的边角用地，有利于提高建筑密度，降低小区的总造价。

2）住宅建筑设计。住宅建筑设计中影响工程造价的主要因素有建筑物平面形状和周长系数、层高和净高、层数、单元组成、户型和住户面积、建筑结构等。与工业项目建筑设计类似，虽然圆形建筑 $K_{周}$ 最小，但由于施工复杂，施工费用较矩形建筑增加20%～30%，故其墙体工程量的减少不能使建筑工程造价降低，而且使用面积有效利用率不高和用户使用不便。因此，一般都建造矩形和正方形住宅，既有利于施工，又能降低造价和方便使用。在矩形住宅建筑中，又以长：宽＝2：1为佳。一般住宅单元以3～4个住宅单元、房屋长度60～80m较为经济。住宅的层高和净高，直接影响工程造价。根据不同性质的工程综合测算住宅层高每降低10cm，可降低造价1.2%～1.5%。层高降低还可提高住宅区的建筑密度，节约土地成本及市政设施费。但是，层高设计中还需考虑采光与通风问题，层高过低不利于采光及通风。民用住宅的层高一般不宜超过2.8m。随着住宅层数的增加，单方造价系数在逐渐降低，即层数越多越经济。但是边际造价系数也在逐渐减小，说明随着层数的增加，单方造价系数下降幅度减缓，当住宅超过7层时，就要增加电梯费用，需要较多的交通面积（过道、走廊要加宽）和补充设备（供水设备和供电设备等）。特别是高层住宅，要经受较强的风力荷载，需要提高结构强度，改变结构形式，使工程造价大幅度上升。因此，中小城市以建造多层住宅较为经济，大城市可沿主要街道建设一部分高层住宅，以合理利用空间，美化市容。对于土地特别昂贵的地区，为了降低土地费用，中、高层住宅是比较经济的选择。衡量单元组、户型设计的指标是结构面积系数（住宅结构面积与建筑面积之比），系数越小设计方案越经济。结构面积系数除与房屋结构有关外，还与房屋外形及其长度和宽度有关，同时也与房间平均面积大小和户型组成有关。房屋平均面积越大，内墙、隔墙在建筑面积所占比重就越小。随着我国工业化水平的提高，住宅工业化建筑体系的结构形式多种多样，考虑工程造价时应根据实际情况，因地制宜、就地取材，采用适合本地区经济合理的结构形式。

2. 限额设计

限额设计是指按照批准的可行性研究报告中的投资限额进行初步设计、按照批准的初步设计概算进行施工图设计、按照施工图预算造价编制施工图设计中各个专业设计文件的过程。

限额设计中，工程使用功能不能减少，技术标准不能降低，工程规模也不能削减。因此，限额设计需要在投资额度不变的情况下，实现使用功能和建设规模的最大化。限额设计是工程造价控制系统中的一个重要环节，是设计阶段进行技术经济分析，实施工程造价控制的一项重要措施。

限额设计强调技术与经济的统一，需要工程设计人员和工程造价管理专业人员密切合作。工程设计人员进行设计时，应基于建设工程全寿命期，充分考虑工程造价的影响因素，对方案进行比较，优化设计；工程造价管理专业人员要及时进行投资估算，在设计过程中协助工程设计人员进行技术经济分析和论证，从而达到有效控制工程造价的目的。

限额设计的实施是建设工程造价目标的动态反馈和管理过程，可分为目标制定、目标分解、目标推进和成果评价四个阶段。

3. 设计方案评价与优化

设计方案评价与优化是设计过程的重要环节，它是指通过技术比较、经济分析和效益评价，正确处理技术先进与经济合理之间的关系，力求达到技术先进与经济合理的和谐统一。

设计方案评价与优化通常采用技术经济分析法，即将技术与经济相结合，按照建设工程经济效果，针对不同的设计方案，分析其技术经济指标，从中选出经济效果最优的方案。由于设计方案不同，其功能、造价、工期和设备、材料、人工消耗等标准均存在差异，因此，技术经济分析法不仅要考察工程技术方案，更要关注工程费用。

设计方案评价与优化的基本程序如下：

（1）按照使用功能、技术标准、投资限额的要求，结合工程所在地实际情况，探讨和建立可能的设计方案；

（2）从所有可能的设计方案中初步筛选出各方面都较为满意的方案作为比选方案；

（3）根据设计方案的评价目的，明确评价的任务和范围；

（4）确定能反映方案特征并能满足评价目的的指标体系；

（5）根据设计方案计算各项指标及对比参数；

（6）根据方案评价的目的，将方案的分析评价指标分为基本指标和主要指标，通过评价指标的分析计算，排出方案的优劣次序，并提出推荐方案；

（7）综合分析，进行方案选择或提出技术优化建议；

（8）对技术优化建议进行组合搭配，确定优化方案；

（9）实施优化方案并总结备案。

设计方案评价与优化的基本程序如图 5.1.3 所示。

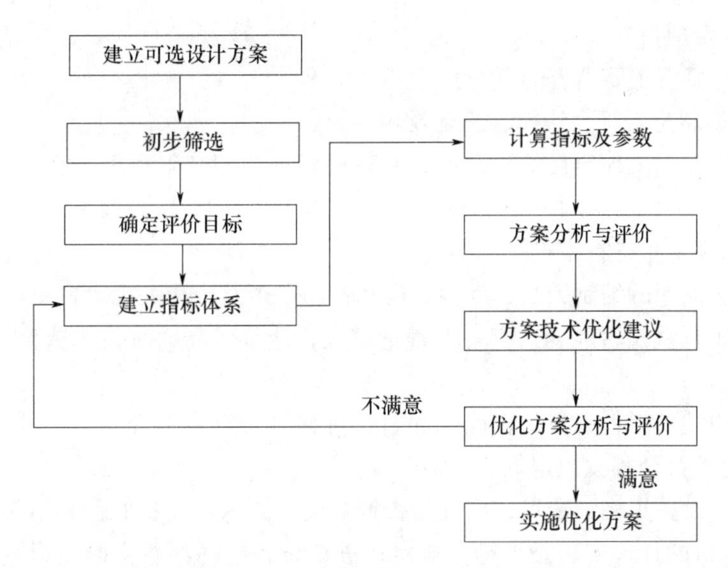

图 5.1.3　设计方案评价与优化的基本成型

在设计方案评价与优化过程中，建立合理的指标体系，并采取有效的评价方法进行方案优化是最基本和最重要的工作内容。

4. 概预算文件编制与审查

概预算文件的编制见第五章第二节和第三节，这里仅就概预算文件的审查进行介绍。

（1）设计概算审查。

设计概算审查是确定建设工程造价的一个重要环节。通过审查，能使概算更加完整、准确，促进工程设计的技术先进性和经济合理性。

1）设计概算的审查内容。其包括概算编制依据、概算编制深度及概算主要内容三个方面。

① 对设计概算编制依据的审查：

A. 审查编制依据的合法性。设计概算采用的编制依据必须经过国家和授权机关的批准，符合概算编制的有关规定。同时，不得擅自提高概算定额、指标或费用标准。

B. 审查编制依据的时效性。设计概算文件所使用的各类依据，如定额、指标、价格、取费标准等，都应根据国家有关部门的规定进行。

C. 审查编制依据的适用范围。各主管部门规定的各类专业定额及其取费标准，仅适用该部门的专业工程；各地区规定的各种定额及其取费标准，只适用于该地区范围内，特别是地区的材料预算价格应按工程所在地区的具体规定执行。

② 对设计概算编制深度的审查：

A. 审查编制说明。审查设计概算的编制方法、深度和编制依据等重大原则性问题。

B. 审查设计概算编制的完整性。对于一般大中型项目的设计概算，审查是否具有完整的编制说明和三级设计概算文件（总概算、综合概算、单位工程概算），是否达到规定的深度。

C. 审查设计概算的编制范围。其包括设计概算编制范围和内容是否与批准的工程项目范围相一致；各项费用应列的项目是否符合法律法规及工程建设标准；是否存在多列或遗漏的取费项目等。

③ 对设计概算主要内容的审查：

A. 概算编制是否符合法律、法规及相关规定。

B. 概算所编制工程项目的建设规模和建设标准、配套工程等是否符合批准的可行性研究报告或立项批文。对总概算投资超过批准投资估算10%以上的，应进行技术经济论证，需重新上报进行审批。

C. 概算所采用的编制方法、计价依据和程序是否符合相关规定。

D. 概算工程量是否准确。应将工程量较大、造价较高、对整体造价影响较大的项目作为审查重点。

E. 概算中主要材料用量的正确性和材料价格是否符合工程所在地的价格水平，材料价差调整是否符合相关规定等。

F. 概算中设备规格、数量、配置是否符合设计要求，设备原价和运杂费是否正确；非标准设备原价的计价方法是否符合规定；进口设备的各项费用的组成及其计算程序、方法是否符合规定。

G. 概算中各项费用的计取程序和取费标准是否符合国家或地方有关部门的规定。

H. 总概算文件的组成内容是否完整地包括了工程项目从筹建至竣工投产的全部费用组成。

I. 综合概算、总概算的编制内容、方法是否符合国家相关规定和设计文件的要求。

J. 概算中工程建设其他费用中的费率和计取标准是否符合国家、行业有关规定。

K. 概算项目是否符合国家对于环境治理的要求和相关规定。

L. 概算中技术经济指标的计算方法和程序是否正确。

2）设计概算的审查方法。采用适当方法对设计概算进行审查，是确保审查质量、提高审查效率的关键。常用的审查方法有以下五种：

① 对比分析法。通过对比分析建设规模、建设标准、概算编制内容和编制方法、人材机单价等，发现设计概算存在的主要问题和偏差。

② 主要问题复核法。对审查中发现的主要问题以及有较大偏差的设计进行复核，对重要、关键设备和生产装置或投资较大的项目进行复查。

③ 查询核实法。对一些关键设备和设施、重要装置以及图纸不全、难以核算的较大投资进行多方查询核对，逐项落实。

④ 分类整理法。对审查中发现的问题和偏差，对照单项工程、单位工程的顺序目录分类整理，汇总核增或核减的项目及金额，最后汇总审核后的总投资及增减投资额。

⑤ 联合会审法。在设计单位自审、承包单位初审、咨询单位评审、邀请专家预审、审批部门复审等层层把关后，由有关单位和专家共同审核。

（2）施工图预算审查。

对施工图预算进行审查，有利于核实工程实际成本，更有针对性地控制工程造价。

1）施工图预算的审查内容。重点应审查：工程量的计算；定额的使用；设备材料及人工、机械价格的确定；相关费用的选取和确定。

① 工程量的审查。工程量计算是编制施工图预算的基础性工作之一，对施工图预算的审查，应首先从审查工程量开始。

② 定额使用的审查。应重点审查定额子目的套用是否正确。同时，对于补充的定额子目，要对其各项指标消耗量的合理性进行审查，并按程序进行报批，及时补充到定额当中。

③ 设备材料及人工、机械价格的审查。设备材料及人工、机械价格受时间、资金和市场行情等因素的影响较大，且在工程总造价中所占比例较高。因此，应作为施工图预算审查的重点。

④ 相关费用的审查。审查各项费用的选取是否符合国家和地方有关规定，审查费用的计算和计取基数是否正确、合理。

2）施工图预算审查的方法。通常可采用以下方法对施工图预算进行审查：

① 全面审查法。全面审查法又称逐项审查法，是指按预算定额顺序或施工的先后顺序，逐一进行全部审查。其优点是全面、细致，审查的质量高；缺点是工作量大，审查时间较长。

② 标准预算审查法。标准预算审查法是指对于利用标准图纸或通用图纸施工的工程，先集中力量编制标准预算，然后以此为标准对施工图预算进行审查。其优点是审查时间较短，审查效果好；缺点是应用范围较小。

③ 分组计算审查法。分组计算审查法是指将相邻且有一定内在联系的项目编为一组，审查某个分量，并利用不同量之间的相互关系判断其他几个分项工程量的准确性。其优点是可加快工程量审查的速度；缺点是审查的精度较差。

④ 对比审查法。对比审查法是指用已完工程的预结算或虽未建成但已审查修正的工程预结算对比审查拟建类似工程施工图预算。其优点是审查速度快，但同时需要具有较为丰富的相关工程数据库作为开展工作的基础。

⑤ 筛选审查法。筛选审查法也属于一种对比方法。即对数据加以汇集、优选、归纳，建立基本值，并以基本值为准进行筛选，对于未被筛下去的，即不在基本值范围内的数据进行较为详尽的审查。其优点是便于掌握，审查速度较快；缺点是有局限性，较适用于住宅工程或不具备全面审查条件的工程项目。

⑥ 重点抽查法。重点抽查法是指抓住工程预算中的重点环节和部分进行审查。其优点是重点突出，审查时间较短，审查效果较好；缺点是对审查人员的专业素质要求较高，在审查人员经验不足或了解情况不够的情况下，极易造成判断失误，严重影响审查结论的准确性。

⑦ 利用手册审查法。利用手册审查法是指将工程常用的构配件事先整理成预算手册，按手册对照审查。

⑧ 分解对比审查法。分解对比审查法是将一个单位工程按直接费和间接费进行分解，然后将直接费按工种和分部工程进行分解，分别与审定的标准预结算进行对比分析。

总之，设计概预算的审查作为设计阶段造价管理的重要组成部分，需要有关各方积极配合，强化管理，从而实现基于建设工程全寿命期的全要素集成管理。

第二节　投资估算编制

一、投资估算的概念及作用

（一）投资估算的概念

投资估算是指在项目投资决策阶段，按照规定的程序、办法和依据，对拟建项目所需投资，通过编制估算文件预先测算和估计的过程。

投资估算的成果文件称作投资估算书，也简称投资估算。投资估算书是项目建议书或可行性研究报告的重要组成部分，是项目决策的重要依据之一。

（二）投资估算的作用

投资估算作为论证拟建项目的重要经济文件，既是建设项目技术经济评价和投资决策的重要依据，又是该项目实施阶段投资控制的目标值。投资估算在建设工程的投资决策、造价控制、筹集资金等方面都有重要作用。

（1）项目建议书阶段的投资估算，是项目主管部门审批项目建议书的依据之一，并对项目的规划、规模起参考作用。

（2）项目可行性研究阶段的投资估算，是项目投资决策的重要依据，也是研究、分析、计算项目投资经济效果的重要条件。

（3）项目投资估算是设计阶段造价控制的依据，投资估算一经确定，即成为限额设计的依据，用以对各设计专业实行投资切块分配，作为控制和指导设计的尺度。

（4）项目投资估算可作为项目资金筹措及制订建设贷款计划的依据，发包人可根据批准的项目投资估算额，进行资金筹措和向银行申请贷款。

（5）项目投资估算是核算建设项目固定资产投资需要额和编制固定资产投资计划的重要依据。

（6）项目投资估算是建设工程设计招标、优选设计单位和设计方案的重要依据。

二、投资估算编制内容

（一）投资估算文件的划分

根据中国建设工程造价管理协会标准《建设项目投资估算编审规程》（CECA/GC 1—2015）的规定，投资估算按照编制估算的工程对象划分，包括建设项目投资估算、单项工程投资估算和单位工程投资估算等。按照费用的性质划分，包括建设投资估算、建设期利息估算和流动资金的估算。

（二）投资估算文件的组成部分

投资估算文件一般由封面、签署页、编制说明、投资估算分析、总投资估算表、单项工程估算表、主要技术经济指标等内容组成。

1. 投资估算编制说明

投资估算编制说明一般包括以下内容：

（1）工程概况。

（2）编制范围。说明建设项目总投资估算中所包括的和不包括的工程项目和费用；如有几个单位共同编制时，说明分工编制的情况。

（3）编制方法。

（4）编制依据。

（5）主要技术经济指标。其包括投资、用地和主要材料用量指标。当设计规模有远、近期不同的考虑时，或者土建与安装的规模不同时，应分别计算后再综合。

（6）有关参数、率值选定的说明。如征地拆迁、供电供水、考察咨询等费用的费率标准选用情况。

（7）特殊问题的说明（包括采用新技术、新材料、新设备、新工艺）；必须说明的价格的确定；进口材料、设备、技术费用的构成与技术参数；采用特殊结构的费用估算方法；安全、节能、环保、消防等专项投资占总投资的比重；建设项目总投资中未计算项目或费用的必要说明等。

（8）采用限额设计的工程还应对投资限额和投资分解作进一步说明。

（9）采用方案比选的工程还应对方案比选的估算和经济指标作进一步说明。

（10）资金筹措方式。

2. 投资估算分析

投资估算分析应包括以下内容：

（1）工程投资比例分析。一般民用项目要分析土建及装修、给排水、消防、采暖、通风空调、电气等主体工程和道路、广场、围墙、大门、室外管线、绿化等室外附属/总体工程占建设项目总投资的比例；一般工业项目要分析主要生产系统（需列出各生产装置）、辅助生产系统、公用工程（给排水、供电和通信、供气、总图运输等）、服务性工程、生活福利设施、厂外工程等占建设项目总投资的比例。

（2）各类费用构成占比分析。分析设备及工器具购置费、建筑工程费、安装工程费、工程建设其他费用、预备费占建设项目总投资的比例；分析引进设备费用占全部设备费用的比例等。

（3）分析影响投资的主要因素。

（4）与类似工程项目的比较，对投资总额进行分析。

3. 总投资估算

总投资估算包括汇总单项工程估算、工程建设其他费用、基本预备费、价差预备费、计算建设期利息等。

4. 单项工程投资估算

单项工程投资估算中，应按建设项目划分的各个单项工程分别计算组成工程费用的建筑工程费、设备及工器具购置费和安装工程费。

5. 工程建设其他费用估算

工程建设其他费用估算应按预期将要发生的工程建设其他费用种类，逐项详细估算其费用金额。

6．主要技术经济指标

工程造价人员应根据项目特点，计算并分析整个建设项目、各单项工程和主要单位工程的主要技术经济指标。

三、投资估算编制的依据、要求及步骤

（一）投资估算的编制依据

建设项目投资估算编制依据是指在编制投资估算时所遵循的计量规则、市场价格、费用标准及工程计价有关参数、率值等基础资料，主要有以下几个方面：

（1）国家、行业和地方政府的有关法律、法规或规定；政府有关部门、金融机构等发布的价格指数、利率、汇率、税率等有关参数。

（2）行业部门、项目所在地工程造价管理机构或行业协会等编制的投资估算指标、概算指标（定额）、工程建设其他费用定额（规定）、综合单价、价格指数和有关造价文件等。

（3）类似工程的各种技术经济指标和参数。

（4）工程所在地同期的人工、材料、机械市场价格，建筑、工艺及附属设备的市场价格和有关费用。

（5）与建设项目相关的工程地质资料、设计文件、图纸或有关设计专业提供的主要工程量和主要设备清单等。

（6）委托单位提供的其他技术经济资料。

（二）投资估算编制的要求

建设项目投资估算编制时，应满足以下要求：

（1）应委托有相应工程造价咨询资质的单位编制。投资估算编制单位应在投资估算成果文件上签字和盖章，对成果质量负责并承担相应责任；工程造价人员应在投资估算编制的文件上签字和盖章，并承担相应责任。由几个单位共同编制投资估算时，委托单位应制定主编单位，并由主编单位负责投资估算编制原则的制定、汇编总估算，其他参编单位负责所承担的单项工程等的投资估算编制。

（2）应根据主体专业设计的阶段和深度，结合各自行业的特点，所采用生产工艺流程的成熟性，以及编制单位所掌握的国家及地区、行业或部门相关投资估算基础资料和数据的合理、可靠、完整程度，采用合适的方法，对建设项目投资估算进行编制。

（3）应做到工程内容和费用构成齐全，不漏项，不提高或降低估算标准，计算合理，不少算、不重复计算。

（4）应充分考虑拟建项目设计的技术参数和投资估算所采用的估算系数、估算指标，在质和量方面所综合的内容，应遵循口径一致的原则。

（5）投资估算应参考相应工程造价管理部门发布的投资估算指标，依据工程所在地市场价格水平，结合项目实体情况及科学合理的建造工艺，全面反映建设项目建设前期和建设期的全部投资。对于建设项目的边界条件，如建设用地费和外部交通、水、电、通信条件，或市政基础设施配套条件等差异所产生的与主要生产内容投资无必然关联的

费用，应结合建设项目的实际情况进行修正。

（6）应对影响造价变动的因素进行敏感性分析，分析市场的变动因素，充分估计物价上涨因素和市场供求情况对项目造价的影响，确保投资估算的编制质量。

（7）投资估算精度应能满足控制初步设计概算要求，并尽量减少投资估算的误差。

（三）投资估算编制的步骤

根据投资估算的不同阶段，主要包括项目建议书阶段及可行性研究阶段的投资估算。可行性研究阶段的投资估算的编制一般包含静态投资部分、动态投资部分与流动资金估算三部分，主要包括以下步骤：

（1）分别估算各单项工程所需建筑工程费、设备及工器具购置费、安装工程费，在汇总各单项工程费用的基础上，估算工程建设其他费用和基本预备费，完成工程项目静态投资部分的估算。

（2）在静态投资部分的基础上，估算价差预备费和建设期利息，完成工程项目动态投资部分的估算。

（3）估算流动资金。

（4）估算建设项目总投资。

四、投资估算的编制方法

投资估算的不确定因素多，致使投资估算的方法也很多，不同的专家学者采用了不同的估算方法对投资进行估算。根据国家规定，建设项目投资估算的内容包括建设投资估算、建设期利息估算、流动资金估算的编制。

（一）建设投资估算方法

建设投资估算方法包括单位生产能力估算法、生产能力指数法、比例估算法、系数估算法和指标估算法、单位功能指标估算法。前四种估算方法估算准确度相对不高，主要适用于投资机会研究和初步可行性研究阶段。项目详细可行性研究阶段应采用指标估算法和分类估算法。

1. 单位生产能力估算法

单位生产能力估算法是依据已建成的、性质类似的建设项目的单位生产能力投资额乘以拟建项目的生产能力，估算拟建项目所需投资额的方法。计算公式如下：

$$C_2=\left(\frac{Q_2}{Q_1}\right)C_1 f \tag{5.2.1}$$

式中　C_1——已建类似项目的投资额；

C_2——拟建项目的投资额；

Q_1——已建类似项目或装置的生产能力；

Q_2——拟建项目或装置的生产能力；

f——不同时期、不同地点的定额、单价、费用变更等的综合调整系数。

这种方法将项目的建设投资与其生产能力的关系视为简单的线性关系，估算简便迅速，但精确度低。使用这种方法要求拟建项目与已建项目类似，仅存在规模大小和时间上的差异。

【例 5.2.1】 已知 2017 年建设一座年产量 50 万 t 的化工产品项目的建设投资为 32000 万元，2018 年拟建一座年产量 60 万 t 的化工产品项目，工程条件与 2018 年已建项目类似，工程价格综合调整系数为 1.2，估算该项目所需的建设投资额为多少？

解：$C_2=\left(\frac{Q_2}{Q_1}\right)C_1 f=\left(\frac{60}{50}\right)\times 32000\times 1.2=46080$(万元)

2. 生产能力指数法

生产能力指数法是根据已建成的类似项目生产能力和投资额与拟建项目的生产能力，来估算拟建项目投资额的一种方法。其计算公式为：

$$C_2=C_1\left(\frac{Q_2}{Q_1}\right)^n\times f \tag{5.2.2}$$

式中 n——生产能力指数，其他符号同前。

式（5.2.2）表明，造价与规模（或容量）呈非线性关系，并且单位造价随工程规模（或容量）的增大而减小。在正常情况下，$0\leqslant n\leqslant 1$。若已建类似项目的生产规模与拟建项目生产规模相差不大，Q_1 与 Q_2 的比值在 0.5～2，则指数 n 的取值近似为 1；若已建类似项目的生产规模与拟建项目生产规模相差不大于 50 倍，且拟建项目生产规模的扩大仅靠增大设备规模来达到时，则 n 的取值在 0.6～0.7；若是靠增加相同规格设备的数量达到时，n 的取值在 0.8～0.9。

生产能力指数法计算简单、速度快，但要求类似项目的资料可靠，条件基本相同。主要应用于拟建项目与用来参考的项目规模不同的场合。生产能力指数法的估算精度可以控制在±20%以内，尽管估价误差较大，但这种估价方法不需要详细的工程设计资料，只需依据工艺流程及规模就可以做投资估算，故使用较为方便。

【例 5.2.2】 2013 年建设一座年产量 50 万 t 的某产品项目，投资额为 10000 万元，2018 年拟建一座 150 万 t 的类似项目，已知自 2013 年至 2018 年每年平均造价指数递增 5%，生产能力指数为 0.9。用生产能力指数法估算拟建生产装置的投资额。

解：$C_2=C_1\left(\frac{Q_2}{Q_1}\right)^n\times f=10000\times\left(\frac{150}{50}\right)^{0.9}\times(1+5\%)^6=39700$(万元)

3. 系数估算法

系数估算法也称为因子估算法，它是以拟建项目的主体工程费或主要设备购置费为基数，以其他工程费与主体工程费的百分比为系数估算项目的静态投资的方法。这种方法简单易行，但是精度较低，一般用于项目建议书阶段。系数估算法的种类很多，在我国常用的方法有设备系数法和主体专业系数法，朗格系数法是世界银行项目投资估算常用的方法。

（1）设备系数法。以拟建项目的设备购置费为基数，根据已建成的同类项目的建筑安装工程费和其他工程费等与设备价值的百分比，求出拟建项目的建筑安装工程费和其他工程费，进而求出项目的静态投资，其总和即为拟建项目的建设投资。

$$C=E\ (1+f_1P_1+f_2P_2+f_3P_3+\cdots)\ +I \tag{5.2.3}$$

式中 C——拟建项目的静态投资额；

E——拟建项目根据当时当地价格计算的设备购置费；

P_1、P_2、P_3……——已建项目中建筑工程费、安装工程费及其他工程费等占设备费的比重；

f_1、f_2、f_3…——由于时间因素引起的定额、价格、费用标准等变化的综合调整系数；

I——拟建项目的其他费用。

【例 5.2.3】 某拟建项目设备购置费为20000万元，根据已建同类项目统计资料，建筑工程费占设备购置费的20%，安装工程费占设备购置费的10%，该拟建项目的其他费用估算为1800万元，调整系数 f_1、f_2均为1.1，试估算该项目的建设投资。

解：$C=E(1+f_1P_1+f_2P_2+f_3P_3)+I=20000\times(1+20\%\times1.1+10\%\times1.1)+1800=28400$(万元)

(2) 主体专业系数法。该法是以拟建项目中的最主要、投资比重较大并与生产规模直接相关的工艺设备的投资（包括运杂费及安装费）为基数，根据同类型的已建项目的有关统计资料，计算出拟建项目的各专业工程（总图、土建、暖通、给排水、管道、电气、电信及自控等）占工艺设备投资的百分比，求出各专业工程的投资额，然后汇总各部分的投资额（包括工艺设备投资）估算拟建项目所需的建设投资额。

$$C=E\ (1+f_1P'_1+f_2P'_2+f_3P'_3+\cdots)\ +I \tag{5.2.4}$$

式中　E——拟建项目根据当时当地价格计算的工艺设备投资；

P'_1、P'_2、P'_3…——已建项目中各专业工程费用占工艺设备投资的百分比；其他符号同前。

(3) 朗格系数法。这种方法是以设备购置费为基数，乘以适当系数来推算项目的建设投资。这种方法在国内不常见，是世界银行项目投资估算常采用的方法。该方法的基本原理是将项目建设中的总成本费用中的直接成本和间接成本分别计算，再合为项目的静态投资。其计算公式为：

$$C=E\cdot(1+\sum K_i)\cdot K_c \tag{5.2.5}$$

式中　C——建设投资；

E——设备购置费；

K_i——管线、仪表、建筑物等项费用的估算系数；

K_c——管理费、合同费、应急费等各项费用的总估算系数。

建设投资与设备购置费用之比称为朗格系数 K_L。即：

$$K_L=(1+\sum K_i)\times K_c \tag{5.2.6}$$

朗格系数法比较简单、快捷，但没有考虑设备规格、材质的差异，所以精度不高。一般常用于国际上工业项目的项目建议书阶段或投资机会研究阶段估算。

4. 比例估算法

比例估算法是根据统计资料，先求出已有同类企业主要设备投资占项目建设投资的比例，然后估算出拟建项目的主要设备投资，最后按比例求出拟建项目的静态投资。其表达式为：

$$I=\frac{1}{K}\sum_{i=1}^{n}Q_iP_i \tag{5.2.7}$$

式中　符号同前。

5. 指标估算法

指标估算法是把建设项目划分为建筑工程费、设备安装工程费、设备购置费及其他基本建设费等费用项目或单位工程，再根据各种具体的投资估算指标，进行各项费用项目或单位工程投资的估算，在此基础上，计算每一单项工程的投资额。然后估算工程建设其他费用及预备费，汇总求得建设项目总投资。

估算指标是一种比概算指标更为扩大的单位工程指标或单项工程指标，表现形式较多，如元/m、元/m^2、元/m^3、元/t 、元/（kV・A）等表示。

使用估算指标法应根据不同地区、年代进行调整。因为地区、年代不同，设备与材料的价格均有差异，调整方法可以按主要材料消耗量或“工程量”为计算依据；也可以按不同的工程项目的“万元工料消耗定额”而定不同的系数。如果有关部门已颁布了有关定额或材料价差系数（物价指数），也可以据其调整。使用估算指标法进行投资估算决不能生搬硬套，必须对工艺流程、定额、价格及费用标准进行分析，经过实事求是的调整与换算后，才能提高其精确度。

单位面积综合指标估算法。该方法适用于单项工程的投资估算，投资包括土建、给排水、采暖、通风、空调、电气、动力管道等所需费用。其计算公式为：

单项工程投资额＝建筑面积×单位面积造价×价格浮动指数±结构和建筑标准部分的价差 （5.2.8）

6. 单位功能指标估算法

该方法在实际工作中使用较多，可按如下公式计算：

项目投资额＝单元指标×民用建筑功能×物价浮动指数 （5.2.9）

单位指标是指每个估算单位的投资额。例如，饭店每个客房投资指标、医院每个床位投资估算指标等。

（1）建筑工程费估算。

建筑工程费的估算一般采用单位建筑工程投资估算法、单位实物工程量投资估算法、概算指标投资估算法等。

1）单位建筑工程投资估算法，以单位建筑工程量投资乘以建筑工程总量计算。具体方法包括单位面积综合指标估算法、单位功能指标估算法。

2）单位实物工程量投资估算法，以单位实物工程量的投资乘以实物工程总量计算。土方工程按每立方米投资，路面铺设工程按每平方米投资，矿井巷道衬砌工程按每延米投资乘以相应的实物工程量计算建筑工程费。

3）概算指标投资估算法，对于没有上述估算指标且建筑工程投资比例较大的项目，可采用概算指标估算法。采用此方法，应占有较为详细的工程资料、建筑材料价格和工程费用指标信息，投入的时间和工作量大。

（2）安装工程费估算。

安装工程费通常按行业或专门机构发布的安装工程定额、取费标准和指标估算投资。具体可按安装费率、每吨设备安装费或单位安装实物工程量的费用估算，即：

安装工程费＝设备原价×安装费费率 （5.2.10）

安装工程费＝设备吨位×每吨设备安装费指标 （5.2.11）

$$安装工程费=安装工程实物量\times每单位安装实物工程量费用指标 \quad (5.2.12)$$

(3) 设备及工器具购置费估算。

根据项目主要设备表及价格、费用资料编制，工器具购置费按设备费的一定比例计取。对于价值高的设备应按单台（套）估算购置费，价值小的设备可按类估算，国内设备和进口设备应分别估算。

(4) 工程建设其他费估算。

工程建设其他费的估算应结合具体建设项目的情况，有合同协议明确的费用按合同或协议列入。合同或协议没有明确的费用，根据国家和各行业部门、工程所在地地方政府的有关工程建设其他费用定额和计算办法估算。

(5) 基本预备费及价差预备费的估算。

基本预备费和价差预备费的计算详见第三章第五节。

（二）建设期利息的估算

建设期利息是债务资金在建设期发生并应计入固定资产原值的利息，包括借款（或债券）利息及手续费、承诺费、发行费、管理费等融资费用。进行建设期利息估算必须先估算出建设投资及其分年投资计划，确定项目资本金数额及其分年投入计划，确定项目债务资金的筹措方式及债务资金成本率。建设期贷款利息的计算详见第三章第五节。

（三）流动资金估算方法

流动资金是指生产经营性项目投产后，为进行正常生产运营，用于购买原材料、燃料动力、备品备件、支付工资及其他生产经营费用所必需的周转资金，通常以现金及各种存款、存货、应收及应付账款的形态出现。

流动资金是项目运营期内长期占用并周转使用的营运资金，不包括运营中需要的临时性营运资金。到项目寿命期结束，全部流动资金才能退出生产与流通，以货币资金的形式被收回。

流动资金的估算基础主要是营业收入和经营成本。因此，流动资金估算应在营业收入和经营成本估算之后进行。流动资金的估算按行业或前期研究的不同阶段，可选用扩大指标估算法或分项详细估算法。

1. 扩大指标估算法

扩大指标估算法是参照同类企业流动资金占营业收入的比例（营业收入资金率）或流动资金占经营成本的比例（经营成本资金率）或单位产量占用营运资金的数额来估算流动资金。

扩大指标估算法简便易行，但准确度不高，在项目建议书阶段和初步可行性研究阶段可予以采用，某些流动资金需要量小的项目在可行性研究阶段也可采用扩大指标估算法。

计算公式为：　　流动资金=年营业收入额×营业收入资金率

或　　　　　　　流动资金=年经营成本×经营成本资金率

或　　　　　　　流动资金=年产量×单位产量占用流动资金额　　(5.2.13)

2. 分项详细估算法

分项详细估算法是对构成流动资金的各项流动资产和流动负债分别进行估算。流动资产的构成要素一般包括存货、现金、应收账款、预付账款；流动负债的构成要素一般包括应付账款和预收账款，流动资金等于流动资产和流动负债的差额。

分项详细估算法虽然工作量较大，但准确度较高，一般项目在可行性研究阶段应采用分项详细估算法。计算公式为：

$$流动资金=流动资产-流动负债 \tag{5.2.14}$$

其中，流动资产＝应收账款 ＋预付账款＋存货＋现金

流动负债＝应付账款＋预收账款

流动资金本年增加额＝本年流动资金－上年流动资金

流动资金估算的具体步骤是首先确定各分项的最低周转天数，计算出各分项的年周转次数，然后分项估算占用资金额。

第三节　设计概算编制

一、设计概算的概念及作用

（一）设计概算的概念

设计概算是设计文件的重要组成部分，是在投资估算的控制下由设计单位根据初步设计图纸、概算定额或概算指标、各项费用定额或取费标准（指标）、建设地区自然、技术经济条件和设备、材料预算价格等资料，编制和确定的建设项目从筹建至竣工交付使用所需全部费用的文件。采用两阶段设计的建设项目，初步设计阶段必须编制设计概算；采用三阶段设计的，技术设计阶段必须编制修正概算。

设计概算的编制应包括编制期价格、费率、利率、汇率等确定的静态投资，以及编制期到竣工验收前的工程和价格变化等多种因素的动态投资两部分。静态投资作为考核工程设计和施工图预算的依据；动态投资作为筹措、供应和控制资金使用的限额。

（二）设计概算的作用

设计概算是工程造价在设计阶段的表现形式，但其并不具备价格属性。设计概算的主要作用是控制以后各阶段的投资，具体表现如下：

（1）设计概算是编制建设项目投资计划、确定和控制建设项目投资的依据。国家规定，编制年度固定资产投资计划，确定计划投资总额及其构成数额，要以批准的初步设计概算为依据，没有批准的初步设计文件及其概算，建设工程就不能列入年度固定资产投资计划。政府投资项目设计概算一经批准，将作为控制建设项目投资的最高限额。在工程建设过程中，年度固定资产投资计划安排、银行拨款或贷款、施工图设计及其预算、竣工决算等，未经规定程序批准，都不能突破这一限额，确保对国家固定资产投资计划的严格执行和有效控制。

（2）设计概算是控制施工图设计和施工图预算的依据。经批准的设计概算是建设项目投资的最高限额，设计单位必须按照批准的初步设计及其总概算进行施工图设计，施工图预算不得突破设计概算。如确需突破总概算时，应按规定程序报经审批。

（3）设计概算是衡量设计方案经济合理性和选择最佳设计方案的依据。根据设计概算可以用来对不同的设计方案进行技术与经济合理性的比较，以便选择最佳的设计方案。

（4）设计概算是工程造价管理及编制招标控制价和投标报价的依据。设计总概算一经批准，就作为工程造价管理的最高限额，并据此对工程造价进行严格的控制。以设计概算进行招投标的工程，招标单位编制标底是以设计概算造价为依据的，并以此作为评标定标的依据。承包单位为了在投标竞争中取胜，也必须以设计概算为依据，编制出合适的投标报价。

（5）设计概算是考核建设项目投资效果的依据。通过设计概算与竣工决算对比，可以分析和考核投资效果的好坏，同时还可以验证设计概算的准确性，有利于加强设计概算管理和建设项目造价管理工作。

二、设计概算的编制内容

（一）设计概算的划分

设计概算可分为单位工程概算、单项工程综合概算和建设项目总概算三级。当建设项目为一个单项工程时，可采用单位工程概算、总概算两级概算编制形式。各级概算间的相互关系如图 5.3.1 所示。

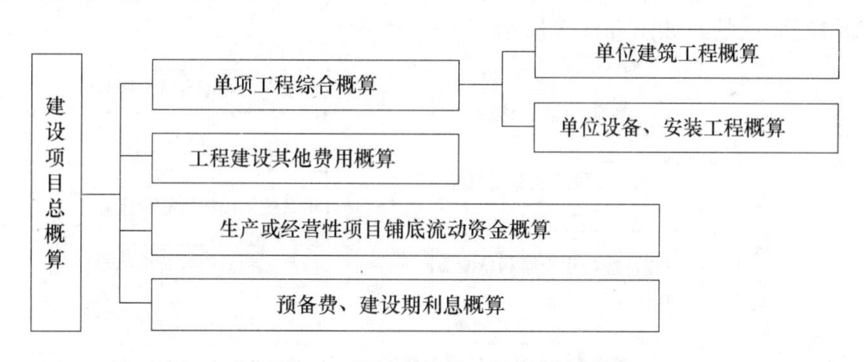

图 5.3.1　设计概算的三级概算关系图

1. 单位工程概算

单位工程概算是确定各单位工程建设费用的文件，是编制单项工程综合概算的依据，是单项工程综合概算的组成部分。单位工程概算按其工程性质分为建筑工程概算和设备及安装工程概算两大类。

2. 单项工程综合概算

单项工程综合概算是确定一个单项工程所需建设费用的文件，它是由单项工程中各单位工程概算汇总编制而成的，是建设项目总概算的组成部分。单项工程综合概算的组成内容如图 5.3.2 所示。

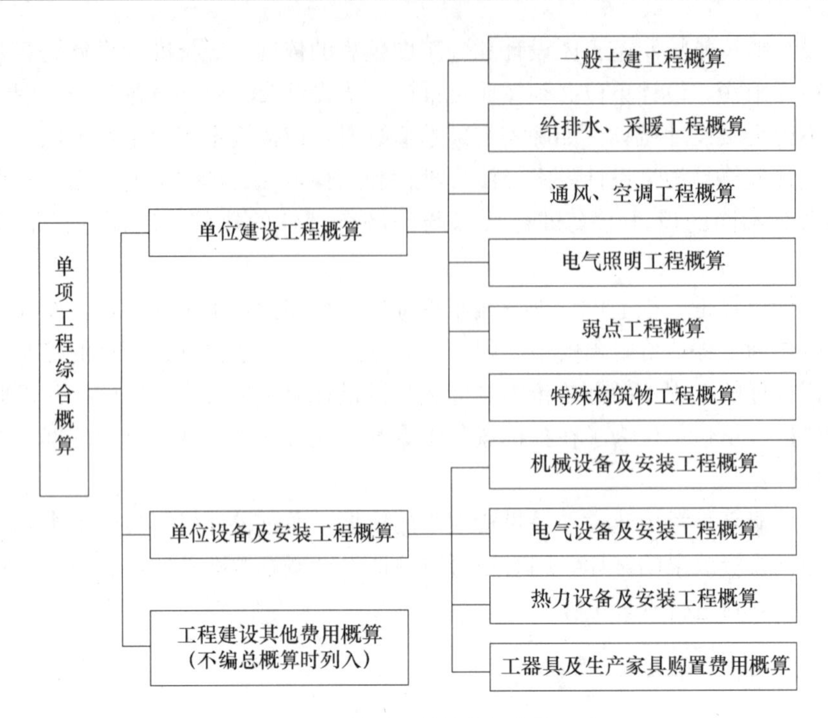

图 5.3.2　单项工程综合概算的组成

3. 建设项目总概算

建设项目总概算是确定整个建设项目从筹建到竣工验收所需全部费用的文件，它是由各单项工程综合概算、工程建设其他费用概算、预备费、建设期利息和铺底流动资金概算汇总编制而成的，如图 5.3.3 所示。

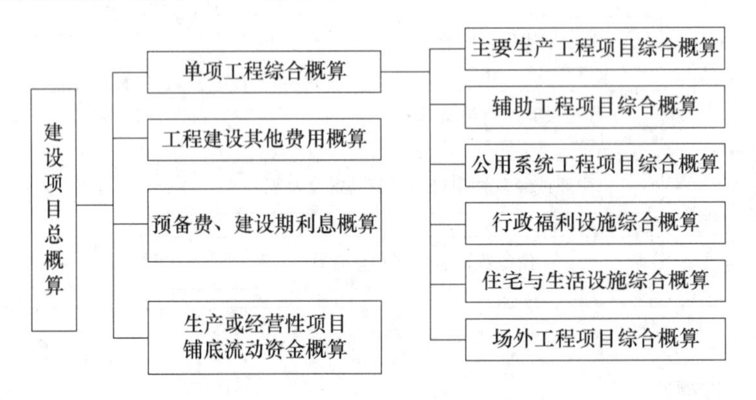

图 5.3.3　建设项目总概算的组成内容

（二）设计概算文件的组成

设计概算文件是设计文件的组成部分，概算文件编制成册应与其他设计技术文件统一。目录、表格的填写要求，概算文件的编号层次分明、方便查找（总页数应编流水号），由分到合、一目了然。概算文件的编制形式，视项目的功能、规模、独立性程度等因素决定采用三级概算编制（总概算、综合概算、单位工程概算）还是二级概算编制（总概算、单位工程概算）形式。

（1）对于采用三级编制（总概算、综合概算、单位工程概算）形式的设计概算文件，一般由封面、签署页及目录、编制说明、总概算表、其他费用计算表、单项工程综合概算表组成总概算册；视项目具体情况由封面、单项工程综合概算表、单位工程概算表、附件组成各概算分册。

（2）对于采用二级编制（总概算、单位工程概算）形式的设计概算文件，可将所有概算文件组成一册。

概算文件及各种表格格式详见中国建设工程造价管理协会标准《建设项目设计概算编审规程》（CECA/GC2—2015）。

三、设计概算编制的依据和要求

（一）设计概算编制的依据

（1）国家、行业和地方有关规定。

（2）相应工程造价管理机构发布的概算定额（或指标）。

（3）工程勘察与设计文件。

（4）拟定或常规的施工组织设计和施工方案。

（5）建设项目资金筹措方案。

（6）工程所在地编制同期的人工、材料、机具台班市场价格，以及设备供应方式及供应价格。

（7）建设项目的技术复杂程度，新技术、新材料、新工艺以及专利使用情况等。

（8）建设项目批准的相关文件、合同、协议等。

（9）政府有关部门、金融机构等发布的价格指数、利率、汇率、税率以及工程建设其他费用等。

（10）委托单位提供的其他技术经济资料。

（二）设计概算编制的要求

（1）设计概算应按编制时项目所在地的价格水平编制，总投资应完整地反映编制时建设项目实际投资。

（2）设计概算应考虑建设项目施工条件等因素对投资的影响。

（3）设计概算应按项目合理建设期限预测建设期价格水平，以及资产租赁和贷款的时间价值等动态因素对投资的影响。

四、设计概算的编制方法

（一）单位工程概算的编制

单位工程概算分建筑工程概算和设备及安装工程概算两大类。建筑工程概算的编制方法有概算定额法、概算指标法、类似工程预算法等；设备及安装工程概算的编制方法有预算单价法、扩大单价法、设备价值百分比和综合吨位指标法等。

1. 概算定额法编制建筑工程概算

概算定额法又称扩大单价法或扩大结构定额法。它是采用概算定额编制建筑工程概算的方法，类似于用预算定额法编制施工图预算。其主要步骤如图5.3.4所示。

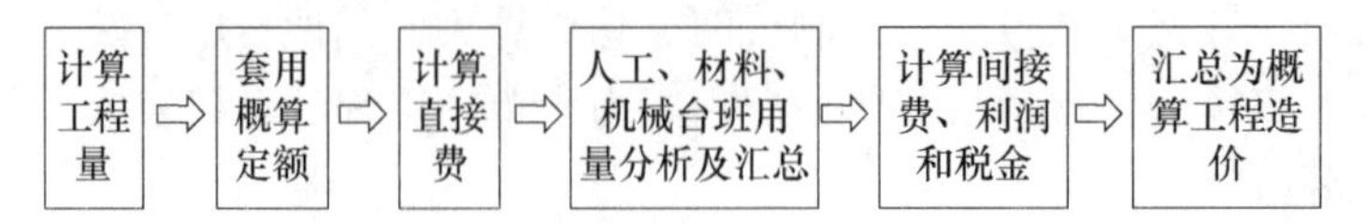

图5.3.4　概算定额法编制建筑工程概算的步骤

概算定额法要求初步设计达到一定深度，建筑结构比较明确，能按照初步设计的平面图、立面图、剖面图计算出楼地面、墙身、门窗和屋面等扩大分项工程（或扩大结构构件）项目的工程量时，才可采用。

2. 概算指标法编制建筑工程概算

当设计图较简单，无法根据设计图计算出详细的实物工程量时，可以选择恰当的概算指标来编制概算。其主要步骤见图5.3.5。

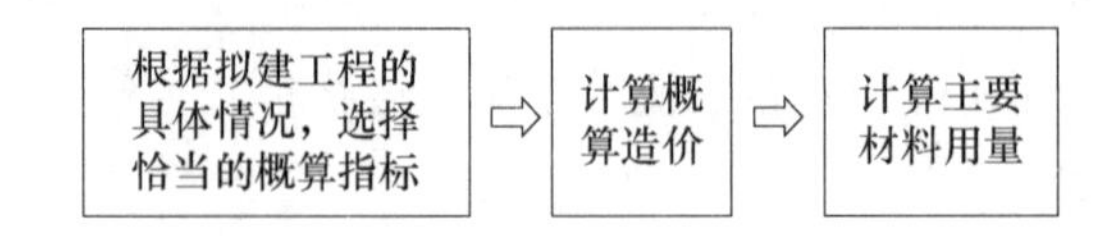

图5.3.5　概算指标法编制建筑工程概算的主要步骤

概算指标法的适用范围是，当初步设计深度不够，不能准确地计算出工程量，但工程设计是采用技术比较成熟而又有类似工程概算指标可以利用的情况。

由于拟建工程往往与类似工程的概算指标的技术条件不尽相同，而且概算指标编制年份的设备、材料、人工等价格与拟建工程当时当地的价格也不会一样。因此，必须对其进行调整。其调整方法如下：

（1）设计对象的结构特征与概算指标有局部差异时的调整。

$$\text{结构变化修正概算指标（元/m}^2\text{）}=J+Q_1P_1-Q_2P_2 \qquad (5.3.1)$$

式中　J——原概算指标；

Q_1——换入新结构的含量；

Q_2——换出旧结构的含量；

P_1——换入新结构的单价；

P_2——换出旧结构的单价。

或：结构变化修正概算指标人工材料机械数量=原概算指标的人工材料机械数量+换入结构构件工程量×相应定额人工材料机械消耗量−换出结构构件工程量×相应定额人工材料机械消耗量

以上两种方法，前者是直接修正结构构件指标单价，后者是修正结构构件指标人工、材料、机械数量。

（2）设备、人工、材料、机械台班费用的调整。

$$\begin{aligned}&\text{设备、人工、材料、机械修正概算费用}=\text{原概算指标设备、人工、材料、机械费}+\\&\sum(\text{换入设备、人工、材料、机械数量}\times\text{拟建地区相应单价})-\\&\sum(\text{换出设备、人工、材料、机械数量}\times\text{原概算指标的设备、人工、材料、机械单价})\end{aligned} \qquad (5.3.2)$$

【例 5.3.1】 某市一栋普通办公楼为框架结构 6000m^2，建筑工程分部分项工程费为 1200 元/m^2，其中，混凝土独立基础为 180 元/m^2，而今拟建一栋办公楼 8000m^2，采用钢筋混凝土带形基础为 240 元/m^2，其他结构相同。求该拟建新办公楼分部分项工程费。

解：调整后的概算指标为：

1200－180＋240＝1260(元/m^2)

拟建新办公楼分部分项工程费：

8000×1260＝1008(万元)

按上述概算定额法的计算程序和方法，计算出措施费、间接费、利润和税金，便可求出新建办公楼的建筑工程造价。

3. 类似工程预算法编制建筑工程概算

如果找不到合适的概算指标，也没有概算定额时，可以考虑采用类似的工程预算来编制设计概算。其主要编制步骤见图 5.3.6。

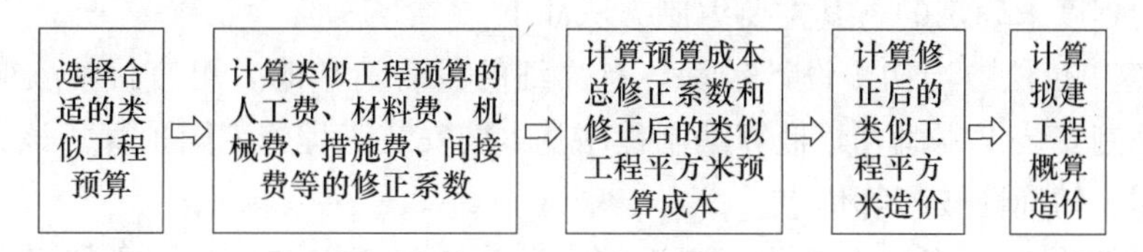

图 5.3.6　类似工程预算法编制建筑工程概算的步骤

用类似工程预算编制概算时应选择与所编概算结构类型、建筑面积基本相同的工程预算为编制依据，并且设计图应能满足计算工程量的要求，只需个别项目按设计图调整，由于所选工程预算提供的各项数据较齐全、准确，概算编制的速度就较快。

用类似工程预算编制概算时的计算公式为：

$$D=A\times K \tag{5.3.3}$$

式中　D——拟建工程单方概算造价；

A——类似工程单方预算造价。

$$K=a\%K_1+b\%K_2+c\%K_3+d\%K_4+e\%K_5 \tag{5.3.4}$$

式中　K——综合调整系数；

$a\%$、$b\%$、$c\%$、$d\%$、$e\%$——类似工程预算的人工费、材料费、机械台班费、措施费、间接费占预算造价的比重。如：

$a\%$＝类似工程人工费（或工资标准）/类似工程预算价格×100%；

$b\%$、$c\%$、$d\%$、$e\%$类同。

K_1、K_2、K_3、K_4、K_5——拟建工程地区与类似工程预算造价在人工费、材料费、机械台班费、措施费和间接费之间的差异系数。如：

K_1＝拟建工程概算的人工费（或工资标准）/类似工程预算人工费（或地区工资标准）×100%；

K_2、K_3、K_4、K_5类同。

$$拟建工程概算造价=D\times S \tag{5.3.5}$$

式中　S——拟建工程建筑面积。

4. 设备购置费及安装工程费概算的编制方法

（1）设备购置费概算。设备购置费是根据初步设计的设备清单计算出设备原价，并汇总求出设备总原价，然后按有关规定的设备运杂费费率乘以设备总原价，两项相加即为设备购置费概算，其公式为：

$$设备购置费概算 = \sum(设备清单中的设备数量 \times 设备原价) \times (1 + 运杂费费率)$$

$$或：\quad 设备购置费概算 = \sum(设备清单中的设备数量 \times 设备预算价格) \qquad (5.3.6)$$

国产标准设备原价可根据设备型号、规格、性能、材质、数量及附带的配件，向制造厂家询价或向设备、材料信息部门查询或按主管部门规定的现行价格逐项计算。非主要标准设备和工器具、生产家具的原价可按主要标准设备原价的百分比计算，百分比指标按主管部门或地区有关规定执行。

（2）设备安装工程费概算。设备安装工程费概算的编制方法是根据初步设计深度和要求明确的程度来确定的，其主要编制方法如下：

① 预算单价法。当初步设计较深，有详细的设备清单时，可直接按安装工程预算定额单价编制安装工程概算，概算编制程序基本同安装工程施工图预算。该方法具有计算比较具体，精确性较高等优点。

② 扩大单价法。当初步设计深度不够，设备清单不完备，只有主体设备或仅有成套设备质量时，可采用主体设备、成套设备的综合扩大安装单价来编制概算。

上述两种方法的具体操作与建筑工程概算相类似。

③ 设备价值百分比法，又称安装设备百分比法。当初步设计深度不够，只有设备出厂价而无详细规格、质量时，安装费可按占设备费的百分比计算。其百分比值（即安装费率）由主管部门制定或由设计单位根据已完成的类似工程确定。该方法常用于价格波动不大的定型产品和通用设备产品。公式为：

$$设备安装费 = 设备原价 \times 安装费费率（\%） \qquad (5.3.7)$$

④ 综合吨位指标法。当初步设计提供的设备清单有规格和设备质量时，可采用综合吨位指标编制概算，其综合吨位指标由主管部门或由设计院根据已完类似工程资料确定。该方法常用于价格波动较大的非标准设备和引进设备的安装工程概算。计算公式为：

$$设备安装费 = 设备质量 \times 每吨设备安装费指标（元/t） \qquad (5.3.8)$$

（二）单项工程综合概算的编制方法

单项工程综合概算是确定单项工程建设费用的综合性文件，它由该单项工程各专业的单位工程概算汇总而成的，是建设项目总概算的组成部分。

单项工程综合概算文件一般包括编制说明（不编制总概算时列入）和综合概算表（含其所附的单位工程概算表和建筑材料表）两大部分。当建设项目只有一个单项工程时，此时综合概算文件（实为总概算）除包括上述两大部分外，还应包括工程建设其他费用、建设期贷款利息、预备费的概算。

1. 编制说明

应列在综合概算表的前面，其内容如下：

（1）编制依据。编制依据包括国家和有关部门的规定、设计文件、现行概算定额或概算指标、设备材料的预算价格和费用指标等。

（2）编制方法。说明设计概算是采用概算定额还是采用概算指标法。

（3）主要设备、材料（钢材、木材、水泥）的数量。

（4）其他需要说明的有关问题。

2. 综合概算表

综合概算表的形式是根据单项工程所辖范围内的各单位工程概算等基础资料，按照国家或部委所规定统一表格进行编制。工业建设项目综合概算表由建筑工程和设备及安装工程两大部分组成；民用工程项目综合概算表只有建筑工程一项。

3. 综合概算的费用组成

一般应包括建筑工程费、安装工程费、设备购置及工器具和生产家具购置费。当不编制总概算时，还应包括工程建设其他费、建设期贷款利息、预备费等费用项目。

单项工程综合概算表见表 5.3.1。

表 5.3.1 单项工程综合概算表

建设项目： 单项工程： 单位： 万元 共 页第 页

序号	概算编码	工程项目或费用名称	设计规模和主要工程量	建筑工程费	安装工程费	设备购置费	合计	其中：引进部分		主要技术经济指标		
								美元	折合人民币	单位	数量	单位价值
一		主要工程										
1												
2												
二		辅助工程										
1												
三		配套工程										
1												
2												
单项工程概算合计												

编制人： 审核人： 审定人：

（三）建设项目总概算的编制方法

建设项目总概算是设计文件的重要组成部分，是确定整个建设项目从筹建到竣工交付使用所预计花费的全部费用的文件。它是由各单项工程综合概算、工程建设其他费、建设期贷款利息、预备费和经营性项目的铺底流动资金概算所组成，是按照主管部门规定的统一表格进行编制而成的。

设计总概算文件一般应包括封面及目录、编制说明、总概算表、工程建设其他费概算表、单项工程综合概算表、单位工程概算表、工程量计算表、分年度投资汇总表、分年度资金流量汇总表、主要材料汇总表与工日数量表等。现将有关主要情况说明如下：

封面、签署页及目录。封面、签署页格式如图 5.3.7 所示。

建设项目设计概算文件

建设单位：______________________________

建设项目名称：______________________________

设计单位（或工程造价咨询单位）：________________

编制单位：______________________________

编制人（资格证号）：________________________

审核人（资格证号）：________________________

项目负责人：______________________________

总工程师：______________________________

单位负责人：______________________________

年　　月　　日

图 5.3.7　设计概算封面、签署页

（1）编制说明。编制说明应包括下列内容：

工程概况（简述建设项目性质、特点、生产规模、建设周期、建设地点等主要情况。引进项目要说明引进内容，以及与国内配套工程等主要情况）、资金来源及投资方式、编制依据及编制原则、编制方法（说明设计概算是采用概算定额还是采用概算指标法等）、投资分析（主要分析各项投资的比重、各专业投资的比重等经济指标）、其他需要说明的问题等。

（2）总概算表。总概算表应反映静态投资和动态投资两个部分。静态投资是按设计概算编制期价格、费率、利率、汇率等确定的投资；动态投资是指概算编制时期到竣工验收前因价格变化等多种因素所需的投资。总概算表见表 5.3.2。

（3）工程建设其他费用概算表。工程建设其他费用概算按国家、地区或部委所规定的项目和标准确定，并按统一格式编制。

（4）单项工程综合概算表和建筑安装单位工程概算表。

（5）工程量计算表和工料数量汇总表。

表 5.3.2　建设项目总概算表

建设项目总概算编号：　　　　工程名称：　　　　单位：　万元　　　　共　页第　页

序号	概算编码	工程项目或费用名称	建筑工程费	安装工程费	设备购置费	其他费用	合计	其中：引进部分		主要技术经济指标		
								美元	折合人民币	单位	数量	单位价值
一		工程费用										
1		主要工程										

续表

序号	概算编码	工程项目或费用名称	建筑工程费	安装工程费	设备购置费	其他费用	合计	其中：引进部分		主要技术经济指标		
								美元	折合人民币	单位	数量	单位价值
2		辅助工程										
3		配套工程										
二		工程建设其他费用										
1												
三		预备费										
四		建设期利息										
五		流动资金										
建设项目概算总投资												

编制人：　　　　　　　　　　　审核人：　　　　　　　　　　　审定人：

第四节　施工图预算编制

一、施工图预算的概念及作用

（一）施工图预算的概念

施工图预算是以施工图设计文件为依据，按照规定的程序、方法和依据，在工程施工前对工程项目的工程费用进行的预测与计算。施工图预算的成果文件称作施工图预算书，也简称施工图预算，它是在施工图设计阶段对工程建设所需资金做出较精确计算的设计文件。

施工图预算价格既可以是按照政府统一规定的预算单价、取费标准、计价程序计算而得到的属于计划或预期性质的施工图预算价格，也可以是通过招标投标法定程序后施工企业根据自身的实力即企业定额、资源市场单价以及市场供求及竞争状况计算得到的反映市场性质的施工图预算价格。

（二）施工图预算的作用

施工图预算作为建设工程建设程序中一个重要的技术经济文件，在工程建设实施过程中具有十分重要的作用，可以归纳为以下几个方面：

1. 施工图预算对投资方的作用

（1）施工图预算是设计阶段控制工程造价的重要环节，是控制施工图设计不突破设计概算的重要措施。

（2）施工图预算是控制造价及资金合理使用的依据。施工图预算确定的预算造价是工程的计划成本，投资方按施工图预算造价筹集建设资金，合理安排建设资金计划，确保建设资金的有效使用，保证项目建设顺利进行。

（3）施工图预算是确定工程招标控制价的依据。在设置招标控制价的情况下，建筑安装工程的招标控制价可按照施工图预算来确定。招标控制价通常是在施工图预算的基础上考虑工程的特殊施工措施、工程质量要求、目标工期、招标工程范围以及自然条件等因素进行编制的。

（4）施工图预算可以作为确定合同价款、拨付工程进度款及办理工程结算的基础。

2. 施工图预算对施工企业的作用

（1）施工图预算是建筑施工企业投标报价的基础。在激烈的建筑市场竞争中，建筑施工企业需要根据施工图预算，结合企业的投标策略，确定投标报价。

（2）施工图预算是建筑工程预算包干的依据和签订施工合同的主要内容。在采用总价合同的情况下，施工单位通过与建设单位协商，可在施工图预算的基础上，考虑设计或施工变更后可能发生的费用与其他风险因素，增加一定系数作为工程造价一次性包干价。同样，施工单位与建设单位签订施工合同时，其中工程价款的相关条款也必须以施工图预算为依据。

（3）施工图预算是施工企业安排调配施工力量、组织材料供应的依据。施工企业在施工前，可以根据施工图预算的工、料、机分析，编制资源计划，组织材料、机具、设备和劳动力供应，并编制进度计划，统计完成的工作量，进行经济核算并考核经营成果。

（4）施工图预算是施工企业控制工程成本的依据。根据施工图预算确定的中标价格是施工企业收取工程款的依据，企业只有合理利用各项资源，采取先进技术和管理方法，将成本控制在施工图预算价格以内，才能获得良好的经济效益。

（5）施工图预算是进行“两算”对比的依据。施工企业可以通过施工图预算和施工预算的对比分析，找出差距，采取必要的措施。

3. 施工图预算对其他方面的作用

（1）对于工程咨询单位而言，尽可能客观、准确地为委托方做出施工图预算，不仅体现出其水平、素质和信誉，而且强化了投资方对工程造价的控制，有利于节省投资，提高建设项目的投资效益。

（2）对于工程项目管理、监督等中介服务企业而言，客观准确的施工图预算是为业主方提供投资控制的依据。

（3）对于工程造价管理部门而言，施工图预算是其监督、检查执行定额标准、合理确定工程造价、测算造价指数以及审定工程招标控制价的重要依据。

（4）如在履行合同的过程中发生经济纠纷，施工图预算还是有关仲裁、管理、司法机关按照法律程序处理、解决问题的依据。

二、施工图预算的编制内容

（一）施工图预算的划分

按照预算文件的不同，施工图预算的内容有所不同。建设项目总预算是反映施工图设计阶段建设项目投资总额的造价文件，是施工图预算文件的主要组成部分。由组成该建设项目的各个单项工程综合预算和相关费用组成。其包括建筑安装工程费、设备及工器具购置费、工程建设其他费用、预备费、建设期利息及铺底流动资金。施工图总预算应控制在已批准的设计总概算投资范围以内。

单项工程综合预算是反映施工图设计阶段一个单项工程（设计单元）造价的文件，是总预算的组成部分，由构成该单项工程的各个单位工程施工图预算组成。其编制的费用项目是各单项工程的建筑安装工程费和设备及工器具购置费总和。

单位工程预算是依据单位工程施工图设计文件、现行预算定额以及人工、材料和施工机具台班价格等，按照规定的计价方法编制的工程造价文件。单位工程预算包括单位建筑工程预算和单位设备及安装工程预算。单位建筑工程预算是建筑工程各专业单位工程施工图预算的总称，按其工程性质分为一般土建工程预算，给排水工程预算，采暖通风工程预算，煤气工程预算，电气照明工程预算，弱电工程预算，特殊构筑物如烟窗、水塔等工程预算以及工业管道工程预算等。安装工程预算是安装工程各专业单位工程预算的总称，安装工程预算按其工程性质分为机械设备安装工程预算、电气设备安装工程预算、工业管道工程预算和热力设备安装工程预算等。

（二）施工图预算文件的组成

施工图预算由建设项目总预算、单项工程综合预算和单位工程预算组成。建设项目总预算由单项工程综合预算汇总而成，单项工程综合预算由组成本单项工程的各单位工程预算汇总而成，单位工程预算包括建筑工程预算和设备及安装工程预算。

施工图预算根据建设项目实际情况可采用三级预算编制或二级预算编制形式。当建设项目有多个单项工程时，应采用三级预算编制形式，三级预算编制形式由建设项目总预算、单项工程综合预算、单位工程预算组成。当建设项目只有一个单项工程时，应采用二级预算编制形式，二级预算编制形式由建设项目总预算和单位工程预算组成。

采用三级预算编制形式的工程预算文件包括封面、签署页及目录、编制说明，总预算表、综合预算表、单位工程预算表、附件等内容。采用二级预算编制形式的工程预算文件包括封面、签署页及目录、编制说明，总预算表、单位工程预算表、附件等内容。

三、施工图预算编制的依据和原则

（一）施工图预算编制的依据

施工图预算的编制必须遵循以下依据：

（1）国家、行业和地方有关规定；

（2）相应工程造价管理机构发布的预算定额；

（3）施工图设计文件及相关标准图集和规范；

(4) 项目相关文件、合同、协议等;

(5) 工程所在地的人工、材料、设备、施工机具预算价格;

(6) 施工组织设计和施工方案;

(7) 项目的管理模式、发包模式及施工条件;

(8) 其他应提供的资料。

(二) 施工图预算编制的原则

(1) 严格执行国家的建设方针和经济政策的原则。施工图预算要严格按照党和国家的方针、政策办事，坚决执行勤俭节约的方针，严格执行规定的设计和建设标准。

(2) 完整、准确地反映设计内容的原则。编制施工图预算时，要认真了解设计意图，根据设计文件、图纸准确计算工程量，避免重复和漏算。

(3) 坚持结合拟建工程的实际，反映工程所在地当时价格水平的原则。编制施工图预算时，要求实事求是地对工程所在地的建设条件、可能影响造价的各种因素进行认真的调查研究。在此基础上，正确使用定额、费率和价格等各项编制依据，按照现行工程造价的构成，根据有关部门发布的价格信息及价格调整指数，考虑建设期的价格变化因素，使施工图预算尽可能地反映设计内容、施工条件和实际价格。

四、施工图预算编制方法

施工图预算由单位工程施工图预算、单项工程施工图预算和建设项目施工图预算三级逐级编制、综合汇总而成。由于施工图预算是以单位工程为单位编制的，按单项工程汇总而成，所以施工图预算编制的关键在于编制好单位工程施工图预算。其编制可以采用工料单价法和综合单价法两种计价方法，工料单价法是传统的定额计价模式下的施工图预算编制方法，而综合单价法是适应市场经济条件的工程量清单计价模式下的施工图预算编制方法。

(一) 单位工程施工图预算编制方法

1. 建筑安装工程费计算

(1) 工料单价法

工料单价法是我国传统的计价模式，它是以预算定额、各种费用定额为基础依据，首先按照施工图内容及定额规定的分部分项工程量计算规则逐项计算工程量，套用定额基价或根据市场价格确定直接费，然后按规定的费用定额计取其他各项费用，最后汇总形成工程造价。按照分部分项工程单价产生的方法不同，工料单价法又可以分为单价法和实物量法。

单价法是用事先编制好的分项工程的单位估价表来编制施工图预算的方法。按施工图计算出各分项工程的工程量，并乘以相应单价，汇总相加，得到单位工程的人工费、材料费、机械使用费之和;再加上按规定程序计算出来的措施费、间接费、利润和税金，便可得出单位工程的施工图预算造价。

单价法编制施工图预算的基本步骤如下:

1) 编制前的准备工作。编制施工图预算的过程是具体确定建筑安装工程预算造价的过程。编制施工图预算，不仅要严格遵守国家计价法规、政策，严格按图纸计量，而且要考虑施工现场条件因素，是一项复杂而细致的工作，也是一项政策性和技术性都很强的工作，因此必须事前做好充分准备。准备工作主要包括两大方面：一是组织准备；二是资料的收集和现场情况的调查。

2）熟悉图纸和预算定额以及单位估价表。图纸是编制施工图预算的基本依据。熟悉图纸不但要弄清图纸的内容，而且要对图纸进行审核：图纸间相关尺寸是否有误，设备与材料表上的规格、数量是否与图示相符；详图、说明、尺寸和其他符号是否正确等。若发现错误应及时纠正。另外，还要熟悉标准图以及设计更改通知（或类似文件），这些都是图纸的组成部分，不可遗漏。通过对图纸的熟悉了解工程的性质、系统的组成、设备和材料的规格型号和品种以及有无新材料、新工艺的采用。

预算定额和单位估价表是编制施工图预算的计价标准，对其适用范围、工程量计算规则及定额系数等都要充分了解，做到心中有数，这样才能使预算编制准确、迅速。

3）了解施工组织设计和施工现场情况。编制施工图预算前，应了解施工组织设计中影响工程造价的有关内容。例如，各分部分项工程的施工方法，土方工程中余土外运使用的工具、运距，施工平面图对建筑材料、构件等堆放点到施工操作地点的距离等，以便能正确计算工程量和正确套用或确定某些分项工程的基价。这对于正确计算工程造价，提高施工图预算质量具有重要意义。

4）划分工程项目和计算工程量。

划分的工程项目必须和定额规定的项目一致，这样才能正确地套用定额。不能重复列项计算，也不能漏项少算。

计算并整理工程量必须按定额规定的工程量计算规则进行计算，该扣除部分要扣除，不该扣除的部分不能扣除。当按照工程项目将工程量全部计算完以后，要对工程项目和工程量进行整理，即合并同类项和按序排列，为套用定额，计算人工、材料、施工机具使用费和进行工料分析打下基础。

5）套用定额预算单价，计算人材机费。核对工程量计算结果后，将定额子项中的基价填于预算表单价栏内，并将单价乘以工程量得出合价，将结果填入合价栏，汇总求出单位工程人工、材料、施工机具使用费。

6）工料分析。工料分析即按分项工程项目，依据定额或单位估价表，计算人工和各种材料的实物消耗量，并将主要材料汇总成表。工料分析的方法是：首先从定额项目表中分别将各分项工程消耗的每项材料和人工的定额消耗量查出；再分别乘以该工程项目的工程量，得到分项工程工料消耗量；最后将各分项工程工料消耗量加以汇总，得出单位工程人工、材料的消耗数量。

7）计算主材费（未计价材料费）。因为许多定额项目基价为不完全价格，即未包括主材费用在内。计算所在地定额基价费（基价合计）之后，还应计算出主材费，以便计算工程造价。

8）按费用定额取费。即按有关规定计取措施费，以及按当地费用定额的取费规定计取企业管理费、利润、规费、税金等。

9）计算汇总工程造价。

将人工费、材料费、施工机具使用费、企业管理费、利润、规费和税金相加即为工程预算造价。

单价法编制施工图预算的步骤如图 5.4.1 所示。

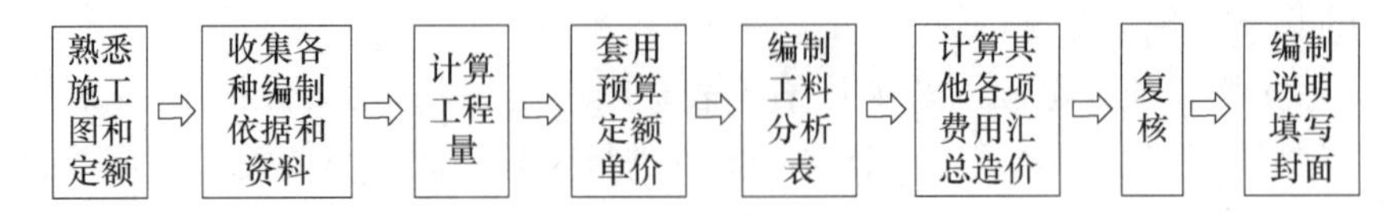

图 5.4.1　单价法编制施工图预算步骤

(2) 实物量法

用实物量法编制单位工程施工图预算，就是根据施工图计算的各分项工程量分别乘以地区定额中人工、材料、施工机械台班的定额消耗量，分类汇总得出该单位工程所需的全部人工、材料、施工机械台班消耗数量，然后乘以当时当地人工工日单价、各种材料单价、施工机械台班单价，求出相应的人工费、材料费、施工机具使用费。企业管理费、利润、规费及税金等费用计取方法与预算单价法相同。

$$人工费=综合工日消耗量\times综合工日单价 \tag{5.4.1}$$

$$材料费=\sum(各种材料消耗量\times相应材料单价) \tag{5.4.2}$$

$$施工机具使用费=\sum(各种机械消耗量\times相应机械台班单价) \tag{5.4.3}$$

实物量法的优点是能比较及时地将反映各种材料、人工、机械的当时当地市场单价计入预算价格，不需调价，反映当时当地的工程价格水平。

实物量法编制施工图预算的基本步骤如下：

1) 编制前的准备工作。具体工作内容同预算单价法相应步骤的内容。但此时要全面收集各种人工、材料、机械台班的当时当地的市场价格，应包括不同品种、规格的材料预算单价；不同工种、等级的人工工日单价；不同种类、型号的施工机械台班单价等。要求获得的各种价格应全面、真实、可靠。

2) 熟悉图纸和预算定额。本步骤的内容同预算单价法相应步骤。

3) 了解施工组织设计和施工现场情况。本步骤的内容同预算单价法相应步骤。

4) 划分工程项目和计算工程量。本步骤的内容同预算单价法相应步骤。

5) 套用定额消耗量，计算人工、材料、机械台班消耗量。根据地区定额中人工、材料、施工机械台班的定额消耗量，乘以各分项工程的工程量，分别计算出各分项工程所需的各类人工工日数量、各类材料消耗数量和各类施工机械台班数量。

6) 计算并汇总单位工程的人工费、材料费和施工机具使用费。在计算出各分部分项工程的各类人工工日数量、材料消耗数量和施工机械台班数量后，先按类别相加汇总求出该单位工程所需的各种人工、材料、施工机械台班的消耗数量，再分别乘以当时当地相应人工、材料、施工机械台班的实际市场单价，即可求出单位工程的人工费、材料费、施工机具使用费。

7) 计算其他费用，汇总工程造价。对于企业管理费、利润、规费和税金等费用的计算，可以采用与预算单价法相似的计算程序，只是有关费率是根据当时当地建设市场的供求情况予以确定。将上述人工费、材料费、施工机具使用费、企业管理费、利润、规费和税金等汇总即为单位工程预算造价。

实物法编制施工图预算的步骤如图 5.4.2 所示。

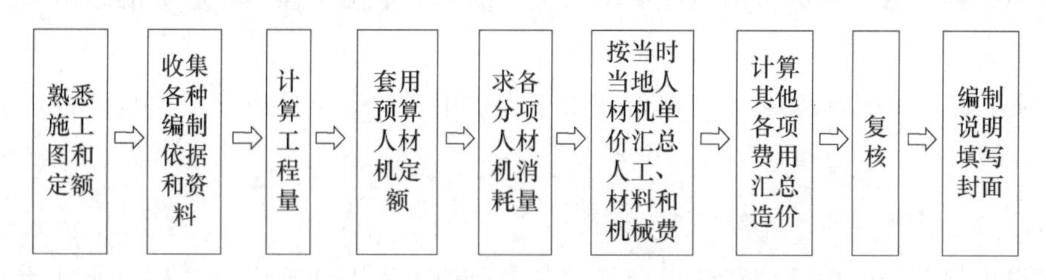

图 5.4.2　实物法编制施工图预算步骤

在市场经济条件下，人工、材料和机械台班单价是随市场而变化的，它们是影响工程造价最活跃、最主要的因素。用实物法编制施工图预算，是采用工程所在地的当时人工、材料、机械台班价格，较好地反映实际价格水平，工程造价的准确性高。因此，实物法是与市场经济体制相适应的预算编制方法。

(3) 综合单价法

综合单价法是指分项工程单价综合了人材机及以外的多项费用。按照单价综合的内容不同，综合单价法可分为全费用综合单价和清单综合单价。

1) 全费用综合单价

全费用综合单价，即单价中综合了分项工程人工费、材料费、机械费、管理费、利润、规费、税金以及一定范围的风险等全部费用。可按下式计算：

$$\text{分部分项工程费} = \sum \text{分部分项工程量} \times \text{相应全费用单价} \tag{5.4.4}$$

$$\text{措施项目费} = \sum \text{单价措施项目工程量} \times \text{相应全费用单价} + \text{总价措施项目} \tag{5.4.5}$$

$$\text{单位工程施工图预算} = \text{分部分项工程费} + \text{措施项目费} + \text{其他项目费} \tag{5.4.6}$$

2) 清单综合单价

分部分项工程清单综合单价中综合了人工费、材料费、施工机械使用费、企业管理费、利润，并考虑了一定范围的风险费用，但并未包括规费和税金，因此它是一种不完全单价。以工程量乘以该综合单价的合价汇总后，再加上规费和税金后，就是单位工程的造价。可按下式计算：

$$\text{分部分项工程费} = \sum \text{分部分项工程量} \times \text{相应综合单价} \tag{5.4.7}$$

$$\text{措施项目费} = \sum \text{单价措施项目工程量} \times \text{相应综合单价} + \text{总价措施项目} \tag{5.4.8}$$

$$\text{单位工程施工图预算} = \text{分部分项工程费} + \text{措施项目费} + \text{其他项目费} + \text{规费} + \text{税金} \tag{5.4.9}$$

2. 设备及工器具购置费计算

设备购置费由设备原价和设备运杂费构成；未到达固定资产标准的工器具购置费一般以设备购置费为计算基数，按照规定的费率计算。设备及工器具购置费编制方法及内容可参照设计概算相关内容。

（二）单项工程综合预算的编制

单项工程综合预算造价由组成该单项工程的各个单位工程预算造价汇总而成。计算公式如下：

$$\text{单项工程施工图预算} = \sum \text{单位建筑工程费用} + \sum \text{单位设备及安装工程费用} \tag{5.4.10}$$

（三）建设项目总预算的编制

建设项目总预算由组成该建设项目的各个单项工程综合预算，以及经计算的工程建设其他费、预备费和建设期利息和铺底流动资金汇总而成。三级预算编制中总预算由综合预算和工程建设其他费、预备费、建设期利息及铺底流动资金汇总而成，计算公式如下：

$$\begin{aligned}\text{总预算} = & \sum \text{单项工程施工图预算} + \text{工程建设其他费} \\ & + \text{预备费} + \text{建设期利息} + \text{铺底流动资金}\end{aligned} \tag{5.4.11}$$

二级预算编制中总预算由单位工程施工图预算和工程建设其他费、预备费、建设期利息及铺底流动资金汇总而成，计算公式如下：

$$\begin{aligned}\text{总预算} = & \sum \text{单位建筑工程费用} + \sum \text{单位设备及安装工程费用} \\ & + \text{工程建设其他费} + \text{预备费} + \text{建设期利息} + \text{铺底流动资金}\end{aligned} \tag{5.4.12}$$

工程建设其他费、预备费、建设期利息及铺底流动资金具体编制方法可参照第一章相关内容。以建设项目施工图预算编制时为界线，若上述费用已经发生，按合理发生金额列计；如果还未发生，按照原概算内容和本阶段的计费原则计算列入。

采用三级预算编制形式的工程预算文件，包括封面、签署页及目录、编制说明、总预算表、综合预算表、单位工程预算表、附件等内容。

第六章 工程施工招投标结算造价管理

第一节 施工招标投标

一、施工招标的方式

（一）建设工程招标的范围规定

2018年6月1日起实施的，《必须招标的工程项目规定》（中华人民共和国国家发展和改革委员会令 第16号）规定，全部或者部分使用国有资金投资或者国家融资的项目和使用国际组织或者外国政府贷款、援助资金的项目达到一定规模的必须进行招投标。

（1）全部或者部分使用国有资金投资或者国家融资的项目范围

1）使用预算资金200万元人民币以上，并且该资金占投资额10%以上的项目；

2）使用国有企业事业单位资金，并且该资金占控股或者主导地位的项目。

（2）使用国际组织或者外国政府贷款、援助资金的项目范围

1）使用世界银行、亚洲开发银行等国际组织贷款、援助资金的项目；

2）使用外国政府及其机构贷款、援助资金的项目。

（3）不属于上述规定情形的大型基础设施、公用事业等关系社会公共利益、公众安全的项目，按《必须招标的基础设施和公用事业项目范围规定》（发改法规〔2018〕843号，2018年6月6日起实施）规定，包括：

1）煤炭、石油、天然气、电力、新能源等能源基础设施项目；

2）铁路、公路、管道、水运，以及公共航空和A1级通用机场等交通运输基础设施项目；

3）电信枢纽、通信信息网络等通信基础设施项目；

4）防洪、灌溉、排涝、引（供）水等水利基础设施项目；

5）城市轨道交通等城建项目。

（4）勘察、设计、施工、监理以及与工程建设有关的重要设备、材料等的采购达到下列标准之一的，属于必须招标的范围：

1）施工单项合同估算价在400万元人民币以上；

2）重要设备、材料等货物的采购，单项合同估算价在200万元人民币以上；

3）勘察、设计、监理等服务的采购，单项合同估算价在100万元人民币以上。

同一项目中可以合并进行的勘察、设计、施工、监理以及与工程建设有关的重要设备、材料等的采购，合同估算价合计达到前款规定标准的，必须招标。

任何单位和个人不得将依法必须进行招标的项目化整为零或者以其他任何方式规避招标。

（5）依法必须进行施工招标的工程建设项目有下列情形之一的，可以不进行施工招标：

1）涉及国家安全、国家秘密、抢险救灾或者属于利用扶贫资金实行以工代赈需要使用农民工等特殊情况，不适宜进行招标；

2）施工主要技术采用不可替代的专利或者专有技术；

3）已通过招标方式选定的特许经营项目投资人依法能够自行建设；

4）采购人依法能够自行建设；

5）在建工程追加的附属小型工程或者主体加层工程，原中标人仍具备承包能力，并且其他人承担将影响施工或者功能配套要求；

6）国家规定的其他情形。

（二）施工招标方式

建设工程的招标方式分为公开招标和邀请招标两种。

1. 公开招标

公开招标，是指招标人以招标公告的方式邀请不特定的法人或其他组织投标。

依法应当公开招标的建设项目，必须进行公开招标。公开招标的招标公告，应当在国家指定的报刊和信息网络上发布。

2. 邀请招标

邀请招标，是指招标人以投标邀请书的方式邀请特定的法人或者其他组织投标。

全部使用国有资金投资或者国有资金投资占控股或者主导地位的并需要审批的工程建设项目的邀请招标，应当经项目审批部门批准，但项目审批部门只审批立项的，由有关行政监督部门批准。

二、施工招标程序

工程施工招标投标活动应当遵循公开、公平、公正和诚实信用的原则。依据《工程建设项目施工招标投标办法（七部委30号令）》（2013年4月修订），工程建设项目施工招标投标程序如下：

1. 招标准备

（1）依法必须招标的工程建设项目，应当具备下列条件才能进行施工招标：

1）招标人已经依法成立；工程施工招标人是依法提出施工招标项目、进行招标的法人或者其他组织。

2）初步设计及概算应当履行审批手续的，已经批准；

3）有相应资金或资金来源已经落实；

4）有招标所需的设计图纸及技术资料。

（2）按照国家有关规定需要履行项目审批、核准手续的依法必须进行施工招标的工程建设项目，其招标范围、招标方式、招标组织形式应当报项目审批部门审批、核准。项目审批、核准部门应当及时将审批、核准确定的招标内容通报有关行政监督部门。

（3）委托招标代理机构（如需要）。

招标代理机构应当在招标人委托的范围内承担招标事宜。招标人符合法律规定的自行招标条件的，可以自行办理招标事宜。招标代理机构可以承担下列招标事宜：

1）拟订招标方案，编制和出售招标文件、资格预审文件；

2）审查投标人资格；

3）编制标底；

4）组织投标人踏勘现场；

5）组织开标、评标，协助招标人定标；

6）草拟合同；

7）招标人委托的其他事项。

招标代理机构不得无权代理、越权代理，不得明知委托事项违法而进行代理。招标代理机构不得在所代理的招标项目中投标或者代理投标，也不得为所代理的招标项目的投标人提供咨询；未经招标人同意，不得转让招标代理业务。工程招标代理机构与招标人应当签订书面委托合同，并按双方约定的标准收取代理费。

2. 招投标程序

（1）刊登招标公告或发出投标邀请书

采用公开招标方式的，招标人应当发布招标公告，邀请不特定的法人或者其他组织投标。依法必须进行施工招标项目的招标公告，应当在国家指定的报刊和信息网络上发布。

采用邀请招标方式的，招标人应当向3家以上具备承担施工招标项目的能力、资信良好的特定的法人或者其他组织发出投标邀请书。

招标公告或者投标邀请书应当至少载明下列内容：

1）招标人的名称和地址；

2）招标项目的内容、规模、资金来源；

3）招标项目的实施地点和工期；

4）获取招标文件或者资格预审文件的地点和时间；

5）对招标文件或者资格预审文件收取的费用；

6）对招标人的资质等级的要求。

（2）资格审查

资格审查分为资格预审和资格后审。资格预审是指在投标前对潜在投标人进行的资格审查。资格后审是指在开标后对投标人进行的资格审查。进行资格预审的，一般不再进行资格后审，但招标文件另有规定的除外。

采取资格预审的，招标人应当在资格预审文件中载明资格预审的条件、标准和方法；采取资格后审的，招标人应当在招标文件中载明对投标人资格要求的条件、标准和方法。

招标人不得改变载明的资格条件或者以没有载明的资格条件对潜在投标人或者投标人进行资格审查。资格审查时，招标人不得以不合理的条件限制、排斥潜在投标人或者投标人，不得对潜在投标人或者投标人实行歧视待遇。任何单位和个人不得以行政手段或者其他不合理方式限制投标人的数量。

经资格预审后，招标人应当向资格预审合格的潜在投标人发出资格预审合格通知书，告知获取招标文件的时间、地点和方法，并同时向资格预审不合格的潜在投标人告知资格预审结果。资格预审不合格的潜在投标人不得参加投标。

经资格后审不合格的投标人的投标应予否决。

资格审查应主要审查潜在投标人或者投标人是否符合下列条件：

1）具有独立订立合同的权利；

2）具有履行合同的能力，包括专业、技术资格和能力，资金、设备和其他物质设施状况，管理能力，经验、信誉和相应的从业人员；

3）没有处于被责令停业，投标资格被取消，财产被接管、冻结，破产状态；

4）在最近三年内没有骗取中标和严重违约及重大工程质量问题；

5）国家规定的其他资格条件。

（3）发放招标文件

招标文件发放给通过资格预审获得投标资格或被邀请的投标单位。投标单位收到招标文件、图纸和有关资料后，应认真核对。招标单位对招标文件所做的任何修改或补充，须在投标截止时间至少 15 日前，发给所有获得招标文件的投标单位，修改或补充内容作为招标文件的组成部分。

招标人应当确定投标人编制投标文件所需要的合理时间；但是，依法必须进行招标的项目，自招标文件开始发出之日起至投标人提交投标文件截止之日止，最短不得少于 20 日。

（4）踏勘现场及答疑

招标人根据招标项目的具体情况，可以组织潜在投标人踏勘项目现场，向其介绍工程场地和相关环境的有关情况。潜在投标人依据招标人介绍情况作出的判断和决策，由投标人自行负责。招标人不得单独或者分别组织任何一个投标人进行现场踏勘。

对于潜在投标人在阅读招标文件和现场踏勘中提出的疑问，招标人可以书面形式或召开投标预备会的方式解答，但需同时将解答以书面方式通知所有购买招标文件的潜在投标人。该解答的内容为招标文件的组成部分。

（5）投标

投标人应当在招标文件要求提交投标文件的截止时间前，将投标文件密封送达投标地点。招标人收到投标文件后，应当向投标人出具标明签收人和签收时间的凭证，在开标前任何单位和个人不得开启投标文件。在招标文件要求提交投标文件的截止时间后送达的投标文件，招标人应当拒收。

依法必须进行施工招标的项目提交投标文件的投标人少于三个的，招标人在分析招标失败的原因并采取相应措施后，应当依法重新招标。重新招标后投标人仍少于三个的，属于必须审批、核准的工程建设项目，报经原审批、核准部门审批、核准后可以不再进行招标；其他工程建设项目，招标人可自行决定不再进行招标。

投标人在招标文件要求提交投标文件的截止时间前，可以补充、修改或者撤回已提交的投标文件，并书面通知招标人。补充、修改的内容为投标文件的组成部分。

在提交投标文件截止时间后到招标文件规定的投标有效期终止之前，投标人不得撤销其投标文件，否则招标人可以不退还其投标保证金。

在开标前，招标人应妥善保管好已接收的投标文件、修改或撤回通知、备选投标方案等投标资料。

（6）开标、评标

开标应当在招标文件确定的提交投标文件截止时间的同一时间公开进行；开标地点应当为招标文件中确定的地点。投标人对开标有异议的，应当在开标现场提出，招标人应当当场作出答复，并形成记录。

评标委员会按载明的评标办法完成评标后，应向招标人提交书面评标报告。评标报告由评标委员会全体成员签字。

（7）定标

依法必须进行招标的项目，招标人应当自收到评标报告之日起三日内公示中标候选人，公示期不得少于三日。中标通知书由招标人发出。招标人可以授权评标委员会直接确定中标人。

（8）签订合同

招标人和中标人应当在投标有效期内并在自中标通知书发出之日起 30 天内，按照招标文件和中标人的投标文件订立书面合同。

三、施工招标文件组成

（一）施工招标文件概念

招标文件是指导整个招标投标工作全过程的纲领性文件。按照《招标投标法》的规定，招标文件应当包括招标项目的技术要求，对投标人资格审查的标准、投标报价要求和评标标准等所有实质性要求和条件以及拟签合同的主要条款。同时，根据 2018 年 3 月 8 日发布的《危险性较大的分部分项工程安全管理规定》的要求，建设单位应当组织勘察、设计等单位在施工招标文件中列出危大工程清单，要求施工单位在投标时补充完善危大工程清单并明确相应的安全管理措施。建设项目施工招标文件是由招标人（或其委托的咨询机构）编制，由招标人发布的，它既是投标单位编制投标文件的依据，也是招标人与将来中标人签订工程承包合同的基础。招标文件中提出的各项要求，对整个招标工作乃至发承包双方都具有约束力，因此招标文件的编制及其内容必须符合有关法律法规的规定。

（二）施工招标文件组成

招标人根据施工招标项目的特点和需要编制招标文件。按照《工程建设项目施工招标投标办法（七部委 30 号令）》（2013 年 4 月修订），招标文件一般包括下列内容：

（1）招标公告或投标邀请书。当未进行资格预审时，招标文件中应包括招标公告。当进行资格预审时，招标文件中应包括投标邀请书，该邀请书可代替资格预审通过通知书，以明确投标人已具备了在某具体项目某具体标段的投标资格，其他内容包括招标文件的获取、投标文件的递交等。

（2）投标人须知。投标人须知主要包括对于项目概况的介绍和招标过程的各种具体要求，在正文中的未尽事宜可以通过“投标人须知前附表”进行进一步明确，由招标人根据招标项目具体特点和实际需要编制和填写，但务必与招标文件的其他章节相衔接，并不得与投标人须知正文的内容相抵触，否则抵触内容无效。

（3）合同主要条款。合同主要条款包括本工程拟采用的通用合同条款、专用合同条款以及各种合同附件的格式。

（4）投标文件格式。提供各种投标文件编制所应依据的参考格式。

（5）采用工程量清单招标的，应当提供工程量清单。工程量清单是表现拟建工程分部分项工程、措施项目和其他项目名称和相应数量的明细清单，以满足工程项目具体量化和计量支付的需要；是招标人编制招标控制价和投标人编制投标报价的重要依据。如按照规定应编制招标控制价的项目，其招标控制价也应在招标时一并公布。

（6）技术条款。招标文件规定的各项技术标准应符合国家强制性规定。招标文件中规定的各项技术标准均不得要求或标明某一特定的专利、商标、名称、设计、原产地或生产供应者，不得含有倾向或者排斥潜在投标人的其他内容。如果必须引用某一生产供应商的技术标准才能准确或清楚地说明拟招标项目的技术标准时，则应当在参照后面加上“或相当于”的字样。

（7）设计图纸。图纸是指应由招标人提供的用于计算招标控制价和投标人计算投标报价所必需的各种详细程度的图纸。

（8）评标标准和方法。评标办法可选择经评审的最低投标价法和综合评估法。

（9）投标辅助材料。如需要其他材料，应在“投标人须知前附表”中予以规定。

招标人应当在招标文件中规定实质性要求和条件，并用醒目的方式标明。

（三）施工投标文件组成

投标人应当按照招标文件的要求编制投标文件。投标文件应当对招标文件提出的实质性要求和条件作出响应。按照《工程建设项目施工招标投标办法（七部委30号令）》（2013年4月修订），投标文件一般包括下列内容：

（1）投标函。投标函是由投标人填写的名为投标函的文件，包括投标人的报价及有关的承诺。除投标函外还包括其附录，一经中标签订合同文件，则构成合同文件的组成部分。

（2）投标报价。投标报价是在工程招标发包过程中，由投标人按照招标文件的要求，根据工程特点，并结合自身的施工技术、装备和管理水平，依据有关计价规定自主确定的工程造价，是投标人希望达成工程承包交易的期望价格，它不能高于招标人设定的招标控制价。作为投标计算的必要条件，应预先确定施工方案和施工进度。此外，投标计算还必须与采用的合同形式相协调。报价是投标的关键性工作，报价是否合理直接关系投标的成败。

（3）施工组织设计。编制时应采用文字并结合图表形式说明施工方法；拟投入本标段的主要施工设备情况、拟配备本标段的试验和检测仪器设备情况、劳动力计划等；结合工程特点提出切实可行的工程质量、安全生产、文明施工、工程进度、技术组织措施，同时应对关键工序、复杂环节重点提出相应技术措施，如冬雨期施工技术、减少噪声、降低环境污染、地下管线及其他地上地下设施的保护加固措施等。施工组织设计除采用文字表述外可附下列图表。

1）拟投入本标段的主要施工设备表；

2）拟配备本标段的试验和检测仪器设备表；

3）劳动力计划表；

4）计划开、竣工日期和施工进度网络图；

5）施工总平面图；

6）临时用地表等。

（4）商务和技术偏差表。投标人编制施工投标文件时，通常需要填写商务和技术偏差表。填写商务和技术偏差表时，投标人应当逐条对照招标文件的商务条款和技术规格，就投标文件对商务条款和技术规格的响应情况、存在偏差和例外事项逐条做出说明。招标文件要求准确响应的指标，投标人应当按照要求进行响应，即响应的指标值既不能不足，也不能超过。招标文件要求达到或超出响应的指标，必须达到或超出才算符合要求。

除以上内容外，还要有法定代表人身份证明或附有法定代表人身份证明的授权委托书、联合体协议书（如工程允许采用联合体投标）、投标保证金、项目管理机构、拟分包项目情况表、资格审查资料等。

第二节　施工合同示范文本

一、施工合同与示范文本

（一）建设工程施工合同

建设工程施工合同是建设单位和施工单位为完成商定的土木工程、设备安装工程、管道线路敷设、装饰装修和房屋修缮等建设工程项目，明确双方相互权利义务关系的协定。

（二）施工合同示范文本

我国工程施工合同示范文本有多种，有代表性的有国家九部委联合发布的《标准施工招标文件》（2007年版）、住房城乡建设部和国家工商行政管理总局制定的《建设工程施工合同（示范文本）》（GF-2017-0201）（以下简称《示范文本》）。对于工程总承包项目，国家九部委联合发布了《标准设计施工总承包招标文件》（2012年版）、住房城乡建设部和国家工商行政管理总局制定的《建设项目工程总承包合同示范文本（试行）》（GF-2011-0216）。

以住房城乡建设部和国家工商行政管理总局制定的《建设工程施工合同（示范文本）》（GF-2017-0201）（以下简称《示范文本》）为例说明。

1.《示范文本》的组成

《示范文本》由合同协议书、通用合同条款和专用合同条款三部分组成。

（1）合同协议书

《示范文本》合同协议书共计13条，主要包括工程概况、合同工期、质量标准、签约合同价和合同价格形式、项目经理、合同文件构成、承诺以及合同生效条件等重要内容，集中约定了合同当事人基本的合同权利义务。

（2）通用合同条款

通用合同条款是合同当事人根据《建筑法》《民法典》等法律法规的规定，就工程建设的实施及相关事项，对合同当事人的权利义务作出的原则性约定。

通用合同条款共计20条，具体条款分别为一般约定、发包人、承包人、监理人、工程质量、安全文明施工与环境保护、工期和进度、材料与设备、试验与检验、变更、价格调整、合同价格、计量与支付、验收和工程试车、竣工结算、缺陷责任与保修、违约、不可抗力、保险、索赔和争议解决。前述条款安排既考虑了现行法律法规对工程建设的有关要求，也考虑了建设工程施工管理的特殊需要。

（3）专用合同条款

专用合同条款是对通用合同条款原则性约定的细化、完善、补充、修改或另行约定的条款。合同当事人可以根据不同建设工程的特点及具体情况，通过双方的谈判、协商对相应的专用合同条款进行修改补充。

在使用专用合同条款时，应注意以下事项：

① 专用合同条款的编号应与相应的通用合同条款的编号一致；

② 合同当事人可以通过对专用合同条款的修改，满足具体建设工程的特殊要求，避免直接修改通用合同条款；

③ 在专用合同条款中有横道线的地方，合同当事人可针对相应的通用合同条款进行细化、完善、补充、修改或另行约定；如无细化、完善、补充、修改或另行约定，则填写“无”或划“/”。

2.《示范文本》的适用范围

《示范文本》为非强制性使用文本。《示范文本》适用于房屋建筑工程、土木工程、线路管道和设备安装工程、装修工程等建设工程的施工承发包活动，合同当事人可结合建设工程具体情况，根据《示范文本》订立合同，并按照法律法规规定和合同约定承担相应的法律责任及合同权利义务。

二、《建设工程施工合同（示范文本）》的主要合同条款

《建设工程施工合同（示范文本）》（GF-2017-0201）合同协议书、通用合同条款和专用合同条款三部分组成。以下主要介绍通用合同条款部分的内容。

（一）合同文件的组成及优选顺序

构成施工合同文件的组成部分，除了协议书、通用条款和专用条款以外，一般还应该包括中标通知书、投标书及其附件、有关的标准、规范及技术文件、图纸、工程量清单、工程报价单或预算书等。

组成合同的各项文件应互相解释，互为说明。除专用合同条款另有约定外，解释合同文件的优先顺序如下：

（1）合同协议书；

（2）中标通知书（如果有）；

（3）投标函及其附录（如果有）；

（4）专用合同条款及其附件；

（5）通用合同条款；

（6）技术标准和要求；

（7）图纸；

（8）已标价工程量清单或预算书；

（9）其他合同文件。

上述各项合同文件包括合同当事人就该项合同文件所作出的补充和修改，属于同一类内容的文件，应以最新签署的为准。

在合同订立及履行过程中形成的与合同有关的文件均构成合同文件组成部分，并根据其性质确定优先解释顺序。

（二）发包人与承包人的责任与义务

1. 发包方的责任与义务

发包人的责任与义务有许多，最主要如下：

（1）图纸的提供和交底

发包人应按照专用合同条款约定的期限、数量和内容向承包人免费提供图纸，并组织承包人、监理人和设计人进行图纸会审和设计交底。发包人至迟不得晚于第7.3.2项〔开工通知〕载明的开工日期前14天向承包人提供图纸。

因发包人未按合同约定提供图纸导致承包人费用增加和（或）工期延误的，按照第7.5.1项〔因发包人原因导致工期延误〕约定办理。

（2）对化石、文物的保护

在施工现场发掘的所有文物、古迹以及具有地质研究或考古价值的其他遗迹、化石、钱币或物品属于国家所有。一旦发现上述文物，承包人应采取合理有效的保护措施，防止任何人员移动或损坏上述物品，并立即报告有关政府行政管理部门，同时通知监理人。

发包人、监理人和承包人应按有关政府行政管理部门要求采取妥善的保护措施，由此增加的费用和（或）延误的工期由发包人承担。

承包人发现文物后不及时报告或隐瞒不报，致使文物丢失或损坏的，应赔偿损失，并承担相应的法律责任。

（3）出入现场的权利

除专用合同条款另有约定外，发包人应根据施工需要，负责取得出入施工现场所需的批准手续和全部权利，以及取得因施工所需修建道路、桥梁以及其他基础设施的权利，并承担相关手续费用和建设费用。承包人应协助发包人办理修建场内外道路、桥梁以及其他基础设施的手续。

承包人应在订立合同前查勘施工现场，并根据工程规模及技术参数合理预见工程施工所需的进出施工现场的方式、手段、路径等。因承包人未合理预见所增加的费用和

（或）延误的工期由承包人承担。

（4）场外交通

发包人应提供场外交通设施的技术参数和具体条件，承包人应遵守有关交通法规，严格按照道路和桥梁的限制荷载行驶，执行有关道路限速、限行、禁止超载的规定，并配合交通管理部门的监督和检查。场外交通设施无法满足工程施工需要的，由发包人负责完善并承担相关费用。

（5）场内交通

发包人应提供场内交通设施的技术参数和具体条件，并应按照专用合同条款的约定向承包人免费提供满足工程施工所需的场内道路和交通设施。因承包人原因造成上述道路或交通设施损坏的，承包人负责修复并承担由此增加的费用。

除发包人按照合同约定提供的场内道路和交通设施外，承包人负责修建、维修、养护和管理施工所需的其他场内临时道路和交通设施。发包人和监理人可以为实现合同目的使用承包人修建的场内临时道路和交通设施。

场外交通和场内交通的边界由合同当事人在专用合同条款中约定。

（6）许可或批准

发包人应遵守法律，并办理法律规定由其办理的许可、批准或备案，包括但不限于建设用地规划许可证、建设工程规划许可证、建设工程施工许可证、施工所需临时用水、临时用电、中断道路交通、临时占用土地等许可和批准。发包人应协助承包人办理法律规定的有关施工证件和批件。因发包人原因未能及时办理完毕前述许可、批准或备案，由发包人承担由此增加的费用和（或）延误的工期，并支付承包人合理的利润。

（7）发包人代表

发包人应在专用合同条款中明确其派驻施工现场的发包人代表的姓名、职务、联系方式及授权范围等事项。发包人代表在发包人的授权范围内，负责处理合同履行过程中与发包人有关的具体事宜。发包人代表在授权范围内的行为由发包人承担法律责任。发包人更换发包人代表的，应提前 7 天书面通知承包人。

发包人代表不能按照合同约定履行其职责及义务，并导致合同无法继续正常履行的，承包人可以要求发包人撤换发包人代表。

不属于法定必须监理的工程，监理人的职权可以由发包人代表或发包人指定的其他人员行使。

（8）提供施工现场

除专用合同条款另有约定外，发包人应最迟于开工日期 7 天前向承包人移交施工现场。

（9）提供施工条件

除专用合同条款另有约定外，发包人应负责提供施工所需要的条件，包括：

1）将施工用水、电力、通信线路等施工所必需的条件接至施工现场内；

2）保证向承包人提供正常施工所需要的进入施工现场的交通条件；

3）协调处理施工现场周围地下管线和邻近建筑物、构筑物、古树名木的保护工作，并承担相关费用；

4）按照专用合同条款约定应提供的其他设施和条件。

（10）提供基础资料

发包人应当在移交施工现场前向承包人提供施工现场及工程施工所必需的毗邻区域内供水、排水、供电、供气、供热、通信、广播电视等地下管线资料，气象和水文观测资料，地质勘察资料，相邻建筑物、构筑物和地下工程等有关基础资料，并对所提供资料的真实性、准确性和完整性负责。

按照法律规定确需在开工后方能提供的基础资料，发包人应尽其努力及时地在相应工程施工前的合理期限内提供，合理期限应以不影响承包人的正常施工为限。

（11）资金来源证明及支付担保

除专用合同条款另有约定外，发包人应在收到承包人要求提供资金来源证明的书面通知后28天内，向承包人提供能够按照合同约定支付合同价款的相应资金来源证明。

除专用合同条款另有约定外，发包人要求承包人提供履约担保的，发包人应当向承包人提供支付担保。支付担保可以采用银行保函或担保公司担保等形式，具体由合同当事人在专用合同条款中约定。

（12）支付合同价款

发包人应按合同约定向承包人及时支付合同价款。

（13）组织竣工验收

发包人应按合同约定及时组织竣工验收。

（14）现场统一管理协议

发包人应与承包人、由发包人直接发包的专业工程的承包人签订施工现场统一管理协议，明确各方的权利义务。施工现场统一管理协议作为专用合同条款的附件。

2. 承包人的一般义务

承包人在履行合同过程中应遵守法律和工程建设标准规范，并履行以下义务：

（1）办理法律规定应由承包人办理的许可和批准，并将办理结果书面报送发包人留存；

（2）按法律规定和合同约定完成工程，并在保修期内承担保修义务；

（3）按法律规定和合同约定采取施工安全和环境保护措施，办理工伤保险，确保工程及人员、材料、设备和设施的安全；

（4）按合同约定的工作内容和施工进度要求，编制施工组织设计和施工措施计划，并对所有施工作业和施工方法的完备性和安全可靠性负责；

（5）在进行合同约定的各项工作时，不得侵害发包人与他人使用公用道路、水源、市政管网等公共设施的权利，避免对邻近的公共设施产生干扰。承包人占用或使用他人的施工场地，影响他人作业或生活的，应承担相应责任；

（6）按照第6.3款［环境保护］约定负责施工场地及其周边环境与生态的保护工作；

（7）按照第6.1款［安全文明施工］约定采取施工安全措施，确保工程及其人员、材料、设备和设施的安全，防止因工程施工造成的人身伤害和财产损失；

(8) 将发包人按合同约定支付的各项价款专用于合同工程，且应及时支付其雇用人员工资，并及时向分包人支付合同价款；

(9) 按照法律规定和合同约定编制竣工资料，完成竣工资料立卷及归档，并按专用合同条款约定的竣工资料的套数、内容、时间等要求移交发包人；

(10) 应履行的其他义务。

(三) 进度控制、质量控制和费用控制的主要条款

1. 进度控制的主要条款内容

(1) 施工进度计划。

1) 施工进度计划的编制。

承包人应按照第7.1款［施工组织设计］约定提交详细的施工进度计划，施工进度计划的编制应当符合国家法律规定和一般工程实践惯例，施工进度计划经发包人批准后实施。施工进度计划是控制工程进度的依据，发包人和监理人有权按照施工进度计划检查工程进度情况。

2) 施工进度计划的修订。

施工进度计划不符合合同要求或与工程的实际进度不一致的，承包人应向监理人提交修订的施工进度计划，并附具有关措施和相关资料，由监理人报送发包人。除专用合同条款另有约定外，发包人和监理人应在收到修订的施工进度计划后7天内完成审核和批准或提出修改意见。发包人和监理人对承包人提交的施工进度计划的确认，不能减轻或免除承包人根据法律规定和合同约定应承担的任何责任或义务。

3) 开工通知。

发包人应按照法律规定获得工程施工所需的许可。经发包人同意后，监理人发出的开工通知应符合法律规定。监理人应在计划开工日期7天前向承包人发出开工通知，工期自开工通知中载明的开工日期起算。

除专用合同条款另有约定外，因发包人原因造成监理人未能在计划开工日期之日起90天内发出开工通知的，承包人有权提出价格调整要求，或者解除合同。发包人应当承担由此增加的费用和（或）延误的工期，并向承包人支付合理利润。

(2) 工期延误。

1) 因发包人原因导致工期延误。

在合同履行过程中，因下列情况导致工期延误和（或）费用增加的，由发包人承担由此延误的工期和（或）增加的费用，且发包人应支付承包人合理的利润：

① 发包人未能按合同约定提供图纸或所提供图纸不符合合同约定的；

② 发包人未能按合同约定提供施工现场、施工条件、基础资料、许可、批准等开工条件的；

③ 发包人提供的测量基准点、基准线和水准点及其书面资料存在错误或疏漏的；

④ 发包人未能在计划开工日期之日起7天内同意下达开工通知的；

⑤ 发包人未能按合同约定日期支付工程预付款、进度款或竣工结算款的；

⑥ 监理人未按合同约定发出指示、批准等文件的；

⑦ 专用合同条款中约定的其他情形。

因发包人原因未按计划开工日期开工的，发包人应按实际开工日期顺延竣工日期，确保实际工期不低于合同约定的工期总日历天数。因发包人原因导致工期延误需要修订施工进度计划的，按照第7.2.2项［施工进度计划的修订］执行。

2）因承包人原因导致工期延误。

因承包人原因造成工期延误的，可以在专用合同条款中约定逾期竣工违约金的计算方法和逾期竣工违约金的上限。承包人支付逾期竣工违约金后，不免除承包人继续完成工程及修补缺陷的义务。

（3）暂停施工。

1）发包人原因引起的暂停施工。

因发包人原因引起暂停施工的，监理人经发包人同意后，应及时下达暂停施工指示。情况紧急且监理人未及时下达暂停施工指示的，按照第7.8.4项［紧急情况下的暂停施工］执行。

因发包人原因引起的暂停施工，发包人应承担由此增加的费用和（或）延误的工期，并支付承包人合理的利润。

2）承包人原因引起的暂停施工。

因承包人原因引起的暂停施工，承包人应承担由此增加的费用和（或）延误的工期，且承包人在收到监理人复工指示后84天内仍未复工的，视为第16.2.1项［承包人违约的情形］第（7）目约定的承包人无法继续履行合同的情形。

3）指示暂停施工。

监理人认为有必要时，并经发包人批准后，可向承包人作出暂停施工的指示，承包人应按监理人指示暂停施工。

4）紧急情况下的暂停施工。

因紧急情况需暂停施工，且监理人未及时下达暂停施工指示的，承包人可先暂停施工，并及时通知监理人。监理人应在接到通知后24小时内发出指示，逾期未发出指示，视为同意承包人暂停施工。监理人不同意承包人暂停施工的，应说明理由，承包人对监理人的答复有异议，按照第20条［争议解决］约定处理。

（4）提前竣工。

发包人要求承包人提前竣工的，发包人应通过监理人向承包人下达提前竣工指示，承包人应向发包人和监理人提交提前竣工建议书，提前竣工建议书应包括实施的方案、缩短的时间、增加的合同价格等内容。发包人接受该提前竣工建议书的，监理人应与发包人和承包人协商采取加快工程进度的措施，并修订施工进度计划，由此增加的费用由发包人承担。承包人认为提前竣工指示无法执行的，应向监理人和发包人提出书面异议，发包人和监理人应在收到异议后7天内予以答复。任何情况下，发包人不得压缩合理工期。

发包人要求承包人提前竣工，或承包人提出提前竣工的建议能够给发包人带来效益的，合同当事人可以在专用合同条款中约定提前竣工的奖励。

（5）竣工日期。

工程经竣工验收合格的，以承包人提交竣工验收申请报告之日为实际竣工日期，并在工程接收证书中载明；因发包人原因，未在监理人收到承包人提交的竣工验收申请报告42天内完成竣工验收，或完成竣工验收不予签发工程接收证书的，以提交竣工验收申请报告的日期为实际竣工日期；工程未经竣工验收，发包人擅自使用的，以转移占有工程之日为实际竣工日期。

2. 质量控制的主要条款内容

（1）承包人的质量管理。

承包人按照第7.1款［施工组织设计］约定向发包人和监理人提交工程质量保证体系及措施文件，建立完善的质量检查制度，并提交相应的工程质量文件。对于发包人和监理人违反法律规定和合同约定的错误指示，承包人有权拒绝实施。

承包人应对施工人员进行质量教育和技术培训，定期考核施工人员的劳动技能，严格执行施工规范和操作规程。

承包人应按照法律规定和发包人的要求，对材料、工程设备以及工程的所有部位及其施工工艺进行全过程的质量检查和检验，并作详细记录，编制工程质量报表，报送监理人审查。此外，承包人还应按照法律规定和发包人的要求，进行施工现场取样试验、工程复核测量和设备性能检测，提供试验样品、提交试验报告和测量成果以及其他工作。

（2）监理人的质量检查和检验。

监理人按照法律规定和发包人授权对工程的所有部位及其施工工艺、材料和工程设备进行检查和检验。承包人应为监理人的检查和检验提供方便，包括监理人到施工现场，或制造、加工地点，或合同约定的其他地方进行察看和查阅施工原始记录。监理人为此进行的检查和检验，不免除或减轻承包人按照合同约定应当承担的责任。

监理人的检查和检验不应影响施工正常进行。监理人的检查和检验影响施工正常进行的，且经检查检验不合格的，影响正常施工的费用由承包人承担，工期不予顺延；经检查检验合格的，由此增加的费用和（或）延误的工期由发包人承担。

（3）隐蔽工程检查。

1）承包人自检。

承包人应当对工程隐蔽部位进行自检，并经自检确认是否具备覆盖条件。

2）检查程序。

除专用合同条款另有约定外，工程隐蔽部位经承包人自检确认具备覆盖条件的，承包人应在共同检查前48小时书面通知监理人检查，通知中应载明隐蔽检查的内容、时间和地点，并应附有自检记录和必要的检查资料。

监理人应按时到场并对隐蔽工程及其施工工艺、材料和工程设备进行检查。经监理人检查确认质量符合隐蔽要求，并在验收记录上签字后，承包人才能进行覆盖。经监理人检查质量不合格的，承包人应在监理人指示的时间内完成修复，并由监理人重新检查，由此增加的费用和（或）延误的工期由承包人承担。

除专用合同条款另有约定外，监理人不能按时进行检查的，应在检查前24小时向承包人提交书面延期要求，但延期不能超过48小时，由此导致工期延误的，工期应予以顺延。监理人未按时进行检查，也未提出延期要求的，视为隐蔽工程检查合格，承包人可自行完成覆盖工作，并作相应记录报送监理人，监理人应签字确认。监理人事后对检查记录有疑问的，可按第5.3.3项［重新检查］的约定重新检查。

3）重新检查。

承包人覆盖工程隐蔽部位后，发包人或监理人对质量有疑问的，可要求承包人对已覆盖的部位进行钻孔探测或揭开重新检查，承包人应遵照执行，并在检查后重新覆盖恢复原状。经检查证明工程质量符合合同要求的，由发包人承担由此增加的费用和（或）延误的工期，并支付承包人合理的利润；经检查证明工程质量不符合合同要求的，由此增加的费用和（或）延误的工期由承包人承担。

4）承包人私自覆盖。

承包人未通知监理人到场检查，私自将工程隐蔽部位覆盖的，监理人有权指示承包人钻孔探测或揭开检查，无论工程隐蔽部位质量是否合格，由此增加的费用和（或）延误的工期均由承包人承担。

（4）不合格工程的处理。

1）因承包人原因造成工程不合格的，发包人有权随时要求承包人采取补救措施，直至达到合同要求的质量标准，由此增加的费用和（或）延误的工期由承包人承担。无法补救的，按照第13.2.4项［拒绝接收全部或部分工程］约定执行。

2）因发包人原因造成工程不合格的，由此增加的费用和（或）延误的工期由发包人承担，并支付承包人合理的利润。

（5）分部分项工程验收。

除专用合同条款另有约定外，分部分项工程经承包人自检合格并具备验收条件的，承包人应提前48小时通知监理人进行验收。监理人不能按时进行验收的，应在验收前24小时向承包人提交书面延期要求，但延期不能超过48小时。监理人未按时进行验收，也未提出延期要求的，承包人有权自行验收，监理人应认可验收结果。分部分项工程未经验收的，不得进入下一道工序施工。分部分项工程的验收资料应当作为竣工资料的组成部分。

（6）缺陷责任与保修。

1）工程保修的原则。在工程移交发包人后，因承包人原因产生的质量缺陷，承包人应承担质量缺陷责任和保修义务。缺陷责任期届满，承包人仍应按合同约定的工程各部位保修年限承担保修义务。

2）缺陷责任期从工程通过竣工验收之日起计算，合同当事人应在专用合同条款约定缺陷责任期的具体期限，但该期限最长不超过24个月。

单位工程先于全部工程进行验收，经验收合格并交付使用的，该单位工程缺陷责任期自单位工程验收合格之日起算。因承包人原因导致工程无法按合同约定期限进行竣工验收的，缺陷责任期从实际通过竣工验收之日起计算。因发包人原因导致工程无法按合同约定期限进行竣工验收的，在承包人提交竣工验收报告90天后，工程自动进入缺陷责任期；发包人未经竣工验收擅自使用工程的，缺陷责任期自工程转移占有之日起开始计算。

3）缺陷责任期内，由承包人原因造成的缺陷，承包人应负责维修，并承担鉴定及维修费用。如承包人不维修也不承担费用，发包人可按合同约定从保证金或银行保函中扣除，费用超出保证金额的，发包人可按合同约定向承包人进行索赔。承包人维修并承担相应费用后，不免除对工程的损失赔偿责任。发包人有权要求承包人延长缺陷责任期，并应在原缺陷责任期届满前发出延长通知。但缺陷责任期（含延长部分）最长不能超过 24 个月。

由他人原因造成的缺陷，发包人负责组织维修，承包人不承担费用，且发包人不得从保证金中扣除费用。

4）任何一项缺陷或损坏修复后，经检查证明其影响了工程或工程设备的使用性能，承包人应重新进行合同约定的试验和试运行，试验和试运行的全部费用应由责任方承担。

5）除专用合同条款另有约定外，承包人应于缺陷责任期届满后 7 天内向发包人发出缺陷责任期届满通知，发包人应在收到缺陷责任期满通知后 14 天内核实承包人是否履行缺陷修复义务，承包人未能履行缺陷修复义务的，发包人有权扣除相应金额的维修费用。发包人应在收到缺陷责任期届满通知后 14 天内，向承包人颁发缺陷责任期终止证书。

6）保修责任。工程保修期从工程竣工验收合格之日起算，具体分部分项工程的保修期由合同当事人在专用合同条款中约定，但不得低于法定最低保修年限。在工程保修期内，承包人应当根据有关法律规定以及合同约定承担保修责任。发包人未经竣工验收擅自使用工程的，保修期自转移占有之日起算。

3. 费用控制的主要条款内容

（1）预付款。

1）预付款的支付。

预付款的支付按照专用合同条款约定执行，但至迟应在开工通知载明的开工日期 7 天前支付。预付款应当用于材料、工程设备、施工设备的采购及修建临时工程、组织施工队伍进场等。

除专用合同条款另有约定外，预付款在进度付款中同比例扣回。在颁发工程接收证书前，提前解除合同的，尚未扣完的预付款应与合同价款一并结算。

发包人逾期支付预付款超过 7 天的，承包人有权向发包人发出要求预付的催告通知，发包人收到通知后 7 天内仍未支付的，承包人有权暂停施工，并按第 16.1.1 项［发包人违约的情形］执行。

2）预付款担保。

发包人要求承包人提供预付款担保的，承包人应在发包人支付预付款 7 天前提供预付款担保，专用合同条款另有约定除外。预付款担保可采用银行保函、担保公司担保等形式，具体由合同当事人在专用合同条款中约定。在预付款完全扣回之前，承包人应保证预付款担保持续有效。

发包人在工程款中逐期扣回预付款后，预付款担保额度应相应减少，但剩余的预付款担保金额不得低于未被扣回的预付款金额。

（2）计量。

1）计量周期。

除专用合同条款另有约定外，工程量的计量按月进行。

2）单价合同的计量。

除专用合同条款另有约定外，单价合同的计量按照本项约定执行：

① 承包人应于每月 25 日向监理人报送上月 20 日至当月 19 日已完成的工程量报告，并附具进度付款申请单、已完成工程量报表和有关资料。

② 监理人应在收到承包人提交的工程量报告后 7 天内完成对承包人提交的工程量报表的审核并报送发包人，以确定当月实际完成的工程量。监理人对工程量有异议的，有权要求承包人进行共同复核或抽样复测。承包人应协助监理人进行复核或抽样复测，并按监理人要求提供补充计量资料。承包人未按监理人要求参加复核或抽样复测的，监理人复核或修正的工程量视为承包人实际完成的工程量。

③ 监理人未在收到承包人提交的工程量报表后的 7 天内完成审核的，承包人报送的工程量报告中的工程量视为承包人实际完成的工程量，据此计算工程价款。

3）总价合同的计量。

除专用合同条款另有约定外，按月计量支付的总价合同，按照本项约定执行：

① 承包人应于每月 25 日向监理人报送上月 20 日至当月 19 日已完成的工程量报告，并附具进度付款申请单、已完成工程量报表和有关资料。

② 监理人应在收到承包人提交的工程量报告后 7 天内完成对承包人提交的工程量报表的审核并报送发包人，以确定当月实际完成的工程量。监理人对工程量有异议的，有权要求承包人进行共同复核或抽样复测。承包人应协助监理人进行复核或抽样复测并按监理人要求提供补充计量资料。承包人未按监理人要求参加复核或抽样复测的，监理人审核或修正的工程量视为承包人实际完成的工程量。

③ 监理人未在收到承包人提交的工程量报表后的 7 天内完成复核的，承包人提交的工程量报告中的工程量视为承包人实际完成的工程量。

（3）工程进度款支付。

除专用合同条款另有约定外，付款周期应按照第 12.3.2 项［计量周期］的约定与计量周期保持一致。

（4）进度款审核和支付。

1）除专用合同条款另有约定外，监理人应在收到承包人进度付款申请单以及相关资料后 7 天内完成审查并报送发包人，发包人应在收到后 7 天内完成审批并签发进度款支付证书。发包人逾期未完成审批且未提出异议的，视为已签发进度款支付证书。

发包人和监理人对承包人的进度付款申请单有异议的，有权要求承包人修正和提供补充资料，承包人应提交修正后的进度付款申请单。监理人应在收到承包人修正后的进度付款申请单及相关资料后 7 天内完成审查并报送发包人，发包人应在收到监理人报送的进度付款申请单及相关资料后 7 天内，向承包人签发无异议部分的临时进度款支付证书。存在争议的部分，按照第 20 条［争议解决］的约定处理。

2）除专用合同条款另有约定外，发包人应在进度款支付证书或临时进度款支付证书签发后 14 天内完成支付，发包人逾期支付进度款的，应按照中国人民银行发布的同期同类贷款基准利率支付违约金。

3）发包人签发进度款支付证书或临时进度款支付证书，不表明发包人已同意、批准或接受了承包人完成的相应部分的工作。

（5）支付分解表。

1）支付分解表的编制要求。

① 支付分解表中所列的每期付款金额，应为第 12.4.2 项［进度付款申请单的编制］第（1）目的估算金额；

② 实际进度与施工进度计划不一致的，合同当事人可按照第 4.4 款［商定或确定］修改支付分解表；

③ 不采用支付分解表的，承包人应向发包人和监理人提交按季度编制的支付估算分解表，用于支付参考。

2）总价合同支付分解表的编制与审批。

除专用合同条款另有约定外，承包人应根据第 7.2 款［施工进度计划］约定的施工进度计划、签约合同价和工程量等因素对总价合同按月进行分解，编制支付分解表。承包人应当在收到监理人和发包人批准的施工进度计划后 7 天内，将支付分解表及编制支付分解表的支持性资料报送监理人。

监理人应在收到支付分解表后 7 天内完成审核并报送发包人。发包人应在收到经监理人审核的支付分解表后 7 天内完成审批，经发包人批准的支付分解表为有约束力的支付分解表。

发包人逾期未完成支付分解表审批的，也未及时要求承包人进行修正和提供补充资料的，则承包人提交的支付分解表视为已经获得发包人批准。

3）单价合同的总价项目支付分解表的编制与审批。

除专用合同条款另有约定外，单价合同的总价项目，由承包人根据施工进度计划和总价项目的总价构成、费用性质、计划发生时间和相应工程量等因素按月进行分解，形成支付分解表，其编制与审批参照总价合同支付分解表的编制与审批执行。

（四）不可抗力、不利物质条件及特别恶劣的天气

1. 不可抗力

（1）不可抗力的确认。

不可抗力是指合同当事人在签订合同时不可预见，在合同履行过程中不可避免且不能克服的自然灾害和社会性突发事件，如地震、海啸、瘟疫、骚乱、戒严、暴动、战争和专用合同条款中约定的其他情形。

不可抗力发生后，发包人和承包人应收集证明不可抗力发生及不可抗力造成损失的证据，并及时认真统计所造成的损失。合同当事人对是否属于不可抗力或其损失的意见不一致的，由监理人按第 4.4 款［商定或确定］的约定处理。发生争议时，按第 20 条［争议解决］的约定处理。

（2）不可抗力的通知。

合同一方当事人遇到不可抗力事件，使其履行合同义务受到阻碍时，应立即通知合

同另一方当事人和监理人，书面说明不可抗力和受阻碍的详细情况，并提供必要的证明。

不可抗力持续发生的，合同一方当事人应及时向合同另一方当事人和监理人提交中间报告，说明不可抗力和履行合同受阻的情况，并于不可抗力事件结束后28天内提交最终报告及有关资料。

（3）不可抗力后果的承担。

不可抗力引起的后果及造成的损失由合同当事人按照法律规定及合同约定各自承担。不可抗力发生前已完成的工程应当按照合同约定进行计量支付。

不可抗力导致的人员伤亡、财产损失、费用增加和（或）工期延误等后果，由合同当事人按以下原则承担：

1）永久工程、已运至施工现场的材料和工程设备的损坏，以及因工程损坏造成的第三人人员伤亡和财产损失由发包人承担；

2）承包人施工设备的损坏由承包人承担；

3）发包人和承包人承担各自人员伤亡和财产的损失；

4）因不可抗力影响承包人履行合同约定的义务，已经引起或将引起工期延误的，应当顺延工期，由此导致承包人停工的费用损失由发包人和承包人合理分担，停工期间必须支付的工人工资由发包人承担；

5）因不可抗力引起或将引起工期延误，发包人要求赶工的，由此增加的赶工费用由发包人承担；

6）承包人在停工期间按照发包人要求照管、清理和修复工程的费用由发包人承担。

不可抗力发生后，合同当事人均应采取措施尽量避免和减少损失的扩大，任何一方当事人没有采取有效措施导致损失扩大的，应对扩大的损失承担责任。

因合同一方迟延履行合同义务，在迟延履行期间遭遇不可抗力的，不免除其违约责任。

2. 不利物质条件

不利物质条件是指有经验的承包人在施工现场遇到的不可预见的自然物质条件、非自然的物质障碍和污染物，包括地表以下物质条件和水文条件以及专用合同条款约定的其他情形，但不包括气候条件。

承包人遇到不利物质条件时，应采取克服不利物质条件的合理措施继续施工，并及时通知发包人和监理人。通知应载明不利物质条件的内容以及承包人认为不可预见的理由。监理人经发包人同意后应当及时发出指示，指示构成变更的，按第10条［变更］约定执行。承包人因采取合理措施而增加的费用和（或）延误的工期由发包人承担。

3. 异常恶劣的气候条件

异常恶劣的气候条件是指在施工过程中遇到的，有经验的承包人在签订合同时不可预见的，对合同履行造成实质性影响的，但尚未构成不可抗力事件的恶劣气候条件。合同当事人可以在专用合同条款中约定异常恶劣的气候条件的具体情形。

承包人应采取克服异常恶劣的气候条件的合理措施继续施工，并及时通知发包人和监理人。监理人经发包人同意后应当及时发出指示，指示构成变更的，按第10条［变更］约定办理。承包人因采取合理措施而增加的费用和（或）延误的工期由发包人承担。

（五）索赔有关条款

1. 承包人的索赔

根据合同约定，承包人认为有权得到追加付款和（或）延长工期的，应按以下程序向发包人提出索赔：

（1）承包人应在知道或应当知道索赔事件发生后 28 天内，向监理人递交索赔意向通知书，并说明发生索赔事件的事由；承包人未在前述 28 天内发出索赔意向通知书的，丧失要求追加付款和（或）延长工期的权利；

（2）承包人应在发出索赔意向通知书后 28 天内，向监理人正式递交索赔报告；索赔报告应详细说明索赔理由以及要求追加的付款金额和（或）延长的工期，并附必要的记录和证明材料；

（3）索赔事件具有持续影响的，承包人应按合理时间间隔继续递交延续索赔通知，说明持续影响的实际情况和记录，列出累计的追加付款金额和（或）工期延长天数；

（4）在索赔事件影响结束后 28 天内，承包人应向监理人递交最终索赔报告，说明最终要求索赔的追加付款金额和（或）延长的工期，并附必要的记录和证明材料。

2. 对承包人索赔的处理

对承包人索赔的处理如下：

（1）监理人应在收到索赔报告后 14 天内完成审查并报送发包人。监理人对索赔报告存在异议的，有权要求承包人提交全部原始记录副本。

（2）发包人应在监理人收到索赔报告或有关索赔的进一步证明材料后的 28 天内，由监理人向承包人出具经发包人签认的索赔处理结果。发包人逾期答复的，则视为认可承包人的索赔要求。

（3）承包人接受索赔处理结果的，索赔款项在当期进度款中进行支付；承包人不接受索赔处理结果的，按照第 20 条［争议解决］约定处理。

3. 发包人的索赔

根据合同约定，发包人认为有权得到赔付金额和（或）延长缺陷责任期的，监理人应向承包人发出通知并附有详细的证明。

发包人应在知道或应当知道索赔事件发生后 28 天内通过监理人向承包人提出索赔意向通知书，发包人未在前述 28 天内发出索赔意向通知书的，丧失要求赔付金额和（或）延长缺陷责任期的权利。发包人应在发出索赔意向通知书后 28 天内，通过监理人向承包人正式递交索赔报告。

4. 对发包人索赔的处理

对发包人索赔的处理如下：

（1）承包人收到发包人提交的索赔报告后，应及时审查索赔报告的内容、查验发包人证明材料。

（2）承包人应在收到索赔报告或有关索赔的进一步证明材料后 28 天内，将索赔处理结果答复发包人。如果承包人未在上述期限内作出答复的，则视为对发包人索赔要求的认可。

（3）承包人接受索赔处理结果的，发包人可从应支付给承包人的合同价款中扣除赔付的金额或延长缺陷责任期；发包人不接受索赔处理结果的，按第20条［争议解决］约定处理。

5. 提出索赔的期限（第19.5款）

（1）承包人按第14.2款［竣工结算审核］约定接收竣工付款证书后，应被视为已无权再提出在工程接收证书颁发前所发生的任何索赔。

（2）承包人按第14.4款［最终结清］提交的最终结清申请单中，只限于提出工程接收证书颁发后发生的索赔。提出索赔的期限自接受最终结清证书时终止。

（六）争议解决

1. 和解

合同当事人可以就争议自行和解，自行和解达成协议的经双方签字并盖章后作为合同补充文件，双方均应遵照执行。

2. 调解

合同当事人可以就争议请求建设行政主管部门、行业协会或其他第三方进行调解，调解达成协议的，经双方签字并盖章后作为合同补充文件，双方均应遵照执行。

3. 争议评审

合同当事人在专用合同条款中约定采取争议评审方式解决争议以及评审规则，并按下列约定执行：

（1）争议评审小组的确定。

合同当事人可以共同选择一名或三名争议评审员，组成争议评审小组。除专用合同条款另有约定外，合同当事人应当自合同签订后28天内，或者争议发生后14天内，选定争议评审员。

选择一名争议评审员的，由合同当事人共同确定；选择三名争议评审员的，各自选定一名，第三名成员为首席争议评审员，由合同当事人共同确定或由合同当事人委托已选定的争议评审员共同确定，或由专用合同条款约定的评审机构指定第三名首席争议评审员。

除专用合同条款另有约定外，评审员报酬由发包人和承包人各承担一半。

（2）争议评审小组的决定。

合同当事人可在任何时间将与合同有关的任何争议共同提请争议评审小组进行评审。争议评审小组应秉持客观、公正原则，充分听取合同当事人的意见，依据相关法律、规范、标准、案例经验及商业惯例等，自收到争议评审申请报告后14天内作出书面决定，并说明理由。合同当事人可以在专用合同条款中对本项事项另行约定。

（3）争议评审小组决定的效力。

争议评审小组作出的书面决定经合同当事人签字确认后，对双方具有约束力，双方应遵照执行。

任何一方当事人不接受争议评审小组决定或不履行争议评审小组决定的，双方可选择采用其他争议解决方式。

4. 仲裁或诉讼

因合同及合同有关事项产生的争议，合同当事人可以在专用合同条款中约定以下一种方式解决争议：

（1）向约定的仲裁委员会申请仲裁；

（2）向有管辖权的人民法院起诉。

5. 争议解决条款效力

合同有关争议解决的条款独立存在，合同的变更、解除、终止、无效或者被撤销均不影响其效力。

三、《建设项目工程总承包合同示范文本（试行）》的主要合同条款

住房城乡建设部、国家市场监督管理总局发布的《建设项目工程总承包合同示范文本（试行）》（GF-2020-0216），由合同协议书、通用合同条件和专用合同条件三部分组成，适用于工程项目的设计、采购、施工（含竣工试验）、试运行等实施阶段实行全过程或若干阶段的工程承包。

《建设项目工程总承包合同示范文本（试行）》（GF-2020-0216）通用合同条件中有关工程价款的规定如下：

1. 合同价格形式

（1）除专用合同条件中另有约定外，建设项目工程总承包合同为总价合同，除根据“变更与调整”，以及合同中其他相关增减金额的约定进行调整外，合同价格不做调整。

（2）除专用合同条件另有约定外：

① 工程款的支付应以合同协议书约定的签约合同价格为基础，按照合同约定进行调整；

② 承包人应支付根据法律规定或合同约定应由其支付的各项税费，除“法律变化引起的调整”约定外，合同价格不应因任何税费进行调整；

③ 价格清单列出的任何数量仅为估算的工作量，不得将其视为要求承包人实施的工程的实际或准确的工作量。在价格清单中列出的任何工作量和价格数据应仅限用于变更和支付的参考资料，而不能用于其他目的。

（3）合同约定工程的某部分按照实际完成的工程量进行支付的，应按照专用合同条件的约定进行计量和估价，并据此调整合同价格。

2. 预付款

（1）预付款支付。

预付款的额度和支付按照专用合同条件约定执行。预付款应当专用于承包人为合同工程的设计和工程实施购置材料、工程设备、施工设备、修建临时设施以及组织施工队伍进场等合同工作。

除专用合同条件另有约定外，预付款在进度付款中同比例扣回。在颁发工程接收证书前，提前解除合同的，尚未扣完的预付款应与合同价款一并结算。

发包人逾期支付预付款超过7天的，承包人有权向发包人发出要求预付的催告通知，发包人收到通知后7天内仍未支付的，承包人有权暂停施工，并按“发包人违约的

情形”执行。

（2）预付款担保。

发包人指示承包人提供预付款担保的，承包人应在发包人支付预付款7天前提供预付款担保，专用合同条件另有约定除外。预付款担保可采用银行保函、担保公司担保等形式，具体由合同当事人在专用合同条件中约定。在预付款完全扣回之前，承包人应保证预付款担保持续有效。

发包人在工程款中逐期扣回预付款后，预付款担保额度应相应减少，但剩余的预付款担保金额不得低于未被扣回的预付款金额。

3. 工程进度款

（1）工程进度付款申请。

1）人工费的申请。

人工费应按月支付，工程师应在收到承包人人工费付款申请单以及相关资料后7天内完成审查并报送发包人，发包人应在收到后7天内完成审批并向承包人签发人工费支付证书，发包人应在人工费支付证书签发后7天内完成支付。已支付的人工费部分，发包人支付进度款时予以相应扣除。

2）除专用合同条件另有约定外，承包人应在每月月末向工程师提交进度付款申请单，该进度付款申请单应包括下列内容：

① 截至本次付款周期内已完成工作对应的金额；

② 扣除依据本款第1）目约定中已扣除的人工费金额；

③ 根据“变更与调整”应增加和扣减的变更金额；

④ 根据“预付款”约定应支付的预付款和扣减的返还预付款；

⑤ 根据“质量保证金的预留”约定应预留的质量保证金金额；

⑥ 根据“索赔”应增加和扣减的索赔金额；

⑦ 对已签发的进度款支付证书中出现错误的修正，应在本次进度付款中支付或扣除的金额；

⑧ 根据合同约定应增加和扣减的其他金额。

（2）进度付款审核和支付。

除专用合同条件另有约定外，工程师应在收到承包人进度付款申请单以及相关资料后7天内完成审查并报送发包人，发包人应在收到后7天内完成审批并向承包人签发进度款支付证书。发包人逾期（包括因工程师原因延误报送的时间）未完成审批且未提出异议的，视为已签发进度款支付证书。

工程师对承包人的进度付款申请单有异议的，有权要求承包人修正和提供补充资料，承包人应提交修正后的进度付款申请单。工程师应在收到承包人修正后的进度付款申请单及相关资料后7天内完成审查并报送发包人，发包人应在收到工程师报送的进度付款申请单及相关资料后7天内，向承包人签发无异议部分的进度款支付证书。存在争议的部分，按照“争议解决”的约定处理。

除专用合同条件另有约定外，发包人应在进度款支付证书签发后14天内完成支付，发包人逾期支付进度款的，按照贷款市场报价利率（LPR）支付利息；逾期支付超过

56 天的，按照贷款市场报价利率（LPR）的两倍支付利息。

发包人签发进度款支付证书，不表明发包人已同意、批准或接受了承包人完成的相应部分的工作。

（3）进度付款的修正。

在对已签发的进度款支付证书进行阶段汇总和复核中发现错误、遗漏或重复的，发包人和承包人均有权提出修正申请。经发包人和承包人同意的修正，应在下期进度付款中支付或扣除。

4. 付款计划表

（1）付款计划表的编制要求。

除专用合同条件另有约定外，付款计划表按如下要求编制：

① 付款计划表中所列的每期付款金额，应为“工程进度付款申请”每期进度款的估算金额；

② 实际进度与项目进度计划不一致的，合同当事人可按照“商定或确定”修改付款计划表；

③ 不采用付款计划表的，承包人应向工程师提交按季度编制的支付估算付款计划表，用于支付参考。

（2）付款计划表的编制与审批。

① 除专用合同条件另有约定外，承包人应根据“项目进度计划”约定的项目进度计划、签约合同价和工程量等因素对总价合同进行分解，确定付款期数、计划每期达到的主要形象进度和（或）完成的主要计划工程量（含设计、采购、施工、竣工试验和竣工后试验等）等目标任务，编制付款计划表。其中人工费应按月确定付款期和付款计划。承包人应当在收到工程师和发包人批准的项目进度计划后 7 天内，将付款计划表及编制付款计划表的支持性资料报送工程师。

② 工程师应在收到付款计划表后 7 天内完成审核并报送发包人。发包人应在收到经工程师审核的付款计划表后 7 天内完成审批，经发包人批准的付款计划表为有约束力的付款计划表。

③ 发包人逾期未完成付款计划表审批的，也未及时要求承包人进行修正和提供补充资料的，则承包人提交的付款计划表视为已经获得发包人批准。

5. 竣工结算

（1）竣工结算申请。

除专用合同条件另有约定外，承包人应在工程竣工验收合格后 42 天内向工程师提交竣工结算申请单，并提交完整的结算资料，有关竣工结算申请单的资料清单和份数等要求由合同当事人在专用合同条件中约定。

除专用合同条件另有约定外，竣工结算申请单应包括以下内容：

① 竣工结算合同价格；

② 发包人已支付承包人的款项；

③ 采用“承包人提供质量保证金的方式”第（2）种方式提供质量保证金的（即预留相应比例的工程款的方式），应当列明应预留的质量保证金金额；采用“承包人提供

质量保证金的方式”中其他方式提供质量保证金的（即提交工程质量保证担保的方式和双方约定的其他方式），应当按“质量保证金”提供相关文件作为附件；

④ 发包人应支付承包人的合同价款。

（2）竣工结算审核。

① 除专用合同条件另有约定外，工程师应在收到竣工结算申请单后 14 天内完成核查并报送发包人。发包人应在收到工程师提交的经审核的竣工结算申请单后 14 天内完成审批，并由工程师向承包人签发经发包人签认的竣工付款证书。工程师或发包人对竣工结算申请单有异议的，有权要求承包人进行修正和提供补充资料，承包人应提交修正后的竣工结算申请单。

发包人在收到承包人提交竣工结算申请书后 28 天内未完成审批且未提出异议的，视为发包人认可承包人提交的竣工结算申请单，并自发包人收到承包人提交的竣工结算申请单后第 29 天起视为已签发竣工付款证书。

② 除专用合同条件另有约定外，发包人应在签发竣工付款证书后的 14 天内，完成对承包人的竣工付款。发包人逾期支付的，按照贷款市场报价利率（LPR）支付违约金；逾期支付超过 56 天的，按照贷款市场报价利率（LPR）的两倍支付违约金。

③ 承包人对发包人签认的竣工付款证书有异议的，对于有异议部分应在收到发包人签认的竣工付款证书后 7 天内提出异议，并由合同当事人按照专用合同条件约定的方式和程序进行复核，或按照“争议解决”约定处理。对于无异议部分，发包人应签发临时竣工付款证书，并按本款第②项完成付款。承包人逾期未提出异议的，视为认可发包人的审批结果。

（3）扫尾工作清单。

经双方协商，部分工作在工程竣工验收后进行的，承包人应当编制扫尾工作清单，扫尾工作清单中应当列明承包人应当完成的扫尾工作的内容及完成时间。

承包人完成扫尾工作清单中的内容应取得的费用包含在“竣工结算申请”及“竣工结算审核”中一并结算。

扫尾工作的缺陷责任期按“缺陷责任与保修”处理。承包人未能按照扫尾工作清单约定的完成时间完成扫尾工作的，视为承包人原因导致的工程质量缺陷按照“缺陷调查”处理。

6. 质量保证金

经合同当事人协商一致提供质量保证金的，应在专用合同条件中予以明确。在工程项目竣工前，承包人已经提供履约担保的，发包人不得同时要求承包人提供质量保证金。

（1）承包人提供质量保证金的方式。

承包人提供质量保证金有以下三种方式：

① 提交工程质量保证担保；

② 预留相应比例的工程款；

③ 双方约定的其他方式。

除专用合同条件另有约定外，质量保证金原则上采用上述第①种方式，且承包人应在工程竣工验收合格后7天内，向发包人提交工程质量保证担保。承包人提交工程质量保证担保时，发包人应同时返还预留的作为质量保证金的工程价款（如有）。但无论承包人以何种方式提供质量保证金，累计金额都不得高于工程价款结算总额的3%。

（2）质量保证金的预留。

双方约定采用预留相应比例的工程款方式提供质量保证金的，质量保证金的预留有以下三种方式：

① 按专用合同条件的约定在支付工程进度款时逐次预留，直至预留的质量保证金总额达到专用合同条件约定的金额或比例为止。在此情形下，质量保证金的计算基数不包括预付款的支付、扣回以及价格调整的金额；

② 工程竣工结算时一次性预留质量保证金；

③ 双方约定的其他预留方式。

除专用合同条件另有约定外，质量保证金的预留原则上采用上述第①种方式。如承包人在发包人签发竣工付款证书后28天内提交工程质量保证担保，发包人应同时返还预留的作为质量保证金的工程价款。发包人在返还本条款项下的质量保证金的同时，按照中国人民银行同期同类存款基准利率支付利息。

（3）质量保证金的返还。

缺陷责任期内，承包人认真履行合同约定的责任，缺陷责任期满，发包人根据“缺陷责任期终止证书”向承包人颁发缺陷责任期终止证书后，承包人可向发包人申请返还质量保证金。

发包人在接到承包人返还质量保证金申请后，应于7天内将质量保证金返还承包人，逾期未返还的，应承担违约责任。发包人在接到承包人返还质量保证金申请后7天内不予答复的，视同认可承包人的返还质量保证金申请。

发包人和承包人对质量保证金预留、返还以及工程维修质量、费用有争议的，按本合同“争议解决”约定的争议和纠纷解决程序处理。

7. 最终结清

（1）最终结清申请单。

① 除专用合同条件另有约定外，承包人应在缺陷责任期终止证书颁发后7天内，按专用合同条件约定的份数向发包人提交最终结清申请单，并提供相关证明材料。

除专用合同条件另有约定外，最终结清申请单应列明质量保证金、应扣除的质量保证金、缺陷责任期内发生的增减费用。

② 发包人对最终结清申请单内容有异议的，有权要求承包人进行修正和提供补充资料，承包人应向发包人提交修正后的最终结清申请单。

（2）最终结清证书和支付。

① 除专用合同条件另有约定外，发包人应在收到承包人提交的最终结清申请单后14天内完成审批并向承包人颁发最终结清证书。发包人逾期未完成审批，又未提出修改意见的，视为发包人同意承包人提交的最终结清申请单，且自发包人收到承包人提交的最终结清申请单后15天起视为已颁发最终结清证书。

② 除专用合同条件另有约定外，发包人应在颁发最终结清证书后7天内完成支付。

发包人逾期支付的，按照贷款市场报价利率（LPR）支付利息；逾期支付超过56天的，按照贷款市场报价利率（LPR）的两倍支付利息。

③ 承包人对发包人颁发的最终结清证书有异议的，按“争议解决”的约定办理。

第三节　工程量清单编制

一、工程量清单概念及组成

（一）工程量清单概念

工程量清单是载明建设工程分部分项工程项目、措施项目和其他项目的名称和相应数量以及规费和税金项目等内容的明细清单。其中由招标人根据国家标准、招标文件、设计文件以及施工现场实际情况编制的称为招标工程量清单（包括其说明和表格），而作为投标文件组成部分的已标明价格并经承包人确认的称为已标价工程量清单（包括其说明和表格）。采用工程量清单方式招标，招标工程量清单必须作为招标文件的组成部分，其准确性和完整性由招标人负责。

（二）工程量清单的组成

招标工程量清单应以单位（项）工程为单位编制，由分部分项工程项目清单，措施项目清单，其他项目清单，规费项目和税金项目清单组成。

二、工程量清单编制

招标工程量清单应由具有编制能力的招标人或受其委托，具有相应资质的工程造价咨询人或招标代理人编制。招标工程量清单编制的编制依据如下：

（1）国家标准《建设工程工程量清单计价规范》及专业工程工程量清单计算规范；

（2）国家、行业或本市建设行政管理部门颁发的工程定额和计价办法；

（3）建设工程设计文件及相关资料；

（4）与建设工程有关的标准、规范、技术资料；

（5）拟定的招标文件；

（6）施工现场情况、地勘水文资料、工程特点及常规施工方案；

（7）《上海市建设工程工程量清单计价应用规则》；

（8）其他相关资料。

（一）分部分项工程量清单的编制

分部分项工程项目清单必须载明项目编码、项目名称、项目特征、计量单位和工程量。分部分项工程项目清单必须根据各专业工程工程量计算规范规定的项目编码、项目名称、项目特征、计量单位和工程量计算规则进行编制。分部分项工程项目清单所反映的是拟建工程分部分项工程项目名称和相应数量的明细清单，其格式如表6.3.1所示，在分部分项工程项目清单的编制过程中，由招标人负责前六项内容填列，金额部分在编制招标控制价或投标报价时填列。

表 6.3.1　分部分项工程和单价措施项目清单与计价表

工程名称：　　　　　　　　　　　　　　标段：　　　　　　　　　　　　　第　页　共　页

序号	项目编码	项目名称	项目特征	计量单位	工程量	金额		
						综合单价	合计	其中：暂估价

1. 项目编码

项目编码是分部分项工程和措施项目清单名称的阿拉伯数字标识。清单项目编码以五级编码设置，用十二位阿拉伯数字表示。一、二、三、四级编码为全国统一，即一至九位应按工程量计算规范附录的规定设置；第五级即十至十二位为清单项目编码，应根据拟建工程的工程量清单项目名称设置，不得有重号，这三位清单项目编码由编制人针对招标工程项目具体编制，并应自 001 起顺序编制。

当同一标段（或合同段）的一份工程量清单中含有多个单位工程且工程量清单是以单位工程为编制对象时，在编制工程量清单时应特别注意对项目编码十至十二位的设置不得有重码的规定。例如，一个标段（或合同段）的工程量清单中含有三个单位工程，每一单位工程中都有项目特征相同的实心砖墙砌体，在工程量清单中又需反映三个不同单位工程的实心砖墙砌体工程量时，则第一个单位工程的实心砖墙的项目编码应为 010401003001，第二个单位工程的实心砖墙的项目编码应为 010401003002，第三个单位工程的实心砖墙的项目编码应为 010401003003，并分别列出各单位工程实心砖墙的工程量。

若编制工程量清单时出现国家计算规范和上海市补充计算规则未规定的项目，编制人应做补充，并报上海市工程造价管理部门备案。

（1）补充项目的编码由各专业代码（0×）与 B 和三位阿拉伯数字组成，并应从 0×B001 其顺序编制，同一招标工程的项目不得重码，如房屋建筑和装饰工程的第一项补充项目编码为 01B001，以此类推。

（2）补充的工程量清单需附有补充的项目名称、项目特征、计量单位、工程量计算规则、工作内容。不能计量的措施项目，需附有补充的项目名称、工作内容及包含范围。

2. 项目名称

分部分项工程项目清单的项目名称应按国家计算规范和上海市补充计算规则的项目名称，结合拟建工程的实际确定。附录表中的“项目名称”为分项工程项目名称，是形成分部分项工程项目清单项目名称的基础。在编制分部分项工程项目清单时，可予以适当调整或细化。清单项目名称应表达详细、准确。在分部分项工程项目清单中所列出的项目，应是在单位工程的施工过程中以其本身构成该单位工程实体的分项工程，但应注意：

（1）当在拟建工程的施工图纸中有体现，并且在专业工程工程量计算规范附录中也有相对应的项目时，则根据附录中的规定直接列项，计算工程量，确定其项目编码。

（2）当在拟建工程的施工图纸中有体现，但在专业工程工程量计算规范附录中没有相对应的项目，并且在附录项目的“项目特征”或“工程内容”中也没有提示时，则必须编制针对这些分项工程的补充项目，在清单中单独列项并在清单的编制说明中注明。

工程量计算规范中的分项工程项目名称如有缺陷，招标人可作补充，并报上海市工程造价管理机构备案。

3. 项目特征

项目特征是构成分部分项工程项目、措施项目自身价值的本质特征。项目特征是对项目的准确描述，是确定一个清单项目综合单价不可缺少的重要依据，是区分清单项目的依据，是履行合同义务的基础。分部分项工程项目清单的项目特征应按各专业工程工程量计算规范附录中规定的项目特征，结合技术规范、标准图集、施工图纸，按照工程结构、使用材质及规格或安装位置等，予以详细而准确的表述和说明。凡项目特征中未描述到的其他独有特征，由清单编制人视项目具体情况确定，以准确描述清单项目为准。

在各专业工程工程量计算规范附录中还有关于各清单项目“工程内容”的描述。工程内容是指完成清单项目可能发生的具体工作和操作程序，但应注意的是，在编制分部分项工程项目清单时，工程内容通常无须描述，因为在工程量计算规范中，工程量清单项目与工程量计算规则、工程内容有一一对应关系，当采用工程量计算规范这一标准时，工程内容均有规定。

在编制工程量清单时，必须对项目特征进行准确和全面的描述。但有些项目特征用文字往往又难以准确和全面的描述。为达到规范、简洁、准确、全面描述项目特征的要求，在描述工程量清单项目特征时，需掌握以下要点：

（1）必须描述的内容：①涉及正确计量的内容，如门窗洞口尺寸或框外围尺寸；②涉及结构要求的内容，如混凝土构件的混凝土的强度等级；③涉及材质要求的内容，如油漆的品种，钢材的材质等；④涉及安装方式的内容，如管道工程中钢管的连接方式。

（2）可不描述的内容：①对计量计价没有实质影响的内容；②应由投标人根据施工方案确定的内容；③应由施工措施解决的内容。

（3）可不详细描述的内容：①无法准确描述的内容，如土壤类别，可考虑将土壤类别描述为综合，注明由投标人根据地勘资料自行确定土壤类别，决定报价；②施工图纸、标准图集标注明确的，对这些项目描述为见××图集××页号及节点大样等；③清单编制人在项目特征描述中应注明由投标人自定的，如土方工程中的“取土运距”“弃土运距”等。

总之，清单项目特征的描述应根据计价规范附录中有关项目特征的要求，结合技术规范、标准图集、施工图纸，按照工程结构、使用材质及规格或安装位置等，予以详细而准确的表述和说明。凡是体现项目本质区别的特征和对报价有实质影响的内容都必须描述，这一点是无可置疑的。可以说离开了清单项目特征的准确描述，清单项目就将没有生命力。

4. 计量单位

计量单位应采用基本单位，除各专业另有特殊规定外均按以下单位计量：

（1）以质量计算的项目——吨或千克（t 或 kg）；

（2）以体积计算的项目——立方米（m^3）；

（3）以面积计算的项目——平方米（m^2）；

（4）以长度计算的项目——米（m）；

（5）以自然计量单位计算的项目——个、套、块、樘、组、台……

（6）没有具体数量的项目——宗、项……

各专业有特殊计量单位的，另外加以说明，当计量单位有两个或两个以上时，应根据所编工程量清单项目的特征要求，选择最适宜表现该项目特征并方便计量的单位。

例如，门窗工程计量单位为“樘/m^2”两个计量单位，实际工作中，就应选择最适宜、最方便计量和组价的单位来表示。

计量单位的有效位数应遵守下列规定：

（1）以“t”为单位，应保留三位小数，第四位小数四舍五入。

（2）以“m^3”“m^2”“m”“kg”为单位，应保留两位小数，第三位小数四舍五入。

（3）以“个”“项”等为单位，应取整数。

5. 工程量的计算

工程量主要根据国家工程量计算规范规定的工程量计算规则计算。工程量计算规则是指对清单项目工程量计算的规定。除另有说明外，所有清单项目的工程量应以实体工程量为准，并以完成后的净值计算；投标人投标报价时，应在单价中考虑施工中的各种损耗和需要增加的工程量。

工程量的计算是一项繁杂而细致的工作，为了计算的快速准确并尽量避免漏算或重算，必须依据一定的计算原则及方法：

（1）计算口径一致。根据施工图列出的工程量清单项目，必须与专业工程量计算规范中相应清单项目的口径相一致。

（2）按工程量计算规则计算。工程量计算规则是综合确定各项消耗指标的基本依据，也是具体工程测算和分析资料的基准。

（3）按图纸计算。工程量按每一分项工程，根据设计图纸进行计算，计算时采用的原始数据必须以施工图纸所表示的尺寸或施工图纸能读出的尺寸为准进行计算，不得任意增减。

（4）按一定顺序计算。计算分部分项工程工程量时，可以按照定额编目顺序或按照施工图专业顺序依次进行计算。对于计算同一张图纸的分项工程量时，一般可采用以下几种顺序：按顺时针或逆时针顺序计算；按先横后纵顺序计算；按轴线编号顺序计算；按施工先后顺序计算；按定额分部分项顺序计算。

（二）措施项目清单的编制及依据

1. 措施项目清单的编制

《建设工程工程量清单计价规范》（GB 50500—2013）中，将措施项目分为总价措施项目（整体措施项目）和单价措施项目（单项措施项目）两部分。

总价措施项目费通常被称为“施工组织措施费”，是指措施项目中不能计量的且以清单形式列出的项目费用，主要包括安全文明措施费（环境保护费、文明施工费、安全施工费、临时设施费）、夜间施工增加费、非夜间施工增加费、二次搬运费、冬雨（风）

季施工增加费，以及地上、地下设施，建筑物的临时保护设施，已完工程及设备保护费等。其中安全文明施工费是指在合同履行过程中，承包人按照国家法律、法规、标准等规定，为保证安全施工、文明施工，保护现场内外环境和搭拆临时设施等所采取的措施而发生的费用。并且作为强制性规定，安全文明施工费必须按国家或省级、行业建设主管部门的规定计算，不得作为竞争性费用。总价措施项目列出项目编码、项目名称，未列出项目特征、计量单位和工程量计算规则等项目，编制工程量清单时，应按规范中措施项目中规定的项目编码、项目名称确定，一般可以“项”为单位确定工程内容及相关金额。总价措施项目清单与计价表，见表 6.3.2。

表 6.3.2　总价措施项目清单与计价表

工程名称：　　　　　　　　　　　　　　标段：　　　　　　　　　　　　　　第　页　共　页

序号	项目编码	项目名称	计算基础	费率（%）	金额（元）	调整费率（%）	调整后金额（元）	备注
		安全文明施工						
		夜间施工增加费						
		二次搬运费						
		冬雨季施工增加费						
		已完工程及设备保护费						
		……						
合计								

编制人（造价人员）：　　　　　　　　　　　　　　复核人（造价工程师）：

单价措施项目费通常被称为“施工技术措施费”，是指措施项目中计量的且以清单形式列出的项目费用。单位措施项目在工程量计算规范中列出了项目编码、项目名称、项目特征、计量单位、工程量计算规则等内容，编制工程量清单时，与分部分项工程项目的相关规定一致。主要包括脚手架工程费、混凝土模板及支架（承）费、垂直运输费、超高施工增加费、大型机械设备进出场及安拆费，以及施工排水、降水费等。

2. 措施项目清单的编制依据

措施项目清单的编制需考虑多种因素，除工程本身的因素外，还涉及水文、气象、环境、安全等因素。措施项目清单应根据拟建工程的实际情况列项。若出现工程量计算规范中未列的项目，可根据工程实际情况补充。

措施项目清单的编制依据主要有：

（1）施工现场情况、地勘水文资料、工程特点；

（2）常规施工方案；

（3）与建设工程有关的标准、规范、技术资料；

（4）拟定的招标文件；

（5）建设工程设计文件及相关资料。

（三）其他项目清单的编制

其他项目清单是指分部分项工程项目清单、措施项目清单所包含的内容以外，因招标人的特殊要求而发生的与拟建工程有关的其他费用项目和相应数量的清单。工程建设标准的高低、工程的复杂程度、工程的工期长短、工程的组成内容、发包人对工程管理的要求等都直接影响其他项目清单的具体内容。其他项目清单包括暂列金额；暂估价（包括材料暂估单价、工程设备暂估单价、专业工程暂估价）；计日工；总承包服务费。其他项目清单宜按照表 6.3.3 的格式编制，出现未包含在表格中内容的项目，可根据工程实际情况补充。

表 6.3.3　其他项目清单与计价汇总表

工程名称：　　　　　　　　　　　　标段：　　　　　　　　　　　　第　页　共　页

序号	项目名称	金额（元）	结算金额（元）	备注
1	暂列金额			明细详见表 6.3.4
2	暂估价			
2.1	材料（工程设备）暂估价/结算价	—		明细详见表 6.3.5
2.2	专业工程暂估价/结算价			明细详见表 6.3.6
3	计日工			明细详见表 6.3.7
4	总承包服务费			明细详见表 6.3.8
合计				—

注：材料（工程设备）暂估单价进入清单项目综合单价，此处不汇总。

1. 暂列金额

暂列金额是招标人在工程量清单中暂定并包括在合同价款中的一笔款项。用于工程合同签订时尚未确定或者不可预见的所需材料、工程设备、服务的采购，施工中可能发生的工程变更、合同约定调整因素出现时的合同价款调整，以及发生的索赔、现场签证确认等的费用。

由于暂列金额由招标人支配，实际发生后才得以支付，因此，在确定暂列金额时应根据施工图纸的深度、暂估价设定的水平、合同价款约定调整的因素以及工程实际情况合理确定。一般可按分部分项工程项目清单的 10%～15%确定，不同专业预留的暂列金额应分别列项。暂列金额可按照表 6.3.4 的格式列示。

表 6.3.4　暂列金额明细表

工程名称：　　　　　　　　　　　　标段：　　　　　　　　　　　　第　页　共　页

序号	项目名称	计量单位	暂定金额（元）	备注
1				
2				
3				

注：此表由招标人填写，如不能详列，也可只列暂定金额总额，投标人应将上述暂列金额计入投标总价中。

2. 暂估价

暂估价是指招标人在工程量清单中提供的用于支付必然发生但暂时不能确定价格的材料、工程设备的单价以及专业工程的金额，包括材料暂估单价、工程设备暂估单价和专业工程暂估价；暂估价类似于 FIDIC 合同条款中的 Prime Cost Items，在招标阶段预见肯定要发生，只是因为标准不明确或者需要由专业承包人完成，暂时无法确定价格。暂估价数量和拟用项目应当结合工程量清单中的“暂估价表”予以补充说明。为方便合同管理，需要纳入分部分项工程项目清单综合单价中的暂估价应只是材料、工程设备暂估单价，以方便投标人组价。

专业工程的暂估价一般应是综合暂估价，包括人工费、材料费、施工机具使用费、企业管理费和利润，不包括规费和税金。总承包招标时，专业工程设计深度往往是不够的，一般需要交由专业设计人员设计，在国际社会，出于对提高可建造性的考虑，一般由专业承包人负责设计，以发挥其专业技能和专业施工经验的优势。这类专业工程交由专业分包人完成在国际工程施工中有良好实践，目前在我国工程建设领域也已经比较普遍。公开透明地合理确定这类暂估价的实际金额的最佳途径，就是通过施工总承包人与工程建设项目招标人共同组织的招标。

暂估价中的材料、工程设备暂估单价应根据工程造价信息或参照市场价格估算，列出明细表；专业工程暂估价应分不同专业，按有关计价规定估算，列出明细表。暂估价可按照表 6.3.5、表 6.3.6 的格式列示。

表 6.3.5　材料（工程设备）暂估单价及调整表

工程名称：　　　　　　　　　　标段：　　　　　　　　　　第　页　共　页

序号	材料（工程设备）名称、规格、型号	计量单位	数量		暂估（元）		确认（元）		差额±（元）		备注
			暂估	确认	单价	合价	单价	合价	单价	合价	
合计											

注：此表由招标人填写“暂估单价”，并在备注栏说明暂估价的材料、工程设备拟用在哪些清单项目上，投标人应将上述材料、工程设备暂估价计入工程量清单综合单价报价中。

表 6.3.6　专业工程暂估价及结算价表

工程名称：　　　　　　　　　　标段：　　　　　　　　　　第　页　共　页

序号	工程名称	工程内容	暂估金额（元）	结算金额（元）	差额±（元）	备注
合计						

注：此表“暂估金额”由招标人填写，投标人应将“暂估金额”计入投标总价中。结算时按合同约定结算金额填写。

3. 计日工

计日工是为了解决现场发生的零星工作的计价而设立的。计日工对完成零星工作所消耗的人工工日、材料数量、施工机具台班进行计量，并按照计日工表中填报的适用项目的单价进行计价支付。计日工适用的所谓零星项目或工作一般是指合同约定之外的或者因变更而产生的、工程量清单中没有相应项目的额外工作，尤其是难以事先商定价格的额外工作。编制计日工表格时，一定要给出暂定数量，并且需要根据经验，尽可能估算一个比较贴近实际的数量，且尽可能把项目列全，以消除因此而产生的争议。

计日工应列出项目名称、计量单位和暂估数量。

计日工是指在施工过程中，承包人完成发包人提出的工程合同范围以外的零星项目或工作，按合同中约定的单价计价的一种方式。

计日工应列出项目名称、计量单位和暂估数量，其中计日工种类和暂估数量应尽可能贴近实际。计日工综合单价均不包括规费和税金，其中：

（1）劳务单价应当包括人工工资、交通费用、各种补贴、劳动安全防护、个人应缴纳的社保费用、手提手动和电动工器具、施工场地内已经搭设的脚手架、水电和低值易耗品费用、现场管理费用、企业管理费和利润。

（2）材料价格包括材料运到现场的价格以及现场搬运、仓储、二次搬运、损耗、保险、企业管理费和利润。

（3）施工机械限于在施工场地（现场）的机械设备，其价格包括租赁或折旧、维修、维护和燃料等消耗品以及操作人员费用，包括承包人企业管理和利润。

（4）辅助人员按劳务价格另计。

计日工可按照表 6.3.7 的格式列示。

表 6.3.7　计日工表

工程名称：　　　　标段：　　　　第　页　共　页

编号	项目名称	单位	暂定数量	实际数量	综合单价（元）	合价（元）	
						暂定	实际
一	人工						
1							
2							
…							
人工小计							
二	材料						
1							
2							
…							
材料小计							
三	施工机具						
1							
2							
…							
施工机具小计							
四、企业管理费和利润							

注：此表项目名称、暂定数量由招标人填写，编制招标控制价时，单价由招标人按有关计价规定确定；投标时，单价由投标人自主报价，按暂定数量计算合价计入投标总价中。结算时，按发承包双方确认的实际数量计算合价。

4. 总承包服务费

总承包服务费是指总承包人为配合协调发包人进行的专业工程发包，对发包人自行采购的材料、工程设备等进行保管以及施工现场管理、竣工资料汇总整理等服务所需的费用。

总承包服务费应列出服务项目及其内容等，费率可参考以下标准：

(1) 招标人仅要求对分包的专业工程进行总承包管理和协调时，按分包的专业工程估算造价的1.5%计算；

(2) 招标人要求对分包的专业工程进行总承包管理和协调，并同时要求提供配合服务时，根据招标文件列出的配合服务内容和提出的要求，按分包专业工程估算造价的3%～5%计算。

(3) 招标人自行供应材料的，按招标人供应材料价值的1%计算。

总承包服务费按照表6.3.8的格式列示。

表6.3.8　总承包服务费计价表

工程名称：　　　　　　　　　　标段：　　　　　　　　　　第　页　共　页

序号	项目名称	项目价值（元）	服务内容	计算基础	费率（%）	金额（元）
1	发包人发包专业工程					
2	发包人提供材料					
…						
	合计	—	—		—	

注：此表项目名称、服务内容由招标人填写，编制招标控制价时，费率及金额由招标人按有关计价规定确定；投标时，费率及金额由投标人自主报价，计入投标总价中。

（四）规费、税金项目清单的编制

规费项目清单应按照下列内容列项：社会保险费，包括养老保险费、失业保险费、医疗保险费、工伤保险费、生育保险费；住房公积金；如出现上述项目以外的未列项目，应根据上海市建设行政管理部门的规定列项。

税金项目清单应包括增值税。出现计价规范未列的项目，应根据税务部门的规定列项。

规费、税金项目计价表如6.3.9所示。

表6.3.9　规费、税金项目计价表

工程名称：　　　　　　　　　　标段：　　　　　　　　　　第　页　共　页

序号	项目名称	计算基数	计算基数	费率（%）	金额（元）
1	规费	计算基数			
1.1	社会保险费	计算基数			
(1)	养老保险费	计算基数			
(2)	失业保险费	计算基数			
(3)	医疗保险费	计算基数			
(4)	工伤保险费	计算基数			

续表

序号	项目名称	计算基数	计算基数	费率（%）	金额（元）
(5)	生育保险费	计算基数			
1.2	住房公积金	计算基数			
2	税金（增值费）	分部分项工程费、措施项目费、其他项目费、规费之和为基数			
合计					

编制人（造价人员）： 复核人（造价工程师）：

（五）工程量清单总说明的编制

工程量清单编制总说明包括以下内容：

（1）工程概况。工程概况中要对建设规模、工程特征、计划工期、施工现场实际情况、自然地理条件、环境保护要求等做出描述。其中建设规模是指建筑面积；工程特征应说明基础及结构类型、建筑层数、高度、门窗类型及各部位装饰、装修做法；计划工期是指按工期定额计算的施工天数；施工现场实际情况是指施工场地的地表状况；自然地理条件，是指建筑场地所处地理位置的气候及交通运输条件；环境保护要求，是针对施工噪声及材料运输可能对周围环境造成的影响和污染所提出的防护要求。

（2）工程招标及分包范围。招标范围是指单位工程的招标范围，如建筑工程招标范围为“全部建筑工程”，装饰装修工程招标范围为“全部装饰装修工程”，或招标范围不含桩基础、幕墙、门窗等。工程分包是指特殊工程项目的分包，如招标人自行采购安装“铝合金门窗”等。

（3）工程量清单编制依据。其包括建设工程工程量清单计价规范、设计文件、招标文件、施工现场情况、工程特点及常规施工方案等。

（4）工程质量、材料、施工等的特殊要求。工程质量的要求，是指招标人要求拟建工程的质量应达到合格或优良标准；对材料的要求，是指招标人根据工程的重要性、使用功能及装饰装修标准提出，如对水泥的品牌、钢材的生产厂家、花岗石的出产地、品牌等的要求；施工要求，一般是指建设项目中对单项工程的施工顺序等的要求。

（5）其他需要说明的事项。

（六）招标工程工程量清单汇总

在分部分项工程项目清单、措施项目清单、其他项目清单、规费和税金项目清单编制完成以后，经审查复核，与工程量清单封面及总说明汇总并装订，由相关责任人签字和盖章，形成完整的招标工程量清单文件。

第四节 最高投标限价编制

一、最高投标限价的基本规定

根据《招标投标法实施条例》第二十七条规定：招标人可以自行决定是否编制标

底。一个招标项目只能有一个标底。标底必须保密。接受委托编制标底的中介机构不得参加受托编制标底项目的投标，也不得为该项目的投标人编制投标文件或者提供咨询。招标人设有最高投标限价的，应当在招标文件中明确最高投标限价或者最高投标限价的计算方法。招标人不得规定最低投标限价。根据住房城乡建设部颁布的《建筑工程施工发包与承包计价管理办法》（住房城乡建设部令第16号）规定，国有资金投资的建筑工程招标的，应当设有最高投标限价；非国有资金投资的建筑工程招标的，可以设有最高投标限价或者招标标底。最高投标限价及其成果文件，应当由招标人报工程所在地县级以上地方人民政府住房城乡建设主管部门备案。

《建设工程工程量清单计价规范》（GB 50500—2013）中招标控制价即最高投标限价，其内涵及作用一致。招标控制价是指根据国家或省级建设行政主管部门颁发的有关计价依据和办法，依据拟定的招标文件和招标工程工程量清单，结合工程具体情况发布的招标工程的最高投标限价。

二、最高投标限价（招标控制价）编制的原则和依据

（一）招标控制价的编制原则

1. 招标控制价应具有权威性

招标控制价应按照《建设工程工程量清单计价规范》以及国家或省级、国务院部委有关建设主管部门发布的计价定额和计价方法根据设计图纸及有关计价规定等进行编制。

2. 招标控制价应具有完整性

招标控制价应由分部分项工程费、措施项目费、其他项目费、规费、税金以及一定范围内的风险费用组成。

3. 招标控制价与招标文件的一致性

招标控制价的内容、编制依据应该与招标文件的规定相一致。

4. 招标控制价的合理性

招标控制价格作为招标人进行工程造价控制的最高限额，应力求与建筑市场的实际情况相吻合，要有利于竞争和保证工程质量。

5. 一个工程只能编制一个招标控制价

这一原则体现了招标控制价的唯一性原则，也同时体现了招标中的公正性原则。

（二）招标控制价的编制依据

招标控制价的编制依据是指在编制招标控制价时需要进行工程量计量、价格确认、工程计价的有关参数、率值的确定等工作时所需的基础性资料，主要包括：

（1）国家标准《建设工程工程量清单计价规范》及专业工程工程量清单计算规范（2013）；

（2）国家、行业或本市建设行政管理部门颁发的工程定额和计价办法；

（3）建设工程设计文件及相关资料；

（4）拟定的招标文件及招标工程量清单；

（5）与建设项目相关的标准、规范、技术资料；

（6）施工现场情况、工程特点及常规施工方案；

（7）上海市住房和城乡建设管理委员会建设工程造价信息平台所公布的建设工程造价信息，工程造价信息没有发布的，参照市场价；

（8）上海市建设工程工程量清单计价应用规则；

（9）其他相关资料。

三、最高投标限价（招标控制价）编制的方法及管理

（一）招标控制价的编制方法

1. 招标控制价计价程序

建设工程的招标控制价反映的是单位工程费用，各单位工程费用是由分部分项工程费、措施项目费、其他项目费、规费和税金组成。单位工程招标控制价计价程序见表 6.4.1。

表 6.4.1　建设单位工程招标控制价计价程序（施工企业投标报价计价程序）表

工程名称：　　　　标段：　　　　第　页　共　页

序号	汇总内容	计算方法	金额
1	分部分项工程	按计价规定计算/（自主报价）	
1.1			
1.2			
2	措施项目	按计价规定计算/（自主报价）	
2.1	其中：安全文明施工费	按规定标准估算/（按规定标准计算）	
3	其他项目		
3.1	其中：暂列金额	按计价规定估算/（按招标文件提供金额计列）	
3.2	其中：专业工程暂估价	按计价规定估算/（按招标文件提供金额计列）	
3.3	其中：计日工	按计价规定估算/（自主报价）	
3.4	其中：总承包服务费	按计价规定估算/（自主报价）	
4	规费	按规定标准计算	
5	税金	（人工费＋材料费＋施工机具使用费＋企业管理费＋利润＋规费）×规定税率	
招标控制价（投标报价）		合计＝1＋2＋3＋4＋5	

注：本表适用于单位工程招标控制价计算或投标报价计算，如无单位工程划分，单项工程也使用本表。

由于投标人（施工企业）投标报价计价程序与招标人（建设单位）招标控制价计价程序具有相同的表格，为便于对比分析，此处将两种表格合并列出，其中表格栏目中斜线后带括号的内容用于投标报价，其余为通用栏目。

2. 分部分项工程费的编制

分部分项工程费应根据招标文件中的分部分项工程项目清单及有关要求，按照《建设工程工程量清单计价规范》（GB 50500—2013）有关规定确定综合单价计价。

（1）综合单价的组价过程。

① 确定计算基础。计算基础主要包括消耗量的指标和生产要素的单价。应结合工

程常规施工方案确定完成清单项目需要消耗的各种人工、材料、机械台班的数量。计算时可参照国家、地区、行业定额，并通过调整来确定清单项目的人工、材料、机械台班单位用量。各种人工、材料、机械台班的单价，则应根据询价的结果和市场行情综合确定。

② 分析每一清单项目的工程内容。根据招标文件提供的工程量清单中项目特征的描述，结合施工现场情况和施工方案确定清单项目的工程内容。可参照《房屋建筑与装饰工程工程量计算规范》中提供的工程内容，有些特殊的工程也可能发生规范列表之外的工程内容。

③ 计算工程内容的工程数量与清单单位的含量。每一项工程内容都应根据所选定额工程量计算规则计算其工程数量，当定额的工程量计算规则与清单的工程量计算规则相一致时，可直接以工程量清单中的工程量作为工程内容的工程数量。

当采用清单单位含量计算人工费、材料费、机械使用费时，还需要计算每一计量单位的清单项目所分摊的工程内容的工程数量，即清单单位含量。

清单单位含量＝某工程内容的定额工程量/清单工程量

④ 分部分项工程人工、材料、机械费用的计算。以完成每一计量单位的清单项目所需的人工、材料、机械用量为基础计算，即

每一计量单位清单项目某种资源的使用量＝该种资源的定额单位用量×相应定额条目的清单单位含量

再根据预先确定的各种生产要素的单位价格计算出每一计量单位清单项目的分部分项工程的人工费、材料费与机械使用费。

人工费＝完成单位清单项目所需人工的工日数量×每工日的人工日工资单价

材料费＝∑完成单位清单项目所需各种材料、半成品的数量×各种材料、半成品单价

机械使用费＝∑完成单位清单项目所需各种机械的台班数量×各种机械的台班单价

当招标人提供的其他项目清单中列示了材料暂估价时，应根据招标提供的价格计算材料费，并在分部分项工程量清单与计价表中表现出来。

⑤ 计算综合单价。企业管理费和利润的计算根据上海市相关文件规定，应按照以人工费为基数的一定费率取费计算。

企业管理费和利润＝人工费×管理费费率和利润率

将人工费、材料费、施工机具使用费、企业管理费和利润五项费用汇总，并考虑合理的风险费用后，即可得到分部分项工程量清单的综合单价。

根据计算出的综合单价，可编制分部分项工程量清单与计价分析表，以及综合单价分析表。

(2) 综合单价中的风险因素。为使招标控制价与投标报价所包含的内容一致，综合单价中应包括招标文件中要求投标人所承担的风险内容及其范围（幅度）产生的风险费用。

1）对于技术难度较大和管理复杂的项目，可考虑一定的风险费用，并纳入综合单价中。

2）对于工程设备、材料价格的市场风险，应依据招标文件的规定，工程所在地或行业工程造价管理机构的有关规定，以及市场价格趋势考虑一定率值的风险费用，纳入综合单价中。

3）税金、规费等法律、法规、规章和政策变化的风险和人工单价等风险费用不应纳入综合单价。

3. 措施项目费的编制

（1）措施项目费中的安全文明施工费应当按照国家或省级、行业建设主管部门的规定标准计价，该部分不得作为竞争性费用。

（2）措施项目应按招标文件中提供的措施项目清单确定，措施项目分为以“量”计算和以“项”计算两种。对于可计量的措施项目，以“量”计算即按其工程量用与分部分项工程项目清单单价相同的方式确定综合单价；对于不可计量的措施项目，则以“项”为单位，采用费率法按有关规定综合取定，采用费率法时需确定某项费用的计费基数及其费率，结果应是包括除规费、税金以外的全部费用，计算公式为：

以“项”计算的措施项目清单费＝措施项目计费基数×费率

4. 其他项目费的编制

（1）暂列金额。暂列金额由招标人根据工程特点、工期长短，按有关计价规定进行估算，一般可以分部分项工程费的10％～15％为参考。

（2）暂估价。暂估价中的材料单价应按照工程造价管理机构发布的工程造价信息中的材料单价计算，工程造价信息未发布的材料单价，其单价参考市场价格估算；暂估价中的专业工程暂估价应分不同专业，按有关计价规定估算。

（3）计日工。在编制招标控制价时，对计日工中的人工单价和施工机具台班单价应按省级、行业建设主管部门或其授权的工程造价管理机构公布的单价计算；材料应按工程造价管理机构发布的工程造价信息中的材料单价计算，工程造价信息未发布单价的材料，其价格应按市场调查确定的单价计算。

（4）总承包服务费。总承包服务费应按照省级或行业建设主管部门的规定计算，在计算时可参考以下标准：

1）招标人仅要求对分包的专业工程进行总承包管理和协调时，按分包的专业工程估算造价的1.5％计算；

2）招标人要求对分包的专业工程进行总承包管理和协调，并同时要求提供配合服务时，根据招标文件中列出的配合服务内容和提出的要求，按分包的专业工程估算造价的3％～5％计算；

3）招标人自行供应材料的，按招标人供应材料价值的1％计算。

5. 规费和税金的编制

（1）规费。

按照上海市相关文件的规定，规费包含社会保险费和住房公积金两项内容，原工程排污费按上海市相关规定应计入建设工程材料价格信息发布的水费价格内。社会保险费和住房公积金应符合上海市现行规定的要求。

社会保险费（包括养老保险费、失业保险费、医疗保险费、生育保险费、工伤保险费）应以分部分项工程、单项措施和专业暂估价的人工费之和为基数，其中，专业暂估价中的人工费按专业暂估价的20％计算。

招标人在工程量清单招标文件规费项目中列支社会保险费，社会保险费包括管理人员和生产工人的社会保险费，管理人员和生产工人社会保险费取费费率固定统一，社会保险费费率如表 6.4.2 所示。

表 6.4.2　社会保险费费率表（数据来源：沪建市管〔2019〕24 号文件）

<table>
<tr><th colspan="2" rowspan="2">工程类别</th><th rowspan="2">计算基础</th><th colspan="3">计算费率</th></tr>
<tr><th>管理人员</th><th>施工现场作业人员</th><th>合计</th></tr>
<tr><td colspan="2">房屋建筑与装饰工程</td><td rowspan="15">人工费</td><td rowspan="15">4.56%</td><td>28.04%</td><td>32.60%</td></tr>
<tr><td colspan="2">通用安装工程</td><td>28.04%</td><td>32.60%</td></tr>
<tr><td rowspan="2">市政工程</td><td>土建</td><td>30.05%</td><td>34.61%</td></tr>
<tr><td>安装</td><td>28.04%</td><td>32.60%</td></tr>
<tr><td rowspan="2">城市轨道交通工程</td><td>土建</td><td>30.05%</td><td>34.61%</td></tr>
<tr><td>安装</td><td>28.04%</td><td>32.60%</td></tr>
<tr><td>园林绿化工程</td><td>种植</td><td>28.88%</td><td>33.44%</td></tr>
<tr><td colspan="2">仿古建筑工程（含小品）</td><td>28.04%</td><td>32.60%</td></tr>
<tr><td colspan="2">房屋修缮工程</td><td>28.04%</td><td>32.60%</td></tr>
<tr><td colspan="2">民防工程</td><td>28.04%</td><td>32.60%</td></tr>
<tr><td colspan="2">市政管网工程（燃气管道工程）</td><td>29.40%</td><td>33.96%</td></tr>
<tr><td rowspan="2">市政养护</td><td>土建</td><td>31.56%</td><td>36.12%</td></tr>
<tr><td>机电设备</td><td>30.38%</td><td>34.94%</td></tr>
<tr><td colspan="2">绿地养护</td><td>31.56%</td><td>36.12%</td></tr>
</table>

住房公积金以分部分项工程、单项措施和专业暂估价的人工费为基数，乘以相应费率（表 6.4.3）。其中，专业暂估价中的人工费按专业暂估价的 20%计算。

表 6.4.3　住房公积金费率表（数据来源：沪建市管〔2019〕24 号文件）

<table>
<tr><th colspan="2">工程类别</th><th>计算基数</th><th>费率</th></tr>
<tr><td colspan="2">房屋建筑与市政工程</td><td rowspan="14">人工费</td><td>1.96%</td></tr>
<tr><td colspan="2">通用安装工程</td><td>1.59%</td></tr>
<tr><td rowspan="2">市政工程</td><td>土建</td><td>1.96%</td></tr>
<tr><td>安装</td><td>1.59%</td></tr>
<tr><td rowspan="2">城市轨道交通工程</td><td>土建</td><td>1.96%</td></tr>
<tr><td>安装</td><td>1.59%</td></tr>
<tr><td>园林绿化工程</td><td>种植</td><td>1.59%</td></tr>
<tr><td colspan="2">仿古建筑工程（含小品）</td><td>1.81%</td></tr>
<tr><td colspan="2">房屋修缮工程</td><td>1.32%</td></tr>
<tr><td colspan="2">民防工程</td><td>1.96%</td></tr>
<tr><td colspan="2">市政管网工程（燃气管道工程）</td><td>1.68%</td></tr>
<tr><td rowspan="2">市政养护</td><td>土建</td><td>1.96%</td></tr>
<tr><td>机电设备</td><td>1.59%</td></tr>
<tr><td colspan="2">绿地养护</td><td>1.59%</td></tr>
</table>

（2）税金。

增值税即为当期销项税额，当期销项税额＝税前工程造价×增值税税率，增值税税率为9％。

（二）招标控制价的管理

（1）国有资金投资的工程建设项目应实行工程量清单招标，招标人应编制招标控制价，并应当拒绝高于招标控制价的投标报价，即投标人的投标报价若超过公布的招标控制价，则其投标应被否决。

（2）招标控制价应由具有编制能力的招标人或受其委托、具有相应资质的工程造价咨询人编制。工程造价咨询人不得同时接受招标人和投标人对同一工程的招标控制价和投标报价的编制。

（3）招标控制价应当依据工程量清单、工程计价有关规定和市场价格信息等编制。招标控制价应在招标文件中公布，对所编制的招标控制价不得进行上浮或下调。招标人应当在招标时公布招标控制价的总价，以及各单位工程的分部分项工程费、措施项目费、其他项目费、规费和税金。

（4）招标控制价超过批准的概算时，招标人应将其报原概算审批部门审核。这是由于我国对国有资金投资项目的投资控制实行的是设计概算审批制度，国有资金投资的工程原则上不能超过批准的设计概算。

（5）投标人经复核认为招标人公布的招标控制价未按照《建设工程工程量清单计价规范》（GB 50500—2013）的规定进行编制的，应在招标控制价公布后5天内向招标投标监督机构和工程造价管理机构投诉。工程造价管理机构受理投诉后，应立即对招标控制价进行复查，组织投诉人、被投诉人或其委托的招标控制价编制人等单位人员对投诉问题逐一核对。工程造价管理机构应当在受理投诉的10天内完成复查，特殊情况下可适当延长，并作出书面结论通知投诉人、被投诉人及负责该工程招投标监督的招投标管理机构。当招标控制价复查结论与原公布的招标控制价误差大于±3％时，应责成招标人改正。当重新公布招标控制价时，若重新公布之日起至原投标截止期不足15天的应延长投标截止期。

（6）招标人应将招标控制价及有关资料报送工程所在地或有该工程管辖权的行业管理部门工程造价管理机构备查。

第五节　投标报价编制

投标报价是投标人响应招标文件要求所报出的，在已标价工程量清单中标明的总价，它是依据招标工程量清单所提供的工程数量，计算综合单价与合价后所形成的。为使得投标报价更加合理并具有竞争性，通常投标报价的编制应遵循一定的程序，如图6.5.1所示。

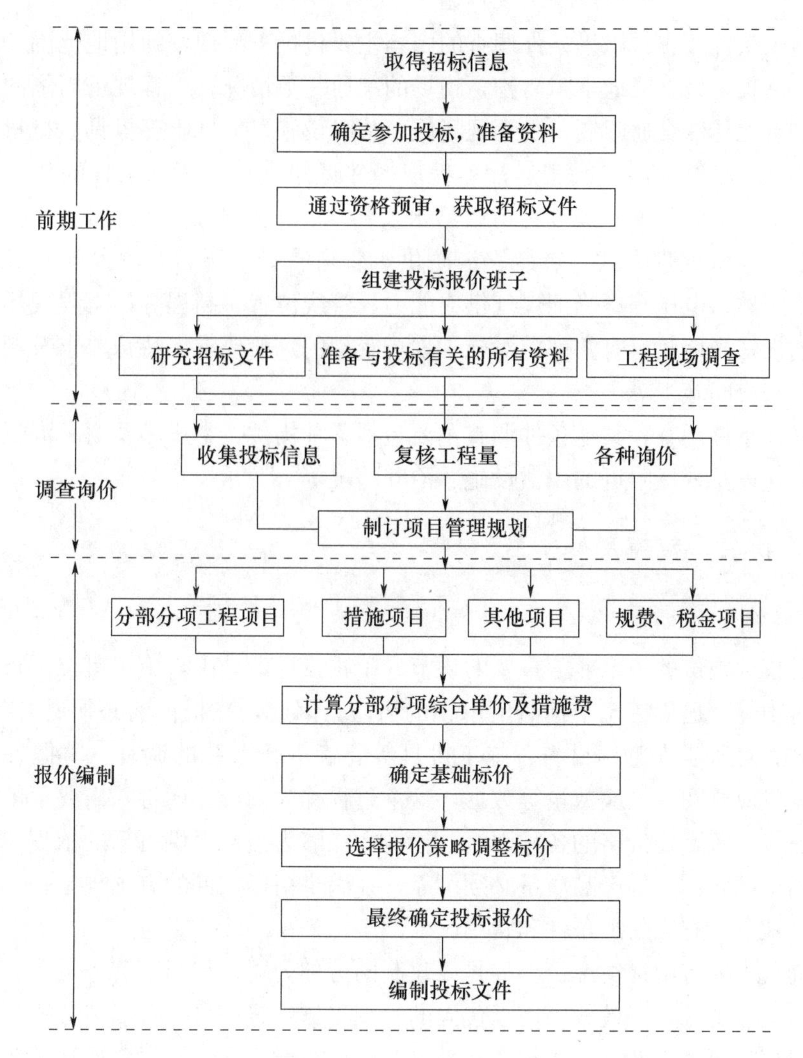

图 6.5.1　投标报价的编制流程图

一、投标报价前期工作

（一）研究招标文件

投标人取得招标文件后，为保证工程量清单报价的合理性，应对投标人须知、合同条件、技术规范、图纸和工程量清单等重点内容进行分析，深刻而正确地理解招标文件和招标人的意图。研究投标人须知重点在于防止投标被否决。合同分析包括合同背景分析、合同形式分析、合同条款分析等。

（二）调查工程现场

招标人在招标文件中一般会明确进行工程现场踏勘的时间和地点。投标人对一般区域调查重点注意以下 3 个方面：

（1）自然条件调查。自然条件调查主要包括对气象资料、水文资料、地震、洪水及其他自然灾害情况，地质情况等。

（2）施工条件调查。施工条件调查的内容主要包括工程现场的用地范围、地形、地貌、地物、高程，地上或地下障碍物，现场的三通一平情况；工程现场周围的道路、进出场条件、有无特殊交通限制；工程现场施工临时设施、大型施工机具、材料堆放场地安排的可能性，是否需要二次搬运；工程现场邻近建筑物与招标工程的间距、结构形式、基础埋深、新旧程度、高度；市政给水及污水、雨水排放管线位置、高程、管径、压力、废水、污水处理方式，市政、消防供水管道管径、压力、位置等；当地供电方式、方位、距离、电压等；当地煤气供应能力，管线位置、高程等；工程现场通信线路的连接和铺设；当地政府有关部门对施工现场管理的一般要求、特殊要求及规定，是否允许节假日和夜间施工等。

（3）其他条件调查。其他条件调查主要包括各种构件、半成品及商品混凝土的供应能力和价格，以及现场附近的生活设施、治安情况等。

二、询价与工程量复核

（一）询价

询价是投标报价的一个非常重要的环节。工程投标活动中，施工单位不仅要考虑投标报价能否中标，还应考虑中标后所承担的风险。因此，在报价前必须通过各种渠道，采用各种方式对所需人工、材料、施工机具等要素进行系统的调查，掌握各要素的价格、质量、供应时间、供应数量等数据，这个过程称为询价。询价除需要了解生产要素价格外，还应了解影响价格的各种因素，这样才能够为报价提供可靠的依据。询价时要特别注意两个问题：一是产品质量必须可靠，并满足招标文件的有关规定；二是供货方式、时间、地点，有无附加条件和费用。

劳务询价主要有两种情况：一种是成建制的劳务公司，相当于劳务分包，一般费用较高，但素质较可靠，工效较高，承包人的管理工作较轻；另一种是劳务市场招募零散劳动力，根据需要进行选择，这种方式虽然劳务价格低廉，但有时素质达不到要求或工效较低，且承包人的管理工作较繁重。投标人应在对劳务市场充分了解的基础上决定采用哪种方式，并以此为依据进行投标报价。

总承包人在确定了分包工作内容后，就将拟分包的专业工程施工图纸和技术说明送交预先选定的分包单位，请他们在约定的时间内报价，以便进行比较选择，最终选择合适的分包人。对分包人询价应注意以下几点：分包标函是否完整，分包工程单价所包含的内容，分包人的工程质量、信誉及可信赖程度，质量保证措施，分包报价。

（二）复核工程量

工程量清单作为招标文件的组成部分，是由招标人提供的。工程量的大小是投标报价最直接的依据。复核工程量的准确程度，将影响中标人的经营行为：一是根据复核后的工程量与招标文件提供的工程量之间的差距，从而考虑相应的投标策略，决定报价尺度；二是根据工程量的大小采取合适的施工方法，选择适用、经济的施工机具设备、投入使用相应的劳动力数量等。

复核工程量，要与招标文件中所给的工程量进行对比，注意以下几方面：

(1) 投标人应认真根据招标说明、图纸、地质资料等招标文件资料，计算主要清单工程量，复核工程量清单。其中应特别注意，按一定顺序进行，避免漏算或重算；正确划分分部分项工程项目，与“清单计价规范”保持一致。

(2) 复核工程量的目的不是修改工程量清单，即使有误，投标人也不能修改工程量清单中的工程量，因为修改了清单将导致在评标时认为投标文件未响应招标文件而被否决。对工程量清单存在的错误，可以向招标人提出，由招标人统一修改并把修改情况通知所有投标人。

(3) 针对工程量清单中工程量的遗漏或错误，是否向招标人提出修改意见取决于投标策略。投标人可以运用一些报价的技巧提高报价的质量，争取在中标后能获得更大的收益。

(4) 通过工程量计算复核还能准确地确定订货及采购物资的数量，防止由于超量或少购等带来的浪费、积压或停工待料。

在核算完全部工程量清单中的细目后，投标人应按大项分类汇总主要工程总量，以便获得对整个工程施工规模的整体概念，并据此研究采用合适的施工方法，选择适用的施工设备等。并准确地确定订货及采购物资的数量，防止由于超量或少购等带来的浪费、积压或停工待料。

三、投标报价的编制原则与依据

投标报价是投标人希望达成工程承包交易的期望价格，它不能高于招标人设定的招标控制价。作为投标报价计算的必要条件，应预先确定施工方案和施工进度。此外，投标报价计算还必须与采用的合同形式相协调。

(一) 投标报价的编制原则

报价是投标的关键性工作，报价是否合理不仅直接关系投标的成败，还关系到中标后企业的盈亏。投标报价的编制原则如下：

(1) 投标报价由投标人自主确定，但必须执行《建设工程工程量清单计价规范》(GB 50500—2013) 的强制性规定。投标报价应由投标人或受其委托、具有相应资质的工程造价咨询人员编制。

(2) 投标人的投标报价不得低于工程成本。《招标投标法》第四十一条规定：“中标人的投标应当符合下列条件……（二）能够满足招标文件的实质性要求，并且经评审的投标价格最低；但是投标价格低于成本的除外。”《招标投标法实施条例》第五十一条规定：“有下列情形之一的，评标委员会应当否决其投标：……（五）投标报价低于成本或者高于招标文件设定的最高投标限价；”《评标委员会和评标方法暂行规定》（七部委第12号令）第二十一条规定：“在评标过程中，评标委员会发现投标人的报价明显低于其他投标报价或者在设有标底时明显低于标底的，使得其投标报价可能低于其个别成本的，应当要求该投标人做出书面说明并提供相关证明材料。投标人不能合理说明或者不能提供相关证明材料的，由评标委员会认定该投标人以低于成本报价竞标，应当否决该投标人的投标。”根据上述法律、规章的规定，特别要求投标人的投标报价不得低于工程成本。

（3）投标报价要以招标文件中设定的发承包双方责任划分，作为考虑投标报价费用项目和费用计算的基础，发承包双方的责任划分不同，会导致合同风险不同的分摊，从而导致投标人选择不同的报价；根据工程发承包模式考虑投标报价的费用内容和计算深度。

（4）以施工方案、技术措施等作为投标报价计算的基本条件；以反映企业技术和管理水平的企业定额作为计算人工、材料和机具台班消耗量的基本依据；充分利用现场考察、调研成果、市场价格信息和行情资料，编制基础标价。

（5）报价计算方法要科学严谨，简明适用。

（二）投标报价的编制依据

投标报价应根据下列依据编制：

（1）国家或上海市建设或其他行业主管部门颁发的计价办法；

（2）企业定额，国家、行业或上海市建设行政管理部门颁发的工程定额和计价办法；

（3）招标文件、招标工程量清单及其补充通知、答疑纪要；

（4）建设工程设计文件及相关资料；

（5）施工现场情况、工程特点及投标时拟定的施工组织设计或施工方案；

（6）与建设项目相关的标准、规范等技术资料；

（7）市场价格信息或上海市住房和城乡建设管理委员会建设工程造价信息平台所公布的建设工程造价信息；

（8）上海市建设工程工程量清单计价应用规则；

（9）其他的相关资料。

其中企业定额是指施工企业根据本企业的施工技术、机械装备和管理水平而编制的人工、材料和施工机械台班等的消耗标准。

四、投标报价的编制方法和内容

投标报价的编制过程，应首先根据招标人提供的工程量清单编制分部分项工程和措施项目清单与计价表，其他项目清单与计价汇总表，规费、税金项目计价表，计算完毕之后，汇总得到单位工程投标报价汇总表，再层层汇总，分别得出单项工程投标报价汇总表和工程项目投标总价汇总表，投标总价的组成如图 6.5.2 所示。在编制过程中，投标人应按招标人提供的工程量清单填报价格。填写的项目编码、项目名称、项目特征、计量单位、工程量必须与招标人提供的一致。

（一）分部分项工程和措施项目清单与计价表的编制

承包人投标报价中的分部分项工程费和以单价计算的措施项目费应按招标文件中分部分项工程和单价措施项目清单与计价表的特征描述确定综合单价计算。因此，确定综合单价是分部分项工程和单价措施项目清单与计价表编制过程中最主要的内容。综合单价包括完成一个规定清单项目所需的人工费、材料和工程设备费、施工机具使用费、企业管理费、利润，并考虑风险费用的分摊。

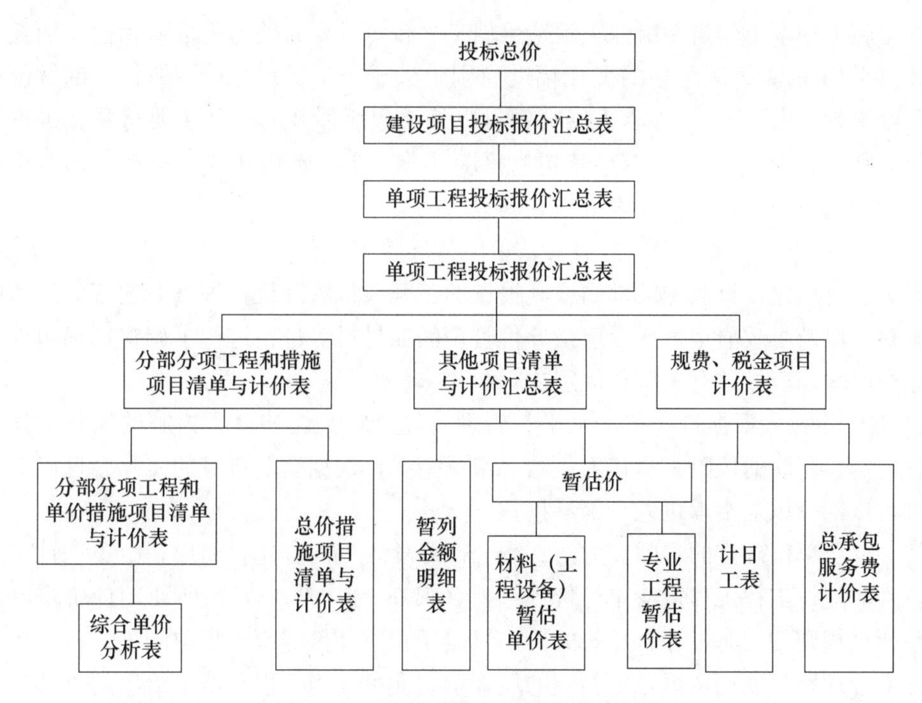

图 6.5.2 建设项目施工投标总价组成

综合单价＝人工费＋材料和工程设备费＋施工机具使用费＋企业管理费＋利润 (6.5.1)

（1）确定综合单价时的注意事项。

1）以项目特征描述为依据。项目特征是确定综合单价的重要依据之一，投标人投标报价时应依据招标文件中清单项目的特征描述确定综合单价。在招标投标过程中，当出现招标工程量清单特征描述与设计图纸不符时，投标人应以招标工程量清单的项目特征描述为准，确定投标报价的综合单价。当施工中施工图纸或设计变更与招标工程量清单项目特征描述不一致时，发承包双方应按实际施工的项目特征，依据合同约定重新确定综合单价。

2）材料、工程设备暂估价的处理。招标文件中在其他项目清单中提供了暂估单价的材料和工程设备，应按其暂估的单价计入清单项目的综合单价中。

3）考虑合理的风险。招标文件中要求投标人承担的风险费用，投标人应考虑进入综合单价。在施工过程中，当出现的风险内容及其范围（幅度）在招标文件规定的范围（幅度）内时，综合单价不得变动，合同价款不作调整。根据国际惯例并结合我国工程建设的特点，发承包双方对工程施工阶段的风险宜采用如下分摊原则：

① 对于主要由市场价格波动导致的价格风险，如工程造价中的建筑材料、燃料等价格风险，发承包双方应当在招标文件中或在合同中对此类风险的范围和幅度予以明确约定，进行合理分摊。根据《上海市建设工程工程量清单计价应用规则》（沪建管〔2014〕872 号）文件的规定："合同中没有约定《主要人工、材料、机械及工程设备数量与计价一览表》作为合同附件的，可结合工程实际情况，协商订立补充合同；或以投标价或合同约定的价格月份对应本市建筑建材业工程造价信息平台所公布的造价信息为

基准，与施工期本市建筑建材业工程造价信息平台每月发布的造价信息相比（加权平均法或算术平均法），人工价格的变化幅度原则上大于±3%（含3%下同），钢材价格的变化幅度原则上大于±5%，除人工、钢材以外工程所涉及的其他主要材料、机械价格的变化原则上大于±8%，应调整其超过幅度部分（指与本市建筑建材业工程造价信息平台价格变化幅度的差额）要素价格。调整后的要素价格差额只计税金”[①]。

② 对于法律、法规、规章或有关政策出台导致工程税金、规费、人工费发生变化，并由省级、行业建设行政主管部门或其授权的工程造价管理机构根据上述变化发布的政策性调整，以及由政府定价或政府指导价管理的原材料等价格进行了调整，承包人不应承担此类风险，应按照有关调整规定执行。

③ 对于承包人根据自身技术水平、管理、经营状况能够自主控制的风险，如承包人的管理费、利润的风险，承包人应结合市场情况，根据企业自身的实际合理确定、自主报价，该部分风险由承包人全部承担。

（2）综合单价确定的步骤和方法。当分部分项工程内容比较简单，由单一计价子项计价，且《建设工程工程量清单计价规范》（GB 50500—2013）与所使用计价定额中的工程量计算规则相同时，综合单价的确定只需用相应计价定额子目中的人、材、机费做基数计算管理费、利润，再考虑相应的风险费用即可。当工程量清单给出的分部分项工程与所用计价定额的单位不同或工程量计算规则不同，则需要按计价定额的计算规则重新计算工程量，并按照下列步骤来确定综合单价。

① 确定计算基础。计算基础主要包括消耗量指标和生产要素单价。应根据本企业的实际消耗量水平，并结合拟定的施工方案确定完成清单项目需要消耗的各种人工、材料、机具台班的数量。计算时应采用企业定额，在没有企业定额或企业定额缺项时，可参照与本企业实际水平相近的国家、地区、行业定额，并通过调整来确定清单项目的人、材、机单位用量。各种人工、材料、机具台班的单价，则应根据询价的结果和市场行情综合确定。

② 分析每一清单项目的工程内容。在招标工程量清单中，招标人已对项目特征进行了准确、详细的描述，投标人根据这一描述，再结合施工现场情况和拟定的施工方案确定完成各清单项目实际应发生的工程内容。必要时可参照《建设工程工程量清单计价规范》（GB 50500—2013）中提供的工程内容，有些特殊的工程也可能出现规范列表之外的工程内容。

③ 计算工程内容的工程数量与清单单位的含量。每一项工程内容都应根据所选定额的工程量计算规则计算其工程数量，当定额的工程量计算规则与清单的工程量计算规则相一致时，可直接以工程量清单中的工程量作为工程内容的工程数量。

当采用清单单位含量计算人工费、材料费、施工机具使用费时，还需要计算每一计量单位的清单项目所分摊的工程内容的工程数量，即清单单位含量。

$$清单单位含量=某工程内容的定额工程量/清单工程量 \qquad (6.5.2)$$

① 《上海市建设工程工程量清单计价应用规则》（沪建管〔2014〕872号）3.4.4条的规定，工程实践中应关注项目所在地的相关规定。

④ 分部分项工程人工、材料、施工机具使用费的计算。以完成每一计量单位的清单项目所需的人工、材料、机具用量为基础计算，即

$$\text{每一计量单位清单项目某种资源的使用量} = \text{该种资源的定额单位用量} \times \text{相应定额条目的清单单位含量} \quad (6.5.3)$$

再根据预先确定的各种生产要素的单位价格，可计算出每一计量单位清单项目的分部分项工程的人工费、材料费与施工机具使用费。

$$\text{人工费} = \text{完成单位清单项目所需人工的工日数量} \times \text{人工工日单价} \quad (6.5.4)$$

$$\text{材料费} = \sum(\text{完成单位清单项目所需各种材料、半成品的数量} \times \text{各种材料、半成品单价}) + \text{工程设备费} \quad (6.5.5)$$

$$\text{施工机具使用费} = \sum(\text{完成单位清单项目所需各种机械的台班数量} \times \text{各种机械的台班单价}) + \sum(\text{完成单位清单项目所需各种仪器仪表的台班数量} \times \text{各种仪器仪表的台班单价}) \quad (6.5.6)$$

当招标人提供的其他项目清单中列示了材料暂估价时，应根据招标人提供的价格计算材料费，并在分部分项工程项目清单与计价表中表现出来。

⑤ 计算综合单价。企业管理费和利润的计算可按照规定的取费基数以及一定的费率取费计算，根据《上海市建设工程工程量清单计价应用规则》（沪建管〔2014〕872号）文件的规定：“房屋建筑与装饰工程、通用安装工程、市政工程、构筑物工程、城市轨道交通工程、仿古建筑工程、园林绿化工程、房屋修缮和民防工程，以人工费为基数，乘以企业管理费和利润的费率计算。即企业管理费和利润＝人工费×企业管理费和利润的费率（%），企业管理费和利润的费率由工程造价管理部门发布”[①]。

将上述五项费用汇总，并考虑合理的风险费用后，即可得到清单综合单价。根据分部分项工程项目汇总表，如表6.5.1所示，计算出的综合单价，可编制分部分项工程和单价措施项目清单与计价表，如表6.5.2所示。

表6.5.1　分部分项工程费汇总表

序号	分部工程名称	金额（元）	其中：材料及工程设备暂估价（元）
1	土石方工程	2384.44	
2	砌筑工程	5981.43	
3	混凝土及钢筋混凝土工程	749153.41	
4	屋面及防水工程	52795.63	
5	保温、隔热、防腐工程	48199.16	
6	楼地面装饰工程	38823.81	

① 《上海市建设工程工程量清单计价应用规则》（沪建管〔2014〕872号）3.1.5条的规定，工程实践中应关注项目所在地的相关规定。

续表

序号	分部工程名称	金额（元）	其中：材料及工程设备暂估价（元）
7	油漆、涂料、裱糊工程	44348.58	
合计		941686.46	

表 6.5.2　分部分项工程和单价措施项目清单与计价表（投标报价）

工程名称：××小区＼×号住宅楼＼房屋建筑与装饰　　　　标段：001　　　　第 1 页　共 5 页

序号	项目编码	项目名称	项目特征描述	工程内容	计量单位	工程量	金额（元）				备注
							综合单价	合价	其中		
									人工费	材料及工程设备暂估价	
1	010101001001	平整场地	1. 土壤类别：综合考虑	1. 土方挖填 2. 场地找平 3. 场内运输	m^2	639.26	3.73	2384.44	3.73		
2	010401001001	砖基础	1. 砖品种、规格、强度等级：砖基础 蒸压灰砂砖 2. 基础类型：大放脚砖基础 3. 砂浆强度等级：水泥 M5.0	1. 砂浆制作、运输 2. 砌砖 3. 防潮层铺设 4. 材料运输	m^3	4.19	452.35	1895.35	188.69		
3	010401004001	多孔砖墙	1. 砖品种、规格、强度等级：240 多孔砖 2. 墙体类型：女儿墙 3. 砂浆强度等级、配合比：混合 M5.0	1. 砂浆制作、运输 2. 砌砖 3. 刮缝 4. 砖压顶砌筑 5. 材料运输	m^3	19.71	207.31	4086.08	206.69		
本页小计								8365.87			

（3）工程量清单综合单价分析表的编制。为表明综合单价的合理性，投标人应对其进行单价分析，以作为评标时的判断依据。综合单价分析表的编制应反映上述综合单价

的编制过程，并按照规定的格式进行，如表 6.5.3 所示。

表 6.5.3　工程量清单综合单价分析表

工程名称：××小区\×号住宅楼\房屋建筑与装饰　　　　标段：001　　　　第 3 页　共 17 页

项目编码	010401004001	项目名称		多孔砖墙				工程数量	19.71	计量单位	m^3
清单综合单价组成明细											
定额编号	定额名称	定额单位	数量	单价				合价			
				人工费	材料费	机械费	管理费和利润	人工费	材料费	机械费	管理费和利润
01-4-1-8	多孔砖墙 1 砖（240mm）干混砌筑砂浆 DM M5.0	m^3	1	206.71	0.62			206.71	0.62		
人工单价		小计						206.71	0.62		
198.4 元/工日		未计价材料费									
清单项目综合单价								207.31			
材料费明细	其他材料费							—	0.62	—	
	材料费小计							—	0.62	—	

注：1. 如不使用本市或行业建设主管部门发布的计价依据，可不填定额项目、编号等。
2. 招标文件提供了暂估单价的材料及工程设备，按暂估的单价填入表内“暂估单价”栏及“暂估合计”栏。
3. 所有分部分项工程量清单项目，均须编制电子文档形式综合单价分析表。

（二）总价措施项目清单与计价表的编制

总价措施项目中的安全防护、文明施工措施费用应符合上海市建设和交通委员会关于印发《上海市建设工程安全防护、文明施工措施费用管理暂行规定》的通知（沪建交〔2006〕445 号）文件的规定。

对于不能精确计量的措施项目，应编制总价措施项目清单与计价表。投标人对措施项目中的总价项目投标报价应遵循以下原则：

（1）措施项目的内容应依据招标人提供的措施项目清单和投标人投标时拟定的施工组织设计或施工方案确定。

（2）措施项目费由投标人自主确定，但其中安全文明施工费必须按照国家或省级、行业建设主管部门的规定计价，不得作为竞争性费用。招标人不得要求投标人对该项费用进行优惠，投标人也不得将该项费用参与市场竞争。

投标报价时措施项目清单汇总表的编制如表 6.5.4 所示，单价措施项目清单与计价表的编制如表 6.5.5 所示。

表 6.5.4　措施项目清单汇总表

工程名称：××小区\×号住宅楼\房屋建筑与装饰　　标段：001　　第 1 页　共 1 页

序号	项目名称	金额（元）
1	整体措施项目（总价措施费）	
1.1	其他措施项目费	
2	单项措施费（单价措施费）	630433.14
合计		630433.14

表 6.5.5　单价措施项目清单与计价表

工程名称：××小区\×号住宅楼\房屋建筑与装饰　　标段：001　　第 1 页　共 2 页

序号	项目编码	项目名称	项目特征描述	工程内容	计量单位	工程量	金额（元）		备注
							综合单价	合价	
1	011701001004	综合脚手架	1. 建筑结构形式：框架结构 2. 檐口高度：14.85m	1. 场内、场外材料搬运 2. 搭、拆脚手架、斜道、上料平台 3. 安全网的铺设 4. 选择附墙点与主体连接 5. 测试电动装置、安全锁等 6. 拆除脚手架后材料的堆放	m^2	3236.83	59.35	192105.86	
2	011702001001	基础模板	1. 基础类型：独立基础		m^2	78.64	104.28	8200.58	
3	011702014004	有梁板模板			m^2	1565.81	88.56	138668.13	
4	011702014005	有梁板模板	1. 支撑高度：高度 3.9m		m^2	222.78	107.45	23937.71	
5	011702014006	有梁板模板			m^2	518	106.92	55384.56	
6	沪 011703002001	基础垂直运输		1. 垂直运输机械的固定基础制作、安装、拆除 2. 建筑物单位工程合理工期内完成全部工程项目所需的全部垂直运输	m^3	316.76	0.68	215.4	
	……								
合计								630433.14	

注：1. 招标人需以书面形式打印综合单价分析表的，请在备注栏内打√。
2. 单价措施项目费用应考虑企业管理费、利润和规费等因素。

（三）其他项目清单与计价汇总表的编制

其他项目费主要由暂列金额、暂估价、计日工以及总承包服务费组成（表 6.5.6）。

表 6.5.6　其他项目清单与计价汇总表

工程名称：××小区\×号住宅楼\房屋建筑与装饰　　标段：001　　第 1 页　共 1 页

序号	项目名称	金额（元）	备注
1	暂列金额	1000000	填写合计数（详见暂列金额明细表）
2	暂估价	800000	
2.1	材料及工程设备暂估价	—	详见材料及设备暂估价表
2.2	专业工程暂估价	800000	填写合计数（详见专业工程暂估价表）
3	计日工	—	详见计日工表
4	总承包服务费		填写合计数（详见总承包服务费计价表）
合计		1806460	

注：材料及工程设备暂估价此处不汇总，材料及工程设备暂估价进入清单项目综合单价。

投标人对其他项目费投标报价时应遵循以下原则：

（1）暂列金额应按照招标人提供的其他项目清单中列出的金额填写，不得变动（表 6.5.7）。

表 6.5.7　暂列金额明细表

工程名称：××小区\×号住宅楼\房屋建筑与装饰　　标段：001　　第 1 页　共 1 页

序号	项目名称	计量单位	暂定金额（元）	备注
1	暂列金额	元	1000000	
合计			1000000	

注：此表由招标人填写，如不能详列，可只列暂列金额总额，投标人应将上述暂列金额计入投标总价中。

（2）暂估价不得变动和更改。暂估价中的材料、工程设备暂估价必须按照招标人提供的暂估单价计入清单项目的综合单价；专业工程暂估价必须按照招标人提供的其他项目清单中列出的金额填写（表 6.5.8）。材料、工程设备暂估单价和专业工程暂估价均由招标人提供，为暂估价格，在工程实施过程中，对于不同类型的材料与专业工程采用不同的计价方法。

表 6.5.8　专业工程暂估价表

工程名称：××小区\×号住宅楼\房屋建筑与装饰　　　　标段：001　　　　第1页　共1页

序号	项目名称	拟发包（采购）方式	发包（采购）人	金额（元）
1	玻璃幕墙工程	公开招标	乙方	800000
合计				800000

注：此表由招标人填写，投标人应将上述专业工程暂估价计入投标总价中。

（3）计日工应按照招标人提供的其他项目清单列出的项目和估算的数量，自主确定各项综合单价并计算费用（表 6.5.9）。

表 6.5.9　计日工表

工程名称：××小区\×号住宅楼\房屋建筑与装饰　　　　标段：001　　　　第1页　共1页

编号	项目名称	单位	数量	综合单价	合价
1	人工				
1.1	木工	工日	10	280	2800
1.2	瓦工	工日	10		
1.3	钢筋工	工日	10		
人工小计					2800
2	材料				
2.1	水泥		5	460	2300
2.2	黄沙		5	72	360
材料小计					2660
3	机械				
3.1	载重汽车		1	1000	1000
机械小计					1000
合计					6460

注：此表由投标人根据以往工程施工案例及工程实际情况填报，综合单价应考虑企业管理费、利润和规费因素，有特殊要求请在备注栏内说明。

（4）总承包服务费应根据招标人在招标文件中列出的分包专业工程内容和供应材料、设备情况，按照招标人提出的协调、配合与服务要求和施工现场管理需要自主确定（表 6.5.10）。

表 6.5.10　总承包服务费计价表

工程名称：××小区\×号住宅楼\房屋建筑与装饰　　标段：001　　第1页　共1页

序号	工程名称	项目价值（元）	服务内容	费率（%）	金额（元）
1					
合计					

注：此表由招标人填写，投标人应将上述专业工程暂估价计入投标总价中。

（四）规费、税金项目计价表的编制

规费和税金应按国家或省级、行业建设主管部门的规定计算，不得作为竞争性费用。这是由于规费和税金的计取标准是依据有关法律、法规和政策规定制定的，具有强制性。因此，投标人在投标报价时必须按照国家或省级、行业建设主管部门的有关规定计算规费和税金。规费、税金项目计价表的编制如表 6.5.11 所示。

表 6.5.11　规费、税金项目计价表

工程名称：××小区\×号住宅楼\房屋建筑与装饰　　标段：001　　第1页　共1页

序号	项目名称	计算基础	费率（%）	金额（元）
1	规费	社会保险费＋住房公积金		212235.02
1.1	社会保险费	管理人员部分＋施工现场作业人员		200198.54
1.1.1	管理人员部分	分部分项人工费－建筑与装饰＋单价措施人工费－建筑与装饰＋专业工程暂估价人工费－建筑与装饰	4.56	28003.23
1.1.2	施工现场作业人员	分部分项人工费－建筑与装饰＋单价措施人工费－建筑与装饰＋专业工程暂估价人工费－建筑与装饰	28.04	172195.31
1.2	住房公积金	分部分项人工费－建筑与装饰＋单价措施人工费－建筑与装饰＋专业工程暂估价人工费－建筑与装饰	1.96	12036.48
2	增值税	分部分项合计＋措施项目合计＋其他项目合计＋规费	9	323173.32
合计				535408.34

注：在计算税金时，应扣除按规不计税的工程设备费用。

（五）投标报价的汇总

投标人的投标总价应当与组成工程量清单的分部分项工程费、措施项目费、其他项目费和规费、税金的合计金额相一致，即投标人在进行工程量清单招标的投标报价时，不能进行投标总价优惠（或降价、让利），投标人对投标报价的任何优惠（或降价、让利）均应反映在相应清单项目的综合单价中。

施工企业某工程投标报价汇总表如表 6.5.12 所示。

表 6.5.12　建设工程投标报价汇总表

工程名称：××小区　　　　标段：001　　　　第 1 页　共 1 页

序号	汇总内容	金额（元）	其中：材料暂估价（元）
1	分部分项工程	941686.46	
1.1	×号住宅楼	941686.46	
1.1.1	房屋建筑与装饰	941686.46	
2	措施项目费	630433.14	
3	其他项目	1806460	
3.1	暂列金额	1000000	
3.2	专业工程暂估价	800000	
3.3	计日工	6460	
3.4	总承包服务费		
4	规费	212235.02	
5	增值税	323173.32	
合计=1+2+3+4+5		3913987.94	

第七章　工程施工和竣工阶段造价管理

第一节　工程施工成本管理

一、施工成本管理概述

（一）施工成本管理定义

施工成本管理，是指通过控制手段，在达到建筑物预定功能和工期要求的前提下优化成本开支，将施工总成本控制在施工合同或设计规定的预算范围内。成本控制通过成本计划、成本监督、成本跟踪、成本诊断等措施来实现。

施工成本管理应从工程投标报价开始，直至项目保证金返还为止，贯穿项目实施的全过程。成本作为项目管理的一个关键性目标，包括责任成本目标和计划成本目标，它们的性质和作用不同。前者反映公司对施工成本目标的要求，后者是前者的具体化，两者把施工成本管理在公司层和项目经理部的运行有机地连接起来。

为保证成本管理的有效性，应建立包括公司层的成本管理和项目经理部的成本管理两层级的成本管理责任体系。公司层的成本管理除生产成本以外，还包括经营管理费用；项目经理部应对生产成本进行管理。公司层贯穿项目投标、实施和结算过程，体现效益中心的管理职能；项目经理部则着眼于执行公司确定的施工成本管理目标，发挥现场生产成本控制中心的管理职能。

（二）施工成本管理任务

施工成本是指在建设工程项目的施工过程中所发生的全部生产费用的总和，包括所消耗的原材料、辅助材料、构配件等费用；周转材料的摊销费或租赁费；施工机械的使用费或租赁费；支付给生产工人的工资、奖金、工资性质的津贴，以及进行施工组织与管理所发生的全部费用支出等。建设工程项目施工成本由直接成本和间接成本所组成。

直接成本是指施工过程中耗费的构成工程实体或有助于工程实体形成的各项费用支出，是可以直接计入工程对象的费用，包括人工费、材料费和施工机具使用费等。

间接成本是指准备施工、组织和管理施工生产的全部费用支出，是非直接用于也无法直接计入工程对象，但为进行工程施工所必须发生的费用，包括管理人员工资、办公费、差旅交通费等。

施工成本管理就是要在保证工期和质量满足要求的情况下，采取相应管理措施，包括组织措施、经济措施、技术措施、合同措施，把成本控制在计划范围内，并进一步寻求最大程度的成本节约。施工成本管理的任务和环节主要包括：

（1）施工成本预测；

（2）施工成本计划；

（3）施工成本控制；

（4）施工成本核算；

（5）施工成本分析；

（6）施工成本考核。

（三）施工成本管理措施

为了取得施工成本管理的理想成效，应当从多方面采取措施实施管理，通常可以将这些措施归纳为组织措施、技术措施、经济措施和合同措施。

1. 组织措施

组织措施是从施工成本管理的组织方面采取的措施。施工成本控制是全员的活动，如实行项目经理责任制，落实施工成本管理的组织机构和人员，明确各级施工成本管理人员的任务和职能分工、权力和责任。施工成本管理不仅是专业成本管理人员的工作，各级项目管理人员都负有成本控制责任。

组织措施的另一方面是编制施工成本控制工作计划、确定合理详细的工作流程。要做好施工采购计划，通过生产要素的优化配置、合理使用、动态管理，有效控制实际成本；加强施工定额管理和施工任务单管理，控制活劳动和物化劳动的消耗；加强施工调度，避免因施工计划不周和盲目调度造成窝工损失、机械利用率降低、物料积压等问题。成本控制工作只有建立在科学管理的基础之上，具备合理的管理体制，完善的规章制度，稳定的作业秩序，完整准确的信息传递，才能取得成效。组织措施是其他各类措施的前提和保障，而且一般不需要增加额外的费用，运用得当可以取得良好的效果。

2. 技术措施

施工过程中降低成本的技术措施，包括进行技术经济分析，确定最佳的施工方案；结合施工方法，进行材料使用的比选，在满足功能要求的前提下，通过代用、改变配合比、使用外加剂等方法降低材料消耗的费用；确定最合适的施工机械、设备使用方案；结合项目的施工组织设计及自然地理条件，降低材料的库存成本和运输成本；应用先进的施工技术，运用新材料，使用先进的机械设备等。在实践中，也要避免仅从技术角度选定方案而忽视对其经济效果的分析论证。

技术措施不仅对解决施工成本管理过程中的技术问题是不可缺少的，而且对纠正施工成本管理目标偏差也有相当重要的作用。因此，运用技术纠偏措施的关键，一是要能提出多个不同的技术方案；二是要对不同的技术方案进行技术经济分析比较，以选择最佳方案。

3. 经济措施

经济措施是最易为人们所接受和采用的措施。管理人员应编制资金使用计划，确定、分解施工成本管理目标。对施工成本管理目标进行风险分析，并制定防范性对策。对各种支出，应认真做好资金的使用计划，并在施工中严格控制各项开支。及时准确地记录、收集、整理、核算实际支出的费用。对各种变更，应及时做好增减账、落实建设单位签证并结算工程款。通过偏差分析和未完工工程预测，可发现一些潜在的可能引起未完工程施工成本增加的问题，对这些问题应以主动控制为出发点，及时采取预防措施。因此，经济措施的运用绝不仅仅是财务人员的事情。

4. 合同措施

采用合同措施控制施工成本，应贯穿整个合同周期，包括从合同谈判开始到合同终结的全过程。对于分包项目，首先是选用合适的合同结构，对各种合同结构模式进行分析、比较，在合同谈判时，要争取选用适合于工程规模、性质和特点的合同结构模式。其次，在合同的条款中应仔细考虑一切影响成本和效益的因素，特别是潜在的风险因素。通过对引起成本变动的风险因素的识别和分析，采取必要的风险对策，如通过合理的方式增加承担风险的个体数量以降低损失发生的比例，并最终将这些策略体现在合同的具体条款中。在合同执行期间，合同管理的措施既要密切注视对方执行合同的情况，以寻求合同索赔的机会；同时也要密切关注自己履行合同的情况，以防被对方索赔。

二、施工成本管理的内容

施工成本管理是一个有机联系与相互制约的系统过程，其管理流程如图 7.1.1 所示。

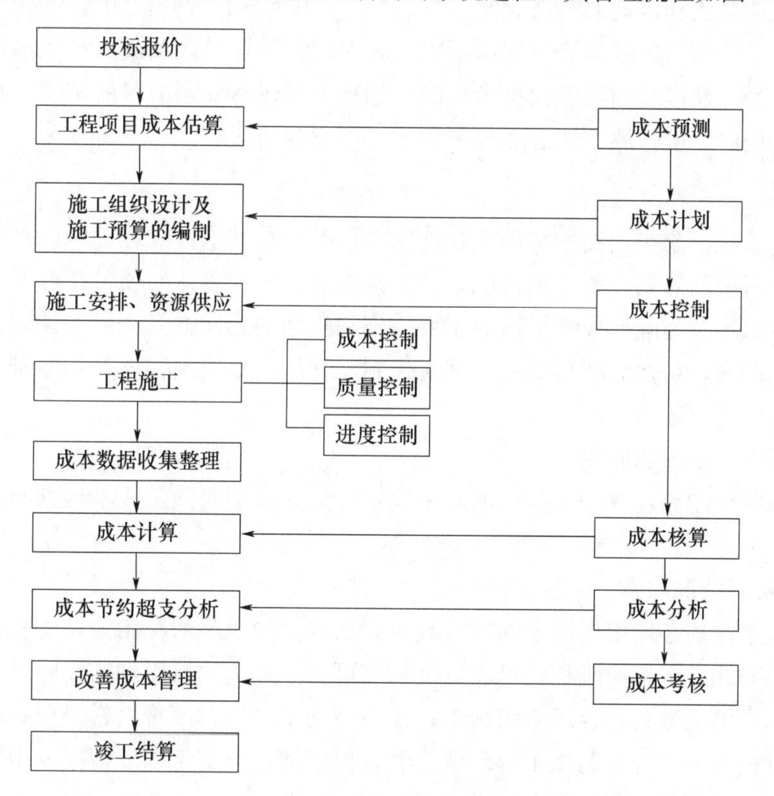

图 7.1.1　施工成本管理流程图

成本预测是成本计划的编制基础，成本计划是开展成本控制和核算的基础；成本控制能对成本计划的实施进行监督，保证成本计划的实现，而成本核算又是成本计划是否实现的最后检查，成本核算所提供的成本信息又是成本预测、成本计划、成本控制和成本考核等的依据；成本分析为成本考核提供依据，也为未来的成本预测与成本计划指明方向；成本考核是实现成本目标责任制的保证和手段。

（一）成本预测

施工成本预测是指施工承包单位及其项目经理部有关人员凭借历史数据和工程经验，运用一定方法对工程项目未来的成本水平及其可能的发展趋势做出科学估计。工程项目成本预测是工程项目成本计划的依据。预测时，通常是对工程项目计划工期内影响成本的因素进行分析，比较近期已完工程项目或将完工项目的成本（单位成本），预测这些因素对施工成本的影响程度，估算出工程项目的单位成本或总成本。

施工成本预测的方法可分为定性预测和定量预测两大类。

（1）定性预测。定性预测是指造价管理人员根据专业知识和实践经验，通过调查研究，利用已有资料，对成本费用的发展趋势及可能达到的水平所进行的分析和推断。由于定性预测主要依靠管理人员的素质和判断能力，因而这种方法必须建立在对工程项目成本费用的历史资料、现状及影响因素深刻了解的基础之上。这种方法简便易行，在资料不多、难以进行定量预测时最为适用。最常用的定性预测方法是调查研究判断法，具体方式有座谈会法和函询调查法。

（2）定量预测。定量预测是利用历史成本费用统计资料以及成本费用与影响因素之间的数量关系，通过建立数学模型来推测、计算未来成本费用的可能结果。在成本费用预测中，常用的定量预测方法有加权平均法、回归分析法等。

（二）成本计划

成本计划是在成本预测的基础上，施工承包单位及其项目经理部对计划期内工程项目成本水平所做的筹划。施工项目成本计划是以货币形式表达的项目在计划期内的生产费用、成本水平及为降低成本采取的主要措施和规划的具体方案。成本计划是目标成本的一种表达形式，是建立项目成本管理责任制、开展成本控制和核算的基础，是进行成本费用控制的主要依据。

（1）成本计划编制原则。

为了编制出能够发挥积极作用的施工成本计划，在编制施工成本计划时应遵循以下原则：

1）从实际情况出发。

编制成本计划必须根据国家的方针政策，从企业的实际情况出发，充分挖掘企业内部潜力，使降低成本指标既积极可靠，又切实可行。施工项目管理部门降低成本的潜力在于正确选择施工方案，合理组织施工；提高劳动生产率；改善材料供应；降低材料消耗；提高机械利用率；节约施工管理费用等。但必须注意避免以下情况发生：

① 为了降低成本而偷工减料，忽视质量；

② 不顾机械的维护修理而过度、不合理使用机械；

③ 片面增加劳动强度，加班加点；

④ 忽视安全工作，未给职工办理相应的保险等。

2）与其他计划相结合。

施工成本计划必须与施工项目的其他计划，如施工方案、生产进度计划、财务计划、材料供应及消耗计划等密切结合，保持平衡。一方面，成本计划要根据施工项目的生产、技术组织措施、劳动工资、材料供应和消耗等计划来编制；另一方面，其他各项计划指标又影响着成本计划，所以其他各项计划在编制时应考虑降低成本的要求，与成本计划密切配合，而不能单纯考虑、单一计划本身的要求。

3）采用先进技术经济定额。

施工成本计划必须以各种先进的技术经济定额为依据，并结合工程的具体特点，采取切实可行的技术组织措施作保证。只有这样，才能编制出既有科学依据，又切实可行的成本计划，从而发挥施工成本计划的积极作用。

4）统一领导、分级管理。

编制成本计划时应采用统一领导、分级管理的原则，同时应树立全员进行施工成本控制的理念。在项目经理的领导下，以财务部门和计划部门为主体，发动全体职工共同进行，总结降低成本的经验，找出降低成本的正确途径，使成本计划的制订与执行更符合项目的实际情况。

5）适度弹性。

施工成本计划应留有一定的余地，保持计划的弹性。在计划期内，项目经理部的内部或外部环境都有可能发生变化，尤其是材料供应、市场价格等具有很大的不确定性，这给拟定计划带来困难。因此在编制计划时应充分考虑这些情况，使计划具有一定的适应环境变化的能力。

（2）成本计划的内容。施工成本计划一般由直接成本计划和间接成本计划组成。

1）直接成本计划。主要反映工程项目直接成本的预算成本、计划降低额及计划降低率。其主要包括工程项目的成本目标及核算原则、降低成本计划表或总控制方案、对成本计划估算过程的说明及对降低成本途径的分析等。

2）间接成本计划。主要反映工程项目间接成本的计划数及降低额，在编制计划时，成本项目应与会计核算中间接成本项目的内容一致。

此外，施工成本计划还应包括项目经理对可控责任目标成本进行分解后形成的各个实施性计划成本，即各责任中心的责任成本计划。责任成本计划又包括年度、季度和月度责任成本计划。

（3）成本计划的编制方法。

1）目标利润法。目标利润法是指根据工程项目的合同价格扣除目标利润后得到目标成本的方法。在采用正确的投标策略和方法以最理想的合同价中标后，从标价中扣除预期利润、税金、应上缴的管理费等之后的余额即为工程项目实施中所能支出的最大限额。

2）技术进步法。技术进步法是以工程项目计划采取的技术组织措施和节约措施所能取得的经济效果为项目成本降低额，求得项目目标成本的方法。即

项目目标成本＝项目成本估算值－技术节约措施计划节约额（或降低成本额）

(7.1.1)

3）按实计算法。按实计算法是以工程项目的实际资源消耗测算为基础，根据所需资源的实际价格，详细计算各项活动或各项成本组成的目标成本，即

人工费＝各类人员计划用工量×实际工资标准　　(7.1.2)

材料费＝各类材料的计划用量×实际材料单价　　(7.1.3)

施工机具使用费＝各类机具的计划台班量×实际台班单价　　(7.1.4)

在此基础上，由项目经理部生产和财务管理人员结合施工技术和管理方案等测算措施费、项目经理部的管理费等，最后构成项目的目标成本。

4）定率估算法（历史资料法）。当工程项目非常庞大和复杂而需要分为几个部分时采用的方法。首先将工程项目分为若干子项目，参照同类工程项目的历史数据，采用算术平均法计算子项目目标成本降低率和降低额，然后汇总整个工程项目的目标成本降低率、降低额。在确定子项目成本降低率时，可采用加权平均法或三点估算法。

（三）成本控制

施工成本控制是在施工过程中，对影响施工成本的各种因素加强管理，并采取各种有效措施，将施工中实际发生的各种消耗和支出严格控制在成本计划范围内；通过动态监控并及时反馈，严格审查各项费用是否符合标准，计算实际成本和计划成本之间的差异并进行分析，进而采取多种措施，减少或消除施工中的损失浪费。建设工程项目施工成本控制应贯穿项目从投标阶段开始直至保证金返还的全过程，它不仅是工程项目成本管理的核心内容，也是工程项目成本管理中不确定因素最多、最复杂、最基础的管理内容。

（1）成本控制的内容和过程。施工成本控制包括计划预控、过程控制和纠偏控制三个重要环节。

1）计划预控。计划预控是指应运用计划管理的手段事先做好各项施工活动的成本安排，使工程项目预期成本目标的实现建立在有充分技术和管理措施保障的基础上，为工程项目的技术与资源的合理配置和消耗控制提供依据。控制的重点是优化工程项目实施方案、合理配置资源和控制生产要素的采购价格。

2）过程控制。过程控制是指控制实际成本的发生，包括实际采购费用发生过程的控制、劳动力和生产资料使用过程的消耗控制、质量成本及管理费用的支出控制。施工承包单位应充分发挥工程项目成本责任体系的约束和激励机制，提高施工过程的成本控制能力。

3）纠偏控制。纠偏控制是指在工程项目实施过程中，对各项成本进行动态跟踪核算，发现实际成本与目标成本产生偏差时，分析原因，采取有效措施予以纠偏。

（2）成本控制的方法。

1）成本分析表法。成本分析表法是指利用各种表格进行成本分析和控制的方法。应用成本分析表法可以清晰地进行成本比较研究。常见的成本分析表有月成本分析表、成本日报或周报表、月成本计算及最终预测报告表。

2）工期成本同步分析法。成本控制与进度控制之间有着必然的同步关系。因为成本是伴随工程进展而发生的。如果成本与进度不对应，说明工程项目进展中出现虚盈或虚亏的不正常现象。施工成本的实际开支与计划不相符，往往是由两个因素引起的：一是在某道工序上的成本开支超出计划；二是某道工序的施工进度与计划不符。因此，要想找出成本变化的真正原因，实施良好有效的成本控制措施，必须与进度计划的适时更新相结合。

3）挣值分析法。挣值法又称为赢得值法。用赢得值法进行费用、进度综合分析控制，基本参数有三项，即已完工作预算费用（BCWP）（Budgeted Cost for Work Performed）、计划工作预算费用（BCWS）（Budgeted Cost for Work Scheduled）和已完工作实际费用（ACWP）（Actual Cost for Work Performed）。

已完工作预算费用（BCWP）与已完工作实际费用ACWP之间的差值可以用来确定费用偏差CV（Cost Variance），即CV＝BCWP－ACWP。当项目运行超出预算费用时，费用偏差为负。当实际费用少于预算费用时，费用偏差为正值。

已完工作预算费用（BCWP）与已完工作实际费用（ACWP）的比值可以用来确定费用绩效指数（CPI），即CPI＝BCWP/ACWP。当费用绩效指数＜1时，表示超支，即实际费用高于预算费用；当费用绩效指数＞1时，表示节支，即实际费用低于预算费用。

已完工作预算费用（BCWP）与计划工作预算费用（BCWS）之间的差值可以用来确定进度偏差（SV）（Schedule Variance），即SV＝BCWP－BCWS。当进度偏差（SV）为负值时，表示进度延误，即实际进度落后于计划进度；当进度偏差（SV）为正值时，表示进度提前，即实际进度快于计划进度。

已完工作预算费用（BCWP）与计划工作预算费用（BCWS）的比值可以用来确定进度绩效指数（SPI），即SPI＝BCWP/BCWS。当进度绩效指数＜1时，表示进度延误，即实际进度比计划进度慢；当进度绩效指数＞1时，表示进度提前，即实际进度比计划进度快。

费用（进度）偏差反映的是绝对偏差，结果很直观，有助于费用管理人员了解项目费用出现偏差的绝对数额，并依此采取一定措施，制定或调整费用支出计划和资金筹措计划。但是，同样大小的绝对偏差对不同合同总额的项目影响程度有所不同，因此费用（进度）偏差仅适合于对同一项目作偏差分析。费用（进度）绩效指数反映的是相对偏差，它不受项目层次的限制，也不受项目实施时间的限制，因而在同一项目和不同项目比较中均可采用。在项目的费用、进度综合控制中引入赢得值法，可以克服过去进度、费用分开控制的缺点，即当发现费用超支时，很难立即知道是由于费用超出预算，还是由于进度提前。相反，当发现费用低于预算时，也很难立即知道是由于费用节省，还是由于进度拖延。而引入赢得值法，就可以定量地判断进度、费用的执行效果。

4）价值工程方法。价值工程方法是对工程项目进行事前成本控制的重要方法，在工程项目设计阶段，研究工程设计的技术合理性，探索有无改进的可能性，在提高功能的条件下，降低成本。在工程项目施工阶段，也可以通过价值工程活动，进行施工方案的技术经济分析，确定最佳施工方案，降低施工成本。

（四）成本核算

成本核算是施工承包单位利用会计核算体系，对工程项目施工过程中所发生的各项费用进行归集，统计其实际发生额，并计算工程项目总成本和单位工程成本的管理工作。工程项目成本核算是施工承包单位成本管理最基础的工作，成本核算所提供的各种信息，是成本预测、成本计划、成本控制和成本考核等的依据。

（1）成本核算对象和范围。

施工成本核算应以项目经理责任成本目标为基本核算范围，以项目经理授权范围相对应的可控责任成本为核算对象，进行全过程分月跟踪核算。根据工程当月形象进度，对已完工程实际成本按照分部分项工程进行归集，并与相应范围的计划成本进行比较，分析各分部分项工程成本偏差的原因，并在后续工程中采取有效控制措施并进一步寻找降本挖潜的途径。项目经理部应在每月成本核算的基础上编制当月成本报告，作为工程项目施工月报的组成内容，提交企业生产管理和财务部门审核备案。

（2）成本核算方法。

1）表格核算法。表格核算法是建立在内部各项成本核算基础上，由各要素部门和核算单位定期采集信息，按有关规定填制一系列的表格，完成数据比较、考核和简单的核算，形成工程项目施工成本核算体系，作为支撑工程项目施工成本核算的平台。表格核算法需要依靠众多部门和单位支持，专业性要求不高。其优点是比较简捷明了，直观易懂，易于操作，适时性较好。其缺点是覆盖范围较窄，核算债权债务等比较困难；且较难实现科学严密的审核制度，有可能造成数据失实，精度较差。

2）会计核算法。会计核算法是指建立在会计核算基础上，利用会计核算所独有的借贷记账法和收支全面核算的综合特点，按工程项目施工成本内容和收支范围，组织工程项目施工成本的核算。不仅要核算工程项目施工的直接成本，还要核算工程项目在施工生产过程中出现的债权债务、为施工生产而自购的工具、器具摊销、向建设单位的报量和收款、分包完成和分包付款等。其优点是核算严密、逻辑性强、人为调节的可能因素较小、核算范围较大。但对核算人员的专业水平要求较高。

总的说来，用表格核算法主要进行工程项目施工各岗位成本的责任核算和控制，用会计核算法主要进行工程项目施工成本核算，两者互补，相得益彰，确保工程项目施工成本核算工作的开展。

（3）成本费用归集与分配。进行成本核算时，能够直接计入有关成本核算对象的，直接计入；不能直接计入的，采用一定的分配方法分配计入各成本核算对象成本，然后计算出工程项目的实际成本。

1）人工费。人工费计入成本的方法，一般应根据企业实行的具体工资制度而定。在实行计件工资制度时，所支付的工资一般能分清受益对象，应根据“工程任务单”和“工资计算汇总表”将归集的工资直接计入成本核算对象的人工费成本项目中。实行计时工资制度时，在只存在一个成本核算对象或者所发生的工资能分清是服务于哪个成本核算对象时，方可将之直接计入，否则就需将所发生的工资在各个成本核算对象之间进行分配，再分别计入。

2）材料费。工程项目耗用的材料，应根据限额领料单、退料单、报损报耗单，大堆材料耗用计算单等计入工程项目成本。凡领料时能点清数量、分清成本核算对象的，应在有关领料凭证（如限额领料单）上注明成本核算对象名称，据以计入成本核算对象。领料时虽能点清数量，但需集中配料或统一下料的，则由材料管理人员或领用部门，结合材料消耗定额将材料费分配计入各成本核算对象。领料时不能点清数量和分清成本核算对象的，由材料管理人员或施工现场保管员保管，月末实地盘点结存数量，结合月初结存数量和本月购进数量，倒推出本月实际消耗量，再结合材料耗用定额，编制“大堆材料耗用计算表”据以计入各成本核算对象的成本。工程竣工后的剩余材料，应填写“退料单”据以办理材料退库手续，同时冲减相关成本核算对象的材料费。施工中的残次材料和包装物应尽量回收再用，冲减工程成本的材料费。

3）施工机具使用费。按自有机具和租赁机具分别加以核算。从外单位或本企业内部独立核算的机械站租入施工机具支付的租赁费，直接计入成本核算对象的机具使用费。如租入的机具是为两个或两个以上的工程服务，应以租入机具所服务的各个工程受益对象提供的作业台班数量为基数进行分配。

自有机具费用应按各个成本核算对象实际使用的机具台班数计算所分摊的机具使用费，分别计入不同的成本核算对象成本中。

在施工机具使用费中，占比重最大的往往是施工机具折旧费。按现行财务制度规定，施工承包单位计提折旧一般采用平均年限法和工作量法。技术进步较快或使用寿命受工作环境影响较大的施工机具和运输设备，经国家财政主管部门批准，可采用双倍余额递减法或年数总和法计提折旧。

固定资产折旧从固定资产投入使用月份的次月起，按月计提。停止使用的固定资产，从停用月份的次月起，停止计提折旧。

企业按财务制度的有关规定，有权选择具体折旧方法和折旧年限，在开始实行年度前报主管财政机关备案。折旧年限和折旧方法一经确定，不得随意变更。需要变更的，由企业提出申请，并在变更年度前报主管财政机关批准。

① 平均年限法。平均年限法又称直线法，是按固定资产的使用年限平均地计提折旧的方法。按此计算方法所计算的每年的折旧额是相同的，折旧的累计额所绘出的图线是直线。在各年使用资产情况相同时，采用直线法比较恰当。

平均年限法的计算公式为：

$$\text{年折旧率}=\frac{1-\text{预计净残值率}}{\text{折旧年限}}\times 100\% \tag{7.1.5}$$

$$\text{年折旧额}=\text{固定资产原值}\times\text{年折旧率} \tag{7.1.6}$$

② 工作量法。工作量法是指按照固定资产生产经营过程中所完成的工作量计提折旧的一种方法，是由平均年限法派生出来的一种方法，适用于各种时期使用程度不同的专业机械、设备。

工作量法的计算公式为：

a. 按照行驶里程计算折旧额时：

$$\text{单位里程折旧额}=\frac{\text{原值}\times(1-\text{预计净残值率})}{\text{规定的总行驶里程}} \tag{7.1.7}$$

$$\text{年折旧额}=\text{年实际行驶里程}\times\text{单位里程折旧额} \tag{7.1.8}$$

b. 按照台班计算折旧额时：

$$\text{每台班折旧额}=\frac{\text{原值}\times(1-\text{预计净残值率})}{\text{规定的总工作台班}} \tag{7.1.9}$$

$$\text{年折旧额}=\text{年实际工作台班}\times\text{每台班折旧额} \tag{7.1.10}$$

③ 双倍余额递减法。双倍余额递减法是指在不考虑固定资产预计残值的情况下，

将每期固定资产的期初账面净值乘以一个固定不变的百分率，计算折旧额的一种加速折旧的方法。其年折旧率是平均年限法的两倍，并且在计算年折旧率时不考虑预计净残值率。采用这种方法时，折旧率是固定的，但计算基数逐年递减，因此，计提的折旧额逐年递减。实行双倍余额递减法的固定资产，应当在其固定资产折旧年限到期前两年内，将固定资产账面净值扣除预计净残值后的净额平均摊销。双倍余额递减法公式如下：

$$年折旧率=\frac{2}{折旧年限}\times 100\% \tag{7.1.11}$$

$$年折旧额=固定资产账面净值\times 年折旧率 \tag{7.1.12}$$

④ 年数总和法。年数总和法也称年数总额法，是指以固定资产原值减去预计净残值后的余额为基数，按照逐年递减的折旧率计提折旧的一种方法。年数总和法也属于一种加速折旧的方法。其折旧率以该项固定资产预计尚可使用的年数（包括当年）作分子，而以逐年可使用年数之和作分母。分母是固定的，而分子逐年递减，因此，折旧率逐年递减，计提的折旧额也逐年递减。

年数总和法的计算公式为：

$$年折旧率=\frac{折旧年限-已使用年数}{折旧年限\times（折旧年限+1）/2}\times 100\% \tag{7.1.13}$$

$$年折旧额=（固定资产原值-预计净残值）\times 年折旧率 \tag{7.1.14}$$

4）措施费。凡能分清受益对象的，应直接计入受益成本核算对象中。如与若干个成本核算对象有关的，可先归集到措施费总账中，月末再按适当的方法分配计入有关成本核算对象的措施费中。

5）间接成本。凡能分清受益对象的间接成本，应直接计入受益成本核算对象中。否则先在项目“间接成本”总账中进行归集，月末再按一定的分配标准计入受益成本核算对象。

（五）成本分析

施工成本分析是在施工成本核算的基础上，对成本的形成过程和影响成本升降的因素进行分析，以寻求进一步降低成本的途径，包括有利偏差的挖掘和不利偏差的纠正。施工成本分析贯穿施工成本管理的全过程，它是在成本的形成过程中，主要利用施工项目的成本核算资料（成本信息），与目标成本、预算成本以及类似施工项目的实际成本等进行比较，了解成本的变动情况；同时也要分析主要技术经济指标对成本的影响，系统地研究成本变动的因素，检查成本计划的合理性，并通过成本分析，深入研究成本变动的规律，寻找降低施工项目成本的途径，以便有效地进行成本控制。成本偏差的控制，分析是关键，纠偏是核心，因此要针对分析得出的偏差发生原因，采取切实措施，加以纠正。成本分析为成本考核提供依据，也为未来的成本预测与成本计划编制指明方向。

1. 成本的分析方法

成本分析的基本方法包括比较法、因素分析法、差额计算法、比率法等。

（1）比较法。比较法又称指标对比分析法，是通过技术经济指标的对比，检查目标的完成情况，分析产生差异的原因，进而挖掘内部潜力的方法。其特点是通俗易懂、简单易行、便于掌握，因而得到广泛应用。

比较法的应用，通常有下列形式：

① 将本期实际指标与目标指标对比。以此检查目标完成情况，分析影响目标完成的积极因素和消极因素，以便及时采取措施，保证成本目标的实现。

② 本期实际指标与上期实际指标对比。通过这种对比，可以看出各项技术经济指标的变动情况，反映项目管理水平的提高程度。

③ 本期实际指标与本行业平均水平、先进水平对比。通过这种对比，可以反映本项目的技术管理和经济管理水平与行业的平均和先进水平的差距，进而采取措施赶超先进水平。

在采用比较法时，可采取绝对数对比、增减差额对比或相对数对比等多种形式。

（2）因素分析法。因素分析法又称连环置换法。这种方法可用来分析各种因素对成本的影响程度。在进行分析时，首先要假定众多因素中的一个因素发生了变化，而其他因素则不变，在前一个因素变动的基础上分析第二个因素的变动，然后逐个替换，分别比较其计算结果，以确定各个因素的变化对成本的影响程度。并据此对企业的成本计划执行情况进行评价，并提出进一步的改进措施。

（3）差额计算法。差额计算法是因素分析法的一种简化形式，它利用各个因素的目标值与实际值的差额来计算其对成本的影响程度。

（4）比率法。比率法是指用两个以上的指标的比例进行分析的方法。其基本特点是先把对比分析的数值变成相对数，再观察其相互之间的关系。

① 相关比率法。相关比率法是通过将两个性质不同而相关的指标加以对比，求出比率，并以此来考察经营成果的好坏。例如，将成本指标与反映生产、销售等经营成果的产值、销售收入、利润指标相比较，就可以反映项目经济效益的好坏。

② 构成比率法。构成比率法又称比重分析法或结构对比分析法。其是通过计算某技术经济指标中各组成部分占总体比重进行数量分析的方法。通过构成比率，可以考察项目成本的构成情况，将不同时期的成本构成比率相比较，可以观察成本构成的变动情况，同时也可看出量、本、利的比例关系（即目标成本、实际成本和降低成本的比例关系），从而为寻求降低成本的途径指明方向。

③ 动态比率法。将同类指标不同时期的数值进行对比，求出比率，以分析该项指标的发展方向和发展速度的方法。动态比率的计算通常采用定基指数和环比指数两种方法。

2. 综合成本的分析方法

所谓综合成本，是指涉及多种生产要素，并受多种因素影响的成本费用，如分部分项工程成本，月（季）度成本、年度成本等。由于这些成本都是随着工程项目施工的进展而逐步形成的，与生产经营有着密切的关系。因此，做好上述成本的分析工作，无疑将促进工程项目的生产经营管理，提高工程项目的经济效益。

（1）分部分项工程成本分析。

分部分项工程成本分析是施工项目成本分析的基础。分部分项工程成本分析的对象为主要的已完分部分项工程。分析的方法是进行预算成本、目标成本和实际成本的“三算”对比，分别计算实际成本与预算成本、实际成本与目标成本的偏差，分析偏差产生的原因，为今后的分部分项工程成本寻求节约途径。

分部分项工程成本分析的资料来源：预算成本是以施工图和定额为依据编制的施工图预算成本，目标成本为分解到该分部分项工程上的计划成本，实际成本来自施工任务单的实际工程量、实耗人工和限额领料单的实耗材料。

(2) 月（季）度成本分析。

月（季）度成本分析，是项目定期的、经常性的中间成本分析。通过月（季）度成本分析，可以及时发现问题，以便按照成本目标指定的方向进行监督和控制，保证工程项目成本目标的实现。

分析的方法通常包括：

① 通过实际成本与预算成本的对比，分析当月（季）的成本降低水平；通过累计实际成本与累计预算成本的对比，分析累计的成本降低水平，预测实现工程项目成本目标的前景。

② 通过实际成本与目标成本的对比，分析目标成本的落实情况，以及目标管理中的问题和不足，进而采取措施，加强成本管理，保证工程成本目标的落实。

③ 通过对各成本项目的成本分析，可以了解成本总量的构成比例和成本管理的薄弱环节。对超支幅度大的成本项目，应深入分析超支原因，并采取对应的增收节支措施，防止今后再超支。

④ 通过主要技术经济指标的实际与目标对比，分析产量、工期、质量、“三材”节约率、机械利用率等对成本的影响。

⑤ 通过对技术组织措施执行效果的分析，寻求更加有效的节约途径。

⑥ 分析其他有利条件和不利条件对成本的影响。

(3) 年度成本分析。

年度成本分析的依据是年度成本报表。年度成本分析的内容，除月（季）度成本分析的 6 个方面外，重点是针对下一年度的施工进展情况规划切实可行的成本管理措施，以保证工程项目施工成本目标的实现。

(4) 竣工成本的综合分析。

单位工程竣工成本分析，应包括竣工成本分析；主要资源节超对比分析；主要技术节约措施及经济效果分析。

通过以上分析，可以全面了解单位工程的成本构成和降低成本的来源，对今后同类工程的成本管理很有参考价值。

（六）成本考核

成本考核是在工程项目建设过程中或项目完成后，定期对项目形成过程中的各级单位成本管理的成绩或失误进行总结与评价。通过成本考核，给予责任者相应的奖励或惩罚。施工承包单位应建立和健全工程项目成本考核制度，作为工程项目成本管理责任体系的组成部分。考核制度应对考核的目的、时间、范围、对象、方式、依据、指标、组织领导以及结论与奖惩原则等做出明确规定。

(1) 成本考核的内容。施工成本的考核，包括企业对项目成本的考核和企业对项目经理部可控责任成本的考核。企业对项目成本的考核包括对施工成本目标（降低额）完成情况的考核和成本管理工作业绩的考核。企业对项目经理部可控责任成本的考核包括：

1）项目成本目标和阶段成本目标完成情况；

2）建立以项目经理为核心的成本管理责任制的落实情况；

3）成本计划的编制和落实情况；

4）对各部门、各施工队和班组责任成本的检查和考核情况；

5）在成本管理中贯彻责权利相结合原则的执行情况。

此外，为层层落实项目成本管理工作，项目经理对所属各部门、各施工队和班组也要进行成本考核，主要考核其责任成本的完成情况。

（2）成本考核指标：

1）企业的项目成本考核指标：

项目施工成本降低额＝项目施工合同成本－项目实际施工成本　（7.1.15）

项目施工成本降低率＝项目施工成本降低额/项目施工合同成本×100％　（7.1.16）

2）项目经理部可控责任成本考核指标：

① 项目经理责任目标总成本降低额和降低率：

目标总成本降低额＝项目经理责任目标总成本－项目竣工结算总成本（7.1.17）

目标总成本降低率＝目标总成本降低额/项目经理责任目标总成本×100％　（7.1.18）

② 施工责任目标成本实际降低额和降低率：

施工责任目标成本实际降低额＝施工责任目标总成本－工程竣工结算总成本　（7.1.19）

施工责任目标成本实际降低率＝施工责任目标成本实际降低额/施工责任目标总成本×100％　（7.1.20）

③ 施工计划成本实际降低额和降低率：

施工计划成本实际降低额＝施工计划总成本－工程竣工结算总成本　（7.1.21）

施工计划成本实际降低率＝施工计划成本实际降低额/施工计划总成本×100％　（7.1.22）

施工承包单位应充分利用工程项目成本核算资料和报表，由企业财务审计部门对项目经理部的成本和效益进行全面审核，在此基础上做好工程项目成木效益的考核与评价，并按照项目经理部的绩效，落实成本管理责任制的激励措施。

第二节　工程变更管理

工程变更是指施工合同履行过程中出现与签订合同时的预计条件不一致的情况，而需要改变原定施工承包范围内的某些工作内容。工程变更是影响工程价款结算的重要因素，也是施工阶段造价管理的重要内容。

一、工程变更与工程变更的范围

（一）工程变更

工程变更是合同实施过程中由发包人提出或由承包人提出，经发包人批准的对合同工程的工作内容、工程数量、质量要求、施工顺序与时间、施工条件、施工工艺或其他特征及合同条件等的改变。工程变更指令发出后，应当迅速落实指令，全面修改相关的各种文件。承包人也应当抓紧落实，如果承包人不能全面落实变更指令，则扩大的损失应当由承包人承担。

（二）工程变更的范围

根据《建设工程施工合同（示范文本）》（GF-2017-0201）的规定，工程变更的范围和内容包括：

（1）增加或减少合同中任何工作，或追加额外的工作；

（2）取消合同中任何工作，但转由他人实施的工作除外；

（3）改变合同中任何工作的质量标准或其他特性；

（4）改变工程的基线、标高、位置和尺寸；

（5）改变工程的时间安排或实施顺序。

（三）变更权

发包人和监理人均可以提出变更。变更指示均通过监理人发出，监理人发出变更指示前应征得发包人同意。承包人收到经发包人签认的变更指示后，方可实施变更。未经许可，承包人不得擅自对工程的任何部分进行变更。

涉及设计变更的，应由设计人提供变更后的图纸和说明。如变更超过原设计标准或批准的建设规模时，发包人应及时办理规划、设计变更等审批手续。

二、工程变更的程序

工程施工过程中出现的工程变更可以分为发包人提出的变更和监理人提出的变更或承包人提出的合理化建议引起的变更等。

（一）发包人提出变更

发包人提出变更的，应通过监理人向承包人发出变更指示，变更指示应说明计划变更的工程范围和变更的内容。

（二）监理人提出变更建议

监理人提出变更建议的，需要向发包人以书面形式提出变更计划，说明计划变更工程范围和变更的内容、理由，以及实施该变更对合同价格和工期的影响。发包人同意变更的，由监理人向承包人发出变更指示。发包人不同意变更的，监理人无权擅自发出变更指示。

（三）变更执行

承包人收到监理人下达的变更指示后，认为不能执行，应立即提出不能执行该变更指示的理由。承包人认为可以执行变更的，应当书面说明实施该变更指示对合同价格和工期的影响，且合同当事人应当按照变更估价约定确定变更估价。

变更引起价款调整的，按以下程序进行变更估价：

承包人应在收到变更指示后 14 天内，向监理人提交变更估价申请。监理人应在收到承包人提交的变更估价申请后 7 天内审查完毕并报送发包人，监理人对变更估价申请有异议，通知承包人修改后重新提交。发包人应在承包人提交变更估价申请后 14 天内审批完毕。发包人逾期未完成审批或未提出异议的，视为认可承包人提交的变更估价申请。

三、工程变更合同价款的调整

（一）变更估计的原则

根据《建设工程施工合同（示范文本）》（GF-2017-0201）的规定，除专用合同条款另有约定外，变更估价按照本款约定处理：

（1）已标价工程量清单或预算书有相同项目的，按照相同项目单价认定；

（2）已标价工程量清单或预算书中无相同项目，但有类似项目的，参照类似项目的单价认定；

（3）变更导致实际完成的变更工程量与已标价工程量清单或预算书中列明的该项目工程量的变化幅度超过 15％的，或已标价工程量清单或预算书中无相同项目及类似项目单价的，按照合理的成本与利润构成的原则，由合同当事人按照监理人商定或确定的原则确定变更工作的单价。

（二）变更估价的调整方法

（1）对于分部分项工程或单价措施项目，当工程变更导致其综合单价调整时，应遵循以上原则。《建设工程工程量清单计价规范》（GB 50500—2013）规定了具体的调整方法。

1）已标价工程工程量清单中有适用于变更工程项目的，且工程变更导致的该清单项目的工程数量变化不足 15％时，采用该项目的单价。直接采用适用的项目单价的前提是其采用的材料、施工工艺和方法相同，也不因此增加关键线路上工程的施工时间。

2）已标价工程工程量清单中没有适用，但有类似于变更工程项目的，可在合理范围内参照类似项目的单价或总价调整。采用类似的项目单价的前提是其采用的材料、施工工艺和方法基本相似，不增加关键线路上工程的施工时间，可仅就其变更后的差异部分，参考类似的项目单价由发承包双方协商新的项目单价。

3）已标价工程工程量清单中没有适用也没有类似于变更工程项目的，由承包人根据变更工程资料、计量规则和计价办法、工程造价管理机构发布的信息（参考）价格和承包人报价浮动率，提出变更工程项目的单价或总价，报发包人确认后调整。承包人报价浮动率可按下列公式计算：

① 实行招标的工程：

$$\text{承包人报价浮动率} L=\left(1-\frac{\text{中标价}}{\text{招标控制价}}\right)\times 100\% \tag{7.2.1}$$

② 不实行招标的工程：

$$承包人报价浮动率 L=\left(1-\frac{报价值}{施工图预算}\right)\times 100\% \qquad (7.2.2)$$

注：上述公式中的中标价、招标控制价或报价值、施工图预算，均不含安全文明施工费。

4）已标价工程工程量清单中没有适用也没有类似于变更工程项目，且工程造价管理机构发布的信息（参考）价格缺价的，由承包人根据变更工程资料、计量规则、计价办法和通过市场调查等有合法依据的市场价格提出变更工程项目的单价或总价，报发包人确认后调整。

（2）总价措施项目费的调整。工程变更引起措施项目发生变化的，承包人提出调整措施项目费的，应事先将拟实施的方案提交发包人确认，并详细说明与原方案措施项目相比的变化情况。拟实施的方案经发承包双方确认后执行。并应按照下列规定调整措施项目费：

1）安全文明施工费，按照实际发生变化的措施项目调整，不得浮动。

2）按总价（或系数）计算的措施项目费，除安全文明施工费外，按照实际发生变化的措施项目调整，但应考虑承包人报价浮动因素，即调整金额按照实际调整金额乘以按照式（7.2.1）或式（7.2.2）得出的承包人报价浮动率（L）计算。

如果承包人未事先将拟实施的方案提交给发包人确认，则视为工程变更不引起措施项目费的调整或承包人放弃调整措施项目费的权利。

（3）删减工程或工作的补偿。如果发包人提出的工程变更，因非承包人原因删减了合同中的某项原定工作或工程，致使承包人发生的费用或（和）得到的收益不能被包括在其他已支付或应支付的项目中，也未被包含在任何替代的工作或工程中，则承包人有权提出并得到合理的费用及利润补偿。

（三）工程量偏差

1. 工程量偏差的概念

工程量偏差是指承包人根据发包人提供的图纸（包括由承包人提供经发包人批准的图纸）进行施工，按照现行国家工程量计算规范规定的工程量计算规则，计算得到的完成合同工程项目应予计量的工程量与相应的招标工程工程量清单项目列出的工程量之间出现的量差。

2. 合同价款的调整方法

施工合同履行期间，若应予计算的实际工程量与招标工程工程量清单列出的工程量出现偏差，或者因工程变更等非承包人原因导致工程量偏差，该偏差对工程量清单项目的综合单价将产生影响，是否调整综合单价以及如何调整，发承包双方应当在施工合同中约定。如果合同中没有约定或约定不明的，可以按以下原则办理：

（1）综合单价的调整原则，当应予计算的实际工程工程量与招标工程工程量清单出现偏差（包括因工程变更等原因导致的工程量偏差）超过15%时，对综合单价的调整原则：当工程量增加15%以上时，其增加部分的工程量的综合单价应予调低；当工程量减少15%以上时，减少后剩余部分的工程量的综合单价应予调高。至于具体的调整方法，可参见式（7.2.3）和式（7.2.4）。

1）当 $Q_1>1.15Q_0$ 时：

$$S=1.15Q_0\times P_0+(Q_1-1.15Q_0)\times P_1 \tag{7.2.3}$$

2）当 $Q_1<0.85Q_0$ 时：

$$S=Q_1\times P_1 \tag{7.2.4}$$

式中　S——调整后的某一分部分项工程费结算价；

Q_1——最终完成的工程量；

Q_0——招标工程量清单中列出的工程量；

P_1——按照最终完成工程量重新调整后的综合单价；

P_0——承包人在工程量清单中填报的综合单价。

3）新综合单价 P_1 的确定方法。新综合单价 P_1 的确定，一是发承包双方协商确定；二是与招标控制价相联系，当工程量偏差项目出现承包人在工程量清单中填报的综合单价与发包人招标控制价相应清单项目的综合单价偏差超过15%时，工程量偏差项目综合单价的调整可参考式（7.2.5）和式（7.2.6）：

① 当 $P_0<P_2\times(1-L)\times(1-15\%)$ 时，该类项目的综合单价：

$$P_1\text{按照}P_2\times(1-L)\times(1-15\%)\text{调整} \tag{7.2.5}$$

② 当 $P_0>P_2\times(1+15\%)$ 时，该类项目的综合单价：

$$P_1\text{按照}P_2\times(1+15\%)\text{调整} \tag{7.2.6}$$

③ $P_0>P_2\times(1-L)\times(1-15\%)$ 且 $P_0<P_2\times(1+15\%)$ 时，可不调整。

式中　P_0——承包人在工程量清单中填报的综合单价；

P_2——发包人招标控制价相应项目的综合单价；

L——承包人报价浮动率。

【例7.2.1】　某工程项目招标工程工程量清单数量为1520m^3，施工中由于设计变更调增为1824m^3，该项目招标控制价综合单价为350元，投标报价为406元，应如何调整？

解：1824/1520 ＝120%，工程量增加超过15%，需对单价做调整。

$P_2\times(1+15\%)=350\times(1+15\%)=402.50\text{元}<406\text{元}$

该项目变更后的综合单价应调整为402.50元。

$S=1520\times(1+15\%)\times406+(1824-1520\times1.15)\times402.50$

$=709688+76\times402.50=740278(\text{元})$

（2）总价措施项目费的调整。当应予计算的实际工程工程量与招标工程工程量清单出现偏差（包括因工程变更等原因导致的工程量偏差）超过15%，且该变化引起措施项目相应发生变化，如该措施项目是按系数或单一总价方式计价的，对措施项目费的调整原则：工程量增加的，措施项目费调增；工程量减少的，措施项目费调减。至于具体的调整方法，则应由双方当事人在合同专用条款中约定。

（四）计日工

1. 计日工费用的产生

发包人通知承包人以计日工方式实施的零星工作，承包人应予执行。采用计日工计价的任何一项变更工作，承包人应在该项变更的实施过程中，按合同约定提交以下报表和有关凭证送发包人复核：

（1）工作名称、内容和数量；

（2）投入该工作所有人员的姓名、工种、级别和耗用工时；

（3）投入该工作的材料名称、类别和数量；

（4）投入该工作的施工设备型号、台数和耗用台时；

（5）发包人要求提交的其他资料和凭证。

2. 计日工费用的确认和支付

任一计日工项目实施结束。承包人应按照确认的计日工现场签证报告核实该类项目的工程数量，并根据核实的工程数量和承包人已标价工程工程量清单中的计日工单价计算，提出应付价款；已标价工程工程量清单中没有该类计日工单价的，由发承包双方按工程变更的有关规定商定计日工单价计算。

每个支付期末，承包人应与进度款同期向发包人提交本期间所有计日工记录的签证汇总表，以说明本期间自己认为有权得到的计日工金额，调整合同价款，列入进度款支付。

（五）暂估价

暂估价是指招标人在工程量清单中提供的用于支付必然发生但暂时不能确定价格的材料、工程设备的单价以及专业工程的金额。

1. 给定暂估价的材料、工程设备

（1）不属于依法必须招标的项目。发包人在招标工程工程量清单中给定暂估价的材料和工程设备不属于依法必须招标的，由承包人按照合同约定采购，经发包人确认后以此为依据取代暂估价，调整合同价款。

（2）属于依法必须招标的项目。发包人在招标工程工程量清单中给定暂估价的材料和工程设备属于依法必须招标的，由发承包双方以招标的方式选择供应商。依法确定中标价格后，以此为依据取代暂估价，调整合同价款。

2. 给定暂估价的专业工程

（1）不属于依法必须招标的项目。发包人在工程量清单中给定暂估价的专业工程不属于依法必须招标的，应按照前述工程变更事件的合同价款调整方法，确定专业工程价款。并以此为依据取代专业工程暂估价，调整合同价款。

（2）属于依法必须招标的项目。发包人在招标工程工程量清单中给定暂估价的专业工程，依法必须招标的，应当由发承包双方依法组织招标选择专业分包人，并接受有建设工程招标投标管理机构的监督。

1）除合同另有约定外，承包人不参加投标的专业工程，应由承包人作为招标人，但拟定的招标文件、评标方法、评标结果应报送发包人批准。与组织招标工作有关的费用应当被认为已经包括在承包人的签约合同价（投标总报价）中。

2）承包人参加投标的专业工程，应由发包人作为招标人，与组织招标工作有关的费用由发包人承担。同等条件下，应优先选择承包人中标。

3）专业工程依法进行招标后，以中标价为依据取代专业工程暂估价，调整合同价款。

第三节　工程索赔管理

一、工程索赔的内涵及分类

（一）工程索赔的内涵

工程索赔是指在工程合同履行过程中，当事人一方因非己方的原因而遭受经济损失或工期延误，按照合同约定或法律规定，应由对方承担责任，而向对方提出工期和（或）费用补偿要求的行为。

在实际工作中，索赔是“双向”的，既包括承包人向发包人提出的索赔，也包括发包人向承包人提出的索赔。但在工程实践中，发包人索赔数量较小，而且处理方便，而承包人对发包人的索赔则比较困难一些。通常情况下，索赔是指在合同实施过程中，承包人对非自身原因造成的损失而要求发包人给予补偿的一种权利要求。常将发包人对承包人提出的索赔称为反索赔。

（二）索赔的分类

1. 按索赔的当事人分类

根据索赔的合同当事人不同，可以将工程索赔分为：

（1）承包人与发包人之间的索赔。该类索赔发生在建设工程施工合同的双方当事人之间，既包括承包人向发包人的索赔，也包括发包人向承包人的索赔。但是在工程实践中，经常发生的索赔事件，大多是承包人向发包人提出的，本书中所提及的索赔，如果未作特别说明，即指此类情形。

（2）总承包人和分包人之间的索赔。在建设工程分包合同履行过程中，索赔事件发生后，无论是发包人的原因还是总承包人的原因所致，分包人都只能向总承包人提出索赔要求，而不能直接向发包人提出。

2. 按索赔目的和要求分类

根据索赔的目的和要求不同，可以将工程索赔分为工期索赔和费用索赔。

（1）工期索赔。工期索赔一般是指工程合同履行过程中，由于非自身原因造成工期延误，按照合同约定或法律规定，承包人向发包人提出合同工期补偿要求的行为。工期顺延的要求获得批准后，不仅可以免除承包人承担拖期违约赔偿金的责任，承包人还有可能因工期提前获得赶工补偿（或奖励）。

（2）费用索赔。费用索赔是指工程承包合同履行中，当事人一方因非己方原因而遭受费用损失，按合同约定或法律规定应由对方承担责任，而向对方提出增加费用要求的行为。

3. 按索赔事件的性质分类

根据索赔事件的性质不同，可以将工程索赔分为：

（1）工程延误索赔。因发包人未按合同要求提供施工条件，或因发包人指令工程暂停或不可抗力事件等原因造成工期拖延的，承包人可以向发包人提出索赔；如果由于承包人原因导致工期拖延，发包人可以向承包人提出索赔。

（2）加速施工索赔。由于发包人指令承包人加快施工速度，缩短工期，引起承包人的人力、物力、财力的额外开支，承包人提出的索赔。

（3）工程变更索赔。由于发包人指令增加或减少工程量或增加附加工程、修改设计、变更工程顺序等，造成工期延长和（或）费用增加，承包人就此提出索赔。

（4）合同终止的索赔。由于发包人违约或发生不可抗力事件等原因造成合同非正常终止，承包人因其遭受经济损失而提出索赔。如果由于承包人的原因导致合同非正常终止，或者合同无法继续履行，发包人可以就此提出索赔。

（5）不可预见的不利条件索赔。承包人在工程施工期间，施工现场遇到一个有经验的承包人通常不能合理预见的不利施工条件或外界障碍，如地质条件与发包人提供的资料不符，出现不可预见的地下水、地质断层、溶洞、地下障碍物等，承包人可以就因此遭受的损失提出索赔。

（6）不可抗力事件的索赔。工程施工期间，因不可抗力事件的发生而遭受损失的一方，可以根据合同中对不可抗力风险分担的约定，向对方当事人提出索赔。

（7）其他索赔。如因货币贬值、汇率变化、物价上涨、政策法令变化等原因引起的索赔。《标准施工招标文件》（2007 年版）的通用合同条款中，按照引起索赔事件的原因不同，对一方当事人提出的索赔可能给予合理补偿工期、费用和（或）利润的情况，分别做出了相应的规定。其中，引起承包人索赔的事件以及可能得到的合理补偿内容如表 7.3.1 所示。

表 7.3.1 《标准施工招标文件》中承包人的索赔事件及可补偿内容

序号	条款号	索赔事件	可补偿内容		
			工期	费用	利润
1	1.6.1	迟延提供图纸	√	√	√
2	1.10.1	施工中发现文物、古迹	√	√	
3	2.3	迟延提供施工场地	√	√	√
4	4.11	施工中遇到不利物质条件	√	√	
5	5.2.4	提前向承包人提供材料、工程设备		√	
6	5.2.6	发包人提供材料、工程设备不合格或迟延提供或变更交货地点	√	√	√
7	8.3	承包人依据发包人提供的错误资料导致测量放线错误	√	√	√
8	9.2.6	因发包人原因造成承包人人员工伤事故		√	
9	11.3	因发包人原因造成工期延误	√	√	√
10	11.4	异常恶劣的气候条件导致工期延误	√		
11	11.6	承包人提前竣工		√	
12	12.2	发包人暂停施工造成工期延误	√	√	√
13	12.4.2	工程暂停后因发包人原因无法按时复工	√	√	√
14	13.1.3	因发包人原因导致承包人工程返工	√	√	√
15	13.5.3	监理人对已经覆盖的隐蔽工程要求重新检查且检查结果合格	√	√	√

续表

序号	条款号	索赔事件	可补偿内容		
			工期	费用	利润
16	13.6.2	因发包人提供的材料、工程设备造成工程不合格	√	√	√
17	14.1.3	承包人应监理人要求对材料、工程设备和工程重新检验且检验结果合格	√	√	√
18	16.2	基准日后法律的变化		√	
19	18.4.2	发包人在工程竣工前提前占用工程	√	√	√
20	18.6.2	因发包人的原因导致工程试运行失败		√	√
21	19.2.3	工程移交后因发包人原因出现新的缺陷或损坏的修复		√	√
22	19.4	工程移交后因发包人原因出现的缺陷修复后的试验和试运行		√	
23	21.3.1（4）	因不可抗力停工期间应监理人要求照管、清理、修复工程		√	
24	21.3.1（4）	因不可抗力造成工期延误	√		
25	22.2.2	因发包人违约导致承包人暂停施工	√	√	√

二、工程索赔成立的条件与依据

（一）索赔成立的条件

承包人索赔成立的基本条件包括：

（1）索赔事件已造成了承包人直接经济损失或工期延误；

（2）造成费用增加或工期延误的索赔事件是因非承包人的原因发生的；

（3）造成费用增加或工期延误的索赔事件不属于承包人应该承担的风险；

（4）承包人已经按照工程施工合同规定的期限和程序提交了索赔意向通知、索赔报告及相关证明材料。

以上条件必须同时具备时，索赔才成立。

（二）索赔的依据

提出索赔和处理索赔都要依据下列文件或凭证：

（1）工程施工合同文件。工程施工合同是工程索赔中最关键和最主要的依据，工程施工期间，发承包双方关于工程的洽商、变更等书面协议或文件，也是索赔的重要依据。

（2）国家法律、法规。国家制定的相关法律、行政法规，是工程索赔的法律依据。工程项目所在地的地方性法规或地方政府规章，也可以作为工程索赔的依据，但应当在施工合同专用条款中约定为工程合同的适用法律。

（3）国家、部门和地方有关的标准、规范和定额。对于工程建设的强制性标准，是合同双方必须严格执行的；对于非强制性标准，必须在合同中有明确规定的情况下，才能作为索赔的依据。

（4）工程施工合同履行过程中与索赔事件有关的各种凭证。这是承包人因索赔事件所遭受费用或工期损失的事实依据，它反映了工程的计划情况和实际情况。

三、工程索赔证据

（一）索赔证据的基本要求

（1）及时性。干扰事件已发生，又意识到需要索赔，就应在有效的时间内收集证据并提出索赔意向。如果拖延太久，将增加索赔工作难度。

（2）真实性。索赔证据必须是在实际工作过程中产生，完全反映实际情况，能经得住对方的推敲。

（3）全面性。所提供的证据应能说明事件的全过程索赔报告中所涉及的干扰事件、索赔理由。影响、索赔值等都应有相应的证据，不能零乱或支离破碎，否则发包人将退回索赔报告，要求重新补充证据。

（4）关联性。索赔的证据应当与索赔事件有必然联系，并能够互相说明，符合逻辑不能互相矛盾。

（5）有效性。索赔证据必须有法律证明效力，特别是在双方意见分歧、争执不下时，更要注意这一点。具有法律证明效力的证据应是当时的书面文件。合同变更协议应由双方签署，或以会谈纪要的形式确定。

（二）证据的种类

（1）合同文件、设计文件。招标文件、合同文件及附件，其他的各种签约（备忘录、修正案等）发包人认可的工程实施计划，各种工程图纸包括（图纸修改指令），技术规范等；承包人的报价文件，各种工程预算和其他作为报价依据的资料，如环境调查资料。标前会议和澄清会议资料等。

（2）来往信件、会谈纪要。如发包人的变更指令、来往信件、通知、对承包人问题的答复信及会谈纪要经各厅签署做出决议或决定。

（3）施工进度计划和实际施工进度记录。总进度计划；开工后监理人批准的详细的进度计划、每月进度修改计划、实际施工进度记录、月进度报表等，工程的施工顺序、各工序的持续时间；劳动力、管理人员、施工机械设备、现场设施的安排计划和实际情况；材料的采购订货、运输、使用计划和实际情况等。

（4）施工现场的工程文件。施工记录、施工备忘录、施工日报、工长或检查员的工作日记、监理工程师填写的施工记录和各种签证等；劳动力数量与分布、设备数量与使用情况、进度、质量、特殊情况及处理；各种工程统计资料，如周报、旬报、月报；本期中及本期末的工程实际和计划进度对比、实际和计划成本对比和质量分析报告、合同履行情况评价；工地的交接记录（应注明交接日期、场地平整情况，水、电、路况等）；图纸和各种资料交接记录；工程中送停电、送停水、道路开通和封闭的记录和证明；建筑材料和设备的采购、订货、运输、进场、使用方面的记录、凭证和报表等。

（5）工程照片。表示工程进度的照片、隐蔽工程覆盖前的照片、发包人责任造成返工和工程损坏的照片等。

（6）气候报告。如恶劣的天气。

（7）验收报告、鉴定报告。工程水文地质勘探报告、土质分析报告；文物和化石的发现记录；地基承载力试验报告；材料试验报告、设备材料开箱验收报告；工程验收报告。

（8）市场行情资料。市场价格，官方的物价指数、工资指数，中央银行的外汇比率等公布材料；税收制度变化如工资税增加，利率变化，收费标准提高。

（9）会计核算资料。工资单、工资报表、工程款账单，各种收付款原始凭证，如银行付款延误；总分类账、管理费用报表、计工单、工程成本报表等。

四、工程索赔计算

（一）工期索赔计算

工期索赔，一般是指承包人依据合同对由于非自身原因导致的工期延误向发包人提出的工期顺延的要求。

1. 工期索赔中应当注意的问题

在工期索赔中特别应当注意以下问题：

（1）划清施工进度拖延的责任。因承包人的原因造成施工进度滞后，属于不可原谅的延期；只有承包人不应承担任何责任的延误，才是可原谅的延期。有时工程延期的原因中可能包含有双方责任，此时监理人应进行详细分析，分清责任比例，只有可原谅延期部分才能批准顺延合同工期。可原谅延期，又可细分为可原谅并给予补偿费用的延期和可原谅但不给予补偿费用的延期；后者是指非承包人责任事件的影响并未导致施工成本的额外支出，大多属于发包人应承担风险责任事件的影响，如异常恶劣的气候条件影响的停工等。

（2）被延误的工作应是处于施工进度计划关键线路上的施工内容。只有位于关键线路上工作内容的滞后，才会影响竣工日期。但有时也应注意，既要看被延误的工作是否在批准进度计划的关键路线上，又要详细分析这一延误对后续工作的可能影响。因为若对非关键路线工作的影响时间较长，超过了该工作可用于自由支配的时间，也会导致进度计划中非关键路线转化为关键路线，其滞后将影响总工期的拖延。此时，应充分考虑该工作的自由时间，给予相应的工期顺延，并要求承包人修改施工进度计划。

2. 工期索赔的具体依据

承包人向发包人提出工期索赔的具体依据主要包括：

（1）合同约定或双方认可的施工总进度规划；

（2）合同双方认可的详细进度计划；

（3）合同双方认可的对工期的修改文件；

（4）施工日志、气象资料；

（5）发包人或监理人的变更指令；

（6）影响工期的干扰事件；

（7）受干扰后的实际工程进度等。

3. 工期索赔的计算方法

（1）直接法。如果某干扰事件直接发生在关键线路上，造成总工期的延误，可以直接将该干扰事件的实际干扰时间（延误时间）作为工期索赔值。

（2）比例计算法。如果某干扰事件仅仅影响某单项工程、单位工程或分部分项工程的工期，要分析其对总工期的影响，可以采用比例计算法。

① 已知受干扰部分工程的延期时间：

工期索赔值＝受干扰部分工期拖延时间×（受干扰部分工程的合同价格/原合同总价）（7.3.1）

② 已知额外增加工程量的价格：

工期索赔值＝原合同总工期×（额外增加的工程量的价格/原合同总价）（7.3.2）

比例计算法虽然简单方便，但有时不符合实际情况，而且比例计算法不适用于变更施工顺序、加速施工、删减工程量等事件的索赔。

（3）网络图分析法。网络图分析法是利用进度计划的网络图，分析其关键线路。如果延误的工作为关键工作，则延误的时间为索赔的工期；如果延误的工作为非关键工作，当该工作由于延误超过时差限制而成为关键工作时，可以索赔延误时间与时差的差值；若该工作延误后仍为非关键工作，则不存在工期索赔问题。

该方法通过分析干扰事件发生前和发生后网络计划的计算工期之差来计算工期索赔值，可以用于各种干扰事件和多种干扰事件共同作用所引起的工期索赔。

4. 共同延误的处理

在实际施工过程中，工期拖期很少是只由一方造成的，往往是两三种原因同时发生（或相互作用）而形成的，故称为“共同延误”。在这种情况下，要具体分析哪一种情况延误是有效的，应依据以下原则：

（1）首先判断造成拖期的哪一种原因是最先发生的，即确定“初始延误”者，它应对工程拖期负责。在初始延误发生作用期间，其他并发的延误者不承担拖期责任。

（2）如果初始延误者是发包人原因，则在发包人原因造成的延误期内，承包人既可得到工期延长，又可得到经济补偿。

（3）如果初始延误者是客观原因，则在客观因素发生影响的延误期内，承包人可以得到工期延长，但很难得到费用补偿。

（4）如果初始延误者是承包人原因，则在承包人原因造成的延误期内，承包人既不能得到工期补偿，也不能得到费用补偿。

【例 7.3.1】 某工程项目的进度计划如图 7.3.1 所示，总工期为 32 周，在实施过程中发生了延误，工作②—④由原来的 6 周延至 7 周，工作③—⑤由原来的 4 周延至 5 周，工作④—⑥由原来的 5 周延至 9 周，其中工作②—④的延误是因承包人自身原因造成的，其余均由非承包人原因造成。

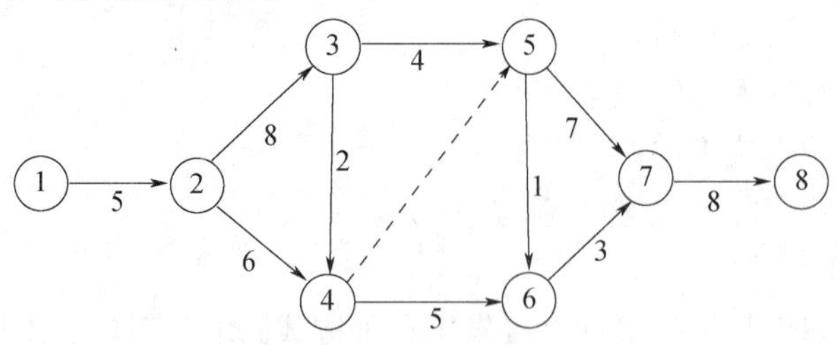

图 7.3.1 某项目分部工程进度计划网络图

将延误后的持续时间代入原网络计划，即得到工程实际网络图，如图 7.3.2 所示。通过比较，可以发现实际总工期变为 35 周，延误了 3 周，承包人责任造成的延误（1 周）不在关键线路上，因此，承包人可以向发包人要求延长工期 3 周。

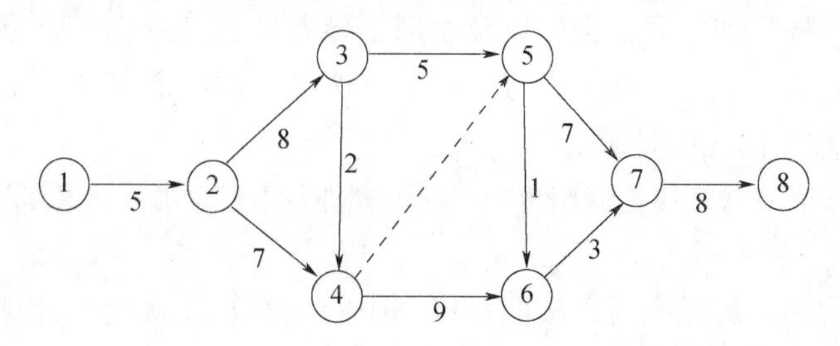

图 7.3.2　某项目分部工程进度实际网络图

（二）费用索赔计算

1. 索赔费用的组成

对于不同原因引起的索赔，承包人可索赔的具体费用内容是不完全一样的。但归纳起来，索赔费用的要素与工程造价的构成基本类似，一般可归结为人工费、材料费、施工机具使用费、分包费、施工管理费、利息、利润、保险费等。

（1）人工费。人工费的索赔包括由于完成合同之外的额外工作所花费的人工费用；超过法定工作时间加班劳动；法定人工费增长；因非承包人原因导致工效降低所增加的人工费用；因非承包人原因导致工程停工的人员窝工费和工资上涨费等。在计算停工损失中人工费时，通常采取人工单价乘以折算系数计算。

（2）材料费。材料费的索赔包括由于索赔事件的发生造成材料实际用量超过计划用量而增加的材料费；由于发包人原因导致工程延期期间的材料价格上涨和超期储存费用。材料费中应包括运输费、仓储费以及合理的损耗费用。如果由于承包人管理不善，造成材料损坏失效，则不能列入索赔款项内。

（3）施工机具使用费。这里主要介绍施工机械使用费的索赔。施工机械使用费的索赔包括由于完成合同之外的额外工作所增加的机械使用费；非因承包人原因导致工效降低所增加的机械使用费；由于发包人或工程师指令错误或迟延导致机械停工的台班停滞费。在计算机械设备台班停滞费时，不能按机械设备台班费计算，因为台班费中包括设备使用费。如果机械设备是承包人自有设备，一般按台班折旧费、人工费与其他费之和计算；如果是承包人租赁的设备，一般按台班租金加上每台班分摊的施工机械进出场费计算。

（4）现场管理费。现场管理费的索赔包括承包人完成合同之外的额外工作以及由于发包人原因导致工期延期期间的现场管理费，包括管理人员工资、办公费、通信费、交通费等。

现场管理费索赔金额的计算公式为：

现场管理费索赔金额＝索赔的直接成本费用×现场管理费费率　　（7.3.3）

其中，现场管理费率的确定可以选用下面的方法：①合同百分比法，即管理费比率在合同中规定；②行业平均水平法，即采用公开认可的行业标准费率；③原始估价法，即采用投标报价时确定的费率；④历史数据法，即采用以往相似工程的管理费费率。

（5）总部（企业）管理费。总部管理费的索赔主要指的是由于发包人原因导致工程延期期间所增加的承包人向公司总部提交的管理费，包括总部职工工资、办公大楼折旧、办公用品、财务管理、通信设施以及总部领导人员赴工地检查指导工作等开支。总部管理费索赔金额的计算，目前还没有统一的方法。通常可采用以下几种方法：

① 按总部管理费的比率计算：

总部管理费索赔金额＝（直接费索赔金额＋现场管理费索赔金额）×总部管理费比率（%） （7.3.4）

其中，总部管理费的比率可以按照投标书中的总部管理费比率计算（一般为3%～8%），也可以按照承包人公司总部统一规定的管理费比率计算。

② 按已获补偿的工程延期天数为基础计算。该公式是在承包人已经获得工程延期索赔的批准后，进一步获得总部管理费索赔的计算方法，计算步骤如下：

a. 计算被延期工程应当分摊的总部管理费：

延期工程应分摊的总部管理费＝同期公司计划总部管理费×（延期工程合同价格/同期公司所有工程合同总价） （7.3.5）

b. 计算被延期工程的日平均总部管理费：

延期工程的日平均总部管理费＝延期工程应分摊的总部管理费/延期工程计划工期 （7.3.6）

c. 计算索赔的总部管理费：

索赔的总部管理费＝延期工程的日平均总部管理费×工程延期的天数 （7.3.7）

（6）保险费。因发包人原因导致工程延期时，承包人必须办理工程保险、施工人员意外伤害保险等各项保险的延期手续，对于由此而增加的费用，承包人可以提出索赔。

（7）保函手续费。因发包人原因导致工程延期时，承包人必须办理相关履约保函的延期手续，对于由此而增加的手续费，承包人可以提出索赔。

（8）利息。利息的索赔包括发包人拖延支付工程款利息；发包人迟延退还工程质量保证金的利息；承包人垫资施工的垫资利息；发包人错误扣款的利息等。至于具体的利率标准，双方可以在合同中明确约定，没有约定或约定不明的，可以按照中国人民银行发布的同期同类贷款利率计算。

（9）利润。一般来说，由于工程范围的变更、发包人提供的文件有缺陷或错误、发包人未能提供施工场地以及因发包人违约导致的合同终止等事件引起的索赔，承包人都可以列入利润。比较特殊的是，根据《标准施工招标文件》（2007年版）通用合同条款第11.3款的规定，对于因发包人原因暂停施工导致的工期延误，承包人有权要求发包人支付合理的利润（表7.3.1）。索赔利润的计算通常是与原报价单中的利润百分率保持一致。但是应当注意的是，由于工程量清单中的单价是综合单价，已经包含人工费、材料费、施工机具使用费、企业管理费、利润以及一定范围内的风险费用，在索赔计算中不应重复计算。

同时，由于一些引起索赔的事件，同时也可能是合同中约定的合同价款调整因素（如工程变更、法律法规的变化以及物价波动等），因此，对于已经进行了合同价款调整的索赔事件，承包人在费用索赔的计算时，不能重复计算。

（10）分包费用。由于发包人的原因导致分包工程费用增加时，分包人只能向总承包人提出索赔，但分包人的索赔款项应当列入总承包人对发包人的索赔款项中。分包费用索赔指的是分包人的索赔费用，一般也包括与上述费用类似的内容索赔。

2. 费用索赔的计算方法

索赔费用的计算应以赔偿实际损失为原则，包括直接损失和间接损失。索赔费用的计算方法通常有三种，即实际费用法、总费用法和修正的总费用法。

（1）实际费用法。实际费用法又称分项法，即根据索赔事件所造成的损失或成本增加，按费用项目逐项进行分析、计算索赔金额的方法。这种方法比较复杂，但能客观地反映施工单位的实际损失，比较合理，易于被当事人接受，在国际工程中被广泛采用。

由于索赔费用组成的多样化，不同原因引起的索赔，承包人可索赔的具体费用内容有所不同，必须具体问题具体分析。由于实际费用法所依据的是实际发生的成本记录或单据，因此，在施工过程中，系统而准确地积累记录资料是非常重要的。

（2）总费用法。总费用法，也称为总成本法，就是当发生多次索赔事件后，重新计算工程的实际总费用，再从该实际总费用中减去投标报价时的估算总费用，即为索赔金额。总费用法计算索赔金额的公式如下：

索赔金额＝实际总费用－投标报价估算总费用　　（7.3.8）

但是，在总费用法的计算方法中，没有考虑实际总费用中可能包括由于承包人的原因（如施工组织不善）而增加的费用，投标报价估算总费用也可能由于承包人为谋取中标而导致过低的报价，因此，总费用法并不十分科学。只有在难以精确地确定某些索赔事件导致的各项费用增加额时，总费用法才得以采用。

（3）修正的总费用法。修正的总费用法是对总费用法的改进，即在总费用计算的原则上，去掉一些不合理的因素，使其更为合理。修正的内容如下：

① 将计算索赔款的时段局限于受到索赔事件影响的时间，而不是整个施工期；

② 只计算受到索赔事件影响时段内的某项工作所受影响的损失，而不是计算该时段内所有施工工作所受的损失；

③ 与该项工作无关的费用不列入总费用中；

④ 对投标报价费用重新进行核算，即按受影响时段内该项工作的实际单价进行核算，乘以实际完成的该项工作的工程量，得出调整后的报价费用。

按修正后的总费用计算索赔金额的公式如下：

索赔金额＝某项工作调整后的实际总费用－该项工作的报价费用　　（7.3.9）

修正的总费用法与总费用法相比，有了实质性的改进，它的准确程度已接近实际费用法。

【例 7.3.2】　某施工合同约定，施工现场主导施工机械一台，由施工企业租得，台班单价为 300 元/台班，租赁费为 100 元/台班，人工工资为 40 元/工日，窝工补贴为 10 元/工日，以人工费为基数的综合费费率为 35%，在施工过程中，发生了如下事件：①出现异常恶劣天气导致工程停工 2 天，人员窝工 30 个工日；②因恶劣天气导致场外道路中断抢修道路用工 20 工日；③场外大面积停电，停工 2 天，人员窝工 10 个工日。

为此，施工企业可向发包人索赔费用为多少？

解：各事件处理结果如下：

（1）异常恶劣天气导致的停工通常不能进行费用索赔。

（2）抢修道路用工的索赔额＝20×40×（1＋35％）＝1080（元）

（3）停电导致的索赔额＝2×100＋10×10 ＝300（元）

总索赔费用＝1080＋300＝1380（元）

第四节　工程计量与支付

合同价款结算是指依据建设工程发承包合同等进行工程预付款、进度款、竣工价款结算的活动。

一、工程计量

对承包人已经完成的合格工程进行计量并予以确认，是发包人支付工程价款的前提工作。所谓工程计量，就是发承包双方根据合同约定，对承包人完成合同工程的数量进行的计算和确认。

（一）工程计量的原则与范围

招标工程工程量清单中所列的数量，通常是根据设计图纸计算的数量，是对合同工程的估计工程量。工程施工过程中，通常会由于一些原因导致承包人实际完成工程量与工程量清单中所列工程量的不一致，如招标工程工程量清单缺项或项目特征描述与实际不符；工程变更；现场施工条件的变化；现场签证；暂估价中的专业工程发包；等等。因此，在工程合同价款结算前，必须对承包人履行合同义务所完成的实际工程进行准确的计量。

1. 工程计量的原则

工程计量的原则包括下列三个方面：

（1）不符合合同文件要求的工程不予计量。即工程必须满足设计图纸、技术规范等合同文件对其在工程质量上的要求，同时有关的工程质量验收资料齐全、手续完备，满足合同文件对其在工程管理上的要求。

（2）按合同文件所规定的方法、范围、内容和单位计量。工程计量的方法、范围、内容和单位受合同文件所约束，其中工程量清单（说明）、技术规范、合同条款均会从不同角度、不同侧面涉及这方面的内容。在计量中要严格遵循这些文件的规定，并且一定要结合起来使用。

（3）因承包人原因造成的超出合同工程范围施工或返工的工程量，发包人不予计量。

2. 工程计量的范围与依据

（1）工程计量的范围。工程计量的范围包括工程量清单及工程变更所修订的工程量清单的内容；合同文件中规定的各种费用支付项目，如费用索赔、各种预付款、价格调整、违约金等。

（2）工程计量的依据。工程计量的依据包括工程量清单及说明、合同图纸、工程变更令及其修订的工程量清单、合同条件、技术规范、有关计量的补充协议、质量合格证书等。

（二）工程计量的方法

工程量必须按照相关工程现行国家工程量计算规范规定的工程量计算规则计算。工程计量可选择按月或按工程形象进度分段计量，具体计量周期在合同中约定。因承包人原因造成的超出合同工程范围施工或返工的工程量，发包人不予计量。通常区分单价合同和总价合同规定不同的计量方法，成本加酬金合同按照单价合同的计量规定进行计量。

1. 单价合同计量

单价合同是指合同当事人约定以工程量清单及其综合单价进行合同价格计算、调整和确认的建设工程施工合同，在约定的范围内合同单价不作调整。合同当事人应在专用合同条款中约定综合单价包含的风险范围和风险费用的计算方法，并约定风险范围以外的合同价格的调整方法，其中因市场价格波动引起的调整按市场价格波动引起的调整约定执行；因法律变化引起的调整按法律变化引起的调整约定执行。

单价合同的特点是单价优先，即招标招的综合单价。标价的工程量清单中的工程量是暂定的工程量，结算时需要重新计量工程量，要重新根据实际情况确认工程量进行结算；而综合单价是否调整主要看合同约定的范围和幅度，当出现了综合单价调整的因素并达到约定范围和幅度的，调整综合单价。主要适用于在招标前，工程范围不完整，需要由招标人、发包人对招标范围、招标工程工程量清单等承担相应的责任。

单价合同工程量必须以承包人完成合同工程应予计量的按照现行国家工程量计算规范规定的工程量计算规则计算得到的工程量确定。施工中工程计量时，若发现招标工程量清单中出现缺项、工程量偏差，或因工程变更引起工程量的增减，应按承包人在履行合同义务中完成的工程量计算。

2. 总价合同计量

总价合同是指合同当事人约定以施工图、已标价工程量清单或预算书及有关条件进行合同价格计算、调整和确认的建设工程施工合同，在约定的范围内合同总价不作调整。合同当事人应在专用合同条款中约定总价包含的风险范围和风险费用的计算方法，并约定风险范围以外的合同价格的调整方法，其中因市场价格波动引起的调整按市场价格波动引起的调整；因法律变化引起的调整按法律变化引起的调整约定执行。

总价合同的特点是总价优先，在总价的基础上进行结算，不需要重新计量工程量，即总价加变更加调整结算。当采用施工图及预算书签订的总价合同，发包人对预算书中的工程量不承担责任，仅对图纸包括的工程范围承担责任，当图纸包括的工程范围没有发生变化，总价的调整主要考虑市场因素。

采用工程量清单方式招标形成的总价合同，工程量应按照与单价合同相同的方式计算。采用经审定批准的施工图纸及其预算方式发包形成的总价合同，除按照工程变更规定引起的工程量增减外，总价合同各项目的工程量是承包人用于结算的最终工程量。总价合同约定的项目计量应以合同工程经审定批准的施工图纸为依据，发承包双方应在合同中约定工程计量的形象目标或时间节点进行计量。

二、预付款的计算及支付

（一）预付款的确定方法

工程预付款是由发包人按照合同约定，在正式开工前由发包人预先支付给承包人，用于购买工程施工所需的材料和组织施工机械和人员进场的价款。

工程预付款额度，各地区、各部门的规定不完全相同，主要是保证施工所需材料和构件的正常储备。工程预付款额度一般是根据施工工期、建筑安装工作量、主要材料和构件费用占建筑安装工程费的比例以及材料储备周期等因素经测算来确定的。

（1）百分比法。发包人根据工程的特点、工期长短、市场行情、供求规律等因素，招标时在合同条件中约定工程预付款的百分比。包工包料工程的预付款的支付比例不得低于签约合同价（扣除暂列金额）的10%，不宜高于签约合同价（扣除暂列金额）的30%。

（2）公式计算法。公式计算法是根据主要材料（含结构件等）占年度承包工程总价的比重，材料储备定额天数和年度施工天数等因素，通过公式计算预付款额度的一种方法。其计算公式为：

$$\text{工程预付款数额}=\frac{\text{年度工程总价}\times\text{材料比例}}{\text{年度施工天数}} \tag{7.4.1}$$

式中，年度施工天数按365天日历天计算；材料储备定额天数由当地材料供应的在途天数、加工天数、整理天数、供应间隔天数、保险天数等因素决定。

（二）预付款的扣回

发包人支付给承包人的工程预付款属于预支性质，随着工程的逐步实施后，原已支付的预付款应以充抵工程价款的方式陆续扣回，抵扣方式应当由双方当事人在合同中明确约定。扣款的方法主要有以下两种：

（1）按合同约定扣款。预付款的扣款方法由发包人和承包人通过洽商后在合同中予以确定，一般是在承包人完成金额累计达到合同总价的一定比例后，由承包人开始向发包人还款，发包人从每次应付给承包人的金额中扣回工程预付款，发包人至少在合同规定的完工期前将工程预付款的总金额逐次扣回。国际工程中的扣款方法一般为当工程进度款累计金额超过合同价格的10%～20%时开始起扣，每月从进度款中按一定比例扣回。

（2）起扣点计算法。从未施工工程尚需的主要材料及构件的价值相当于工程预付款数额时起扣，此后每次结算工程价款时，按材料所占比重扣减工程价款，至工程竣工前全部扣清。起扣点的计算公式如下：

$$T=P-\frac{M}{N} \tag{7.4.2}$$

式中 T——起扣点（即工程预付款开始扣回时）的累计完成工程金额；

P——承包工程合同总额；

M——工程预付款总额；

N——主要材料及构件所占比重。

该方法对承包人比较有利，最大限度地占用了发包人的流动资金，但是显然不利于发包人资金使用。

（三）安全文明施工费

发包人应在工程开工后的28天内预付不低于当年施工进度计划的安全文明施工费总额的60%，其余部分按照提前安排的原则进行分解，与进度款同期支付。

发包人没有按时支付安全文明施工费的，承包人可催告发包人支付；发包人在付款期满后的7天内仍未支付的，若发生安全事故，发包人应承担连带责任。

三、工程进度款支付

合同价款的期中支付，是指发包人在合同工程施工过程中，按照合同约定对付款周期内承包人完成的合同价款给予支付的款项，也就是工程进度款的结算支付。发承包双方应按照合同约定的时间、程序和方法，根据工程计量结果，办理期中价款结算，支付进度款。进度款支付周期，应与合同约定的工程计量周期一致。

（一）期中支付价款的计算

（1）已完工程的结算价款。已标价工程量清单中的单价项目，承包人应按工程计量确认的工程量与综合单价计算。如综合单价发生调整的，以发承包双方确认调整的综合单价计算进度款。

已标价工程量清单中的总价项目，承包人应按合同中约定的进度款支付分解，分别列入进度款支付申请中的安全文明施工费和本周期应支付的总价项目的金额中。

（2）结算价款的调整。承包人现场签证和得到发包人确认的索赔金额列入本周期应增加的金额中。由发包人提供的材料、工程设备金额，应按照发包人签约提供的单价和数量从进度款支付中扣出，列入本周期应扣减的金额中。

（3）进度款的支付比例。进度款的支付比例按照合同约定，按期中结算价款总额计，不低于60%，不高于90%。

（二）期中支付的文件

（1）进度款支付申请。承包人应在每个计量周期到期后向发包人提交已完工程进度款支付申请一式四份，详细说明此周期认为有权得到的款额，包括分包人已完工程的价款。支付申请的内容包括：

1）累计已完成的合同价款。

2）累计已实际支付的合同价款。

3）本周期合计完成的合同价款，其中包括：①本周期已完成单价项目的金额；②本周期应支付的总价项目的金额；③本周期已完成的计日工价款；④本周期应支付的安全文明施工费；⑤本周期应增加的金额。

4）本周期合计应扣减的金额，其中包括：①本周期应扣回的预付款；②本周期应扣减的金额。

5）本周期实际应支付的合同价款。

（2）进度款支付证书。发包人应在收到承包人进度款支付申请后，根据计量结果和合同约定对申请内容予以核实，确认后向承包人出具进度款支付证书。若发承包双方对有的清单项目的计量结果出现争议，发包人应对无争议部分的工程计量结果向承包人出具进度款支付证书。

（3）支付证书的修正。发现已签发的任何支付证书有错、漏或重复的数额，发包人有权予以修正，承包人也有权提出修正申请。经发承包双方复核同意修正的，应在本次到期的进度款中支付或扣除。

第五节　工程竣工结算与最终结清

一、竣工结算

工程竣工结算是指工程项目完工并经竣工验收合格后，发承包双方按照施工合同的约定对所完成的工程项目进行的合同价款的计算、调整和确认。工程竣工结算分为单位工程竣工结算、单项工程竣工结算和建设项目竣工总结算，其中，单位工程竣工结算和单项工程竣工结算也可看作是分阶段结算。

（一）竣工结算的编制

1. 竣工结算的依据

竣工结算的依据有投标报价或施工图预算、竣工图、图纸会审记录、设计变更通知单、技术核定单、隐蔽工程记录、停工复工报告、施工签证单、购料凭证单、钢筋调整表、其他费用单、交工验收单、定额资料、费用定额、预算文件、甲乙双方有关工程计价的协定、不可抗拒的自然灾害及不可预见的费用记录、材料代用价差和施工合同。

2. 竣工结算的内容

竣工结算的内容包括单位工程竣工结算书、单项工程综合结算书、项目总结算书和竣工结算说明书。

3. 竣工结算的方式

竣工结算应按照合同约定的结算方式进行。结算方式主要有经济包干法、合同数增减法、预算签证法、竣工图计算法和工程量清单计价法。

4. 竣工结算的编制步骤

（1）收集影响工程量差、价差及费用变化的原始凭证，分析挑选出需要的部分，数量没有核定的要补充核实，没有签证的要补充签证，如果是根据口头讲的、会上说的等，要补办文字手续。

（2）分类计算。将收集的资料分类进行汇总并计算工程量。

（3）查对核算。对施工图预算的主要内容进行检查和核对，少算漏算的要补充结算。

（4）结算单位工程。

（5）结算单项工程。

（6）总结算。

（7）写说明书。

（二）竣工结算的审核

（1）国有资金投资建设工程的发包人，应当委托具有相应资质的工程造价咨询企业对竣工结算文件进行审核，并在收到竣工结算文件后的约定期限内向承包人提出由工程造价咨询企业出具的竣工结算文件审核意见；逾期未答复的，按照合同约定处理，合同没有约定的，竣工结算文件视为已被认可。

（2）非国有资金投资的建筑工程发包人，应当在收到竣工结算文件后的约定期限内予以答复，逾期未答复的，按照合同约定处理，合同没有约定的，竣工结算文件视为已被认可；发包人对竣工结算文件有异议的，应当在答复期内向承包人提出，并可以在提出异议之日起的约定期限内与承包人协商；发包人在协商期内未与承包人协商或者经协商未能与承包人达成协议的，应当委托工程造价咨询企业进行竣工结算审核，并在协商期满后的约定期限内向承包人提出由工程造价咨询企业出具的竣工结算文件审核意见。

（3）发包人委托工程造价咨询机构核对竣工结算的，工程造价咨询机构应在规定期限内核对完毕，核对结论与承包人竣工结算文件不一致的，应提交给承包人复核，承包人应在规定期限内将同意核对结论或不同意见的说明提交工程造价咨询机构。工程造价咨询机构收到承包人提出的异议后，应再次复核，复核无异议的，发承包双方应在规定期限内在竣工结算文件上签字确认，竣工结算办理完毕；复核后仍有异议的，对于无异议部分办理不完全竣工结算；有异议部分由发承包双方协商解决，协商不成的，按照合同约定的争议解决方式处理。

承包人逾期未提出书面异议的，视为工程造价咨询机构核对的竣工结算文件已经承包人认可。

（4）接受委托的工程造价咨询机构从事竣工结算审核工作通常应包括下列三个阶段：

1）准备阶段。准备阶段应包括收集、整理竣工结算审核项目的审核依据资料，做好送审资料的交验、核实、签收工作，并应对资料的缺陷向委托方提出书面意见及要求。

2）审核阶段应包括现场踏勘核实，召开审核会议，澄清问题，提出补充依据性资料和必要的弥补性措施，形成会商纪要，进行计量、计价审核与确定工作，完成初步审核报告。

3）审定阶段应包括就竣工结算审核意见与承包人和发包人进行沟通，召开协调会议，处理分歧事项，形成竣工结算审核成果文件，签认竣工结算审定签署表，提交竣工结算审核报告等工作。

（5）竣工结算审核的成果文件应包括竣工结算审核书封面、签署页、竣工结算审核报告、竣工结算审定签署表、竣工结算审核汇总对比表、单项工程竣工结算审核汇总对比表、单位工程竣工结算审核汇总对比表等。

（6）竣工结算审核应采用全面审核法，除委托咨询合同另有约定外，不得采用重点审核法、抽样审核法或类比审核法等其他方法。

（三）竣工结算款的支付

工程竣工结算文件经发承包双方签字确认的，应当作为工程结算的依据，未经对方同意，另一方不得就已生效的竣工结算文件委托工程造价咨询企业重复审核。发包人应当按照竣工结算文件及时支付竣工结算款。竣工结算文件应当由发包人报工程所在地县级以上地方人民政府住房城乡建设主管部门备案。

1. 承包人提交竣工结算款支付申请

承包人应根据办理的竣工结算文件，向发包人提交竣工结算款支付申请。该申请应包括下列内容：

（1）竣工结算合同价款总额；

（2）累计已实际支付的合同价款；

（3）应扣留的质量保证金；

（4）实际应支付的竣工结算款金额。

2. 发包人签发竣工结算支付证书

发包人应在收到承包人提交竣工结算款支付申请后规定时间内予以核实，向承包人签发竣工结算支付证书。

3. 支付竣工结算款

发包人签发竣工结算支付证书后的规定时间内，按照竣工结算支付证书列明的金额向承包人支付结算款。

发包人在收到承包人提交的竣工结算款支付申请后规定时间内不予核实，不向承包人签发竣工结算支付证书的，视为承包人的竣工结算款支付申请已被发包人认可；发包人应在收到承包人提交的竣工结算款支付申请规定时间内，按照承包人提交的竣工结算款支付申请列明的金额向承包人支付结算款。

发包人未按照规定的程序支付竣工结算款的，承包人可催告发包人支付，并有权获得延迟支付的利息。发包人在竣工结算支付证书签发后或者在收到承包人提交的竣工结算款支付申请规定时间内仍未支付的，除法律另有规定外，承包人可与发包人协商将该工程折价，也可直接向人民法院申请将该工程依法拍卖。承包人就该工程折价或拍卖的价款优先受偿。

二、最终结清

所谓最终结清，是指合同约定的缺陷责任期终止后，承包人已按合同规定完成全部剩余工作且质量合格的，发包人与承包人结清全部剩余款项的活动。

（一）最终结清申请单

缺陷责任期终止后，承包人已按合同规定完成全部剩余工作且质量合格的，发包人签发缺陷责任期终止证书，承包人可按合同约定的份数和期限向发包人提交最终结清申请单，并提供相关证明材料，详细说明承包人根据合同规定已经完成的全部工程价款金额以及承包人认为根据合同规定应进一步支付的其他款项。发包人对最终结清申请单内容有异议的，有权要求承包人进行修正和提供补充资料，由承包人向发包人提交修正后的最终结清申请单。

（二）最终支付证书

发包人收到承包人提交的最终结清申请单后的规定时间内予以核实，向承包人签发最终支付证书。发包人未在约定时间内核实，又未提出具体意见的，视为承包人提交的最终结清申请单已被发包人认可。

（三）最终结清付款

发包人应在签发最终结清支付证书后的规定时间内，按照最终结清支付证书列明的金额向承包人支付最终结清款。承包人按合同约定接受了竣工结算支付证书后，应被认为已无权再提出在合同工程接收证书颁发前所发生的任何索赔。承包人在提交的最终结清申请中，只限于提出工程接收证书颁发后发生的索赔。提出索赔的期限自接受最终支付证书时终止。发包人未按期支付的，承包人可催告发包人在合理的期限内支付，并有权获得延迟支付的利息。

最终结清时，如果承包人被扣留的质量保证金不足以抵减发包人工程缺陷修复费用的，承包人应承担不足部分的补偿责任。

第六节　竣工决算

一、竣工决算的内容

大、中型和小型建设项目的竣工决算包括建设项目从筹建开始到项目竣工交付生产使用为止的全部建设费用，即包括建筑工程费、安装工程费、设备工器具购置费及预备费等费用。按照国家财政部、国家发展改革委以及住房城乡建设部的有关文件规定，竣工决算由竣工财务决算说明书、竣工财务决算报表、建设工程竣工图和工程造价对比分析四部分组成。其中竣工财务决算说明书和竣工财务决算报表两部分又称建设项目竣工财务决算，是竣工决算的核心内容。

（一）竣工财务决算说明书

竣工财务决算说明书主要反映竣工工程建设成果和经验，是对竣工决算报表进行分析和补充说明的文件，是全面考核分析工程投资与造价的书面总结，其内容主要包括以下几方面：

(1) 建设项目概况及对工程总的评价。该评价一般从进度、质量、安全、造价及施工方面进行分析说明。进度方面主要说明开工和竣工时间，对照合理工期和要求工期，分析是提前还是延期；质量方面主要根据竣工验收组或质量监督部门的验收进行说明；安全方面主要根据劳动工资和施工部门的记录，对有无设备和安全事故进行说明；造价方面主要对照概算造价，说明节约还是超支，用金额和百分率进行分析说明。

(2) 资金来源及运用等财务分析。它主要包括工程价款结算、会计账务的处理、财产物资情况及债权债务的清偿情况。

(3) 基本建设收入、投资包干结余、竣工结余资金的上交分配情况。通过对基本建设投资包干情况的分析，说明投资包干额、实际支用额和节约额，投资包干的有机构成和包干节余的分配情况。

(4) 各项经济技术指标的分析。概算执行情况分析，根据实际投资完成额与概算进行对比分析；新增生产能力的效益分析，说明支付使用财产占总投资额的比例、占支付使用财产的比例，不增加固定资产的造价占投资总额的比例，分析有机构成。

（5）工程建设的经验、项目管理和财务管理工作以及竣工财务决算中有待解决的问题。

（6）需要说明的其他事项。

（二）竣工财务决算报表

建设项目竣工财务决算报表要根据大、中型建设项目和小型建设项目分别制定。

（1）建设项目竣工财务决算审批表，见表7.6.1。

表 7.6.1 建设项目竣工财务决算审批表

<table>
<tr><td>建设项目法人
（建设单位）</td><td></td><td>建设性质</td><td></td></tr>
<tr><td>建设项目名称</td><td></td><td></td><td>主管部门</td></tr>
<tr><td colspan="4">开户银行意见：

（盖章）
年 月 日</td></tr>
<tr><td colspan="4">专员办审批意见：

（盖章）
年 月 日</td></tr>
<tr><td colspan="4">主管部门或地方财政部门审批意见：

（盖章）
年 月 日</td></tr>
</table>

该表作为竣工决算上报有关部门审批时使用，其格式是按照中央级项目审批要求设计的，地方级项目可按审批要求作适当修改，大、中、小型项目均要按照下列要求填报此表。

① 表中“建设性质”按新建、改建、扩建、迁建和恢复建设项目等分类填列。

② 表中“主管部门”是指建设单位的主管部门。

③ 所有建设项目均须经过开户银行签署意见后，按照有关要求进行报批；中央级小型项目由主管部门签署审批意见；中央级大、中型建设项目报所在地财政监察专门办事机构签署意见后，再由主管部门签署意见报财政部审批；地方级项目由同级财政部门签署审批意见。

④ 已具备竣工验收条件的项目，3个月内应及时填报审批表，如3个月内不办理竣工验收和固定资产移交手续的，视同项目已正式投产，其费用不得从基本建设投资中支付，所实现的收入作为经营收入，不再作为基本建设收入管理。

（2）大、中型建设项目竣工工程概况表，见表7.6.2。

表7.6.2　大、中型建设项目竣工工程概况表

<table>
<tr><td>建设项目工程名称</td><td colspan="2"></td><td>建设地址</td><td colspan="4"></td><td rowspan="9">基建支出</td><td colspan="2">项目</td><td>概算</td><td>实际</td><td>主要指标</td></tr>
<tr><td>主要设计单位</td><td colspan="2"></td><td>主要施工企业</td><td colspan="4"></td><td colspan="2">建筑安装工程</td><td></td><td></td><td rowspan="8"></td></tr>
<tr><td rowspan="3">占地面积</td><td>计划</td><td>实际</td><td>总投资/万元</td><td colspan="2">设计</td><td colspan="2">实际</td><td colspan="2">设备、工具、器具</td><td></td><td></td></tr>
<tr><td rowspan="2"></td><td rowspan="2"></td><td rowspan="2"></td><td>固定资产</td><td>流动资产</td><td>固定资产</td><td>流动资产</td><td colspan="2" rowspan="2">待摊投资其中：建设单位管理费</td><td rowspan="2"></td><td rowspan="2"></td></tr>
<tr><td></td><td></td><td></td><td></td></tr>
<tr><td rowspan="2">新增生产能力</td><td colspan="2">能力（效益）名称</td><td>设计</td><td colspan="4">实际</td><td colspan="2">其他投资</td><td></td><td></td></tr>
<tr><td colspan="2"></td><td></td><td colspan="4"></td><td colspan="2">待核销基建支出</td><td></td><td></td></tr>
<tr><td rowspan="2">建设起止时间</td><td colspan="2">设计</td><td colspan="5">从　年　月开工至　年　月竣工</td><td colspan="2">非经营项目转出投资</td><td></td><td></td></tr>
<tr><td colspan="2">实际</td><td colspan="5">从　年　月开工至　年　月竣工</td><td colspan="2">合计</td><td></td><td></td></tr>
<tr><td rowspan="2">设计概算批准文号</td><td colspan="7" rowspan="2"></td><td rowspan="4">主要材料消耗</td><td>名称</td><td>单位</td><td>概算</td><td>实际</td><td rowspan="7"></td></tr>
<tr><td>钢材</td><td>t</td><td></td><td></td></tr>
<tr><td rowspan="3">完成主要工程量</td><td colspan="2">建筑面积/m²</td><td colspan="5">设备/（台、套、t）</td><td>木材</td><td>m</td><td></td><td></td></tr>
<tr><td>设计</td><td>实际</td><td colspan="3">设计</td><td colspan="2">实际</td><td>水泥</td><td>t</td><td></td><td></td></tr>
<tr><td></td><td></td><td colspan="3"></td><td colspan="2"></td><td rowspan="3">主要技术经济指标</td><td colspan="4" rowspan="3"></td></tr>
<tr><td rowspan="2">收尾工程</td><td colspan="2">工程内容</td><td colspan="3">投资额</td><td colspan="2">完成时间</td></tr>
<tr><td colspan="2"></td><td colspan="3"></td><td colspan="2"></td></tr>
</table>

该表综合反映大、中型建设项目的基本概况、内容，包括该项目总投资、建设起止时间、新增生产能力、主要材料消耗、建设成本、完成主要工程量和主要技术经济指标及基本建设支出情况，为全面考核和分析投资效果提供依据，可按下列要求填写。

① 建设项目名称、建设地址、主要设计单位和主要施工单位，要按全称填列。

② 表中各项目的设计、概算、计划指标可根据批准的设计文件和概算、计划等确定的数字填列。

③ 表中所列新增生产能力、完成主要工程量、主要材料消耗的实际数据，可根据建设单位统计资料和施工单位提供的有关成本核算资料填列。

④ 表中“主要技术经济指标”包括单位面积造价、单位生产能力投资、单位投资增加的生产能力、单位生产成本和投资回收年限等反映投资效果的综合性指标，根据概

算和主管部门规定的内容分别按概算和实际填列。

⑤ 表中基建支出是指建设项目从开工起至竣工为止发生的全部基本建设支出，包括形成资产价值的交付使用资产，如固定资产、流动资产、无形资产、递延资产支出，还包括不形成资产价值，按照规定应核销非经营项目的待核销基建支出和转出投资。上述支出，应根据财政部门历年批准的“基建投资表”的有关数据填列。

⑥ 表中“初步设计和概算批准日期、文号”，按最后经批准的日期和文件号填列。

⑦ 表中收尾工程是指全部工程项目验收后尚遗留的少量收尾工程，在表中应明确填写收尾工程内容、完成时间，这部分工程的实际成本可根据实际情况进行估算并加以说明，完工后不再编制竣工决算。

（3）大、中型建设项目竣工财务决算表，见表 7.6.3。

表 7.6.3　大、中型建设项目竣工财务决算表

资金来源	金额	资金占用	金额	补充资料
一、基建拨款		一、基本建设支出		1. 基建投资借款期末余额
1. 预算拨款		1. 交付使用资产		
2. 基建基金拨款		2. 在建工程		2. 应收生产单位投资借款期末余额
3. 进口设备转账拨款		3. 待核销基建支出		
4. 器材转账拨款		4. 非经营项目转出投资		3. 基建结余资金
5. 煤代油专用基金拨款		二、应收生产单位投资借款		
6. 自筹资金拨款		三、拨款所属投资借款		
7. 其他拨款		四、器材		
二、项目资本金		其中：待处理器材损失		
1. 国家资本		五、货币资金		
2. 法人资本		六、预付及应收款		
3. 个人资本		七、有价证券		
三、项目资本公积金		八、固定资产		
四、基建借款		固定资产原值		
五、上级拨入投资借款		减：累计折旧		
六、企业债券资金		固定资产净值		
七、待冲基建支出		固定资产清理		
八、应付款		待处理固定资产损失		
九、未交款				
1. 未交税费				
2. 未交基建收入				
3. 未交基建包干节余				
4. 其他未交款				
十、上级拨入资金				
十一、留成收入				
合计		合计		

该表反映竣工的大中型建设项目从开工到竣工为止全部资金来源和资金运用的情况，它是考核和分析投资效果，落实结余资金，并作为报告上级核销基本建设支出和基本建设拨款的依据。在编制该表前，应先编制出项目竣工年度财务决算，根据编制出的竣工年度财务决算和历年财务决算编制项目的竣工财务决算。该表采用平衡形式，即资金来源合计等于资金支出合计。其具体编制方法如下：

① 资金来源包括基建拨款、项目资本金、项目资本公积金、基建借款、上级拨入投资借款、企业债券资金、待冲基建支出、应付款、未交款、上级拨入资金和留成收入等。

项目资本金指经营性项目投资者按国家有关项目资本金的规定，筹集并投入项目的非负债资金，在项目竣工后，相应地转为生产经营企业的国家资本金、法人资本金、个人资本金和外商资本金。

项目资本公积金指经营性项目对投资者实际缴付的出资额超过其资金的差额（包括发行股票的溢价净收入）、资产评估确认价值或者合同、协议约定价值与原账面净值的差额、接收捐赠的财产、资本汇率折算差额，在项目建设期间作为资本公积金、项目建成交付使用并办理竣工决算后，转为生产经营企业的资本公积金。

基建收入是基建过程中形成的各项工程建设副产品变价净收入、负荷试车的试运行收入以及其他收入，在表中基建收入以实际销售收入扣除销售过程中所发生的费用和税后的实际纯收入填写。

② 表 7.6.3 中“交付使用资产”“预算拨款”“自筹资金拨款”“其他拨款”“基建借款”“其他借款”等项目，是指自开工建设至竣工的累计数，上述有关指标应根据历年批复的年度基本建设财务决算和竣工年度的基本建设财务决算中资金平衡表相应项目的数字进行汇总填写。

③ 表 7.6.3 中其余项目费用办理竣工验收时的结余数，根据竣工年度财务决算中资金平衡表的有关项目期末数填写。

④ 资金占用反映建设项目从开工准备到竣工全过程资金支出的情况，内容包括基本建设支出、应收生产单位投资借款、库存器材、货币资金、有价证券和预付及应收款与拨付所属投资借款和库存固定资产等，资金占用总额应等于资金来源总额。

⑤ 补充材料的“基建投资借款期末余额”反映竣工时尚未偿还的基本投资借款额，应根据竣工年度资金平衡表内的“基建投资借款”项目期末数填写；“应收生产单位投资借款期末余额”，根据竣工年度资金平衡表内的“应收生产单位投资借款”项目的期末数填写；“基建结余资金”反映竣工的结余资金，根据竣工决算表中有关项目计算填写。

⑥ 基建结余资金可以按下列公式计算。

基建结余资金＝基建拨款＋项目资本金＋项目资本公积金＋基建投资借款＋
企业债券基金＋待冲基建支出－基本建设支出－应收生产单位投资

(4) 大、中型建设项目交付使用资产总表，见表 7.6.4。

表 7.6.4 大、中型建设项目交付使用资产总表 单位：元

单项工程项目名称	总计	固定资产					流动资产	无形资产	递延资产
		建筑工程	安装工程	设备	其他	合计			

支付单位盖章 年 月 日 接收单位盖章 年 月 日

该表反映建设项目建成后新增固定资产、流动资产、无形资产和递延资产价值的情况和价值，作为财务交接、检查投资计划完成情况和分析投资效果的依据。小型项目不编制“交付使用资产总表”，而直接编制“交付使用资产明细表”；大、中型项目在编制“交付使用资产总表”的同时，还需编制“交付使用资产明细表”。大、中型建设项目交付使用资产总表具体编制方法如下：

表 7.6.4 中各栏目数据根据“交付使用明细表”的固定资产、流动资产、无形资产、递延资产的各相应项目的汇总数分别填写，表 7.6.4 中总计栏的总计数应与竣工财务决算表中的交付使用资产的金额一致。

表 7.6.4 中第 7、8、9、10 栏的合计数，应分别与竣工财务决算表交付使用的固定资产、流动资产、无形资产和递延资产的数据相符。

(5) 建设项目交付使用资产明细表，见表 7.6.5。

表 7.6.5 建设项目交付使用资产明细表

单项工程项目名称	建筑工程			设备、工器具、家具					流动资产		无形资产		递延资产	
	结构	面积/m²	价值/元	规格型号	单位	数量	价值/元	设备安装费/元	名称	价值/元	名称	价值/元	名称	价值/元
合计														

该表反映交付使用的固定资产、流动资产、无形资产和递延资产及其价值的明细情况，是办理资产交接的依据和接收单位登记资产账目的依据，同时也是使用单位建立资产明细账和登记新增资产价值的依据，大、中型和小型建设项目均需编制此表。该表编制时要做到齐全完整，数字准确，各栏目价值应与会计账目中相应科目的数据保持一致。建设项目交付使用资产明细表具体编制方法如下：

① 表 7.6.5 中“建筑工程”项目应按单项工程名称填列其结构、面积和价值。其中结构是指项目按钢结构、钢筋混凝土结构、混合结构等结构形式填写；面积则按各项目实际完成面积填列；价值按交付使用资产的实际价值填写。

② 表 7.6.5 中“设备、工器具、家具”部分要在逐项盘点后，根据盘点实际情况填写，工器具和家具等低值易耗品可分类填写。

③ 表 7.6.5 中“流动资产”“无形资产”“递延资产”项目应根据建设单位实际交付的名称和价值分别填列。

（6）小型建设项目竣工财务决算总表，见表 7.6.6。

表 7.6.6 小型建设项目竣工财务决算总表

<table>
<tr><td>建设项目名称</td><td colspan="3"></td><td colspan="4">建设地址</td><td colspan="2">资金来源</td><td colspan="2">资金运用</td></tr>
<tr><td rowspan="2">初步设计概算批准文件号</td><td colspan="7" rowspan="2"></td><td>项目</td><td>金额/元</td><td>项目</td><td>金额/元</td></tr>
<tr><td rowspan="2">一、基建拨款其中：预算拨款</td><td rowspan="2"></td><td>一、交付使用资产</td><td></td></tr>
<tr><td rowspan="3">占地面积</td><td>计划</td><td>实际</td><td rowspan="3">总投资/万元</td><td colspan="2">计划</td><td colspan="2">实际</td><td>二、待核销基建支出</td><td></td></tr>
<tr><td rowspan="2"></td><td rowspan="2"></td><td>固定资产</td><td>流动资产</td><td>固定资产</td><td>流动资产</td><td>二、项目资本</td><td></td><td rowspan="2">三、非经营项目转出投资</td><td rowspan="2"></td></tr>
<tr><td></td><td></td><td></td><td></td><td>三、项目资本公积金</td><td></td></tr>
<tr><td rowspan="2">新增生产能力</td><td colspan="2" rowspan="2">能力（效益）名称</td><td>设计</td><td colspan="4">实际</td><td>四、基建借款</td><td></td><td rowspan="2">四、应收生产单位投资借款</td><td rowspan="2"></td></tr>
<tr><td></td><td colspan="4"></td><td>五、上级拨入借款</td><td></td></tr>
<tr><td rowspan="2">建设起止时间</td><td rowspan="2">建设起止时间</td><td>计划</td><td colspan="5">从 年 月开工
至 年 月竣工</td><td>六、企业债券资金</td><td></td><td>五、拨付所属投资借款</td><td></td></tr>
<tr><td>实际</td><td colspan="5">从 年 月开工
至 年 月竣工</td><td>七、待冲基建支出</td><td></td><td>六、器材</td><td></td></tr>
<tr><td rowspan="9">基建支出</td><td colspan="4">项目</td><td>概算/元</td><td colspan="2">实际/元</td><td>八、应付款</td><td></td><td>七、货币资金</td><td></td></tr>
<tr><td colspan="4">建筑安装工程</td><td></td><td colspan="2"></td><td rowspan="3">九、未付款其中：未交基建收入未交包干收入</td><td rowspan="3"></td><td>八、预付及应收款</td><td></td></tr>
<tr><td colspan="4">设备、工器具</td><td></td><td colspan="2"></td><td>九、有价证券</td><td></td></tr>
<tr><td colspan="4" rowspan="2">待摊投资其中：
建设单位管理费</td><td rowspan="2"></td><td colspan="2" rowspan="2"></td><td>十、原有固定资产</td><td></td></tr>
<tr><td>十、上级拨入资金</td><td></td><td></td><td></td></tr>
<tr><td colspan="4">其他投资</td><td></td><td colspan="2"></td><td>十一、留成收入</td><td></td><td></td><td></td></tr>
<tr><td colspan="4">待摊销基建支出</td><td></td><td colspan="2"></td><td></td><td></td><td></td><td></td></tr>
<tr><td colspan="4">非经营性项目转出投资</td><td></td><td colspan="2"></td><td></td><td></td><td></td><td></td></tr>
<tr><td colspan="4">合计</td><td></td><td colspan="2"></td><td>合计</td><td></td><td>合计</td><td></td></tr>
</table>

由于小型建设项目内容比较简单，因此可将工程概况与财务情况合并编制一张“竣工财务决算总表”，该表主要反映小型建设项目的全部工程和财务情况，具体编制时可参照大、中型建设项目概况表指标和大、中型建设项目竣工财务决算表指标口径填写。

（三）建设工程竣工图

建设工程竣工图是真实地记录各种地上、地下建筑物、构筑物等情况的技术文件，是工程进行交工验收、维护和扩建的依据，是国家的重要技术档案。国家规定：各项新建、扩建、改建的基本建设工程，特别是基础、地下建筑、管线、结构、井巷、桥梁、隧道、港口、水坝以及设备安装等隐蔽部位，都要编制竣工图。为确保竣工图质量，必须在施工过程中（不能在竣工后）及时做好隐蔽工程检查记录，整理好设计变更文件。其基本要求有如下几方面：

（1）凡按图竣工没有变动的，由施工单位（包括总包和分包施工单位，下同）在原施工图加盖“竣工图”标志后，即作为竣工图。

（2）在施工过程中，虽有一般性设计变更，但能将原施工图加以修改补充作为竣工图，可不重新绘制，由施工单位负责在原施工图（必须是新蓝图）上注明修改的部分，并附以设计变更通知单和施工说明，加盖“竣工图”标志后，作为竣工图。

（3）凡结构形式改变、施工工艺改变、平面布置改变、项目改变以及有其他重大改变，不宜再在原施工图上修改、补充时，应重新绘制改变后的竣工图。由原设计原因造成的，由设计单位负责重新绘制；由施工原因造成的，由施工单位负责重新绘图；由其他原因造成的，由建设单位自行绘制或委托设计单位绘制。施工单位负责在新图上加盖“竣工图”标志，并附以有关记录和说明，作为竣工图。

（4）为了满足竣工验收和竣工决算需要，还应绘制反映竣工工程全部内容的工程设计平面示意图。

（四）工程造价比较分析

经批准的概、预算是考核实际建设工程造价和进行工程造价比较分析的依据。在分析时，可先对比整个项目的总概算，然后将建筑安装工程费、设备工器具购置费和其他工程费用逐一与竣工决算表中所提供的实际数据和相关资料及批准的概算、预算指标、实际的工程造价进行对比分析，以确定竣工项目总造价是节约还是超支，并在对比的基础上，总结先进经验，找出节约和超支的内容和原因，提出改进措施。在实际工作中，应主要分析以下内容。

（1）主要实物工程量。对于实物工程量出入比较大的情况，必须查明原因。

（2）主要材料消耗量。考核主要材料消耗量，要按照竣工决算表中所列明的三大材料实际超概算的消耗量，查明是在工程的哪个环节超出量最大，再进一步查明超耗的原因。

（3）考核建设单位管理费、措施费和间接费的取费标准。建设单位管理费、措施费和间接费的取费标准要按照国家和各地的有关规定，根据竣工决算报表中所列的建设单位管理费与概预算所列的建设单位管理费数额进行比较，依据规定查明是否多列或少列费用项目，确定其节约超支的数额，并查明原因。

二、竣工决算的编制

（一）竣工决算的编制依据

（1）建设项目计划任务书、可行性研究报告及其投资估算书。

（2）建设项目初步设计或扩大初步设计、概算书及修正概算书。

（3）建设项目图纸及说明，其中包括总平面图、建筑工程施工图、安装工程施工图及有关资料。

（4）设计交底和图纸会审会议记录。

（5）招标、投标的标底，承包合同及工程结算资料。

（6）施工记录或施工签证及其他施工中发生的费用。

（7）项目竣工图及各种竣工验收资料。

（8）设备、材料调节文件和调价记录。

（9）历年基建资料、历年财务决算及批复文件。

（10）国家和地方主管部门颁发的有关建设工程竣工决算的文件。

（二）竣工决算的编制程序

（1）搜集、整理和分析有关资料。

（2）清理各项财务、债务和结余物资。

（3）分期建设的项目，应根据设计的要求分期办理竣工决算。

（4）在实地验收合格的基础上，根据前面所述的有关结算的资料写出竣工验收报告，填写有关竣工决算表，编制完成竣工决算。

（5）上报主管部门审批。

（三）新增资产价值的确定

竣工决算是办理交付使用财产价值的依据，正确核定资产的价值，不但有利于建设项目交付使用后的财产管理，还可作为建设项目经济后评估的依据。

1. 新增资产价值的分类

按照新的财务制度和企业会计准则，新增资产按资产性质可分为固定资产、流动资产、无形资产、递延资产和其他资产五大类。

2. 新增资产价值的确定

（1）新增固定资产价值的确定

新增固定资产价值的计算是以独立发挥生产能力的单项工程为对象的。单项工程建成经有关部门验收鉴定合格，正式移交生产或使用，即应计算新增固定资产价值。一次交付生产或使用的工程一次计算新增固定资产价值，分期分批交付生产或使用的工程应分期分批计算新增固定资产价值。在计算新增固定资产价值时应注意以下几种情况。

1）对于为了提高产品质量、改善劳动条件、节约材料、保护环境而建设的附属辅助工程，只要全部建成，正式验收交付使用后就要计入新增固定资产价值。

2）对于单项工程中不构成生产系统，但能独立发挥效益的非生产性项目，如住宅、食堂、医务所、托儿所、生活服务网点等，在建成并交付使用后，也要计算新增固定资产价值。

3）凡购置达到固定资产标准不需安装的设备、工器具，应在交付使用后计入新增固定资产价值。

4）属于新增固定资产价值的其他投资，应随同受益工程交付使用的，同时一并计入。

5）交付使用财产的成本，应按下列内容计算。

① 房屋、建筑物、管道、线路等固定资产的成本包括建筑工程成本和应分摊的待摊投资。

② 动力设备和生产设备等固定资产的成本包括需要安装设备的采购成本、安装工程成本、设备基础等建筑工程成本及应分摊的待摊投资。

③ 运输设备及其他不需要安装的设备、工器具、家具等固定资产一般仅计算采购成本，不计分摊的“待摊投资”。

6）共同费用的分摊方法。新增固定资产的其他费用，如果是属于整个建设项目或两个以上单项工程的，在计算新增固定资产价值时，应在各单项工程中按比例分摊。分摊时，什么费用应由什么工程负担应按具体规定进行。一般情况下，建设单位管理费按建筑工程、安装工程、需安装设备价值总额按比例分摊；而土地征用费、勘察设计费则按建筑工程造价分摊。

（2）流动资产价值的确定

1）货币性资金：指现金、各种银行存款及其他货币资金。其中现金是指企业的库存现金，包括企业内部各部门用于周转使用的备用金；各种银行存款是指企业的各种不同类型的银行存款；其他货币资金是指除现金和银行存款以外的其他货币资金，根据实际入账价值核定。

2）应收及预付款项：应收款项指企业因销售商品、提供劳务等应向购货单位或受益单位收取的款项；预付款项指企业按照购货合同预付给供货单位的购货定金或部分货款。应收及预付款项包括应收票据、应收款项、其他应收款、预付货款和待摊费用。一般情况下，应收及预付款项按企业销售商品、产品或提供劳务时的成交金额入账核算。

3）短期投资：包括股票、债券、基金。股票和债券根据是否可以上市流通分别采用市场法和收益法确定其价值。

4）存货：指企业的库存材料、在产品、产成品等。各种存货应当按照取得时的实际成本计价。存货的形成主要有外购和自制两个途径：外购的存货按照买价加运输费、装卸费、保险费、途中合理损耗、入库加工、整理及挑选费用及缴纳的税金等计价；自制的存货按照制造过程中的各项支出计价。

（3）无形资产价值的确定

1）无形资产计价原则主要有以下几方面：

① 投资者按无形资产作为资本金或者合作条件投入时，按评估确认或合同协议约定的金额计价。

② 购入的无形资产按照实际支付的价款计价。

③ 企业自创并依法申请取得的按开发过程中的实际支出计价。

④ 企业接受捐赠的无形资产按照发票账单所持金额或者同类无形资产市价计价。

⑤ 无形资产计价入账后，应在其有效使用期内分期摊销。

2）不同形式无形资产的计价方法主要有以下几方面：

① 专利权的计价。专利权分为自创和外购两类。自创专利权的价值为开发过程中的实际支出，主要包括专利的研制成本和交易成本。研制成本包括直接成本和间接成本。直接成本是指研制过程中直接投入发生的费用（主要包括材料、工资、专用设备、资料、咨询鉴定、协作、培训和差旅等费用）；间接成本是指与研制开发有关的费用（主要包括管理费、非专用设备折旧费、应分摊的公共费用及能源费用）。交易成本是指在交易过程中的费用支出（主要包括技术服务费、交易过程中的差旅费及管理费、手续费、税金）。由于专利权是具有独占性并能带来超额利润的生产要素，因此，专利权的转让价格不是按成本估价的，而是按照其所能带来的超额收益计价的。

② 非专利技术的计价。非专利技术具有使用价值和价值，使用价值是非专利技术本身应具有的，非专利技术的价值在于非专利技术的使用所能产生的超额获利能力，应在研究分析其直接和间接的获利能力的基础上，准确计算出其价值。如果非专利技术是自创的，一般不作为无形资产入账，自创过程中发生的费用，按当期费用处理。对于外购非专利技术，应由法定评估机构确认后再进行估价，其方法往往通过能产生的收益采用收益法进行估价。

③ 商标权的计价。如果商标是自创的，一般不作为无形资产入账，而将商标设计、制作、注册、广告宣传等发生的费用直接作为销售费用计入当期损益；只有当企业购入或转入商标时，才需要对商标权计价。商标权的计价一般根据被许可方新增的收益确定。

④ 土地使用权的计价。根据取得土地使用权的方式不同，土地使用权有以下几种计价方式：当建设单位向土地管理部门申请土地使用权并为之支付一笔出让金时，土地使用权作为无形资产核算；当建设单位获得土地使用权是通过行政划拨的，这时土地使用权就不能作为无形资产核算；只有在将土地使用权有偿转让、出租、抵押、作价入股和投资，按支现定补交土地出让价款时，才作为无形资产核算。

（4）递延资产和其他资产价值的确定

1）递延资产中的开办费指筹建期间发生的费用，不能计入固定资产或无形资产价值的费用，主要包括筹建期间人员工资、办公费、员工培训费、差旅费、注册登记费以及不计入固定资产和无形资产购建成本的汇兑损益、利息支出等。根据现行财务制度规定，企业筹建期间发生的费用，应于开始生产经营起一次计入开始生产经营当期的损益。企业筹建期间开办费的价值可按其账面价值确定。

2）递延资产中以经营租赁方式租入的固定资产改良工程支出的计价，应在租赁有限期限内摊入制造费用或管理费用。

3）其他资产，包括特种储备物资等，按实际入账价值核算。

第七节　质量保证金的处理

一、缺陷责任期的概念和期限

1. 缺陷责任期与保修期的概念区别

（1）缺陷责任期。缺陷是指建设工程质量不符合工程建设强制标准、设计文件，以及承包合同的约定。缺陷责任期是指承包人对已交付使用的合同工程承担合同约定的缺陷修复责任的期限。

（2）保修期。保修指施工单位按照国家或行业现行的有关技术标准、设计文件及合同中对质量的要求，对已竣工验收的建设工程在规定的保修期限内，进行维修、返工等工作。建设工程保修期是指在正常使用条件下，建设工程的最低保修期限。其期限长短由《建设工程质量管理条例》规定。

2. 缺陷责任期与保修期的期限

（1）缺陷责任期的期限。缺陷责任期从工程通过竣工验收之日起计。由于承包人原因导致工程无法按规定期限进行竣工验收的，缺陷责任期从实际通过竣工验收之日起计。由于发包人原因导致工程无法按规定期限进行竣工验收的，在承包人提交竣工验收报告 90 天后，工程自动进入缺陷责任期。缺陷责任期一般为 1 年，最长不超过 2 年，由发承包双方在合同中约定。

（2）保修期的期限。保修期自实际竣工日期起计算，按照《建设工程质量管理条例》的规定，保修期限如下：

1）地基基础工程和主体结构工程，为设计文件规定的该工程的合理使用年限；

2）屋面防水工程、有防水要求的卫生间、房间和外墙面的防渗漏为 5 年；

3）供热与供冷系统为 2 个采暖期和供热期；

4）电气管线、给排水管道、设备安装和装修工程为 2 年。

具体分部分项工程的保修期由合同当事人在专用合同条款中约定，但不得低于法定最低保修年限。在工程保修期内，承包人应当根据有关法律规定以及合同约定承担保修责任。未经竣工验收发包人擅自使用工程的，保修期自转移占有之日起算。

二、质量保证金的使用及返还

1. 质量保证金的含义

根据《建设工程质量保证金管理办法》（建质〔2017〕138 号）的规定，建设工程质量保证金（以下简称保证金）是指发包人与承包人在建设工程承包合同中约定，从应付的工程款中预留，用以保证承包人在缺陷责任期内对建设工程出现的缺陷进行维修的资金。

2. 质量保证金预留及管理

（1）质量保证金的预留。发包人应按照合同约定方式预留质量保证金，质量保证金总预留比例不得高于工程价款结算总额的 3%。合同约定由承包人以银行保函替代预留质量保证金的，保函金额不得高于工程价款结算总额的3%。在工程项目竣工前，已经缴纳履约保证金的，发包人不得同时预留工程质量保证金。采用工程质量保证担保、工程质量保险等其他方式的，发包人不得再预留质量保证金。推行银行保函制度，承包人可以银行保函替代预留保证金。

（2）缺陷责任期内，实行国库集中支付的政府投资项目，质量保证金的管理应按国库集中支付的有关规定执行。其他政府投资项目，质量保证金可以预留在财政部门或发包方。缺陷责任期内，如发包方被撤销，质量保证金随交付使用资产一并移交使用单位管理，由使用单位代行发包人职责。社会投资项目采用预留质量保证金方式的，发承包双方可以约定将质量保证金交由第三方金融机构托管。

（3）质量保证金的使用。缺陷责任期内，由承包人原因造成的缺陷，承包人应负责维修，并承担鉴定及维修费用。如承包人不维修也不承担费用，发包人可按合同约定从质量保证金或银行保函中扣除，费用超出质量保证金额的，发包人可按合同约定向承包人进行索赔。承包人维修并承担相应费用后，不免除对工程的损失赔偿责任。由他人造成的缺陷，发包人负责组织维修，承包人不承担费用，且发包人不得从质量保证金中扣除费用。发承包双方就缺陷责任有争议时，可以请有资质的单位进行鉴定，责任方承担鉴定费用并承担维修费用。

3. 质量保证金的返还

缺陷责任期内，承包人认真履行合同约定的责任，到期后，承包人向发包人申请返还质量保证金。

发包人在接到承包人返还保证金申请后，应于14天内会同承包人按照合同约定的内容进行核实。如无异议，发包人应当按照约定将保证金返还给承包人。对返还期限没有约定或者约定不明确的，发包人应当在核实后14天内将保证金返还承包人，逾期未返还的，依法承担违约责任。发包人在接到承包人返还保证金申请后14天内不予答复，经催告后14天内仍不予答复，视同认可承包人的返还保证金申请。

附录　《上海市建设工程工程量清单计价应用规则》沪建管〔2014〕872号

1　总则

1.0.1　为贯彻实施国家标准《建设工程工程量清单计价规范》及专业工程工程量清单计算规范（2013），规范本市建设工程造价计价行为，统一本市建设工程工程量清单计价的编制原则和计价方法，根据《建筑法》《合同法》《招标投标法》《招标投标法实施条例》《建筑工程施工发包与承包计价管理办法》（住房和城乡建设部16号令）、《上海市建筑市场管理条例》、住房城乡建设部、财政部关于印发《建筑安装工程费用项目组成》的通知（建标〔2013〕44号）等法律法规，结合本市建设工程造价计价活动的具体实际，制定《上海市建设工程工程量清单计价应用规则》（以下简称应用规则）。本应用规则是对国家标准清单计价规范和专业工程计量规范应用、补充与完善。

1.0.2　本应用规则适用于本市范围内建设工程发包与承包及实施阶段的计价活动。

1.0.3　建设工程发包与承包及实施阶段的工程造价应由分部分项工程费、措施项目费、其他项目费、规费和税金组成。

1.0.4　招标工程工程量清单、最高投标限价、投标报价、工程计量、合同价款调整、合同价款结算与支付等工程造价文件的编制与核对，应由具有专业资格的工程造价人员承担。

1.0.5　承担工程造价文件的编制与核对的工程造价人员及其所在单位，应对工程造价文件的质量负责。

1.0.6　建设工程发包与承包及实施阶段的计价活动应遵循客观、公正、公平的原则。

1.0.7　建设工程发包与承包及实施阶段的计价活动，除应符合国家工程量计价规则和本应用规则外，尚应符合国家现行有关标准及本市建设行政管理部门的有关规定。

2　术语

2.0.1　工程量清单

载明建设工程的分部分项工程项目、措施项目、其他项目的名称和相应数量以及规费、税金项目等内容的明细清单。

2.0.2　招标工程工程量清单

招标人依据国家标准、招标文件、设计文件以及施工现场实际情况编制的，随招标文件发布供投标报价的工程量清单，包括其说明和表格。

2.0.3　已标价工程工程量清单

构成合同文件组成部分的投标文件中已标明价格，经算术性错误修正（如有）且承包人已确认的工程量清单，包括其说明和表格。

2.0.4 分部分项工程

分部工程是单项或单位工程的组成部分，是按结构部位、路段长度及施工特点或施工任务将单项或单位工程划分为若干分部的工程；分项工程是分部工程的组成部分，是按不同施工方法、材料、工序及路线长度等将分部工程划分为若干个分项或项目的工程。

2.0.5 措施项目

为完成工程项目施工，发生于该工程施工准备和施工过程中的技术、生活、安全、环境保护等方面的项目。

2.0.6 项目编码

分部分项工程和措施项目清单名称的阿拉伯数字标识。

2.0.7 项目特征

构成分部分项工程项目、措施项目自身价值的本质特征。

2.0.8 综合单价

完成一个规定清单项目所需的人工费、材料和工程设备费、施工机具使用费和企业管理费、利润以及一定范围内的风险费用。

2.0.9 风险费用

隐含于已标价工程工程量清单综合单价中，用于化解发承包双方在工程合同中约定内容和范围内的市场价格波动风险的费用。

2.0.10 工程成本

承包人为实施合同工程并达到质量标准，在确保安全施工的前提下，必须消耗或使用的人工、材料、工程设备、施工机械台班及其管理等方面发生的费用和按规定缴纳的规费和税金。

2.0.11 单价合同

发承包双方约定以工程量清单及其综合单价进行合同价款计算、调整和确认的建设工程施工合同。

2.0.12 总价合同

发承包双方约定以施工图及其预算和有关条件进行合同价款计算、调整和确认的建设工程施工合同。

2.0.13 成本加酬金合同

发承包双方约定以施工工程成本再加合同约定酬金进行合同价款计算、调整和确认的建设工程施工合同。

2.0.14 工程造价信息

工程造价管理机构根据调查和测算发布的建设工程人工、材料、工程设备、施工机械台班的价格信息，以及各类工程的造价指数、指标。

2.0.15 工程造价指数

工程造价指数反映一定时期的工程造价相对于某一固定时期的工程造价变化程度的比值或比率。工程造价指数包括按单位或单项工程划分的造价指数，按工程造价构成要素划分的人工、材料、机械等价格指数。

2.0.16　工程变更

合同工程实施过程中由发包人提出或由承包人提出经发包人批准的合同工程任何一项工作的增减、取消或施工工艺、顺序、时间的改变；设计图纸的修改；施工条件的改变；招标工程量清单的错、漏从而引起合同条件的改变或工程量的增减变化。

2.0.17　工程量偏差

承包人按照合同工程的图纸（含经发包人批准由承包人提供的图纸）实施，按照现行国家计量规范规定的工程量计算规则计算得到的完成合同工程项目应予计量的工程量与相应的招标工程工程量清单项目列出的工程量之间出现的量差。

2.0.18　暂列金额

招标人在工程量清单中暂定并包括在合同价款中的一笔款项。用于工程合同签订时尚未确定或者不可预见的所需材料、工程设备、服务的采购，施工中可能发生的工程变更、合同约定调整因素出现时的合同价款调整以及发生的索赔、现场签证确认等的费用。

2.0.19　暂估价

招标人在工程量清单中提供的用于支付必然发生但暂时不能确定价格的材料、工程设备的单价以及专业工程的金额。

2.0.20　计日工

在施工过程中，承包人完成发包人提出的工程合同范围以外的零星项目或工作，按合同中约定的单价计价的一种方式。

2.0.21　总承包服务费

总承包人为配合协调发包人进行的专业工程分包，对发包人自行采购的材料、工程设备等进行保管以及施工现场管理、竣工资料汇总整理等服务所需的费用。

2.0.22　安全防护、文明施工费

在合同履行过程中，承包人按照国家法律、法规、标准等规定，为保证安全施工、文明施工，保护现场内外环境和搭拆临时设施等所采用的措施而发生的费用。

2.0.23　索赔

在工程合同履行过程中，合同当事人一方因非己方的原因而遭受损失，按合同约定或法律法规规定应由对方承担责任，从而向对方提出补偿的要求。

2.0.24　现场签证

发包人现场代表（或其授权的监理人、工程造价咨询人）与承包人现场代表就施工过程中涉及的责任事件所做的签认证明。

2.0.25　提前竣工（赶工）费

承包人应发包人的要求而采取加快工程进度措施，使合同工程工期缩短，由此产生的应由发包人支付的费用。

2.0.26　误期赔偿费

承包人未按照合同工程的计划进度施工，导致实际工期超过合同工期（包括经发包人批准的延长工期），承包人应向发包人赔偿损失的费用。

2.0.27 不可抗力

发承包双方在工程合同签订时不能预见的，对其发生的后果不能避免，并且不能克服的自然灾害和社会性突发事件。

2.0.28 工程设备

工程设备是指构成或计划构成永久工程一部分的机电设备、金属结构设备、仪器装置以及其他类似的设备和装置。

2.0.29 缺陷责任期

缺陷责任期是指承包人对已交付使用的合同工程承担合同约定的缺陷修复责任的期限。

2.0.30 质量保证金

质量保证金是发承包双方在工程合同中约定，从应付合同价款中预留，用以保证承包人在缺陷责任期内履行缺陷修复义务的金额。

2.0.31 费用

费用是承包人为履行合同所发生或将要发生的所有合理开支，包括管理费或应分摊的其他费用，但不包括利润。

2.0.32 利润

利润是承包人完成合同工程获得的盈利。

2.0.33 企业定额

企业定额是施工企业根据本企业的施工技术、机械装备和管理水平而编制的人工、材料和施工机械台班等的消耗标准。

2.0.34 规费

规费是根据国家法律、法规规定，由省级政府或省级有关权力部门规定施工企业必须缴纳的，应计入建筑安装工程造价的费用。

2.0.35 税金

税金是国家税法规定的应计入建筑安装工程造价内的营业税、城市维护建设税及教育费附加等。

2.0.36 发包人

发包人是具有工程发包主体资格和支付工程价款能力的当事人以及取得该当事人资格的合法继承人，本规范有时又称招标人。

2.0.37 承包人

承包人是被发包人接受的具有工程施工承包主体资格的当事人以及取得该当事人资格的合法继承人，本规范有时又称投标人。

2.0.38 工程造价咨询人

工程造价咨询人是取得工程造价咨询资质等级证书，接受委托从事建设工程造价咨询活动的当事人以及取得该当事人资格的合法继承人。

2.0.39 造价工程师

造价工程师是取得造价工程师注册证书，在一个单位注册、从事建设工程造价活动的专业人员。

2.0.40 造价员

造价员是取得全国建设工程造价员资格证书，在一个单位注册、从事建设工程造价活动的专业人员。

2.0.41 单价项目

单价项目是工程量清单中以单价计价的项目，即根据合同工程图纸（含设计变更）和相关工程现行国家计量规范规定的工程量计算规则进行计量，与已标价工程量清单相应综合单价进行价款计算的项目。

2.0.42 总价项目

总价项目是工程量清单中以总价计价的项目，即此类项目在相关工程现行国家计量规范中无工程量计算规则，以总价（或计算基数乘以费率）计算的项目。

2.0.43 工程计量

工程计量是发承包双方根据合同约定，对承包人完成合同工程的数量进行的计算和确认。

2.0.44 工程结算

工程结算是发承包双方根据合同约定，对合同工程在实施中、终止时、已完工后进行的合同价款计算、调整和确认。工程结算包括期中结算、终止结算、竣工结算。

2.0.45 最高投标限价

最高投标限价是招标人根据国家或省级、行业建设主管部门颁发的有关计价依据和办法，以及拟定的招标文件和招标工程量清单，结合工程具体情况编制的招标工程的最高投标限价。

2.0.46 投标价

投标价是投标人投标时响应招标文件要求所报出的对已标价工程量清单汇总后标明的总价。

2.0.47 签约合同价（合同价款）

签约合同价是发承包双方在工程合同中约定的工程造价，即包括了分部分项工程费、措施项目费、其他项目费、规费和税金的合同总金额。

2.0.48 预付款

预付款是在开工前，发包人按照合同约定，预先支付给承包人用于购买合同工程施工所需的材料、工程设备以及组织施工机械和人员进场等的款项。

2.0.49 进度款

进度款是在合同工程施工过程中，发包人按照合同约定对付款周期内承包人完成的合同价款给予支付的款项，也是合同价款期中结算支付。

2.0.50 合同价款调整

在合同价款调整因素出现后，发承包双方根据合同约定，对合同价款进行变动的提出、计算和确认。

2.0.51 竣工结算价

竣工结算价是发承包双方依据国家有关法律、法规和标准规定，按照合同约定确定的，包括在履行合同过程中按合同约定进行的合同价款调整，是承包人按合同约定完成了全部承包工作后，发包人应付给承包人的合同总金额。

2.0.52 工程造价鉴定

工程造价咨询人接受人民法院、仲裁机关委托，对施工合同纠纷案件中的工程造价争议，运用专门知识进行鉴别、判断和评定，并提供鉴定意见的活动；也称为工程造价司法鉴定。

3 一般规定

3.1 计价方式

3.1.1 使用国有资金投资的建设工程发承包，必须采用工程量清单计价。

3.1.2 非国有资金投资的建设工程，宜采用工程量清单计价。

3.1.3 不采用工程量清单计价的建设工程，应执行《建设工程工程量清单计价规范》及专业工程工程量清单计算规范（2013）和应用规则除工程量清单等专门性规定外的其他规定。

3.1.4 工程量清单应采用综合单价计价。

3.1.5 综合单价中的人工费、材料费、工程设备费、施工机具使用费、企业管理费和利润应按下列规定计价：

（1）人工费应由支付给从事工程建设施工的生产工人和附属生产单位工人的各项费用组成。人工费的计算方法应符合以下规定：

1）人工费=（工日消耗量×工日单价），工日单价是指施工企业平均技术熟练程度的生产工人在每个工作日（国家法定工作时间内）按规定从事施工作业应得的日工资总额。

2）工日单价可采用本市建筑建材业工程造价信息平台所公布的建设工程人工价格信息确定，或参照建筑劳务市场人工价格确定。

（2）材料费应由工程施工过程中耗费的原材料、辅助材料、构配件、零件、半成品或成品的费用组成。材料费的计算方法应符合以下规定：

1）材料费=材料消耗量×材料单价，材料单价包括材料原价、运杂费和运输损耗费。

2）材料单价可采用本市建筑建材业工程造价信息平台所公布的建设工程材料价格信息确定，或参照建筑、建材市场建材价格确定。

（3）工程设备费应由构成永久工程一部分的机电设备、金属结构设备、仪器装置及其他类似的设备和装置的费用组成。工程设备费计算方法应符合以下规定：

1）工程设备费=工程设备量×工程设备单价，工程设备单价包括设备原价和运杂费。

2）工程设备单价可采用本市建筑建材业工程造价信息平台所公布的建设工程设备价格信息确定，或参照建设市场工程设备价格确定。

（4）施工机具使用费应由工程施工作业所发生的施工机械、仪器仪表使用费或其租赁费组成。施工机具使用费的计算应符合以下规定：

1）施工机械使用费=施工机械台班消耗量×施工机械摊销台班单价，施工机械摊销台班单价包括折旧费、大修理费、经常修理费、安拆费及场外运费（大型机械除外）、机上和其他操作人员人工费、燃料动力费、车船使用税、保险费及年检费等。

2）施工机械摊销台班单价可采用本市建筑建材业工程造价信息平台所公布的建设工程施工机械台班价格信息确定，或依据国家《施工机械台班费用编制规则》的规定自行测算确定。

3）施工机械租赁费＝施工机械台班消耗量×施工机械租赁台班单价。

4）施工机械租赁台班单价可采用本市建筑建材业工程造价信息平台所公布的建设工程施工机械租赁台班价格信息确定，或参照建设市场施工机械租赁台班价格信息确定。

5）仪器仪表使用费＝仪器仪表台班消耗量×仪器仪表摊销台班单价，仪器仪表摊销台班单价包括工程使用的仪器仪表摊销费和维修费。

6）仪器仪表摊销台班单价可采用本市建筑建材业工程造价信息平台所公布的建设工程仪器仪表摊销台班价格信息确定，或依据国家《施工机械台班费用编制规则》的规定自行测算确定。

（5）企业管理费和利润

1）企业管理费是指建筑安装企业组织施工生产和经营管理所需的费用。企业管理费包括管理人员工资、办公费、差旅交通费、固定资产使用费、工具用具使用费、劳动保险和职工福利费、劳动保护费、材料采购和保管费、检验试验费［内容包括《建筑工程检测试验技术管理规范》（JGJ 190—2010）所要求的检验、试验、复测、复验等费；不包括新结构、新材料的试验费，以及对构件做破坏性试验及其他特殊要求检验试验的费用和建设单位委托检测机构进行检测的费用］、工会经费、职工教育经费、财产保险费、财务费、房产税、车船使用税、土地使用税、印花税、技术转让费、技术开发费、投标费、业务招待费、绿化费、广告费、公证费、法律顾问费、审计费、咨询费、保险费等。

2）利润是指工程施工企业完成所承包工程获得的盈利。

3）企业管理费和利润的计算方法应符合以下规定：

房屋建筑与装饰工程、通用安装工程、市政工程、构筑物工程、城市轨道交通工程、仿古建筑工程、园林绿化工程、房屋修缮和民防工程，以人工费为基数，乘以企业管理费和利润的费率计算。即企业管理费和利润＝人工费×企业管理费和利润的费率（%）。

4）企业管理费和利润的费率由工程造价管理部门发布。

3.1.6　措施项目中的安全防护、文明施工费应执行国家标准《建设工程工程量清单计价规范》（GB 50500—2013）的相关条文，按本市建设行政管理部门的规定计算。

3.1.7　规费和税金应执行国家标准《建设工程工程量清单计价规范》（GB 50500—2013）的相关条文，按本市建设行政管理部门的规定计算。

3.1.8　规费应包括社会保险费（包括养老保险费、失业保险费、医疗保险费、生育保险费、工伤保险费）、住房公积金及工程排污费。

（1）社会保险费的计算，以分部分项的人工费合计为基数乘以相应的费率。

（2）住房公积金的计算，以分部分项的人工费合计为基数乘以相应的费率。

（3）工程排污费的计算，以分部分项的工程费合计为基数乘以相应的费率。

（4）规费费率由工程造价管理部门发布。

3.1.9　税金的计算应以分部分项工程费、措施项目费、其他项目费、规费之和为基数乘以相应的综合税率。税金应依照税务部门发布的税率进行计算。

3.2　发包人通过公开招标方式确定的材料和工程设备

3.2.1　发包人通过公开招标方式确定的材料和工程设备（以下简称甲供材料）应在招标文件中按照本应用规则附录A.15的规定填写《发包人通过公开招标方式确定的材料和工程设备一览表》，写明甲供材料的名称、规格、数量、单价、交货方式、交货地点等。

承包人投标时，甲供材料单价应计入相应项目的综合单价中，签约后，发包人应按合同约定扣除甲供材料款，不予支付。

3.2.2　承包人应根据合同工程进度计划的安排，向发包人提交甲供材料交货的日期计划。发包人应按计划提供。

3.2.3　发包人提供的甲供材料如其规格、数量或质量不符合合同要求，或由于发包人原因发生交货日期延误、交货地点及交货方式变更等情况的，发包人应承担由此增加的费用和（或）工期延误，并向承包人支付合理利润。

3.2.4　发承包双方对甲供材料的数量发生争议不能达成一致的，应按照相关工程的计价定额同类项目规定的材料消耗量计算。

3.2.5　若发包人要求承包人采购已在招标文件中确定为甲供材料的，材料价格应由发承包双方根据市场调查确定，并应另行签订补充协议。

3.3　承包人提供材料和工程设备

3.3.1　除合同约定的发包人提供的甲供材料外，合同工程所需的材料和工程设备应由承包人提供，承包人提供的材料和工程设备均应由承包人负责采购、运输和保管。

3.3.2　承包人应按合同约定将采购材料和工程设备的供货人及品种、规格、数量和供货时间等提交发包人确认，并负责提供材料和工程设备的质量证明文件，满足合同约定的质量标准。

3.3.3　对承包人提供的材料和工程设备经检测不符合合同约定的质量标准，发包人应立即要求承包人更换，由此增加的费用和（或）工期延误应由承包人承担。对发包人要求检测承包人已具有合格证明的材料、工程设备，但经检测证明该项材料、工程设备符合合同约定的质量标准，发包人应承担由此增加的费用和（或）工期延误，并向承包人支付合理利润。

3.4　计价风险

3.4.1　建设工程发承包，必须在招标文件、合同中明确计价中的风险内容及其范围，不得采用无限风险、所有风险或类似语句规定计价中的风险内容及范围。

3.4.2　由于国家法律、法规、规章和政策发生变化，影响合同价款调整的，应由发包人承担。

3.4.3　由于市场物价波动影响，影响合同价款调整的，应由发承包双方合理分摊：

（1）本市建筑建材业工程造价信息平台所公布的建设工程人工工日价格信息，在招标文件、合同中约定调整的范围内，超过约定的调整幅度；

（2）本市建筑建材业工程造价信息平台所公布的材料、工程设备等工程造价信息，在招标文件、合同中约定调整的范围内，超过约定的调整幅度；

（3）本市建筑建材业工程造价信息平台所公布的施工机械设备造价信息，在招标文件、合同中约定调整的范围内，超过约定的调整幅度。

3.4.4　当招标文件、合同中未约定的，发承包双方发生争议时，按本应用规则附录A.14填写《主要人工、材料、机械及工程设备数量与计价一览表》作为合同附件，按本应用规则第9.8.1～9.8.3条的规定调整合同价款。

合同没有约定前表作为合同附件的，可结合工程实际情况，协商订立补充合同；或以投标价或合同约定的价格月份对应本市建筑建材业工程造价信息平台所公布的造价信息为基准，与施工期本市建筑建材业工程造价信息平台每月发布的造价信息相比（加权平均法或算术平均法），人工价格的变化幅度原则上大于±3%（含3%下同），钢材价格的变化幅度原则上大于±5%，除人工、钢材以外工程所涉及的其他主要材料、机械价格的变化原则上大于±8%，应调整其超过幅度部分（指与本市建筑建材业工程造价信息平台价格变化幅度的差额）要素价格。调整后的要素价格差额只计税金。

3.4.5　人工、材料、机械、工程设备的价格调整可采用以下公式：

$$\text{当 } Fst/Fso-1>|As| \text{ 时，} Fsa=Fsb+[Fst-Fso\times(1+As)]$$

（公式2.4.5）

式中　Fsa——分别为人工、材料、机械、工程设备在约定的施工期（结算期）结算价格；

Fsb——分别为人工、材料、机械、工程设备在投标后的中标价格；

Fst——分别为人工、材料、机械、工程设备在约定的施工期（结算期）内，市场信息价的算术平均值或者加权平均值；

Fso——分别为人工、材料、机械、工程设备在招标文件约定基准时间的市场信息价；

As——分别为人工、材料、机械、工程设备的约定调整幅度。

3.4.6　由于承包人使用机械设备、施工技术以及组织管理水平等自身原因造成施工费用增加的，应由承包人全部承担。因承包人原因导致工期延误的，合同价款调整应按本应用规则第9.2.2条、第9.8.3条的规定执行。

3.4.7　不可抗力发生时，影响合同价款的，应按本应用规则第9.10节的规定执行。

4　工程量清单编制

4.1　一般规定

4.1.1　招标工程工程量清单应由具有编制能力的招标人或受其委托、具有相应资质的工程造价咨询人或招标代理机构编制。

4.1.2　招标工程工程量清单必须作为招标文件的组成部分，其准确性和完整性由招标人负责。

4.1.3 招标工程工程量清单是工程量清单计价的基础，应作为编制最高投标限价、投标报价、计算或调整工程量、索赔等的依据之一。

4.1.4 招标工程工程量清单应以单位（项）工程为单位编制，应由分部分项工程项目清单、措施项目清单、其他项目清单、规费和税金项目清单组成。

4.1.5 编制招标工程工程量清单应依据：

（1）本应用规则；

（2）国家标准《建设工程工程量清单计价规范》及专业工程工程量清单计算规范（2013）；

（3）国家、行业或本市建设行政管理部门颁发的工程定额和计价办法；

（4）建设工程设计文件及相关资料；

（5）与建设工程有关的标准、规范、技术资料；

（6）拟定的招标文件；

（7）施工现场情况、地勘水文资料、工程特点及常规施工方案；

（8）其他相关资料。

4.1.6 本市补充计算规则中的项目编号应由“沪”和九位编码组成。

4.1.7 编制工程量清单出现国家计算规范和本市补充计算规则未规定的项目，编制人应做补充，并报本市工程造价管理部门备案。

（1）补充项目的编码由各专业代码（0×）与B和三位阿拉伯数字组成，并应从0×B001起顺序编制，同一招标工程的项目不得重码。

（2）补充的工程量清单需附有补充的项目名称、项目特征、计量单位、工程量计算规则、工作内容。不能计量的措施项目，需附有补充的项目名称、工作内容及包含范围。

4.2 分部分项工程项目

4.2.1 分部分项工程项目清单必须载明项目编码、项目名称、项目特征、计量单位和工程量。

4.2.2 分部分项工程项目清单应根据国家计算规范和本市补充计算规则规定的项目编码、项目名称、项目特征、计量单位和工程量计算规则进行编制。

（1）工程量清单的项目编码，应采用十二位阿拉伯数字表示，一至九位应按国家计算规范和本市补充计算规则的规定设置，十至十二位应根据拟建工程的工程量清单项目名称和项目特征设置，同一招标工程的项目编码不得有重码。

（2）工程量清单的项目名称应按国家计算规范和本市补充计算规则的项目名称结合拟建工程的实际确定。

（3）工程量清单项目特征应按国家计算规范和本市补充计算规则规定的项目特征，结合拟建工程项目的实际予以描述。项目特征描述应达到规范、简洁、准确，按拟建工程的实际要求，以满足确定综合单价的需要为前提。对采用标准图集或施工图纸能够全部或部分满足项目特征描述要求的，可采用详见××图集或××图号的方式作为补充说明。

（4）工程量清单的计量单位应按国家计算规范和本市补充计算规则中规定的计量单

位确定。

（5）工程量清单中所列工程量应按国家计算规范和本市补充计算规则中规定的工程量计算规则计算。

4.2.3 分部分项工程项目清单采用综合单价计价，其内容及计算方法应符合第3.1.5条的规定。

4.3 措施项目

4.3.1 措施项目清单必须根据相关工程现行国家计量规范和本市补充计算规则的规定编制。

4.3.2 措施项目清单应根据拟建工程的实际情况列项：

（1）单价项目应载明项目编码、项目名称、项目特征、计量单位和工程量。

（2）总价项目应以“项”为计量单位进行编制，列出项目的工作内容和包含范围。

4.4 其他项目

4.4.1 其他项目清单应按照下列内容列项：

（1）暂列金额；

（2）暂估价：包括材料暂估单价、工程设备暂估单价、专业工程暂估价；

（3）计日工；

（4）总承包服务费。

4.4.2 暂列金额应包含与其对应的管理费、利润和规费，但不含税金。应根据工程特点按有关计价规定估算，一般不超过分部分项工程费和措施项目费之和的10%～15%。

4.4.3 暂估价中的材料、工程设备暂估单价应根据工程造价信息或参照市场价格估算，列出明细表；专业工程暂估价应分不同专业，按有关计价规定估算，列出明细表。暂估价按本市建设行政管理部门的规定执行。

其中材料和工程设备暂估价是此类材料、工程设备本身运至施工现场内的工地地面价。

专业工程暂估价应包含与其对应的管理费、利润和规费，但不含税金。

4.4.4 计日工应列出项目名称、计量单位和暂估数量。其中计日工种类和暂估数量应尽可能贴近实际。计日工综合单价均不包括规费和税金，包括：

（1）劳务单价应当包括工人工资、交通费用、各种补贴、劳动安全保护、个人应缴纳的社保费用、手提手动和电动工器具、施工场地内已经搭设的脚手架、水电和低值易耗品费用、现场管理费用、企业管理费和利润；

（2）材料价格包括材料运到现场的价格以及现场搬运、仓储、二次搬运、损耗、保险、企业管理费和利润；

（3）施工机械限于在施工场地（现场）的机械设备，其价格包括租赁或折旧、维修、维护和燃油等消耗品以及操作人员费用，包括承包人企业管理费和利润。

（4）辅助人员按劳务价格另计。

4.4.5 总承包服务费应列出服务项目及其内容等。

4.4.6 出现本应用规则第4.4.1条未列的项目，应根据工程实际情况补充。

4.5 规费

4.5.1 规费项目清单应按照下列内容列项：

（1）社会保险费：包括养老保险费、失业保险费、医疗保险费、工伤保险费、生育保险费；

（2）住房公积金；

（3）工程排污费。

4.5.2 出现本应用规则第4.5.1条未列的项目，应根据本市建设行政管理部门的规定列项。

4.6 税金

4.6.1 税金项目清单应包括下列内容：

（1）营业税；

（2）城市维护建设税；

（3）教育费附加；

（4）地方教育附加；

（5）河道管理费。

4.6.2 出现本应用规则4.6.1条未列的项目，应根据税务部门的规定列项。

5 最高投标限价

5.1 一般规定

5.1.1 国有资金投资的建设工程招标，招标人必须编制最高投标限价。

5.1.2 最高投标限价应由具有编制能力的招标人或受其委托具有相应资质的工程造价咨询人、招标代理机构编制和复核。

5.1.3 工程造价咨询人、招标代理机构接受招标人委托编制最高投标限价，不得再就同一工程接受投标人委托编制投标报价。

5.1.4 最高投标限价按照本应用规则第5.2.1条的规定编制，不应上调或下浮。

5.1.5 当最高投标限价超过批准的概算时，招标人应将其报原概算审批部门审核。

5.2 编制与复核

5.2.1 最高投标限价应根据下列依据编制与复核：

（1）本应用规则；

（2）国家标准《建设工程工程量清单计价规范》及专业工程工程量清单计算规范(2013)；

（3）国家、行业或本市建设行政管理部门颁发的工程定额和计价办法；

（4）建设工程设计文件及相关资料；

（5）拟定的招标文件及招标工程量清单；

（6）与建设项目相关的标准、规范、技术资料；

（7）施工现场情况、工程特点及常规施工方案；

（8）本市建筑建材业工程造价信息平台所公布的建设工程造价信息；当工程造价信息没有发布的，参照市场价；

（9）其他的相关资料。

5.2.2　最高投标限价编制与复核应符合下列具体规定：

（1）属于本市建筑建材业工程造价信息平台所公布的建设工程市场造价信息范围的价格要素，包括人工工日、原材料及工程设备、施工机械设备以及模板、脚手架等，应按照拟定的招标文件规定的基准月份的造价信息计算；其余价格要素，应参考市场价格信息确定。

（2）企业管理费和利润按照本市建设行政管理部门的规定计算，费率由工程造价管理部门发布。

（3）人工工日、材料、施工机械台班消耗量按照本市建设行政管理部门颁发的建设工程定额确定。

5.2.3　应按下列原则确定分部分项工程和措施项目中的综合单价项目：

（1）综合单价根据拟定的招标文件和招标工程量清单项目中的特征描述、工作内容及要求确定计算。

（2）综合单价应当包括拟定的招标文件中应由投标人所承担的风险范围及其费用。招标文件中没有明确的，如是工程造价咨询人编制，应提请招标人明确；如是招标人编制，应予明确。

（3）涉及招标工程工程量清单“材料和工程设备暂估单价表”中列出的材料、工程设备，应将此类暂估价本身计入相应子目的综合单价；涉及发包人提供的材料和工程设备，应将该类材料和工程设备供应至现场指定位置的采购供应价本身，计入相应子目的综合单价。同时还应将上述材料和工程设备的安装、安装所需要的辅助材料、安装损耗以及其他必要的辅助工作及其对应的管理费及利润计入相应子目的综合单价。

（4）综合单价项目应列明计价中所含人工费。

5.2.4　措施项目中的安全防护、文明施工费按照原上海市城乡建设和交通委员会《关于印发〈上海市建设工程安全防护、文明施工措施费用管理暂行规定〉的通知》（沪建交〔2006〕445号）的规定施行。市政管网工程参照排水管道工程；房屋修缮工程参照民用建筑（居住建筑多层）；园林绿化工程参照民防工程（15000m^{2}以上）；仿古建筑工程参照民用建筑（居住建筑多层）。

5.2.5　措施项目中的其他措施项目应参照本市工程造价管理部门公布的最高投标限价费率范围，并根据拟定的招标文件和常规施工方案按本应用规则第3.1.5和第3.1.6条的规定计价。

5.2.6　其他项目应按下列规定计价：

（1）暂列金额应按招标工程量清单中列出的金额填写；

（2）暂估价中的材料、工程设备单价应按招标工程工程量清单中列出的单价计入综合单价；

（3）暂估价中的专业工程金额应按招标工程量清单中列出的金额填写；

（4）计日工应按招标工程工程量清单中列出的项目根据工程特点和有关计价依据确定综合单价计算；

（5）总承包服务费应根据招标工程工程量清单列出的内容和要求估算，可根据总承包管理和协调工作的不同，按招标文件中分包的专业工程估算造价或招标人供应材料价值的1%～3%计算。

5.2.7 规费应符合本应用规则第3.1.7条的规定。

（1）社会保险费：应以人工费之和为基数乘以社会保险费的取费费率计算。取费费率应按本市工程造价管理部门有关规定计算。

（2）住房公积金：应以人工费之和为基数乘以住房公积金的取费费率计算。取费基数和费率应按本市工程造价管理部门有关规定计算。

（3）工程排污费：取费基数和费率应按本市工程造价管理部门有关规定计算。

5.2.8 税金应符合本应用规则第3.1.7条的规定。

6 投标报价

6.1 一般规定

6.1.1 投标价应由投标人或受其委托具有相应资质的工程造价咨询人编制。

6.1.2 投标人应依据本应用规则第6.2.1条的规定自主确定投标报价，但不得违反本应用规则的强制性条文规定。

6.1.3 投标报价不得低于工程成本。

6.1.4 投标人必须按招标工程工程量清单填报价格。项目编码、项目名称、项目特征、计量单位、工程量必须与招标工程量清单一致。

6.1.5 投标人的投标报价高于最高投标限价的应否决其投标。

6.2 编制与复核

6.2.1 投标报价应根据下列依据编制和复核：

（1）本应用规则；

（2）国家或本市建设或其他行业主管部门颁发的计价办法；

（3）企业定额，国家、行业或本市建设行政管理部门颁发的工程定额和计价办法；

（4）招标文件、招标工程量清单及其补充通知、答疑纪要；

（5）建设工程设计文件及相关资料；

（6）施工现场情况、工程特点及投标时拟定的施工组织设计或施工方案；

（7）与建设项目相关的标准、规范等技术资料；

（8）市场价格信息或本市建筑业工程造价信息平台所公布的建设工程造价信息；

（9）其他的相关资料。

6.2.2 综合单价中应包括招标文件中划分的应由投标人承担的风险范围及其费用，招标文件中没有明确的，应提请招标人明确。

6.2.3 分部分项工程和措施项目中的单价项目，应根据招标文件和招标工程工程量清单项目中的特征描述和工作内容确定综合单价计算。主要分部分项项目，投标报价必须按照招标文件的要求给出详细的综合单价分析，且组价内容必须包括完整的项目工作内容。

6.2.4 措施项目中的总价项目金额应根据招标文件及投标时拟定的施工组织设计或施工方案，按本应用规则第3.1.4条的规定自主确定。其中安全防护、文明施工费应以分部分项工程费为基数，费率应符合本市建设行政管理部门的规定。

6.2.5　其他项目报价应按下列原则确定：

(1) 暂列金额应按招标工程工程量清单中列出的金额填写；

(2) 材料、工程设备暂估单价应按招标工程工程量清单中列出的单价计入综合单价；

(3) 专业工程暂估价应直接按招标工程工程量清单中列出的金额填写；

(4) 计日工应按招标工程工程量清单中列出的项目和数量，自主确定综合单价并计算计日工金额；

(5) 总承包服务费应根据招标工程工程量清单中列出的内容和提出的要求自主确定。

6.2.6　规费和税金应符合本应用规则第3.1.6、3.1.7条。其中，社会保险费以工程人工费为计算基础，费率应按本市造价管理部门有关规定计算。

6.2.7　招标工程工程量清单与计价表中列明的所有需要填写单价和合价的项目，投标人均应填写且只允许有一个报价。未填写单价和合价的项目，可视为此项费用已包含在已标价工程量清单中其他项目的单价和合价之中。竣工结算时，此项目不得重新组价予以调整。

6.2.8　投标报价应当与分部分项工程费、措施项目费、其他项目费和规费、税金的合计金额一致。

7　合同价款约定

7.1　一般规定

7.1.1　实行招标发包的建设工程，其承发包合同的工程内容、合同价款及计价方式、合同工期、工程质量标准、项目负责人等主要条款应当与招标文件和中标人的投标文件的内容一致。

7.1.2　不实行招标的工程合同价款，应在发承包双方认可的工程价款基础上，由发承包双方在合同中约定。

7.1.3　实行工程量清单计价的工程，应采用单价合同；建设规模较小，技术难度较低，工期较短，且施工图设计已审查批准的建设工程可采用总价合同；紧急抢险、救灾以及施工技术特别复杂的建设工程可采用成本加酬金合同。

7.2　约定内容

7.2.1　发承包双方应在合同条款中对下列事项进行约定：

(1) 预付工程款的数额、支付时间及抵扣方式；

(2) 安全文明施工措施费的支付计划，使用要求等；

(3) 工程计量与支付工程进度款的方式、数额及时间；

(4) 工程价款的调整因素、方法、程序、支付及时间；

(5) 施工索赔与现场签证的程序、金额确认与支付时间；

(6) 承担计价风险的内容、范围以及超出约定内容、范围的调整办法；

(7) 工程竣工价款结算编制与核对、支付及时间；

(8) 工程质量保证金的数额、预留方式及时间；

(9) 违约责任以及发生合同价款争议的解决方法及时间；

（10）与履行合同、支付价款有关的其他事项等。

7.2.2 合同中没有按照本应用规则第7.2.1条的要求约定或约定不明的，若发承包双方在合同履行中发生争议由双方协商确定；当协商不能达成一致时，应按国家计价规则、本市本应用规则的规定执行。

8 工程计量

8.1 一般规定

8.1.1 工程量必须按照相关工程现行国家计量规范规定的工程量计算规则计算。

8.1.2 工程计量可选择按月或按工程形象进度分段计量，具体计量周期应在合同中约定。

8.1.3 因承包人原因造成的超出合同工程范围施工或返工的工程量，发包人不予计量。如果发包人同意施工的，应当予以计量。

8.1.4 成本加酬金合同应按本应用规则第8.2节的规定计量。

8.1.5 没有相关工程国家计量规范，应当按照本市各专业工程计量规则（含本应用规则补充计量规则）进行计量。

8.2 单价合同的计量

8.2.1 工程量必须以承包人完成合同工程应予计量的工程量确定。

8.2.2 施工中进行工程计量，当发现招标工程工程量清单中出现缺项、工程量偏差，或因工程变更引起工程量增减时，应按承包人在履行合同义务中完成的工程量计算。

8.2.3 本节国家计价规范中的其他条款，由发承包双方参照相关条款在合同中约定。

8.3 总价合同的计量

8.3.1 采用工程量清单方式招标形成的总价合同，其工程量应按照本应用规则第8.2节的规定计算。

8.3.2 采用经审定批准的施工图设计文件及其预算方式发包形成的总价合同，除按照工程变更规定的工程量增减外，总价合同各项目的工程量应为承包人用于结算的最终工程量。

8.3.3 总价合同约定的项目计量应以合同工程经审定批准的施工图设计文件为依据，发承包双方应在合同中约定工程计量的形象目标或时间节点进行计量。

8.3.4 本节国家计价规范中的其他条款，由发承包双方参照相关条款在合同中约定。

9 合同价款调整

9.1 一般规定

9.1.1 下列事项（但不限于）发生，发承包双方应当按照合同约定调整合同价款：

（1）法律法规变化；

（2）工程变更；

（3）项目特征不符；

（4）工程量清单缺项；

（5）工程量偏差；

（6）计日工；

（7）物价变化；

（8）暂估价；

（9）不可抗力；

（10）提前竣工（赶工补偿）；

（11）误期赔偿；

（12）索赔；

（13）现场签证；

（14）暂列金额；

（15）发承包双方约定的其他调整事项。

9.1.2　经发承包双方确认调整的合同价款，作为追加（减）合同价款，应与工程进度款或结算款同期支付。

9.1.3　本节国家计价规范中的其他条款，由发承包双方参照相关条款在合同中约定。

9.2　法律法规变化

9.2.1　招标工程以投标截止日前28天、非招标工程以合同签订前28天为基准日，其后因国家的法律、法规、规章和政策发生变化引起工程造价增减变化的，发承包双方应按照省级或行业建设行政管理部门或其授权的工程造价管理部门据此发布的规定调整合同价款。

9.2.2　因承包人原因导致工期延误的，按本应用规则第9.2.1条规定的调整时间，在合同工程原定竣工时间之后，合同价款调增的不予调整，合同价款调减的予以调整。

9.3　工程变更

9.3.1　因工程变更引起已标价工程工程量清单项目或其工程数量发生变化时，应按照下列规定调整：

（1）已标价工程工程量清单中有适用于变更工程项目的，应采用该项目的单价；但当工程变更导致该清单项目的工程数量发生变化，且工程量偏差超过15%时，该项目单价应按照本应用规则第9.6.2条的规定调整。

（2）已标价工程工程量清单中没有适用但有类似变更工程项目的，可在合理范围内参照类似项目的单价。

（3）已标价工程工程量清单中没有适用也没有类似变更工程项目的，应由承包人根据变更工程资料、计算规则和计价办法、市建筑建材业工程造价信息平台公布的信息价格和承包人报价浮动率提出变更工程项目的单价，并应报发包人确认后调整。承包人报价浮动率可按下列公式计算：

招标工程：

$$承包人报价浮动率\ L=(1-中标价/最高投标限价)\times 100\% \qquad (9.3.1\text{-}1)$$

非招标工程：

$$承包人报价浮动率\ L=(1-报价/施工图预算)\times 100\% \qquad (9.3.2\text{-}2)$$

（4）已标价工程工程量清单中没有适用也没有类似变更工程项目，且市建筑建材业工程造价信息平台公布的信息价格缺价的，应由承包人根据变更工程资料、计算规则、计价办法和通过市场调查等取得有合法依据的市场价格提出变更工程项目的单价，并应报发包人确认后调整。

9.3.2 工程变更引起施工方案改变并使措施项目发生变化时，承包人提出调整措施项目费的，应事先将拟实施的方案提交发包人确认，并应详细说明与原方案措施项目相比的变化情况。拟实施的方案经发承包双方确认后执行，并应按照下列规定调整措施项目费：

（1）安全防护、文明施工费应按照实际发生变化的措施项目依据本应用规则第3.1.6条的规定计算。

（2）采用单价计算的措施项目费，应按照实际发生变化的措施项目，按本应用规则第9.3.1条的规定确定单价。

（3）按总价（或系数）计算的措施项目费，按照实际发生变化的措施项目调整，但应考虑承包人报价浮动因素，即调整金额按照实际调整金额乘以本应用规则第9.3.1条规定的承包人报价浮动率计算。

如果承包人未事先将拟实施的方案提交给发包人确认，则应视为工程变更不引起措施项目费的调整或承包人放弃调整措施项目费的权利。

9.3.3 当发包人提出的工程变更因非承包人原因删减了合同中的某项原定工作或工程，致使承包人发生的费用或（和）得到的收益不能被包括在其他已支付或应支付的项目中，也未被包含在任何替代的工作或工程中时，承包人有权提出并应得到合理的费用及利润补偿。

9.4 项目特征不符

9.4.1 发包人在招标工程工程量清单中对项目特征的描述，应被认为是准确的和全面的，并且与实际施工要求相符合。承包人应按照发包人提供的招标工程量清单，根据项目特征描述的内容及有关要求实施合同工程，直到项目被改变为止。

9.4.2 承包人应按照发包人提供的设计图纸实施合同工程，若在合同履行期间出现设计图纸（含设计变更）与招标工程工程量清单任一项目的特征描述不符，且该变化引起该项目工程造价增减变化的，应按照实际施工的项目特征，按本应用规则第9.3节相关条款的规定重新确定相应工程量清单项目的综合单价，并调整合同价款。

9.5 工程量清单缺项

9.5.1 合同履行期间，由于招标工程工程量清单中缺项，新增分部分项工程工程清单项目的，应按照本应用规则第9.3.1条的规定确定单价，并调整合同价款。

9.5.2 新增分部分项工程工程清单项目后，引起措施项目发生变化的，应按照本应用规则第9.3.2条的规定，在承包人提交的实施方案被发包人批准后调整合同价款。

9.5.3 由于招标工程工程量清单中措施项目缺项，承包人应将新增措施项目实施方案提交发包人批准后，按照本应用规则第9.3.1条、第9.3.2条的规定调整合同价款。

9.6 工程量偏差

9.6.1 合同履行期间，当应予计算的实际工程量与招标工程工程量清单出现偏差，且符合本应用规则第 9.6.2 条、第 9.6.3 条规定时，发承包双方应调整合同价款。

9.6.2　对于任一招标工程工程量清单项目，当因本节规定的工程量偏差和第 9.3 节规定的工程变更等原因导致工程量偏差超过 15%时，可进行调整。当工程量增加 15%以上时，增加部分的工程量的综合单价应予调低；当工程量减少 15%以上时，减少后剩余部分的工程量的综合单价应予调高。具体增减比例在合同中约定。

9.6.3　当工程量出现本应用规则第 9.6.2 条的变化，且该变化引起相关措施项目相应发生变化时，按系数或单一总价方式计价的，工程量增加的措施项目费调增，工程量减少的措施项目费调减。

9.7　计日工

9.7.1　发包人通知承包人以计日工方式实施的零星工作，承包人应予执行。

9.7.2　采用计日工计价的任何一项变更工作，在该项变更的实施过程中，承包人应按合同约定提交下列报表和有关凭证送发包人复核：

（1）工作名称、内容和数量；

（2）投入该工作所有人员的姓名、工种、级别和耗用工时；

（3）投入该工作的材料名称、类别和数量；

（4）投入该工作的施工设备型号、台数和耗用台时；

（5）发包人要求提交的其他资料和凭证。

9.7.3　任一计日工项目实施结束后，承包人应按照确认的计日工现场签证报告核实该类项目的工程数量，并应根据核实的工程数量和承包人已标价工程量清单中的计日工单价计算，提出应付价款；已标价工程量清单中没有该类计日工单价的，由发承包双方按本应用规则第 9.3 节的规定商定计日工单价计算。

9.7.4　本节国家计价规范中的其他条款，由发承包双方参照相关条款在合同中约定。

9.8　物价变化

9.8.1　合同履行期间，因人工、材料、工程设备、机械台班价格波动影响合同价款时，可按本应用规则第 3.4.3～3.4.5 条进行调整。

9.8.2　本节国家计价规范中的其他条款，由发承包双方参照相关条款在合同中约定。

9.9　暂估价

9.9.1　发包人在招标工程工程量清单中给定暂估价的材料、工程设备属于依法必须招标的，应由发承包双方以招标的方式选择供应商，确定价格，并应以此为依据取代暂估价，调整合同价款。

9.9.2　发包人在招标工程工程量清单中给定暂估价的材料、工程设备不属于依法必须招标的，应由承包人按照合同约定采购，经发包人确认单价后取代暂估价，调整合同价款。

9.9.3　发包人在工程量清单中给定暂估价的专业工程不属于依法必须招标的，应按照本应用规则相应条款的规定确定专业工程价款，并应以此为依据取代专业工程暂估价，调整合同价款。

9.9.4 发包人在招标工程工程量清单中给定暂估价的专业工程，依法必须招标的，应以专业工程发包中标价为依据取代专业工程暂估价，调整合同价款。

9.10 不可抗力

9.10.1 因不可抗力事件导致的人员伤亡、财产损失及其费用增加，发承包双方可参照下列原则分别承担并调整合同价款和工期：

（1）合同工程本身的损害、因工程损害导致第三方人员伤亡和财产损失以及运至施工场地用于施工的材料和待安装的设备的损害，应由发包人承担；

（2）发包人、承包人人员伤亡应由其所在单位负责，并应承担相应费用；

（3）承包人的施工机械设备损坏及停工损失，应由承包人承担；

（4）停工期间，承包人应发包人要求留在施工场地的必要的管理人员及保卫人员的费用应由发包人承担；

（5）工程所需清理、修复费用，应由发包人承担。

9.10.2 不可抗力解除后复工的，若不能按期竣工，应合理延长工期。发包人要求赶工的，赶工费用应由发包人承担。

9.10.3 如果合同没有约定，因不可抗力事件导致的人员伤亡、财产损失按照人员所属及所有权所有各自承担，因不可抗力事件导致费用增加，各自承担。

9.11 提前竣工（赶工补偿）

9.11.1 招标人应依据本市现行的工期定额合理计算工期，压缩的工期天数一般不得超过定额工期的15%，经组织专家论证，工期压缩幅度超过15%（含15%），应在招标文件中明示增加赶工费用。

9.11.2 发包人要求合同工程提前竣工的，应征得承包人同意后与承包人商定采取加快工程进度的措施，并应修订合同工程进度计划。发包人应承担承包人由此增加的提前竣工（赶工补偿）费用。

9.11.3 本节国家计价规范中的其他条款，由发承包双方参照相关条款在合同中约定。

9.12 误期赔偿

9.12.1 发承包双方应在合同中约定误期赔偿费，并应明确每日历天应赔额度。误期赔偿费应列入竣工结算文件中。

19.12.2 本节国家计价规范中的其他条款，由发承包双方参照相关条款在合同中约定。

9.13 索赔

9.13.1 当合同一方向另一方提出索赔时，应有正当的索赔理由和有效证据，并应符合合同的相关约定。

9.13.2 本节国家计价规范中的其他条款，由发承包双方参照相关条款在合同中约定。

9.14 现场签证

9.14.1 承包人应发包人要求完成合同以外的零星项目、非承包人责任事件等工作的，发包人应及时以书面形式向承包人发出指令，并应提供所需的相关资料；承包人在收到指令后，应及时向发包人提出现场签证要求。

9.14.2　现场签证的工作如已有相应的计日工单价，现场签证中应列明完成该类项目所需的人工、材料、工程设备和施工机械台班的数量。如现场签证的工作没有相应的计日工单价，应在现场签证报告中列明完成该签证工作所需的人工、材料设备和施工机械台班的数量及单价。

9.14.3　在施工过程中，当发现合同工程内容因场地条件、地质水文、发包人要求等不一致时，承包人应提供所需的相关资料，并提交发包人签证认可，作为合同价款调整的依据。

9.14.4　本节国家计价规范中的其他条款，由发承包双方参照相关条款在合同中约定。

9.15　暂列金额

9.15.1　已签约合同价中的暂列金额应由发包人掌握使用。

9.15.2　发包人按照本应用规则第 9.1 节至第 9.14 节的规定支付后，暂列金额余额应归发包人所有。

10　合同价款期中支付

合同价款期中支付预付款、安全防护、文明施工费相关条文发承包双方可依照国家标准《建设工程工程量清单计价规范》(GB 50500—2013) 的相关要求，在合同中约定。

10.3　进度款

10.3.1　发承包双方应按照合同约定的时间、程序和方法，根据工程计量结果，办理期中价款结算，支付进度款。

10.3.2　进度款支付周期应与合同约定的工程计量周期一致。

10.3.3　已标价工程工程量清单中的单价项目，承包人应按工程计量确认的工程量与综合单价计算；综合单价发生调整的，以发承包双方确认调整的综合单价计算进度款。

10.3.4　已标价工程工程量清单中的总价项目和按照本规范第 8.3.2 条规定形成的总价合同，承包人应按合同中约定的进度款支付分解，分别列入进度款支付申请中的安全防护、文明施工费和本周期应支付的总价项目的金额中。

10.3.5　发包人提供的甲供材料金额，应按照发包人签约提供的单价和数量从进度款支付中扣除，列入本周期应扣减的金额中。

10.3.6　承包人现场签证和得到发包人确认的索赔金额应列入本周期应增加的金额中。

11　竣工结算与支付

工程建设项目中有关结算款支付、质量保证金、最终结清，发承包双方可依照国家标准《建设工程工程量清单计价规范》(GB 50500—2013) 的相关要求，在合同中约定。

11.1　一般规定

11.1.1　工程完工后，发承包双方必须在合同约定时间内办理工程竣工结算。

11.1.2　工程竣工结算应由承包人或受其委托具有相应资质的工程造价咨询人编制，并应由发包人或受其委托具有相应资质的工程造价咨询人核对。

11.2 编制与复核

11.2.1 工程竣工结算应根据下列依据编制和复核：

（1）本应用规则；

（2）国家标准《建设工程工程量清单计价规范》及专业工程工程量清单计算规范（2013）；

（3）备案的工程合同；

（4）发承包双方实施过程中已确认的工程量及其结算的合同价款；

（5）发承包双方实施过程中已确认调整后追加（减）的合同价款；

（6）建设工程设计文件及相关资料；

（7）投标文件；

（8）其他依据。

11.2.2 分部分项工程和措施项目中的单价项目应依据发承包双方确认的工程量与已标价工程量清单的综合单价计算；发生调整的，应以发承包双方确认调整的综合单价计算。

11.2.3 措施项目中的总价项目应依据已标价工程工程量清单的项目和金额计算；发生调整的，应以发承包双方确认调整的金额计算，其中安全防护、文明施工费应按本应用规则第3.1.6条的规定计算。

11.2.4 其他项目应按下列规定计价：

（1）计日工应按发包人实际签证确认的事项计算；

（2）暂估价应按本应用规则第8.9节的规定计算；

（3）总承包服务费应依据已标价工程量清单金额计算；发生调整的，应以发承包双方确认调整的金额计算；

（4）索赔费用应依据发承包双方确认的索赔事项和金额计算；

（5）现场签证费用应依据发承包双方签证资料确认的金额计算；

（6）暂列金额应减去合同价款调整（包括索赔、现场签证）金额计算，如有余额归发包人。

11.2.5 规费和税金应按本应用规则第3.1.7条的规定计算。规费中的工程排污费应按工程所在地环境保护部门规定的标准缴纳后按实列入。

11.2.6 发承包双方在合同工程实施过程中已经确认的工程计量结果和合同价款，在竣工结算办理中应直接进入结算。

11.3 竣工结算

11.3.1 承包单位应当在提交竣工验收报告后，按照合同约定的时间向发包单位递交竣工结算报告和完整的结算资料。发包单位或者发包单位委托的造价咨询机构应当在六十日内进行核实，并出具核实意见。有合同约定除外。

11.3.2 发包人收到承包人递交的竣工结算书后，在合同约定时间内，不核对竣工结算或未提出核对意见的，视为承包人递交的竣工结算书已经认可，发包人应向承包人支付工程结算价款。

11.3.3 承包人在收到发包人提出的核对意见后，在合同约定时间内，不确认也未提出异议的，视为发包人提出的核对意见已经认可，竣工结算办理完毕。

11.3.4 竣工结算办理完毕，发包人应根据确认的竣工结算书在合同约定的时间内向承包人支付工程竣工结算价款。

11.3.5 合同工程竣工结算核对完成，发承包双方签字确认后，发包人不得要求承包人与另一个或多个工程造价咨询人重复核对竣工结算。

12 合同解除的价款结算与支付

工程建设项目中有关合同解除的价款结算与支付事项，发承包双方可依照国家标准《建设工程工程量清单计价规范》(GB 50500—2013）的相关要求，在合同中约定。

13 合同价款争议的解决

工程建设项目中有关合同价款争议的解决，发承包双方可依照国家标准《建设工程工程量清单计价规范》(GB 50500—2013）的相关要求，在合同中约定。

14 工程造价鉴定

本市工程造价鉴定应依照上海市《建设工程造价咨询规范》（DG/T 08—1202）和国家标准《建设工程工程量清单计价规范》(GB 50500—2013）相关条文要求执行。

15 工程计价资料

15.0.1 发承包双方应当在合同中约定各自在合同工程中现场管理人员的职责范围，双方现场管理人员在职责范围内的签字确认的书面文件是工程计价的有效凭证，但如有其他有效证据或经实证证明其是虚假的除外。

(1）发承包双方现场管理人员的职责范围。发承包双方的现场管理人员，包括受其委托的第三方人员，如发包人委托的监理人、工程造价咨询人，仍然属于发包人现场管理人员的范畴；管理人员的职责范围应明确在合同中约定，施工过程中如发生人员变动，应及时以书面形式通知对方，涉及合同中约定的主要人员变动需经对方同意的，应事先征求对方的意见，同意后才能更换。

(2）现场管理人员签署的书面文件的效力。双方现场管理人员在合同约定的职责范围签署的书面文件是工程计价的有效凭证，如双方现场管理人员对工程计量结果的确认、对现场签证的确认等；双方现场管理人员签署的书面文件如有其他有效证据或经实证证明（如现场测量等）其是虚假的，则应更正。

15.0.2 发承包双方无论在何种场合对与工程计价有关的事项所给予的批准、证明、同意、指令、商定、确定、确认、通知和请求，或表示同意、否定、提出要求和意见等，都应采用书面形式，口头指令不得作为计价凭证。

15.0.3 任何书面文件送达时，应由对方签收，通过邮寄应采用挂号、特快专递传送，或以发承包双方商定的电子传输方式发送，交付、传送或传输至指定的接收人的地址。如接收人通知了另外地址时，随后通信信息应按新地址发送。

15.0.4 发承包双方分别向对方发出的任何书面文件，均应将其抄送现场管理人员，如是复印件应加盖合同工程管理机构印章，证明与原件相同。双方现场管理人员向对方所发任何书面文件，也应将其复印件发送给发承包双方，复印件应加盖其合同工程管理机构印章，证明与原件相同。

15.0.5 发承包双方均应当及时签收另一方送达其指定接收地点的来往信函，拒不签收的，送达信函的一方可以采用特快专递或者公证方式送达，所造成的费用增加（包括被迫采用特殊送达方式所发生的费用）和延误的工期由拒绝签收一方承担。

15.0.6 书面文件和通知不得扣压，一方能够提供证据证明另一方拒绝签收或已送达的，应视为对方已签收并承担相应责任。

16 上海市补充（调整）清单项目计算规范说明

16.0.1 上海市补充（调整）清单项目计算规范（以下简称“本计算规范”）是依据《房屋建筑与装饰工程工程量计算规范》（GB 50854—2013）、《市政工程工程量计算规范》（GB 50857—2013）、《通用安装工程工程量计算规范》（GB 50856—2013）、《仿古建筑工程工程量计算规范》（GB 50855—2013）、《园林绿化工程工程量计算规范》（GB 50858—2013）、《城市轨道交通工程工程量计算规范》（GB 50861—2013）、《构筑物工程工程量计算规范》（GB 50860—2013）、《爆破工程工程量计算规范》（GB 50862—2013）等计算规范的要求，结合本市工程量清单项目计量的实际情况，在国家各专业工程工程量计算规范的基础上进行补充和完善，“本计算规范”未包括的内容应按国家标准各专业工程工程量计算规范执行。

16.0.2 将《房屋建筑与装饰工程工程量计算规范》（GB 50854—2013）、《市政工程工程量计算规范》（GB 50857—2013）、《通用安装工程工程量计算规范》（GB 50856—2013）、《仿古建筑工程工程量计算规范》（GB 50855—2013）、《园林绿化工程工程量计算规范》（GB 50858—2013）、《城市轨道交通工程工程量计算规范》（GB 50861—2013）、《构筑物工程工程量计算规范》（GB 50860—2013）、《爆破工程工程量计算规范》（GB 50862—2013）等专业工程项目涉及现浇混凝土清单项目的“工作内容”中模板制作、安装、拆除部份调整列入各专业工程措施项目清单中，各专业工程现浇混凝土清单项目的“工作内容”不再包括模板制作、安装、拆除的内容。

16.0.3 房屋建筑与装饰工程清单项目涉及电气、给排水、消防等安装工程的项目，按照国家标准《通用安装工程工程量计算规范》（GB 50856—2013）和“本计算规范”的相应项目执行；涉及仿古建筑工程的项目，按现行国家标准《仿古建筑工程工程量计算规范》（GB 50855—2013）的相应项目执行；涉及室外地（路）面、室外给排水等工程的项目，按国家标准《市政工程工程量计算规范》（GB 50857—2013）和“本计算规范”的相应项目执行。采用爆破法施工的石方工程按照现行国家标准《爆破工程工程量计算规范》（GB 50862—2013）的相应项目执行。

16.0.4 市政工程清单项目涉及房屋建筑和装饰装修工程的项目，应按照《房屋建筑与装饰工程工程量计算规范》（GB 50854—2013）和“本计算规范”的相应项目执行；涉及电气、给排水、消防等安装工程的项目，按照国家标准《通用安装工程工程量计算规范》（GB 50856—2013）和“本计算规范”的相应项目执行；涉及园林绿化工程的项目，按国家标准《园林绿化工程工程量计算规范》（GB 50858—2013）和“本计算规范”的相应项目执行；采用爆破法施工的石方工程按照国家标准《爆破工程工程量计算规范》（GB 50862—2013）的相应项目执行。具体划分界限确定如下：

（1）管网工程与现行国家标准《通用安装工程工程量计算规范》（GB 50856—2013）中工业管道的界定：给水管道以厂区入口水表井为界；排水管道以厂区围墙外第一个污

水井为界；热力和燃气管道以厂区入口第一个计量表（阀门）为界。

（2）管网工程与国家标准《通用安装工程工程量计算规范》（GB 50856—2013）中给排水、采暖、燃气工程的界定：室外给排水、采暖、燃气管道以与市政管道碰头井为界；厂区、住宅小区的庭院喷灌及喷泉水设备安装，按现行国家标准《通用安装工程工程量计算规范》（GB 50856—2013）的相应项目执行；市政庭院喷灌及喷泉水设备安装按本规范的相应项目执行。

（3）水处理工程、生活垃圾处理与国家标准《通用安装工程工程量计算规范》（GB 50856—2013）中设备安装工程的界定：本规范只列了水处理工程和生活垃圾处理工程专用设备的项目，各类仪表、泵、阀门等标准、定型设备应按现行国家标准《通用安装工程工程量计算规范》（GB 50856—2013）的相应项目执行。

（4）路灯工程与国家标准《通用安装工程工程量计算规范》（GB 50856—2013）中电气设备安装工程的界定：市政道路路灯安装工程、市政庭院艺术喷泉等电气安装工程的项目，按本规范路灯工程的相应项目执行；厂区、住宅小区的道路路灯安装工程、庭院艺术喷泉等电气设备安装工程按现行国家标准《通用安装工程工程量计算规范》（GB 50856—2013）附录D电气设备安装工程的相应项目执行。

（5）由水源地取水点至厂区或市、镇第一个储水点之间距离10km以上的输水管道，按现行国家标准《市政工程工程量计算规范》（GB 50857—2013）附录E“管网工程”相应项目执行。

（6）市政工程清单项目桩基陆上、水上工作平台搭拆工作内容包括在相应清单项目中。水上桩基础工作平台拆搭不再按措施项目单独编码列项。

16.0.5 《通用安装工程工程量计算规范》（GB 50856—2013）中电气设备安装工程适用于电气10kV以下的工程。

16.0.6 通用安装工程清单项目与国家标准《市政工程工程量计算规范》（GB 50857—2013）相关内容在执行上的分界线如下：

（1）电气设备安装工程与市政工程路灯工程的界定：厂区、住宅小区的道路路灯安装工程、庭院艺术喷泉等电气设备安装工程按通用安装工程“电气设备安装工程”相应项目执行；涉及市政道路、庭院等电气安装工程的项目，按市政工程中“路灯工程”的相应项目执行。

（2）工业管道与市政工程管网工程的界定：给水管道以厂区入口水表井为界；排水管道以厂区围墙外第一个污水井为界；热力和煤气以厂区入口第一个计量表（阀门）为界。

（3）给排水、采暖、燃气工程与市政工程管网工程的界定：给水、采暖、燃气管道以与市政碰头点为界；厂区、住宅小区的庭院喷灌及喷泉水设备安装按本规范相应项目执行；公共庭院喷灌及喷泉水设备安装按现行国家标准《市政工程工程量计算规范》（GB 50857—2013）管网工程的相应项目执行。

（4）涉及管沟、坑及井类的土方开挖、垫层、基础、砌筑、抹灰、地沟盖板预制安装、回填、运输、路面开挖及修复、管道支墩的项目，按国家标准《房屋建筑与装饰工程计算规范》（GB 50854—2013）和《市政工程工程量计算规范》（GB 50857—2013）

及“本计算规范”的相应项目执行。

16.0.7 通用安装工程工程清单项目安装高度若超高基本高度时，应在“项目特征”中描述。现行国家标准《通用安装工程工程量计算规范》（GB 50856—2013）各附录基本安装高度为：附录A机械设备安装工程10m；附录D电气设备安装工程5m；附录E建筑智能化工程5m；附录G通风空调工程6m；附录J消防工程5m；附录K给排水、采暖、燃气工程3.6m；附录M刷油、防腐蚀、绝热工程6m。

16.0.8 城市轨道交通工程涉及通信、通风空调、给排水及消防等安装工程项目，按照现行国家标准《通用安装工程工程量计算规范》（GB 50856—2013）和“本计算规范”的相应项目执行；涉及装修、房建等工程的项目，按照现行国家标准《房屋建筑与装饰工程工程量计算规范》（GB 5085—2013）和“本计算规范”的相应项目执行；涉及室外管网等工程的项目，按现行国家标准《市政工程工程量计算规范》（GB 50857—2013）和“本计算规范”的相应项目执行；涉及爆破法施工的石方工程按照现行国家标准《爆破工程工程量计算规范》（GB 50862—2013）的相应项目执行。

16.0.9 园林绿化工程（另有规定的除外）涉及普通公共建筑物等工程的项目以及垂直运输机械、大型机械进出场及安拆等项目，按现行国家标准《房屋建筑与装饰工程工程量计算规范》（GB 50854—2013）的相应项目执行；涉及仿古建筑工程的项目，按现行国家标准《仿古建筑工程工程量计算规范》（GB 50855—2013）的相应项目执行；涉及电气、给排水等安装工程的项目，按照现行国家标准《通用安装工程工程量计算规范》（GB 50856—2013）和“本计算规范”的相应项目执行；涉及市政道路、路灯等市政工程项目，按现行国家标准《市政工程工程量计算规范》（GB 50857—2013）和“本计算规范”的相应项目执行。

16.0.10 仿古建筑工程涉及土石方工程、地基处理与边坡支护工程、桩基工程、钢筋工程、小区道路等工程项目时，按照现行国家标准《房屋建筑与装饰工程工程量计算规范》（GB 50854—2013）和“本计算规范”的相应项目执行；涉及电气、给排水、消防等安装工程的项目，按照现行国家标准《通用安装工程工程量计算规范》（GB 50856—2013）和“本计算规范”的相应项目执行；涉及市政道路、室外给排水等工程的项目，按照现行国家标准《市政工程工程量计算规范》（GB 50857—2013）和“本计算规范”的相应项目执行；涉及园林绿化工程的项目，按照现行国家标准《园林绿化工程工程量计算规范》（GB 50858—2013）和“本计算规范”的相应项目执行。采用爆破法施工的石方工程按照现行国家标准《爆破工程工程量计算规范》（GB 50862—2013）的相应项目执行。

16.0.11 构筑物工程涉及电气、给排水、消防等安装工程的项目，按照现行国家标准《通用安装工程工程量计算规范》（GB 50856—2013）和“本计算规范”的相应项目执行；涉及室外给排水等工程的项目，按照现行国家标准《市政工程工程量计算规范》（GB 50857—2013）和“本计算规范”的相应项目执行；采用爆破法施工的石方工程按照现行国家标准《爆破工程工程量计算规范》（GB 50862—2013）的相应项目执行；涉及土石方工程、地基处理与边坡支护工程、桩基工程、金属结构工程、防水工程等项目时，按照现行国家标准《房屋建筑与装饰工程工程量计算规范》（GB 50854—2013）

和“本计算规范”的相应项目执行。

16.0.12 爆破工程涉及人工开挖土方、石方工程以及支护项目，按照现行国家标准《房屋建筑与装饰工程工程量计算规范》（GB 50854—2013）和“本计算规范”的相应项目执行；涉及电气、给排水等安装工程的项目，按照现行国家标准《通用安装工程工程量计算规范》（GB 50856—2013）和“本计算规范”的相应项目执行。

16.0.13 房屋修缮工程其适用范围为修缮、翻修、加固工程，涉及现浇钢筋混凝土项目，按照现行国家标准《房屋建筑与装饰工程工程量计算规范》（GB 50854—2013）的相应项目执行；涉及园林绿化和仿古建筑工程项目，按照现行国家标准《园林绿化工程工程量计算规范》（GB 50858—2013）和《仿古建筑工程工程量计算规范》（GB 50855—2013）的相应项目执行；采用爆破法施工拆除工程按照现国家标准《爆破工程工程量计算规范》（GB 50862—2013）的相应项目执行。

参考文献

[1] 全国造价工程师执业资格考试培训教材编审委员会．建设工程造价管理［M］．北京：中国计划出版社，2017.

[2] 全国造价工程师执业资格考试培训教材编审委员会．建设工程计价（2017 年版）［M］．北京：中国计划出版社，2017.

[3] 中华人民共和国住房和城乡建设部．建设工程工程量清单计价规范：GB 50500—2013［S］．北京：中国计划出版社，2013.

[4] 贾宏俊，吴新华．建筑工程计量与计价．北京：化学工业出版社，2014.

[5] 全国一级建造师执业资格考试用书．建设工程项目管理［M］．北京：中国建筑工业出版社，2017.

[6] 全国二级建造师执业资格考试用书．建设工程法规及相关知识［M］．北京：中国建筑工业出版社，2017.

[7] 陈建国，高显义．工程计量与造价管理［M］．上海：同济大学出版社．

[8] 吴新华．建筑工程计量与计价［M］．北京：化学工业出版社，2018.

[9] 张金玉．建筑与装饰工程量清单计价［M］．武汉：华中科技大学出版社，2018.

[10] 中华人民共和国民法典合同编．北京：中国法制出版社，2020.

[11] 中华人民共和国民法典．北京：中国法制出版社，2020.